生物数学丛书　5

计算生物学导论

——图谱、序列和基因组

〔美〕M. S. Waterman　著

黄国泰　王天明　译

科学出版社

北京

图字：01-2009-2608

内 容 简 介

本书是 *Introduction to Computational Biology* 的中文译著，本书的意图是针对有数学技能的人介绍令人着迷的生物数据和问题，并建立更实际的生物数学的基础。

本书共分 15 章，其中第 1 章介绍分子生物学的基本常识，第 2—4 章介绍限制图谱和多重图谱，第 5、6 章研究克隆和克隆图谱，第 7 章讨论 DNA 序列相关的话题，第 8—11 章是共同模式下序列比较问题，第 12 章涉及序列中模式计数的统计问题，第 13 章叙述 RNA 二级结构的数学化论述，第 14 章给出有关序列的进化历史，最后第 15 章给出某些关键文献的原始出处. 本书结构完整，内容更新、更全面.

本书适合高等院校数学和生物专业的高年级大学生、研究生和教师阅读参考，也适合科研单位的研究人员参考.

Introduction to Computational Biology: *Maps, sequences and genomes*
by Michael S. Waterman

Copyright © 2000 by CRC Press.

All Rights Reserved. Authorized translation from English language edition published by CRC Press, part of Taylor & Francis Group LLC.

本书贴有 Taylor & Francis 集团防伪签，未贴防伪签属未获授权的非法行为.

图书在版编目(CIP)数据

计算生物学导论: 图谱、序列和基因组/（美）M. S. Waterman 著，黄国泰，王天明译. —北京: 科学出版社，2009
(生物数学丛书; 5)
ISBN　978-7-03-025156-5

Ⅰ. 计…　Ⅱ. ①M… ② 黄… ③ 王…　Ⅲ. 分子生物学-计算方法　Ⅳ. Q7

中国版本图书馆 CIP 数据核字(2009) 第 134405 号

责任编辑: 陈玉琢　房　阳/责任校对: 钟　洋
责任印制: 吴兆东/封面设计: 王　浩

科 学 出 版 社 出版
北京东黄城根北街 16 号
邮政编码: 100717
http://www.sciencep.com

北京厚诚则铭印刷科技有限公司印刷
科学出版社发行　各地新华书店经销

*

2009 年 8 月第　一　版　开本: B5(720 × 1000)
2022 年 1 月第六次印刷　印张: 23 1/4
字数: 449 000

定价: **128.00 元**
(如有印装质量问题，我社负责调换)

《生物数学丛书》序

　　传统的概念: 数学、物理、化学、生物学, 人们都认定是独立的学科, 然而在 20 世纪后半叶开始, 这些学科间的相互渗透、许多边缘性学科的产生, 各学科之间的分界已渐渐变得模糊了, 学科的交叉更有利于各学科的发展, 正是在这个时候数学与计算机科学逐渐地形成生物现象建模, 模式识别, 特别是在分析人类基因组项目等这类拥有大量数据的研究中, 数学与计算机科学成为必不可少的工具. 到今天, 生命科学领域中的每一项重要进展, 几乎都离不开严密的数学方法和计算机的利用, 数学对生命科学的渗透使生物系统的刻画越来越精细, 生物系统的数学建模正在演变成生物实验中必不可少的组成部分.

　　生物数学是生命科学与数学之间的边缘学科, 早在 1974 年就被联合国科教文组织的学科分类目录中作为与 "生物化学"、"生物物理" 等并列的一级学科. "生物数学" 是应用数学理论与计算机技术研究生命科学中数量性质、空间结构形式, 分析复杂的生物系统的内在特性, 揭示在大量生物实验数据中所隐含的生物信息. 在众多的生命科学领域, 从 "系统生态学"、"种群生物学"、"分子生物学" 到 "人类基因组与蛋白质组即系统生物学" 的研究中, 生物数学正在发挥巨大的作用, 2004 年《Science》杂志在线出了一期特辑, 刊登了题为 "科学下一个浪潮 —— 生物数学" 的特辑, 其中英国皇家学会院士 Lan Stewart 教授预测, 21 世纪最令人兴奋、最有进展的科学领域之一必将是 "生物数学".

　　回顾 "生物数学" 我们知道已有近百年的历史: 从 1798 年 Malthus 人口增长模型, 1908 年遗传学的 Hardy-Weinberg "平衡原理"; 1925 年 Voltera 捕食模型, 1927 年 Kermack-Mckendrick 传染病模型到今天令人注目的 "生物信息论", "生物数学" 经历了百年迅速地发展, 特别是 20 世纪后半叶, 从那时期连续出版的杂志和书籍就足以反映出这个兴旺景象; 1973 年左右, 国际上许多著名的生物数学杂志相继创刊, 其中包括 Math Biosci, J. Math Biol 和 Bull Math Biol; 1974 年左右, 由 Springer-Verlag 出版社开始出版两套生物数学丛书: Lecture Notes in Biomathermatics (二十多年共出书 100 册) 和 Biomathematics (共出书 20 册); 新加坡世界科学出版社正在出版 "Book Series in Mathematical Biology and Medicine" 丛书.

　　"丛书" 的出版, 既反映了当时 "生物数学" 发展的兴旺, 又促进了 "生物数学" 的发展, 加强了同行间的交流, 加强了数学家与生物学家的交流, 加强了生物数学学科内部不同分支间的交流, 方便了对年轻工作者的培养.

　　从 20 世纪 80 年代初开始, 国内对 "生物数学" 产生兴趣的人越来越多, 他 (她)

们有来自数学、生物学、医学、农学等多方面的科研工作者和高校教师, 并且从这时开始, 关于 "生物数学" 的硕士生、博士生不断培养出来, 从事这方面研究、学习的人数之多已居世界之首. 为了加强交流, 为了提高我国生物数学的研究水平, 我们十分需要有计划、有目的地出版一套 "生物数学丛书", 其内容应该包括专著、教材、科普以及译丛, 例如: ① 生物数学、生物统计教材; ② 数学在生物学中的应用方法; ③ 生物建模; ④ 生物数学的研究生教材; ⑤ 生态学中数学模型的研究与使用等.

中国数学会生物数学学会与科学出版社经过很长时间的商讨, 促成了 "生物数学丛书" 的问世, 同时也希望得到各界的支持, 出好这套丛书, 为发展 "生物数学" 研究, 为培养人才作出贡献.

陈兰荪

2008 年 2 月

前　　言

仅仅在 1953 年才确定了著名的 DNA 双螺旋结构. 自从那时起, 出现了一系列惊人的发现. 阐明遗传密码仅仅是开始. 了解基因和它们在真核生物, 如人类基因组中不连续性的细节, 已经导致能够研究和操作 Mendel 的抽象概念 —— 基因本身. 学会越来越快地阅读遗传材料使我们能够试图解读整个基因组. 像我们正在接近 21 世纪一样, 我们也正在接近生物学不可思议的新纪元.

分子生物学的革新率惊心动魄. 一代人为写博士论文必须煞费苦心掌握的实验技术, 对现代大学生来说成为例行实验. 数据的积累已经使建立国际核酸、蛋白质、单个生物体, 甚至染色体的数据库成为必要. 粗略地度量核酸数据库的大小进展过程成指数增长, 从而新的学科 (如果这样说太自大了): 生物学和信息科学结合的新的专门领域正在不断产生. 在巨大的数据库中寻找相关事实和假设, 对生物学来说变得非常重要. 这本书是关于生物学数据库, 特别是关于序列和染色体的数学结构的.

数学书名趋向于简洁、隐匿的观点, 而生物学的书名通常比较长, 包含的信息更多, 相当于数学家给出的简单摘要. 相应地, 生物学家的摘要有数学家引言的长度和细节. 为了努力填补到目前为止几乎孤立的两种文化之间的鸿沟, 我的书名反映了这些冲突的传统. "计算生物学导论" 是一个短书名, 可以用作许多不同书的名字. 书名的副标题 "图谱, 序列和基因组" 是让读者知道这本书是关于分子生物学应用的. 即使这样也太短, "计算生物学导论 ……" 应该为 "计算, 统计和数学分子生物学 ……".

在第 1 章详细说过, 打算读本书的读者应该学过概率和统计的基本课程, 也应该掌握微积分. 计算机科学中的算法和复杂性的概念也是有帮助的. 至于生物学, 大学入门课程也非常有用, 是每个受教育的人在任何场合都应该知道的材料. 本书打算给具有数学技能的人介绍令人着迷的生物数据和问题, 而不是给那些喜欢自己学科纯洁又封闭的人. 在如此迅速发展的学科中所做工作有立即变废的重大危险. 我已经试图在我认为不大会改变的基础上和那些会被明天更巧妙的技术淘汰的数据结构和问题之间建立一个平衡. 例如, 物理图谱 (如限制图谱) 的基本性质依旧重要. 虽然 20 年来一直关心双消化问题, 它有变成过时的可能. 序列装配也容易受到技术的影响而发生许多改变. 序列比较总是有意义的, 并且动态规划算法是一个好的简单的框架, 这些问题都可以嵌入其中, 如此等等. 我试图介绍生物学引起的数学, 但不完全, 而且省略了一些重要的课题. 构造进化树值得写一本书, 到现在还没有写. 蛋白结构是一个巨大的课题通常与数学无关, 这里没有涉及. 我试图做的是给出与基因组研究有关的一些有趣的数学.

对恰当确定与本书有关的研究领域的课题给予了很多关注. 甚至, 书的名字还没处理好. 数学生物学看起来并不满意, 一部分是由于更早时期的不幸, 并且这种选择相对计算生物学和信息学更窄. (如果后半部分名字成功, 我希望它用法语发音.) 更重要的是这个学科由哪些部分组成? 有三种主要的见解: ① 它是生物学适当的子集和能满足其需要的数学和计算机科学; ② 它是数学科学的子集, 生物学是遥远的动机所在; ③ 有许多真正的交叉学科成分, 具有生物学的原始动机的数学问题, 而这些问题的解又给生物学实验以提示, 如此等等. 我个人的观点是, 虽然最后一种是最值得鼓励的行动, 但所有这三种不仅是值得做而且是不可避免的和适当的做法. 在建立和阐述数学知识时, 我希望本书能帮助建立更实际的生物学中交叉学科的基础.

应该感谢的人很多, 鉴于篇幅有限, 敬请包涵. 在此, 预先对一些重要的疏漏—— 他们被疏忽了表示歉意. Los Alamos 的 Stan Ulam 和 Bill Beyer 是使我进入这个领域的关键人物. Stan 相信在新的生物学中有数学, 没有给出任何细节, 可是以他的风格影响了许多人. 开始时, 我一点都不懂生物学, Temple Smith 给我有数学和统计内容的很好的问题, 并和我一起解决它们. 当别人还不清楚这个领域的实质时, Gian-Carlo Rota 鼓励我做这项工作. 在这项工作中, 他和后来的 Charlie Smith(而后是系统发展基金) 给予我重要的支持. 没有南加利福尼亚大学同事们的帮助, 本书会短得多、乏味得多, 他们是 Richard Arratia, Norman Arnheim, Caleb Finch, David Galas、Larry Goldstein, Louis Gordon 和 Simon Tavaré. 这些年来博士后 Gary Benson, Cary Churchill, Ramana Idury, Rob Jones, Pavel Pevzner, Betty Tang, Martin Vingron, Tandy Warnow 和 Momiao Xiong 非常友好地教我他们知道的东西, 使之成为更丰富的学科. 我的学生 Daniela Martin, Ethan Port 和 Fengzhu Sun 阅读了草稿, 做了习题, 并普遍地改进和改正了本书. 三个刻苦工作的天才将我的手稿相继翻译成 LaTex, 他们是 Jana Joyce, Nicolas Rouquette 和 Kengee Lewis. 我的工作得到了系统发展基金、国家健康研究所和国家自然基金的资助. 最后我要对 Walter Fitch, Hugo Martinez 表示感谢, 特别要对这个学科的先驱 David Sankoff 表示感谢, 从这个学科一开始他就参与并一直到现在. 在本书结束时, 希望读者将错误告诉我. Donald Knuth 在他精彩的多卷著作《程序设计的艺术》中为他的读者发现的每一处错误奖励一美元, 后来奖励两美元. 为做到最大限度消灭错误, 我也想提供类似的奖励, 但我怀疑能否付得起与仍存错误数成正比的总数. 取而代之, 仅能提供我最真诚的感谢. 我将做一个软件、勘误表和其他有关本书的信息由 ftp 或 http://hto-e.usc.edu 提供给大家.

数 学 符 号

函数

$\lfloor x \rfloor$	最大整数 $\leqslant x$
$\lceil x \rceil$	最小整数 $\geqslant x$
$x \wedge y$	x 与 y 的最小值
$x \vee y$	x 与 y 的最大值
x^+	$x \vee 0$
$a_n \sim b_n$	$\lim\limits_{n \to \infty} \dfrac{a_n}{b_n} = 1$
$f(x) \approx g(x)$	$f(x)$ 约等于 $g(x)$
O	若存在一个常数 c, 当 $x \to \infty$ 时, 使 $|f(x)| \leqslant cx^3$, $f(x)$ 为 $O(x^3)$
o	若当 $x \to \infty$ 时, $f(x)/x^3 \to 0$, 则当 $x \to \infty$ 时, $f(x)$ 为 $o(x^3)$
$\boldsymbol{A}^{\mathrm{T}}$	矩阵 $\boldsymbol{A}$ 的转置

实数的子集

$\mathbb{N}$	自然数: $1, 2, \cdots$
$\mathbb{Z}$	整数
$\mathbb{R}$	实数

集合符号

$\varnothing$	空集
$A \cup B$	A 和 B 的并集
$A \cap B$	A 和 B 的交集
A^{c}	A 的补集
$A \sim B$	$A \cap B^{\mathrm{c}}$
$\limsup A_n$	$\bigcap\limits_{n \geqslant 1} \left(\bigcup\limits_{m \geqslant n} A_m \right)$
$\liminf A_n$	$\bigcup\limits_{n \geqslant 1} \left(\bigcap\limits_{m \geqslant n} A_m \right)$
$|A|$ 或 $\#A$	A 的元素数目
$\boldsymbol{I}_A, \boldsymbol{I}(A)$	A 的示性函数

概率

$\boldsymbol{P}(A)$	A 的概率
$\boldsymbol{E}(X)$	随机变量 X 的期望
$\mathrm{Var}(X)$	X 的方差

$\mathrm{cov}(X,Y)$ (X,Y) 的协方差

$\mathrm{cor}(X,Y)$ (X,Y) 的相关系数

$X \overset{d}{=} Y$ X 和 Y 同分布

$X_n \overset{d}{\Rightarrow} Y$ X_n 依概率收敛到 Y

iid   独立同分布

$B(n,p)$ 参数为 n 和 p 的二项分布

$P(\lambda)$ 均值为 λ 的 Poisson 分布

$N(\mu,\sigma^2)$ 均值为 μ 方差为 σ^2 的正态分布

目　　录

第0章 引 言

序言中简略地提到了给人留下深刻印象的一些分子生物学取得的进展. 分子生物学是实验学科, 虽然构成生物体的材料服从熟知的化学和物理规律, 但在生物学中没有几个真正的普遍规律, 即使描述核苷酸 (DNA 字符) 三联子到氨基酸 (蛋白的字符) 映身, 即所谓普遍遗传密码, 在所有的生命系统中也并非完全一样. 我曾听到一个学数学的同事唠叨: "他们为什么不把它叫做几乎普遍的规律?" 问题是进化已经发现不同的问题有不同的解, 或者在相关的不同物种中进化对其结构进行了不同的修正. 生物学家经常寻找普遍规律. 可是, 不管发现了什么规律, 总存在各种变形. 为了严密起见, 生物学家总是仔细描述生物体和实验条件. 用类似的方式, 数学家仔细地叙述能用来证明定理的假设. 尽管数学家和生物学家有着使工作有效的共同愿望, 但像数学家和物理学家一样, 他们并不经常交往.

20 世纪初, 由 Fisher, Haldane, Wringt 和其他人精心提出的数学模型处于生物学前沿. 今天, 分子生物学的各种发现已经使数学科学远远落后. 然而, 生物序列数据库和分析这些数据的压力, 使这些邻域之间的联系正在加强. 生物学处在新纪元的开端, 有希望出现有意义的发现, 而它们要用装配信息数据库来刻画.

在第 1 章分子生物学简单叙述之后, 第 2~4 章将研究 DNA 的限制图谱、更详细的根本序列的初略标志图谱. 然后, 在第 5, 6 章研究克隆和克隆图谱, 形成基因组生物学文库和构造基因组的 "拼接图" 或基因组图谱是非常重要的. 第 7 章给出与阅读 DNA 序列本身有关的某些问题. 第 8~11 章介绍为寻找共同模式进行序列比较的一些问题. 两个或更多序列比较是数学在生物学中最重要的应用之一, 这些生物学问题引起算法和概率统计的一些进展. 在第 12 章涉及序列中模式计数的统计, 它令人惊讶得精细, 生物学中的分子结构是一个中心问题. 蛋白质结构是一个巨大的、基本上没有解决的问题, 本书不涉及它. RNA 二级结构的更数学化论述的课题在第 13 章处理. 最后, 给定一族有关序列, 我们试图推断出它们的进化历史, 这个问题在第 14 章讨论. 经典的遗传学、遗传图谱和聚结是值得充分地阐述的, 而本书没有涉及.

在研究论文中, 正确的理解历史是本质的, 在一本引论中不能介绍大量的文献, 也不能完全忽略原始材料的参考文献, 在第 15 章中给出某些关键文献的原始出处. 此外, 也给出少数几篇位于当今研究前沿的文章. 这个学科发展得非常迅速, 读者不应该认为我已经介绍了任何给定课题的最新工作, 这里仅仅提供了入门材料, 然后, 需要去查文献, 查数据库和到实验室. 如图 0.1 所示, 这本书有许多独立的模型,不必从头读到尾, 这些章节可形成一些一学期课程, 我推荐第 1 章, 第 2 章, 6.1 节, 第 8 章, 第 9 章, 11.4~11.6 节, 第 14 章以及第 12 章的任何内容可以放到剩余的时间去阅读.

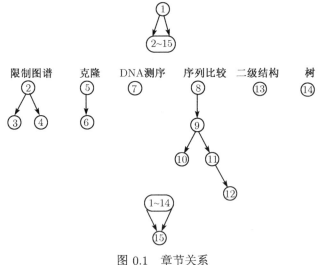

图 0.1   章节关系

0.1   分子生物学

第 1 章将给出分子生物学的概述. 理想的是读者去选一门分子生物学的入门课, 然后直接学第 2 章. 在任何情况下, 我推荐读者买一本出色的入门书. 在分子生物学中有非常认真写书的传统, 这可追溯到 James D. Watson 写的《基因分子生物学》的第一版. 这里有几本生物学参考书.

简短的分子生物学入门书

Berg, P. and M. Singer. *Dealing with Genes: The Language of Heredity.* University Science Books, Mill Valley, CA, 1992.

Watson, J. D., M. Gilman, J. Witkowski and M. Zoller. *Recombinant DNA*, 2nd ed. Scientific American Books, New York, 1992.

分子生物学引论

Watson, J. D., N. Hopkins, J. Roberts, J. A. Steitz and A. Weiner. *Molecular Biology of the Gene*, 4th ed. Benjamin-Cummings, Menlo Park, CA, 1987

Lewin, B. *Genes IV*, Oxford University Press, Oxford, 1990.

细胞生物学

Alberts, B., D. Bray, J. Lewis, M. Raff, K. Roberts and J. D. Watson. *Molecular

Biology of the Cell, 2nd ed., Garland, New York, 1989.

Darnell, J., H. Lodish and D. Baltimore. *Molecular Cell Biology*, 2nd ed., Freeman, New York, 1990

生物化学

Stryer, L. *Biochemistry*. 3rd ed. Freeman, New York, 1988.

Zubay, G. *Biochemistry*, 2nd ed. Macmillan, New York, 1988.

Lehninger, A. *Principles of Biochemistry*. Worth, New York, 1982.

0.2 数学, 统计和计算机科学

假定读者已了解一些数学. 虽然除第 11 章外, 这些内容一点也不深, 但阅读这本书要求熟悉一定水平的数学语言和某些做数学的能力. 我们大多数的工作将处理离散结构并涉及一些组合学. 这本书的大多数内容能够分为两类: (1) 算法和 (2) 概率统计. 通常算法是直观的并不难验证, 概率应用则深浅不同, 没有高于大学水平的坚实基础的读者应小心地进行, 有时还会用到一些高深概念. 数学基本上不是旁观者的运动, 如果参与, 你会获得更多的理解和应用这些概念到各种新场合的能力.

这里有一些很好的数学参考书.

分析

Rubin, W. *Principles of Mathematical Analysis*, 2nd ed. McGraw-Hill, New York, 1964.

Apostol, T. *Mathematical Analysis: A Modern Approach to Advanced Calculus*. Addison-Wesley, Reading, MA, 1957.

概率初步

Feller, W. *An Introduction to Probability Theory and Its Applications*, 3rd ed. Vol. I, John Wiley and Sons, New York, 1968.

Chung, K. L. *Elementary Probability Theory with Stochastic Processes*, Springer-Verlag, New York, 1974

随机过程

Karlin, S. and H. M Taylor. *A First Course in Stochastic Process*, 2nd ed. Academic Press, New York, 1975.

Ross, S. *Introduction to Probability Models*, 5th ed. Academic Press, San Diego, CA, 1993.

高等概率

Chung, K. L. *A Course in Probability Theory*. Harcourt, Brace & World, New York, 1968.

Durrett, R. *Probability: Theory and Examples.* Wadsworth, Inc., Belmont, CA, 1991.

计算机科学

Aho, A. V., J. E. Hopcroft and J. D. Ullman. *Data Structures and Algorithms.* Addison-Wesley, Reading, MA, 1983.

Baase, S. *Computer Algorithms: Introduction to Design and Analysis*, 2nd ed. Addison-Wesley, Reading, MA, 1988.

Crochemore, M. and W. Rytter. *Text Algorithms.* Oxford University Press, Oxford, 1994.

第 1 章　分子生物学一些知识

本章的目的是提供分子生物学, 物别是 DNA 和蛋白质序列的一个简单的导引. 理想的是, 读者已学过分子生物学或分子化学入门教程, 他们可直接读第 2 章. 入门教程通常超过 1000 页, 这里我们仅给出几个基本点. 为了启发, 在后面的一些章节将介绍更多的生物学知识.

生物学最基本的问题之一是理解遗传. 在 1865 年, Mendel 给出遗传的抽象、本质的数学模型, 其中, 遗传的基本单位是基因. Mendel 的工作一直被遗忘, 直到 1900 年 (20 世纪初) 才被拾起, 并在数学上进行了广泛的研究, 但仍不知道基因的本质. 仅仅在 1944 年才知道了基因由 DNA 构成. 1953 年, James Watson 和 Francis Crick 提出了 DNA 现在著名的双螺旋结构. 双螺旋给出了一个 DNA 分子是怎样被分开, 并变成两个同样的 DNA 分子的物理模型. 在他们的文章中出现了科学中最著名的一句话: "我们提出的特定的配对直接蕴涵遗传物质可能的复制机制, 这一点逃不出我们的注意". 复制机制是现代遗传学的基础. 在 Mendel 模型中基因是抽象的, Watson 和 Crick 模型则描述了基因本身, 提供了对遗传的深入理解. 下面讨论大分子的一般性质, 包括怎样由 DNA 生成 RNA 和蛋白. 然后, 更多地给出对这些性质来说是基本的生物化学的某些细节.

细胞的分子有两类: 大的和小的. 大的分子称为大分子, 它们有三种类型: DNA、RNA 和蛋白, 这些是我们最感兴趣的分子, 它们是由某些小分子聚合在一起而形成的. 下面讨论大分子的一般性质, 包括怎样由 DNA 生成 RNA 和蛋白. 然后, 更多地给出对这些性质来说是基本的生物化学的某些细节.

1.1　DNA 和蛋白

DNA 是遗传特征的基础, 它是由称为核苷酸的小分子生成的聚合物. 核苷酸有 4 种, 可用 4 种基来区分它们, 分别是 (A) 腺嘌呤, (C) 胞嘧啶, (G) 鸟嘌呤和 (T) 胸腺嘧啶. 为了我们的目的, DNA 分子看成是 4 个字母字符集 $\mathcal{A} = \{A, C, G, T\}$ 上的词. DNA 是一种核酸, 细胞里还有另一种核酸 RNA. RNA 是在另一种 4 个核糖核苷酸字符集 $\mathcal{A} = \{A, C, G, U\}$ 上的词. 此处, 胸腺嘧啶 T 由尿嘧啶 U 代替. 这些分子是有方向性的, 左端通常记为 $5'$, 另一端记为 $3'$. 蛋白也是聚合物, 是 20 种氨基酸字符集上的词. 表 1.1 是 20 种氨基酸的一个字母或三个字母的缩写表示, 蛋白也有方向性.

表 1.1   氨基酸的缩写

氨基酸	3 个字母	1 个字母
Alanine	Ala	A
Arginine	Arg	R
Aspartic acid	Asp	D
Aspasrginine	Asn	N
Cysteine	Cys	C
Glutamic acid	Glu	E
Glutamine	Gln	Q
Glycine	Gly	G
Histine	His	H
Isoleucine	Ile	I
Leucine	Leu	L
Lysine	Lys	K
Methionine	Met	M
Phenylalanine	Phe	F
Proline	Pro	P
Serine	Ser	S
Threonine	Thr	T
Tryptophan	Trp	W
Tyrosine	Tyr	Y
Valine	Val	V

一个生物需要多少 DNA 才能有功能? 我们只能回答一个简单的问题: 一个生物有多少个 DNA? 大肠杆菌 (E.coli) 是单细胞的生物, 大约有 5×10^6 个字母/细胞, 包含在细胞中的 DNA 称为基因组, 与最简单的 E.coil 相似, 人的基因组大约是 3×10^9 个字母, 每个人的细胞包含同样的 DNA.

RNA 和蛋白由 DNA 的指令制造, 而新的 DNA 分子由现存的 DNA 分子复制而成. 这个过程在下一节讨论.

1.1.1   双螺旋结构

DNA 蕴涵的复制机制关键特征是互补基对, 即 A 与 T 配对, G 与 C 配对的这些基对. 这种配对是由于氢键作用, 原理是 DNA 单个词 (或链)(按 5′ 到 3′ 次序)

5′ A C C T G A C 3′

与相反方向写的相补的链配对.

5′ A C C T G A C 3′
  | | | | | | |
3′ T G G A C T G 5′

在这个例子中有 7 个基对. A 与 T, G 与 C 是由氢键形成配对, 由杠表示. DNA 通常以双链出现, 它的长度用基对数度量.

三维结构是螺旋状, 下图指出这些字母或基是附在一条线或骨架上. 注意, 标明氢键的杠删去了. 为了正确地看这个图, 把它想像成两个边是对应骨架的缎带拧成一个螺旋状.

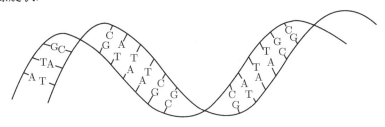

1.2 中心定理

DNA 携带遗传材料 —— 生物功能所要求的信息 (某些病毒除外, 它的遗传材料是 RNA). DNA 又是一种手段, 通过它生物体将遗传的信息传给下一代. 在有核生物 (真核生物) 中, DNA 保存在它的核中, 而由细胞质形成的蛋白在核的外面, 携带核外信息的中间分子是 RNA. 1958 年 Francis Crick 提出的中心定理概括了生物中信息流.

中心定理说: 一旦 "信息" 传入蛋白, 它不能再出来. 信息由一个核酸传给另一个核酸, 也可能从核酸传给蛋白. 但是, 不可能由蛋白传给核酸. 此处, 信息意味着准确确定的序列, 或者是核酸中的基序列, 或者是蛋白质中的氨基酸序列.

中心定理的模式为

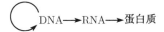

从 DNA 到 DNA 的环是指分子可以拷贝, 这个过程称为复制. 下一个箭头称为转录, 最后一个称为翻译. 这一章较详细地介绍了这个模式中的各个箭头.

每一个箭头指明由现有的大分子序列导引形成另一个大分子. 中心思想是一个大分子可用作模板构造出另一个大分子. 这个过程迷人的细节对生命来说是基本的. 对模板的理解将能解释进行某些有趣的分析研究的理由. 今天中心定理已经被推广了. 在遗传系统中存在一些例子, RNA 作模板生成 DNA, 反病毒通过称为反转录的机制能将它们的 RNA 基因组复制成 DNA.

生成新分子称为合成. 当我们研究细节时会发现在合成 RNA 和 DNA 时都需要某种蛋白质. 换句话说, 我们就要勾略出一个高度复杂的系统. 现在我们会容易地看到 DNA 怎样作为一个模板生成一个新 DNA.

将 RNA 作成单链. 首先, 在一个区间内打破形成基对的氢键, 使双螺旋的双链分开. DNA 的一个链用作模板形成 RNA 的一链, 这通过把 RNA 的一链沿 DNA 移动形成. 最终双链 DNA 仍保留, 并且形成单链的 RNA. 下图解释从 5′ 到 3′ 作成 RNA. 注意, T 在互补 DNA 中存在, U 在互补 RNA 中存在.

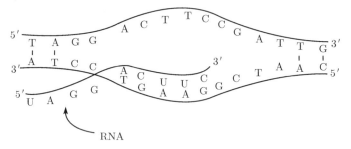

由一个原有的 DNA 形成一个新的 DNA 称为 DNA 复制. 我们由分离成两个单链的双螺旋结构开始.

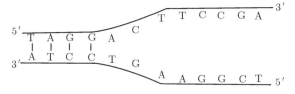

然后, 单链做模板生成新的双链.

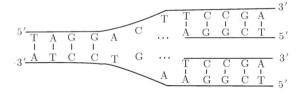

用这种方法形成两个相同的 DNA 分子, 每个分子有原分子的一个链, 在这个图中复制由右到左进行.

1.3　遗 传 密 码

当 1953 年 Watson 和 Crick 提出 DNA 双螺旋结构后, 科学家们开始研究一个线性 DNA 分子或双螺旋 DNA 分子怎样给线性蛋白分子编码的问题. 揭开遗传密码成为热门话题, 甚至吸引了 (宇宙大爆炸理论的) 物理学家 George Gamow 的注意.

仅有胰岛素序列是被非常仔细地考察过的蛋白质序列, 那时还不知道所有氨基酸序列能用基因编码. 考虑到 20 种氨基酸用于蛋白质序列的事实, 倾注于胰岛素序列的 Gamow 发现了一个非常令人置信的密码.

例如, 考虑双螺旋

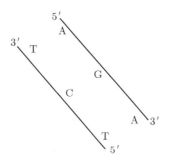

Gamow 抽象成为钻石

$$
\begin{array}{ccc}
 & A & \\
C & & G \\
 & T &
\end{array}
$$

并且得出这个密码在哪个方向都是一样的, 这确定了

$$
\begin{array}{ccc}
 & T & \\
G & & C \\
 & A &
\end{array}
$$

应该给同样氨基酸编码. 第二个钻石由第一个旋转 180° 得到. 让我们计算用这种模式给氨基酸编码的钻石数. 有两个基对 A, T 和 G, C, 上顶下底的基相同的钻石数是 $\binom{4}{1} \times 2 = 8$. 若上顶和下底的基不同, 钻石数是 $\binom{4}{2} \times 2 = 12$. 在这个模式中没有考虑基对的方向. 当 Gamow 认识到这一点, 他得出结论为 $20 = 8 + 12$, 从而他找到基因密码的候选对象. Gamow 模式加到可能的氨基酸序列上的限制是严格的, 甚至在遗传密码被解译之前, 它的想法遭到拒绝.

Crick 的方法是假定密码是字母组. 这些字母组长度不少于 3 个字母: 4 和 4^2 都小于 20, 而 $4^3 = 64$ 超过 20. 每个链是双螺旋的模板, 所以给蛋白编码也足够. 他大概通过这个推理, 想出这个方法. Crick 确定基因密码应该是 "无逗点的"——由这个字母组决定读框. 于是, 如果氨基酸用 DNA 的核苷酸三连体 (密码字) 编码, 并且如果密码是无逗点的, 三个相继的核苷酸的读框为

$$
\underbrace{x_1 x_2 x_3}_{R_1} \ \underbrace{x_4 x_5 x_6}_{R_2} \ \underbrace{x_7 x_8 x_9}_{R_3} \cdots ,
$$

而不是

$$x_1 \ \underbrace{x_2 x_3 x_4} \ \underbrace{x_5 x_6 x_7} \ \underbrace{x_8 x_9 x_{10}}$$

也不是

$$x_1 x_2 \ \underbrace{x_3 x_4 x_5} \ \underbrace{x_6 x_7 x_8} \ \underbrace{x_9 x_{10} x_{11}},$$

所以, 仅有一个编码 $R_1 R_2 R_3 \cdots$ 的读框.

这个魔术般的数字 20 再一次由计数中得出. 假定或要求所有可能的氨基酸序列都是可能的. 显然, AAA, TTT 和 CCC 都是不可能的. 因为在 AAAAA 中无明显的读框 (可从 4 个地方开始读 AAA). 所以, 如果考虑 $4^3 = 64$ 个可能的密码子, 我们剩下 $4^3 - 4 = 60$ 个有待研究.

在剩下的这些密码子中, 设 XYZ 是密码子. 显然, 为了有一个无逗点码, XYZXYZ 必须无异意地读出, 并且只要 XYZ 是密码子, YZX, ZXY 就不是. 剩下的密码子数等于 $1/3 \times 60 = 20$. 可惜, 生物学已经发现了不同的并且数学上不大优美的解.

遗传密码可由单链 RNA 读出, 并且从 5′ 读到 3′. 密码是三连体密码: 不相重叠的相继的 3 个字母组可被翻译成氨基酸, 有确定的开始点或读框. 表 1.2 给出了遗传密码的压缩形式. 有 3 个三连体, 密码子使蛋白转录停止, 它们是 UAA, UAG 和 UGA. 抽象地看, 遗传密码是一种语言, 在 4 个基: U 尿密腔, C 胞密腔, A 腺嘌呤和 G 鸟嘌呤中, 每次取 3 个的所有 64 种组合. 它们或确定一种氨基酸或终止蛋白序列. 有 64 种可能的词和 21 个可能的意义 (20 种氨基酸, 一个终止符). 显然, 有可能不同的密码子给同一种氨基酸编码. 这 21 种意义是 20 种氨基酸加上终止或停止码. 事实上, 有几个密码子给一种同一种氨基酸编码, 而它们的区别仅在第三个基上. 另一方面, 第一个或第二个基不同的两个密码子通常给不同的氨基酸编码.

表 1.2   用最普通的表示法表示的遗传密码 (64 个三元组和对应的氨基酸)

其中的三个密码子是多肽链的终止符

第一位 5′ 末端核苷酸	第二位 (中间) 核苷酸				第三位 3′ 末端核苷酸
	U	C	A	G	
U	苯丙苷酸 (Phe,F)	丝氨酸 (Ser,S)	酪氨酸 (Tyr,Y)	半胱氨酸 (Cys,C)	U
	苯丙苷酸 (Phe,F)	丝氨酸 (Ser,S)	酪氨酸 (Tyr,Y)	半胱氨酸 (Cys,C)	C
	亮氨酸 (Leu,L)	丝氨酸 (Ser,S)	终止 (Stop)	终止 (Stop)	A
	亮氨酸 (Leu,L)	丝氨酸 (Ser,S)	终止 (Stop)	色氨酸 (Trp,W)	G
C	亮氨酸 (Leu,L)	脯氨酸 (Pro,P)	组氨酸 (His,H)	精氨酸 (Arg,R)	U
	亮氨酸 (Leu,L)	脯氨酸 (Pro,P)	组氨酸 (His,H)	精氨酸 (Arg,R)	C

续表

第一位 5′ 末端核苷酸	第二位 (中间) 核苷酸				第三位 3′ 末端核苷酸
	U	C	A	G	
C	亮氨酸 (Leu,L)	脯氨酸 (Pro,P)	谷氨酰胺 (Gln,Q)	精氨酸 (Arg,R)	A
C	亮氨酸 (Leu,L)	脯氨酸 (Pro,P)	谷氨酰胺 (Gln,Q)	精氨酸 (Arg,R)	G
A	异亮氨酸 (Ile,I)	苏氨酸 (Thr,T)	天冬酰胺 (Asn,N)	丝氨酸 (Ser,S)	U
A	异亮氨酸 (Ile,I)	苏氨酸 (Thr,T)	天冬酰胺 (Asn,N)	丝氨酸 (Ser,S)	C
A	异亮氨酸 (Ile,I)	苏氨酸 (Thr,T)	赖氨酸 (Lys,K)	精氨酸 (Arg,R)	A
A	甲硫氨酸 (Met,M)	苏氨酸 (Thr,T)	赖氨酸 (Lys,K)	精氨酸 (Arg,R)	G
G	缬氨酸 (Val,V)	丙氨酸 (Ala,A)	天冬氨酸 (Asp,D)	甘氨酸 (Gly,G)	U
G	缬氨酸 (Val,V)	丙氨酸 (Ala,A)	天冬氨酸 (Asp,D)	甘氨酸 (Gly,G)	C
G	缬氨酸 (Val,V)	丙氨酸 (Ala,A)	谷氨酸 (Glu,E)	甘氨酸 (Gly,G)	A
G	缬氨酸 (Val,V)	丙氨酸 (Ala,A)	谷氨酸 (Glu,E)	甘氨酸 (Gly,G)	G

翻译成蛋白的 RNA 称为信使 RNA, mRNA. 例如,

mRNA　　UUU UAC UGC GGC C···

蛋白　　　Phe　Tyr　Cys　Gly···

如果向右移一个字母, 读过同样核酸序列, 产生完全不同的氨基酸序列

mRNA　　　U UUU ACU GCG GCC···

蛋白　　···　Phe　Thr　Ala　Ala···

阅读密码子的相位称为蛋白读框, 从 5′ 到 3′ 有 3 个读框, 阅读相补的 DNA 链也有 3 个反方向读框. 对于双链 DNA 总计有 6 个可能的读框.

遗传密码是用一种非常有趣的方法解决的. 除 RNA 模板、mRNA 外, 准备好细菌提取物. 当实验者加入合成的 mRNA 后, 这些提取物将生成蛋白序列. 开始加 UUUUU···, 则合成的蛋白是苯丙氨酸组成的 Phe·Phe·, ····. 因为, 这时读框无关紧

要, 这意味着 UUU 为 Phe 的密码. 其次, 试用像 UGUGUG··· 的 mRNA, 结果是
Cys 或 Val 生成的多肽. 这样我们不能确定唯一的密码子, 所以再试 UUGUUG···,
结果是由 Leu, Cys 和 Val 组成的多肽, 即使 {UGU,GUG}∩{UUG,UGU,GUU}=
{UGU} 也不能确定一种密码子. 再试 UGGUGG···, 这时多肽包含 Trp, Gly 和 Val.
这公共密码子是

$$\{UGU,GUG\}\cap\{UGG,GGU,GUG\}=\{GUG\}.$$

所以, 我们指定 GUG 为这公共的氨基酸 Val 的密码. 多数氨基酸密码子是用这种
方法破译的.

设 $N =\{A, C, G, U\}$ 是核酸集合, $C = \{(x_1x_2x_3) : x_i \in N\}$, A 是氨基酸和停止
密码子的集合, 遗传码就是一种映射 $g : C \to A$.

1.4   转化 RNA 和蛋白序列

前面提过, 通过阅读 mRNA 来制造蛋白. 细胞中有氨基酸, 并且一些氨基酸由
细胞本身合成. 怎样用细胞中的 mRNA 和氨基酸制造蛋白呢? 部分回答取决于衔
接分子 —— 另一种称为转化 RNA(tRNA) 的 RNA 分子. 一些氨基酸被连接到大
约 80 个基的较小的 tRNA 分子上. 然后 tRNA 与 mRNA 的密码子发生反应. 这
样, tRNA 将合适的氨基酸带到 mRNA 上. 显然, 这些反应是非常特殊的, 为了解
这个过程, 必须仔细考查 tRNA.

由于 RNA 是单链的, 不具有 DNA 的互补链, 这种分子易于折回形成一个双
螺旋区间. 例如, $5'$ GGGGAAAAACCCC$3'$ 能形成具有 4 个 GC 基对的结构

$$
\begin{array}{llllll}
G & G & G & G & A & A \\
| & | & | & | & & A \\
C & C & C & C & A & A
\end{array}
$$

这种结构称为有 4 个基对的茎和 5 个基环的发夹. 在第 13 章我们将研究 RNA 的
这种结构预测. 较长的 RNA 序列形成称为三叶草的更复杂的结构. 与 Ala 相关的
大肠杆菌的 tRNA 结构如图 1.1 所示. 其次, 三叶草结构示意图的画出, 这里只画
出骨架.

实际上, 图 1.1 只指出 tRNA 结构的最简单成分, 还有额外形成的键, 整个结
构呈 L 形, 以 $3'$ACCA 序列为一端, 反密码子在另一端. 正如名字指出的那样, 反
密码子与密码子互补. 在 mRNA 中密码子与 tRNA 的反密码子之间能形成 3 个基
对. 例如, 对于 Ala 的密码子 GCA 有如图 1.2 所示的情形:

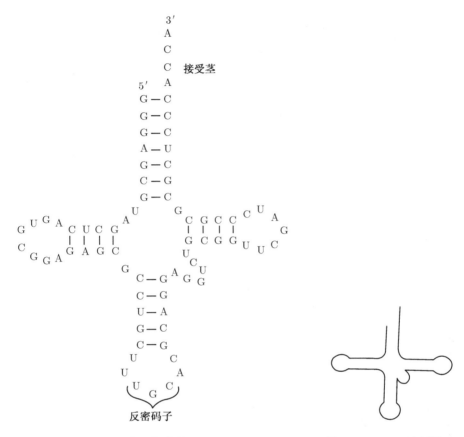

图 1.1 大肠杆菌的 tRNA   图 1.2 tRNA 示意图

当给定给 Ala 编码的密码子 GCA 后, tRNA 与 mRNA 之间的反应似乎不可避免地包含配对过程. 三连体 UGC 是反密码子.

在核糖体中, mRNA 被解读, tRNA 被利用以生成蛋白序列. 由 DNA 到 RNA 到线性蛋白序列, 再到折叠的蛋白, 如图 1.3 所示.

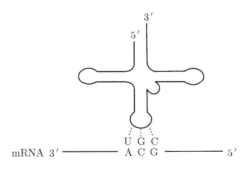

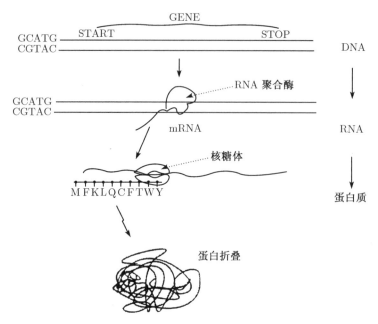

图 1.3   DNA 到 RNA 到蛋白序列

1.5   基因不简单

本节研究生命系统中的基因工作的复杂性和各种变化, 只能简述部分令人兴奋的课题, 参考书中包含更全面的叙述.

1.5.1   开始与停止

在遗传密码中有 3 个密码子是表示停止 (表 1.2), 指出基因的端点. 但没有提到基因从所谓开始密码子 AUG 开始, 它是 Met 的编码. 生物学中情况通常很复杂, 细节高度依赖于生物体. 本节只描述已研究比较透彻的系统, 大肠杆菌或称 *E.coli*.

从 DNA 转录 RNA 要求称为 mRNA 多聚酶的几种蛋白的分子复合体. 为了有效和控制起见, 在 DNA 中有开始和停止 RNA 转录的信号. DNA 中典型的开始模式有如下图所示特定的小序列:

原理是多聚酶将两个模式结合, 然后在需要将 DNA 加工的位置将它转录成 RNA. 多聚酶结合的序列称启动序列. 起始密码子 Met 是在 mRNA 开始点 +1 之

外的 10 个左右基的位置 (在生物学序列编码中没有 0), 这些模式在内容和位置上不精确. 在第 10 章将就细菌启动序列研究揭示这些模式的方法.

1.5.2 基因表达的控制

由几种基因产生的蛋白存在巨大的数量差异. 有的达到 1/1000 的比例. 基因表达可在 DNA→RNA 或 RNA→ 蛋白两个点上进行控制. 调控基因的一种通用方法是用阻抑蛋白, 它影响 DNA→RNA. 假定基因加工乳糖这种分子. 当乳糖不存在时, 阻抑蛋白分子 (另一种蛋白) 将黏附在 DNA 上, 停止 DNA→RNA. 当乳糖出现时, 它就黏附在阻抑蛋白上, 从而阻止阻抑蛋白再粘附在 DNA 上. 当然, 当表达基因 (蛋白) 已经加工完了全部乳糖分子, 这种阻抑蛋白不再被乳糖抑制, 从而阻抑蛋白再次黏附在 DNA 上, 停止基因转录.

这种聪明的模式允许生物仅在需要时, 让蛋白加工乳糖, 从而省了许多不必的 RNA 和蛋白, 这种简单手段正是长的和复杂的控制机制序列中的一个. 细胞已经创造了应付各种环境和各种发展阶段的机制.

1.5.3 割裂基因

最初, 对大肠杆菌的基因作了测序, 大肠杆菌是一种无核生物, 没有细胞核的生物. 1976~1977 年, 开始有了更迅速的 DNA 测序, 解读真核生物, 有核的生物基因成为明显目标. 不久, 就出现很大的惊奇: 给蛋白编码的 DNA 被不编码的 DNA 间断, 不知为什么它们在 mRNA 中又不出现. 例如, 生物学家希望 $E_1E_2E_3$ 作为一个连续的密码区间出现, 而实际上, I_1 和 I_2 将基因割裂成两段.

所谓外显子 E_1, E_2 和 E_3 成为没被间断的序列, 而所谓内显子 I_1 和 I_2 被剪接而消失, 如图 1.4 所示. 600 个基的基因可能会散布在 DNA 的 10000 基上, 在酵酶菌中有 76 个基的 tRNA 基因被子 14 个内显子间断. 在人类基因, 甲状腺珠蛋白有 8500 个基, 被长为 100000 个基的 40 多个内显子间断.

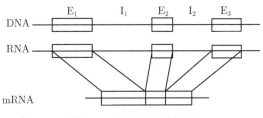

图 1.4 内显子和外显子

关于内显子, 外显子还要作许多研究. 它们为什么演化出来? 怎样识别没有间断的 DNA 中的基因? 什么是将内显子剪接的信号? 虽然作过许多研究, 这些有趣的问题还是没有简单的答案.

原来假设大多数 DNA 给基因编码, 对病毒这是对的, 在那里紧密是重要的. 在高等生物中, 情况远不是这样. 人类大约有 5% 的基因组用于蛋白编码, 多数剩余 DNA 的功能不为所知. 许多人感觉到其中多数是 "无用 DNA", 只是存在而无作用; 另一些人则认为这些 DNA 有重要的生物学功能, 只是还不了解.

1.5.4 跳跃基因

分子进化的一个观念是它在局部的小的步骤上进行. 我们认为基因组是生物的蓝图. 这种概念很大程度上被下列发现所改变. 在有核和无核生物基因组中, 它们的一些序列片段在基因组中从一处运动到另一处, 这些序列称为转座因子. 它们携带着为移动或转座所需要的基因, 因而有跳跃基因的名字.

关于转座因子的作用作过许多推测. 当然, 它们能把遗传物质带到基因组中一个新的位置上. 此外, 由于它们常常增殖, 能在基因组的不同地方产生许多小的相同的 DNA 片段. 这能够在转座因子之间建立 DNA 的复制和删除步骤.

转座因子的作用还不大清楚, 有些人猜想转座因子是 "自在 DNA", 它的存在仅为自己很好的存在, 即这些因子本身可以被看成是生活在遗传 DNA 大环境中的一些小生物体.

这个故事听起来有些离奇. 除某些不清楚的生物外, 对所有检查过转座因子的生物, 我们都发现了它们的存在, 从细菌到人都有跳跃基因.

1.6 生 物 化 学

现在普遍认为生物组织的分子服从标准的和熟知的化学和物理规律. 直到不久前, 才认为不是这样. 有一组特殊的自然规律适应于活的生物 —— 可能是生命力. 事实上, 由于组织和复制的要求, 活的生物的化学是特殊的. 本章将简要地介绍这种化学的某些基础. 由于数学家把 DNA 分子看成 4 个字母的字符集上的一个很长的词, 所以了解一些基本知识是有用的.

基本原子

我们把活的生物体分子叫做生物分子. 多数生物分子仅有 6 种原子组成：碳, 氢, 氮, 氧, 磷和硫. 表 1.3 列出这些原子的某些性质, 这些原子通过化学键组成大量的不同生物.

在生物中数量最多的元素是碳, 氢, 氮, 氧, 在所有生物体中都能找到它们. 此外, 钙 (Ga)、氯 (Cl)、镁 (Mg)、磷 (P)、钠 (Na) 和硫 (S) 在所有生物体中都存在, 但是数量很少. 钴 (Co)、铜 (Cu)、铁 (Fe)、锰 (Mn) 和锌 (Zn) 有小量的存在, 而且对生命来说是必要的. 其他一些元素对一些生物体有用, 只是痕量.

表 1.3 共价键

原子	外层电子数	通常的共价键数
碳 (C)	4	4
氢 (H)	1	1
氮 (N)	5	3,5
氧 (O)	6	2
磷 (P)	5	3,5
硫 (S)	6	2(~6)

共价键

表 1.4 分子模型

名称	水	甲烷	乙烯
缩写	H_2O	CH_4	H_4C_2
化学结构	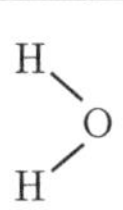	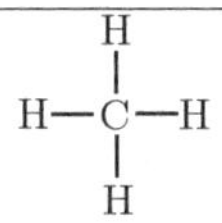	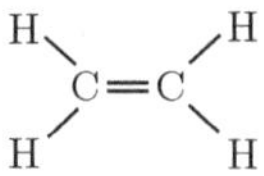
球杆模型	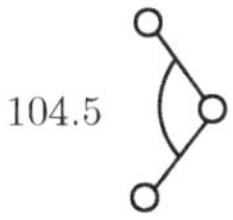 104.5	 109.5	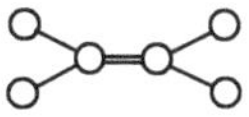
空间填充模型			

两个原子共享它们的外层电子, 将两个原子连在一起时形成共价键. 共价键是生物分子之间各种键中最强的一种, 并且有很大的稳定性. 仅仅是外层没有匹配的电子参与共价键, 不能有比外层电子数更多的共价键. 但是, 所有外层电子也不能都被用于共价键.

空间的原子排列仅仅揭示化学结构. 甲烷的球杆结构模型在四面体的顶点上有氢原子. 由双电子的两个基与两个氢原子占据这些点, 水分子近似这种结构. 水分子的另一种复杂情况是共价键中分享的电子不等, 这种键称为双极.

共价键的稳定性可用这种键的潜能来量化, 这种能量用 $1mol(6.02 \times 10^{23}$ 个分子) 分子的键中的千卡数来度量, 单位是 kcal[①]/mol. 用这种单位 O—H 有 110kcal/mol, C—O 有 84kcal/mol, S—S 有 51kcal/mol, C=O 有 170kcal/mol, 范围大概为 50~200. 在生物分子中发现的化学键多数是 100kcal/mol.

弱键

我们将要揭示的分子结构或三维形状在生物学中极端重要, 这些结构连同分子的相互作用经常由比我们上面讨论过的键弱得多的键所稳定. 这些较弱的键的能

① 1cal=4.1868J.

量为 1~5kcal/mol. 在这个范围中的键, 允许较容易地形成或破坏. 这是因为在生理温度 ($\approx 25°C$) 下, 分子的动能大约为 0.5kcal/mol. 仅有少数几个弱键能稳定一个结构. 如果需要, 这种结构则能被改变.

有下面几种类型的弱键:

- **氢键**   是在带负电原子 (经常是氧) 和氢原子之间形成的一种弱静电键, 它总是共价键, 氢原子带正电, 两种这样的键是

$$C = O \cdots H - N$$
$$C = O \cdots H - O$$

氢键的强度为 3~6kcal/mol.

- **离子键**   是在分子的带相反电荷的成分间形成的. 如果不在水中, 通常这些键非常强, 水与该成分作用减弱键的能量, 在固体中键能是 80kcal/mol, 而在溶液中可能是 1kcal/mol.

- **Van der Waal 相互作用**   发生在当两个原子很紧密时. 在一个原子中, 电子随机运动产生偶极子, 它在第二个原子上产生一个相吸的偶极子. 在所有的分子间, 有极、无极的分子引起弱相互作用. 这些相互作用不是特定的, 即它们不依赖指定的分子.

图 1.5 是中两个 O_2 分子在 Van der waal 接触中的草图. Van der waal 键能量为 0.5~1.0 kcal/mol.

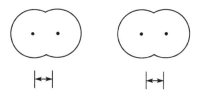

共价键半径0.06nm Van der Waals 半径0.014nm

图 1.5   共价键和 Van der Waals 相互作用

- **疏水的相互作用**   发生在不能与水反应的无极分子之间, 因它们在水中聚集又与水不发生反应产生这种吸引力. 疏水键强度为 0.5~0.3 kcal/mol.

生物分子的分类

在生物体中有许多小分子, 它是各种反应所必需或者是这些反应的产品. 小分子的一般分类是糖、脂肪酸、氨基酸和核苷酸.

大分子由小分子组成, 大分子/小分子之间的关系是多糖/糖、类脂物/脂肪、蛋白/氨基酸和核酸/核苷酸. 后两个大的分子 —— 蛋白和核酸非常大以致称为大分子. 这本书从数学上研究这些分子及它们的性质.

生命是复杂的, 复杂性需求这些大分子. 生命对 DNA 需求的数量因生物体不同而不同. 人有 46 个染色体, 如果没弄乱和扩张, 每个大约有 4cm 长. 所以, 在单

个细胞中整个 DNA 总计大约有 2m 长. 这么大的尺寸是为了给人的全部信息编码所必需的. 即使细菌基因组是大的, 人的遗传材料或基因组大约是细菌的 1000 倍. 一般来说, 基因组的大小是生物体大小的指示器, 但这不是一成不变的规律. 例如, 某些百合花和有肺鱼的基因组大约是人的 100 倍长.

蛋白

蛋白是生物体的结构元素和酶元素, 它们是工作部件, 又是组成原料. 这些非常重要的大分子是由氨基酸的分子序列组成.

20 种氨基酸及其一般化学结构如图 1.6 所示. 图 1.6 中的 R 表示可变的元素或基, 称为侧链、R 基或残基. R 给出氨基酸的身份. 有 20 种 R, 从而有 20 种氨基酸. COOH 叫做羧基, NH_2 称为氨. 基中心的碳叫做 α 碳. 这个原子在蛋白中通常用来给氨基酸定位.

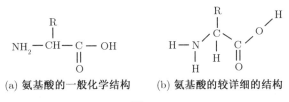

(a) 氨基酸的一般化学结构   (b) 氨基酸的较详细的结构

图 1.6

氨基酸怎样变成蛋白? 可以从许多层次上去研究这个问题.

我们在最初等的化学上考虑, 并且研究图 1.7 中具有残基 R_1, R_2, R_3 的三个氨基酸怎样被连接到一起, 形成一个三基蛋白 $R_1R_2R_3$ 和两个水分子的.

(a) 具有三个残基 R_1, R_2, R_3 的氨基酸

(b) 具有残基 $R_1R_2R_3$ 的蛋白或多肽, 加两个水分子

图 1.7

注意, 在化学上给这个分子指定一个方向, 它从氨基端 (N) 开始向羧基端 (C) 进行. 蛋白数量是巨大的. 因为, 有长为 n 的蛋白有 20^n 种. 20 种氨基酸结构及某些性质如图 1.8 所示.

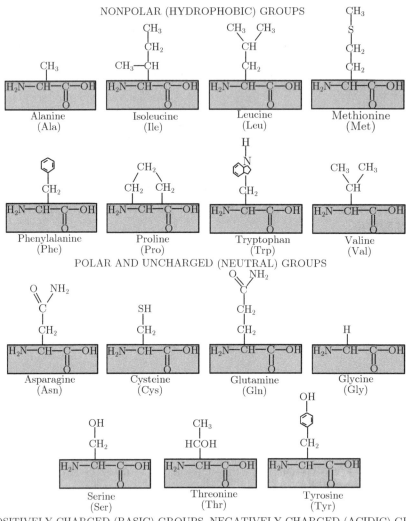

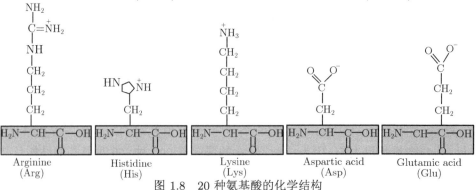

图 1.8　20 种氨基酸的化学结构

DNA

脱氧核酸 (DNA) 是某些病毒除外的所有生物体遗传信息的携带者. DNA 由 4 个称为核苷酸的不同单元组成, 核苷酸的组成成分是磷酸基、戊糖 (5 碳糖) 和有机基. 4 个不同的基决定了核苷酸的种类.

核苷酸的一般结构是

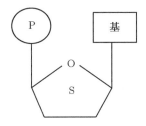

糖 S 的更详细的结构是

通常不在图中指出碳原子, 在上面的糖结构中碳原子仅出现一次. 1′ 到 5′ 指的是碳原子在糖中的位置. 碳原子 5′ 和 3′ 用来定义这个分子的方向.

图 1.9 指明 DNA 中基的结构有两种如图所示的嘌呤和嘧啶. 嘌呤有两个环,

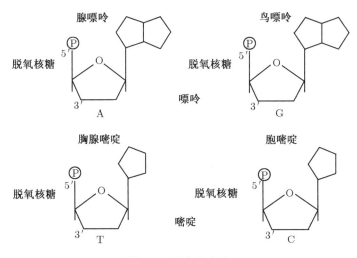

图 1.9 嘌呤和嘧啶

而嘧啶有一个环. 用直线表示键. 在这些基中, 碳出现在两条线交叉处 (没有画出). 端点不带原子的键, 在这个端点上有一个氢原子, 并且都是氢原子.

　　DNA 分子的单链由磷酸基 — 糖 — 磷酸基 —···— 糖的序列组成, 以糖的 5′ 碳连到磷酸基和 1′ 碳连到这个基上, 如图 1.10 所示. 注意键有确定的方向, 习惯上是从 5′ 到 3′.

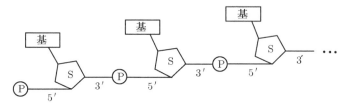

图 1.10　DNA 分子

　　两个链被所谓互补基间的氢键连接, 形成 DNA 分子. 互补基形成图 1.11 中的基对 A—G 和 C—G, 氢键由点线画出.

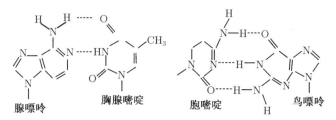

图 1.11　基对

　　最终, 将两链连接在一起形成图 1.12 中的一个完整的 DNA 分子, 这两个链的方向相反. 为了完美匹配, 必须是互补序列. 给定一个链的序列, 怎样预示另一个链是显然的.

RNA

为了描述核糖酸 RNA, 形式上无需多说. 在 RNA 中的糖是核糖, 而不是 2 脱氧核糖.

HOCH₂　　O　　　OH

H　H　　　　H

OH　　　OH

核糖

在胸腺嘧啶处, 我们有基尿嘧啶.

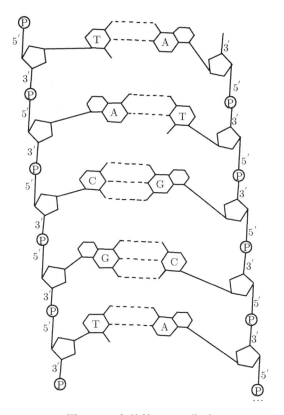

图 1.12　完整的 DNA 分子

问　　题

问题 1.1　根据课文给出的信息更新中心定理的模式.

问题 1.2　为了解决一些遗传密码, 我们介绍了转录合成 mRNA 的技术. 这种合成的 mRNA 性质上是周期的: XXX$\cdots$, XXYXXY$\cdots$, XYYXYY$\cdots$, $\cdots$; 利用两个字母 A 和 C 尽可能多地推导出遗传密码的信息. 清楚地定义合成 mRNA 和它的蛋白产品. 回想, 只能删除出现的氨基酸, 而不是序列.

问题 1.3　有 20^n 种不同的 n 个残基的可能的蛋白. 如果不能区别 N— 末端和 C— 末端, $R_1R_2\cdots R_n$ 没有指定方向, $R_1R_2\cdots R_n$ 将与 $R_n\cdots R_2R_1$ 不能区分, 那么会有多少种不同的蛋白?

问题 1.4　假设非编码 DNA 是独立同分布的字母以概率 p_A, p_G, p_C 和 p_T 随机产生, 在长为 n 的序列中从 $5'$ 读到 $3'$ 的开始密码子的期望数是多少? 这些开始密码子的每一个使氨基酸的密码子序列开始以停止密码子结束. 考虑开始和停止密码子的这些潜在编码区间长 X 的概率分布是什么?

问题 1.5   剪接从转录 RNA 中移掉内显子. 假设有 $E_1I_1E_2\cdots I_{k-1}E_k$. 通过所谓可变剪接, 即不移去 I_1 而移去 $I_1E_2I_2$ 产生剪接的序列 $E_1E_3E_4\cdots E_k$, 可以制造另一种蛋白序列 (我们假定每个外显子 $E_1,\cdots,E_k$ 能够单独地被转录).

(i) 允许所有可能的可变剪接, 能够制造多少种不同的蛋白序列?

(ii) 如果仅允许移去一个相邻的外显子, 如 $I_1E_2I_2E_3I_3$, 能够产生多少不同的序列?

第 2 章 限 制 图 谱

2.1 引 言

当外来的 DNA 引入到一个细菌中, 通常不能执行其任何遗传功能. 一个原因是细菌已经进化出一些有效的方法, 保护自己防止 DNA 入侵. 一组称为限制内切核酸酶或限制酶的酶通过切割 DNA 执行这种功能. 于是, 限制了入侵 DNA 的活性. 细菌自己的 DNA 由它自己的限制酶武库保护, 由另一类酶修正宿主 DNA 或使之甲基化. 限制酶切割未甲基化的 DNA. 限制酶可看成是细菌的免疫系统. 这一类限制酶在分子生物学的实践中有不可估量的作用, 因为它们能在 DNA 特定的短模式上将 DNA 切开. 这些模式称为限制位点.

表 2.1 包含了一些限制位点的例子及它们切割模式的细节. 大约已经发现了300 种限制酶及它们切割的大约 100 个不同的限制位点. 注意, 这些限制位点像一种回文诗似的, 像多数已知的限制位点, 回文诗在分子生物学中指在顶链的 $5' \to 3'$ 的序列与底链的 $5' \to 3'$ 的序列一样, 即分子生物学的回文是一个词, 它等于它的逆方向分量.

表 2.1 指出切割的细节, 位点, 如 Hae III 被切割留下平端,

$$
\begin{array}{ccc}
\text{G G C C} & & \text{G G C C} \\
| \ | \ | \ | & \to & | \ | \ | \ | \\
\text{C C G G} & & \text{C C G G}
\end{array}
$$

而其他, 如 $EcoRI$ 位点留下突出的头, 也称为黏端,

$$
\begin{array}{ccc}
\text{G A A T T C} & \text{G} & \text{A A T T C} \\
| \ | \ | \ | \ | \ | & \to \quad | & | \\
\text{C T T A A G} & \text{C T T A A} & \text{G}
\end{array}
$$

限制酶前 3 个字母指生物, 第四个字母 (如果有) 指族系, 罗马数字指明由同一生物得到的各限制酶.

这些酶对分子生物学的实践是必不可少的. 它们使非常精密的操作成为可能. 第 2~4 章的课题是描述制作限制位点位置图谱所产生的一些数学问题. 限制图谱指明沿线性或环形 DNA 所选定的一些限制位点的位置或大致位置. 在本书的后面, 我们将指出限制图谱大约有 7000 个位点. 在图 2.1(a) 中, 我们给出大肠杆菌

表 2.1   限制酶

微生物	限制酶	限制位点
Bacillus amyloliquefaciens H 解淀粉芽孢杆菌 H	*Bam*HI	G|G ATC C C C TAG|G
Brevibacterium albidum 白色短小杆菌	*Bal*I	TGG|CCA ACC|GGT
Escherichia coli RY13 大肠杆菌 RY13	*Eco*RI	G|A ATT C C T TAA|G
Haemophilus aegyptius 埃及嗜血菌	*Hae*II	Pu GCGC|Py Py|CGCGPu
Haemophilus aegyptius 埃及嗜血菌	*Hae*III	GG|CC CC|GG
Haemophilus influenzae R$_d$ 流感杆菌 R$_d$	*Hind*II	GTPy|PuAC CAPu|PyTG
Haemophilus influenzae R$_d$ 流感杆菌 R$_d$	*Hind*III	A|AGCTT T TCGA|A
Haemophilus parainfluenzae 副流感杆菌	*Hpa*I	GTT|AAC GAA|TTG
Haemophilus parinfluenzae 副流感杆菌	*Hpa*II	C|CGG G GC|C
Providencia stuartii 164 斯氏普罗威登斯菌 164	*Pst*I	C TGCA|G G|ACGTC
Streptomyces albus G 白色链霉菌 G	*Sal*I	G|TCGAC C AGCT|G

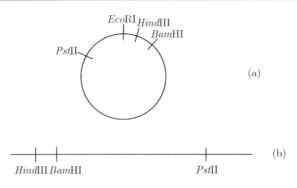

图 2.1   pBR322 的环形 (a) 和线形 (b) 限制图谱

(pBR322, 4363bps) 中有名的质粒的环形限制图谱, 在图 2.1(b) 中在 $EcoRI$ 位点将它切割得到线性图谱. 图 2.2 是噬菌体 λ 的 48502 bps 长的线性限制图谱. 注意, 我们用 bp(base pair) 作为度量长度的单位.

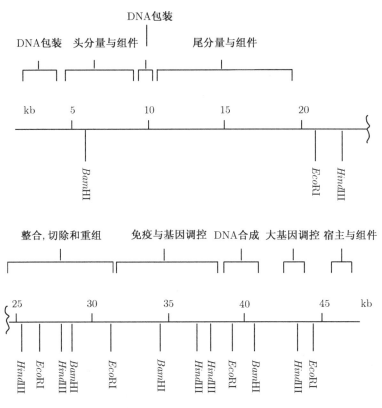

图 2.2 噬菌体 λ 的限制图谱 (在图上方用方括号指明遗传功能)

为了从数学上研究限制图谱, 引进图论的某些概念是必不可缺的.

2.2 图

图论是离散数学和计算机科学的一个课题, 它为生物学中的限制图谱的若干数据结构和关系提供了一个非常自然的数学模型. 借此机会, 叙述一些图论概念.

图 G 是顶点集 V 和边集 E 的集合, 此处 $e \in E$ 指 $e = \{u, v\}$ 及 $u, v \in V$(图 2.3(a)). 当 $e = \{u, v\} \in E$ 时说 u 和 v 是相邻的. 一个顶点 v 的度是使 $v \in e$ 的不同的边 e 条数. 有向图是边有方向的图, 即 $e = (u, v)$ 是有序的.

偶图是一个图, 其中, $V = V_1 \cup V_2$, $V_1 \cap V_2 = \varnothing$ 且 $e = \{u, v\} \in E$ 蕴涵 $u \in V_1$

和 $v \in V_2$ 或 $u \in V_2$ 和 $v \in V_1$(图 2.3 (b)). 两个图 G 和 H 是同构的 $G \cong H$, 如果顶点之间存在一一对应, 并且保持相邻性.

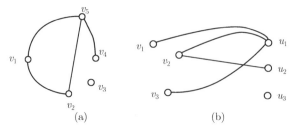

图 2.3 (a) 图 G 有顶点集 $V = \{v_1, v_2, \cdots, v_5\}$ 和边集 $E = \{\{v_1, v_2\}, \{v_1, v_5\}, \{v_2, v_5\},$
$\{v_5, v_4\}\}$; (b) 一个偶图有顶点集 $V_1 = \{v_1, v_2, v_3\}$ 和 $V_2 = \{u_1, u_2, u_3\}$ 的偶图

许多图由线性 (链) 结构产生. 设 S 是集合, $\mathcal{F} = \{S_1, S_2, \cdots, S_n\}$ 是 S 的非空的, 互不相同的子集族. $\mathcal{F}$ 的交图 $\mathcal{I}(\mathcal{F})$ 由 $\Gamma(\mathcal{I}(\mathcal{F})) = \mathcal{F}$ 以及当 $S_i \cap S_j \neq \varnothing$ 时, S_i 与 S_j 相邻来定义. 如果存在系 $\mathcal{F}$, 使 $G \cong \mathcal{I}(\mathcal{F})$, G 是 S 上的交图. 区间图是同构于某个 $\mathcal{I}(\mathcal{F})$ 的图, 此处 $\mathcal{F}$ 是在实线 $\mathbb{R}$ 上的区间族.

2.3   区   间   图

区间图的研究起源于 1959 年 Benzer 的一篇文章. Benzer 研究细菌基因的结构. 那时, 还不知道组成一个细菌基因的 DNA 的全体是否是线性的 (链状的). 现在已经了解得很清楚, 这种基因是沿染色体线性排列. Benzer 的工作是建立这个事实的基础. 本质上, 他得到基因片段的重叠的数据, 并指明这些数据与线性相容. 当然, 现在再没有对 Benzer 问题的热情. 但是, 我们这里讨论的一类区间图是分子生物学的现代实践的核心. 这些图与限制图谱相联系, 而限制图谱指出特定 DNA 的某些位点的位置 (位点是特定序列).

为使这些思想具体化, 我们先画一个限制图谱, 我们称之为 $A \wedge B$ 的图谱, A 有 3 个限制位点出现, B 有 4 个限制位点出现.

其次, 我们分别给出 A 和 B 的图谱, 分别称为 A 图谱和 B 图谱.

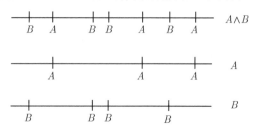

生物学家在构造一个限制图谱时, 由于限制酶能把 DNA 切成许多区间, 他们能识别这些位点之间的单个区间, 却不能直接观察到这些小区间的顺序, 而是试图确定 A 的区间是否与 B 的区间重叠, 然后由这些重叠的数据, 构造这个图谱. 形式上, 我们说两个区间重叠, 如果他们的内部有非空的交. 经常, 这些重叠数据由确定 A 和 B 的那些区间包含 $A \wedge B$ 的区间得到. 事实上, 限制图谱构造的最困难的内容是确定这些重叠数据. 这一困难问题在后面章节再作研究.

其次, 区间是随意标号的.

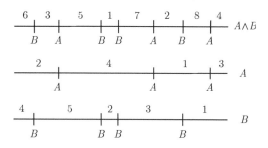

给 A 的分量标以 $A_1, A_2, \cdots, B$ 的分量标 $B_1, B_2, \cdots$. 定义关联矩阵 $\boldsymbol{I}(A, B)$, 它的元素 (i, j) 为 1, 如果 $A_i \cap B_j \neq \varnothing$, 否则为 0. 对于上面例子和标号有

$$\boldsymbol{I}(A, B) = \begin{pmatrix} 1 & 0 & 1 & 0 & 0 \\ 0 & 0 & 0 & 1 & 1 \\ 1 & 0 & 0 & 0 & 0 \\ 0 & 1 & 1 & 0 & 1 \end{pmatrix},$$

$$\boldsymbol{I}(A, A \wedge B) = \begin{pmatrix} 0 & 1 & 0 & 0 & 0 & 0 & 0 & 1 \\ 0 & 0 & 1 & 0 & 0 & 1 & 0 & 0 \\ 0 & 0 & 0 & 1 & 0 & 0 & 0 & 0 \\ 1 & 0 & 0 & 0 & 1 & 0 & 1 & 0 \end{pmatrix},$$

$$\boldsymbol{I}(B, A \wedge B) = \begin{pmatrix} 0 & 0 & 0 & 1 & 0 & 0 & 0 & 1 \\ 1 & 0 & 0 & 0 & 0 & 0 & 0 & 0 \\ 0 & 1 & 0 & 0 & 0 & 0 & 1 & 0 \\ 0 & 0 & 0 & 0 & 0 & 1 & 0 & 0 \\ 0 & 0 & 1 & 0 & 1 & 0 & 0 & 0 \end{pmatrix}.$$

像上面提到的, 通常我们知道 $\boldsymbol{I}(A, A \wedge B) = (x_{ik})$, $\boldsymbol{I}(B, A \wedge B) = (y_{jk})$, 而 $\boldsymbol{I}(A, B)$ 是要求的, 下面命题与这些矩阵有关.

命题 2.1 对上面定义的关联矩阵有

$$\boldsymbol{I}(A, B) = \boldsymbol{I}(A, A \wedge B)\boldsymbol{I}^{\mathrm{T}}(B, A \wedge B), \tag{2.1}$$

此处 $\boldsymbol{I}^{\mathrm{T}}(B, A \wedge B)$ 是 $\boldsymbol{I}(B, A \wedge B)$ 的转置.

证明 注意矩阵乘积的元素 (i, j) 等于 $A \wedge B$ 在 A 的第 i 个区间和 B 的第 j 个区间的区间数, 即 $z_{ij} = \sum_k x_{ik} y_{jk}$. 但是 $A \wedge B$ 的区间是由 A 的区间和 B 的区间的交形成. 所以, x_{ik} 和 y_{ik} 都为 1 当且仅当 $A_i \cap B_j = (A \wedge B)_k$, 这至多对于一个 k 发生.

当知道很容易地从 $\boldsymbol{I}(A, A \wedge B)$ 和 $\boldsymbol{I}(B, A \wedge B)$ 得到 $\boldsymbol{I}(A, B)$ 之后, 现在来刻画 $\boldsymbol{I}(A, B)$, 然后给出由 $\boldsymbol{I}(A, B)$ 构造限制图谱的一个算法. 在讨论两个等价的刻画之后, 把它放在定理 2.1 中.

矩阵 $\boldsymbol{I}(A, B)$ 告诉我们什么时候 A 的区间和 B 的区间有公共区间 $A \wedge B$, 或等价地说, 什么时候 A 区间的内部与 B 区间的内部相交. 于是, 由 $\boldsymbol{I}(A, B)$ 构造限制图谱等价于寻找对某个图 $G(A, B)$ 区间表示. 这个图由下面方法很自然地得到: $G(A, B)$ 的顶点集 $V(A, B)$ 由 A 区间的集合和 B 区间的集合的并得到, 边的集合 $E(A, B)$ 由无序对 $\{A_i, B_j\}$ 组成, 只要 A 的区间 A_i 和 B 的区间 B_j 重叠. 这样, $\boldsymbol{I}(A, B)$ 完全定义了图 $G(A, B)$.

如果 $G(A, B)$ 由限制图谱产生, 我们只需删除图谱 A 和图谱 B 的各区间的端点, 得到图 $G(A, B)$ 的 (开) 区间表示. 于是, $G(A, B)$ 是区间图. 由于 A 的区间的内部互不相交, B 的区间内部互不相交, 由于 A 的每个区间的内部与 B 的某区间的内部重叠 (B 的区间的内部也与 A 某区间内部重叠). 所以, $G(A, B)$ 是没有孤立点的偶图.

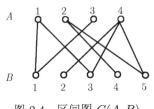

图 2.4   区间图 $G(A, B)$

相反, 对任何无孤立点的偶区间图 G, 通过把在两部分顶点的每一部分的代表顶点区间画在一起, 直到 A 和 B 的区间对应 A 和 B 图谱. 如此可构造一个限制图谱. 上例对应的偶图如图 2.4 所示.

其次, 我们观察到 $G(A, B)$ 是一个连通图, 除非 A 和 B 限制位点重合. 一般来说, A, B 的限制位点重合 k 次 (不计端点), 则 $G(A, B)$ 有 $k + 1$ 个分量.

还有一个刻画区间图的 0-1 矩阵表述. 在特殊情况下可以证明, 对于图 $G(A, B)$ 相应的 0-1 矩阵 $\boldsymbol{I}(A, B)$ 能变成很好的形式. 特别地, 如果将 $\boldsymbol{I}(A, B)$ 的行和列按 $G(A, B)$ 边的次序排列, $\boldsymbol{I}(A, B)$ 中的 1 将出现在由左上角到右下角的 $k + 1$ 个阶梯的台阶之一. 此处 k 是 $G(A, B)$ 的分量数, 每行或列有 1 相继, 并且在台阶上恰

好相遇一次, 不可能有 2×2 全 1 子矩阵. 下面是一个这种置换的例子:

$$
\begin{array}{c}
B \\
\begin{array}{ccccc} 4 & 5 & 2 & 3 & 1 \end{array}
\end{array}
$$

$$
A
\begin{array}{c} 2 \\ 4 \\ 1 \\ 3 \end{array}
\begin{pmatrix}
1 & 1 & 0 & 0 & 0 \\
0 & 1 & 1 & 1 & 0 \\
0 & 0 & 0 & 1 & 1 \\
0 & 0 & 0 & 0 & 1
\end{pmatrix}.
$$

注意, 矩阵现在是台阶状, 以 1 作为台阶. 限制图谱的这些刻画, 归纳成下面的定理:

定理 2.1 下列命题是等价的:

(1) 偶图 $G(A, B)$ 是由某限制图谱构成的图;

(2) $G(A, B)$ 是没有孤立点的偶区间图;

(3) $I(A, B)$ 通过行和列的置换变成每行和每列的 1 都恰好处于这些台阶之一.

关于一般区间图更多的信息参见文献 (Golumbic, 1980).

一般地, 区间图可以被识别并能找到它的表现, 所用时间是顶点数加边数的线性时间. 对于这里所考虑的一类图, 我们可提供识别和表现的算法, 并且十分简单. 算法对这类的一般问题有效, 并且仅要求线性时间和内存. 在本书后面, 关于这个算法将会介绍得更精确些. 现在, 只把这个算法想象成为一个完成这个任务的方法, 如由图构造一个图谱的方法.

因为在区间不相交的偶区间图的每个顶点集中, 每个顶点至多有两个相邻 $\deg(v) \geqslant 2$ 的顶点 v, 这是下面第 3 步的关键. 定义

$$
L = \{v : \deg(v) \geqslant 2\}.
$$

当我们试图找到这个图的 "端点" 时, 不把 A 的顶点从 B 的顶点分隔开的理由会显示出来.

注意, 两个最左边的区间, 只有底部那个区间有 $\deg = 2$. 事实上, 端点有可能有 $\deg \geqslant 2$, 但它只有一个 $\deg \geqslant 2$ 的相邻的顶点.

算法 2.1 (限制图谱)

set $L_0 = L$,

1. find an end.

Find $v \in L_0$ such that only one adjacent $u \in L_0$. If no such v exists, go to step 3.

2. find connected component.

Set $v_1 = v$ and $v_2 = u$, extend the sequence of edges $\{v_1, v_2\}, \{v_2, v_3\}, \cdots, \{v_{r-1}, v_r\}$ to maximum r, where all $v_i \in L_0$. Remove $\{v_1, \cdots, v_r\}$ from L_0, go to step 1.

3. fill in the component.

For $v \in L \cap L_0^c$ and $u \in L^c$ with $\{u, v\} \in E$, put $\{v, u\}$ between $\{v_i, v\}$ and $\{v, v_{i+2}\}$ in the component edge list.

4. single intervals.

For $v \in L_0$, for all $u_i \in L^c$ with $\{u_i, v\} \in E$, add $\{u_1, v\}, \{u_2, v\}, \cdots$ to list of components.

5. isolated pairs.

For $\{v, u\} \in E$ with $v, u \in L^c$ and the edge $\{v, u\}$ to the list of components.

6. done.

这个算法可被修改以提供识别这些图的方法.

考虑我们例子的图. 假设顶点 $A_1, A_2, A_3, A_4, B_1, B_2, B_3, B_4, B_5$ 和边 $\{A_1, B_1\}$, $\{A_1, B_3\}, \{A_2, B_4\}, \{A_2, B_5\}, \{A_3, B_1\}, \{A_4, B_2\}, \{A_4, B_3\}, \{A_4, B_5\}$ 被列出. 算法第 1 步和第 2 步给出

v	A_1	A_2	A_3	A_4	B_1	B_2	B_3	B_4	B_5
$\deg(v)$	2	2	1	3	2	1	2	1	2
$L(v)$	B_1, B_3	B_4, B_5	B_1	B_2, B_3, B_5	A_1, A_3	A_4	A_1, A_4	A_2	A_2, A_4

此处 $L(v) = \{u : \{u, v\}$ 是边$\}$. 在第 1 步和第 2 步中, 遇到端点 A_2, 它将引出顶点 B_5, A_4, B_3, A_1 和 B_1, 没有找到其他端点. 至此, 给出边的排序

$$\{A_2, B_5\}, \{B_5, A_4\}, \{A_4, B_3\}, \{B_3, A_1\}, \{A_1, B_1\}.$$

我们查看这边的列并插入每个包含 $\deg = 1$ 顶点和原来在排序中包含 $L \cap L_0^c$ 的顶点的边. 新的边必须与包含 $L \cap L_0^c$ 顶点的原来的边相邻. 如果存在这种机会, 把它插入原来的边中. 或者, 如果属于 $L \cap L_0^c$ 的顶点分别是左右端点, 就放在左边或右边, 对我们的例子得到分量 $\{A_2, B_4\}, \{A_2, B_5\}, \{A_4, B_5\}, \{A_4, B_2\}, \{A_4, B_3\}, \{A_1, B_3\}, \{A_1, B_1\}, \{A_3, B_1\}$.

2.4　片段大小的度量

为了进行生物学中大多数的实验, 必须有同一个 DNA 分子的许多同样的拷贝. 通常, 这个特点对数学的理解不是严格的. 但是, 对实验数据的理解这是很重要的.

为了进一步揭示限制图谱, 我们必须讨论怎样得到限制片段长度的度量. 在开始之前, 我们假定这个 DNA 有许多同样的拷贝.

DNA 的长度或大小是通过一个称为凝胶电泳的过程度量的. 凝胶指的是固态基质, 通常是琼脂糖或聚丙烯胺. 它们被液体缓冲剂渗透. 回想, DNA 是带负电荷分子, 当凝胶被放在电场下, DNA 向正极迁移, 一般装置如图 2.5(a) 所示.

原来, DNA 的迁移距离是大小的函数, 通过已知的 DNA, 我们能标定凝胶电泳和估计未知的 DNA 大小. DNA 在电场下放一段固定的时间, 测定迁移的距离. DNA 可被由溴化乙锭沾染的凝胶确定位置, 它使 DNA 发出荧光, 在紫外线照射下可以看到. 另一项技术是用放射性物质跟踪 DNA, 然后将凝胶在 X 射线胶片下曝光, 结果得到的凝胶如图 2.5(b) 所示.

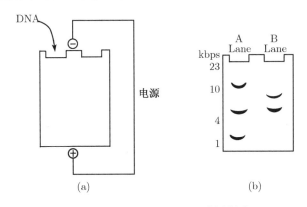

图 2.5 (a) 电泳设置; (b) 结果凝胶

人们对迁移距离与 DNA 大小或长度之间的关系了解的还不够精确. 最简单有用的模型是迁移距离 D 与大小或距离的对数成线性关系, 即 $D \approx a + b\log(L)$, 此外 $b < 0$. 负斜率是容易想像的. 长的 DNA 在凝胶基质中缠结, 从而移动不远, 而小的 DNA 穿过基质非常容易.

由于大量的相同的 DNA 通过凝胶, 迁移距离 D 不是一个点, 而是一个污迹. 科学家不能精确地测量 D, 这不足以奇怪. 所以, 让我们假定 D 可以被测量, 有一正态分布 $N(\mu_D, \sigma_D^2)$, 当 $a + b\log(L)$ 有正态分布时, 统计学家说 L 有对数正态分布. D 以 95% 落入的区间是 $\mu_D \pm 2\sigma_D$, 所以 $a + b\log(L) \in \mu_D \pm 2\sigma_D$, 或因为 $b < 0$,

$$L \in e^{\frac{\mu_D - a}{b} \pm \frac{2\sigma_D}{b}} = \left(e^{\frac{-2\sigma_D}{b}} \times e^{\frac{\mu_D - a}{b}}, e^{\frac{+2\sigma_D}{b}} \times e^{\frac{\mu_D - a}{b}} \right).$$

现在, 当 $2\sigma_D/|b|$ 小时,

$$L \approx \left(e^{\frac{\mu_D - a}{b}} \left(1 - \frac{2\sigma_D}{|b|} \right), e^{\frac{\mu_D - a}{b}} \left(1 + \frac{2\sigma_D}{|b|} \right) \right).$$

在这种情况下, 我们说长度在真实长度的 $2\sigma_D/|b| \times 100\%$ 之内. 特别有意思, 生物学家常以 $x \times 100\%$ 的形式报告他们的结果.

这点统计学的含义是我们不能期望片段长度的度量误差与它的长度无关, 小的片段可能被度量的很精确, 而大的片段可能有非常大的误差, 对已知的 DNA 用 1000 基对度量迁移距离在凝胶的左边标出.

问　　题

问题 2.1　从下面图谱分解和标号中, 求 $\boldsymbol{I}(A,B)$, $\boldsymbol{I}(A, A \wedge B)$, $\boldsymbol{I}(B, A \wedge B)$, 验证命题 2.1, 并求出 $\boldsymbol{I}(A,B)$ 的阶梯状表现.

问题 2.2　从

$$\boldsymbol{I}(A,B) = \begin{array}{c} \\ 1 \\ 2 \\ 3 \\ 4 \\ 5 \end{array} \begin{array}{c} \begin{array}{cccccccc} 1 & 2 & 3 & 4 & 5 & 6 & 7 & 8 \end{array} \\ \left(\begin{array}{cccccccc} 0 & 1 & 0 & 0 & 0 & 0 & 0 & 0 \\ 0 & 0 & 0 & 1 & 0 & 0 & 0 & 0 \\ 1 & 0 & 0 & 0 & 0 & 0 & 1 & 1 \\ 0 & 1 & 1 & 0 & 0 & 1 & 0 & 0 \\ 0 & 1 & 0 & 0 & 1 & 0 & 0 & 0 \end{array} \right) \end{array}$$

利用算法 2.1 求限制图谱.

问题 2.3　限制图谱可有多于两种的限制酶. 设 A, B 和 C 是三种限制酶, 并且当 $A_i \cap B_j \cap C_k \neq \varnothing$ 时元 (i,j,k) 等于 1, 否则为 0 来定义 $\boldsymbol{I}(A,B,C)$.

(i) 对于 $\boldsymbol{I}(A,B,C)$, 叙述并证明命题 2.1;

(ii) 叙述对 l 种酶 $A^{(1)}, A^{(2)}, \cdots, A^{(e)}$ 的推广.

第 3 章　多 重 图 谱

有几种方法确定限制位点的位置. 关键是用一种或多种限制酶消化 DNA 的能力以及用电泳方法度量 DNA 片段的能力. 本章, 我们着重于两种遗传限制酶 A 和 B.

前面用重叠数据讨论区间图, 使我们在实验方法方面有了一个基础. 在一些情况下, 用下列方法能确定重叠区间图 $A_i \cap B_j$. 首先, 用酶 A 将 DNA 打碎. 然后, 对 A 的每个片段 A_i 再用酶 B 将它打碎. 如果所有 $A \wedge B$ 的尺寸是唯一的, 则 $A \wedge B$ 的每一个片段唯一指定给 A_i. $A \wedge B$ 片段的唯一性通常由这些片段的长度唯一性给出. 如果按相反的次序重复这个实验, 那么 $A \wedge B$ 的每个片段唯一的指定给 B_j. 这些实验给出第 2 章区间图的数据.

由于做这些实验困难, 通常不是直接从重叠 $A_i \cap B_j$ 的实验数据确定图谱, 而是做两个单一消化和一个双消化. 然后, 三批 DNA 在凝胶的三个通道中电泳. 3.1 节, 我们将描述这个问题, 并且证明关于用这些数据确定限制图谱的不唯一定理. 后面几节给出这些多重解的更详细的分类.

一个简单的命题将被证明是有用的. 定义 $A \vee B$ 为由图谱 A 和图谱 B 公共的限制位点所产生的片段集合. $A \wedge B$ 叫做 A 和 B 的交, 而 $A \vee B$ 叫做 A 和 B 的并. 我们进一步规定一些记号 $A = \{A_1, \cdots, A_n\}$, $B = \{B_1, \cdots, B_m\}$ 和 $[A, B]$ 表示在限制图谱中的特定次序.

命题 3.1　$|A \wedge B| = |A| + |B| - |A \vee B|$.

证明　为了枚举一个片段集合的元素个数, 作一个集合 S 包括所有片段端点, 但不是由酶切割位点的 DNA 的头和尾. 如果 S_A 由 $A = \{A_1, \cdots, A_n\}$ 确定, 则 $|S_A| = n + 1$.

通过容斥原理,

$$|S_A \cup S_B| = |S_A| + |S_B| - |S_A \cap S_B|.$$

在 $S_A \cup_B B_B$ 中的切位产生 $A \wedge B$, 而在 $S_A \cap S_B$ 中的切位产生 $A \vee B$, 通过片段的左端点来数这些片段

$$|S_A \cup S_B| = |A \wedge B| + 1,$$

$$|S_A| = |A| + 1, \quad |S_B| = |B| + 1,$$

$$|S_A \cap S_B| = |A \vee B| + 1.$$

容斥原理推出结论

$$|A \wedge B| = |A| + |B| - |A \vee B|.$$

3.1　双消化问题

我们考虑多重消化问题如下: 讨论线性 DNA 的双消化在无测量误差下的最简单情况, 把这个问题叫做双消化 (double digesting problem, DDP). 限制酶在一些特定模式出现的地方将长为 L 的 DNA 分子切成一些片段, 并且将这些片段的长度记录下来. 在双消化问题中, 单独使用每种酶后, 我们有一列片段的长度作为数据. 例如,

$$\boldsymbol{a} = ||A|| = \{a_i : 1 \leqslant i \leqslant n\} \text{ 来自第一个分解},$$

$$\boldsymbol{b} = ||B|| = \{b_i : 1 \leqslant i \leqslant m\} \text{ 来自第二个分解}.$$

同时, 当这两种限制酶同时使用, DNA 在这两组限制模式的所有出现处被切割, 得到一列双消化片段长度. 例如,

$$\boldsymbol{c} = ||A \wedge B|| = ||C|| = \{c_i : 1 \leqslant i \leqslant l\}$$

仅保留片段长度的信息. 我们用 DDP$(\boldsymbol{a}, \boldsymbol{b}, \boldsymbol{c})$ 来表示求图谱 $[A, B]$ 的问题, 使得 $||A|| = \boldsymbol{a}$, $||B|| = \boldsymbol{b}$ 以及 $||C|| = ||A \wedge B|| = \boldsymbol{c}$. 一般地, $||A||$, $||B||$ 和 $||C||$ 是重集, 即可能有一些片段长的值出现不只一次. 我们采用约定, 集合 $||A||$, $||B||$, $||C||$ 是有序的, 即对于 $i \leqslant j$ 有 $a_i \leqslant a_j$. 对于 $||B||$, $||C||$ 集合也是一样. 当然,

$$\sum_{1 \leqslant i \leqslant n} a_i = \sum_{1 \leqslant i \leqslant m} b_i = \sum_{1 \leqslant i \leqslant l} c_i = L.$$

这是因为我们假定片段的长度用基的个数来度量, 没有误差. 给定上面的数据, 问题是求集合 A 和 B 的次序, 使得通过这些次序推导出的双消化, 在后面的精确定义下是 C. 这是问题的数学描述, 有时用穷举法来解. 在第 4 章中, 我们将研究用长度数据构造限制图谱的算法.

我们可以如下把双消化问题表述得更精确一些: 对于 $(1, 2, \cdots, n)$ 的一个置换 σ 和 $(1, 2, \cdots, m)$ 的置换 μ, 称 (σ, μ) 为一个构形. 根据 σ 和 μ 分别对 A, B 排序, 我们得到切割位点的位置集合

$$S = \left\{ s : s = \sum_{1 \leqslant j \leqslant r} a_{\sigma(j)} \text{ 或 } s = \sum_{1 \leqslant j \leqslant t} b_{\mu(j)}; \ 0 \leqslant r \leqslant n, \ 0 \leqslant t \leqslant m \right\}.$$

由于我们仅仅想记录切割位点的位置, 所以集合 S 的元不允许重复, 即 S 不是重集. 现在给 S 的元素标号, 使得

$$S = \{s_j : 0 \leqslant j \leqslant l\}, \quad \text{当 } i \leqslant j \text{ 时}, s_i \leqslant s_j.$$

由构形 (σ, μ) 导出的双消化定义为

$$C(\sigma, \mu) = \{c_j(\sigma, \mu) : c_j(\sigma, \mu) = s_j - s_{j-1}, 1 \leqslant j \leqslant l\}.$$

这里, 通常假定集合按指标 j 的大小排列. 那么这个问题就要求构形 (σ, μ), 使 $C = C(\sigma, \mu)$. 此处 $C = A \wedge B$ 由实验决定.

3.1.1 双消化问题的多重解

在许多实例中, 双消化问题的解是不唯一的. 例如,

$$\boldsymbol{a} = \|A\| = \{1, 3, 3, 12\}, \quad \boldsymbol{b} = \|B\| = \{1, 2, 3, 3, 4, 6\}, \quad \boldsymbol{c} = \|C\| = \{1, 1, 1, 1, 2, 2, 2, 3, 6\}.$$

图 3.1 给出了两个不同的解.

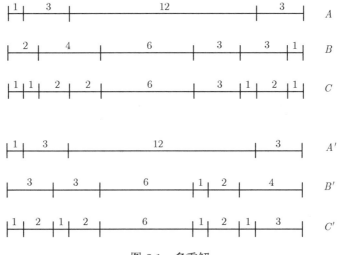

图 3.1 多重解

因为 A 和 B 片段次序决定 $C = A \wedge B$ 的片段和这些片段的次序, 最简单的组合学给出 $n!m!$ 个图谱的构形. 然而, 在上面的例子中, 3 在 A 分解中重复两次, 3 在 B 分解中也重复了两次. 在不能区分长度相同的片段假定下, 在上例中 $n = 4, m = 6$ 有 $4!6!/2!2! = 4320$ 个图谱的构形. 如后面讨论的那样, 这些数据仅有 208 个不同的解. 我们现在所演示的多重解的现象远不是孤立的, 是可预料到的.

我们使用概率论中的强有力的结果 ——Kingman 的次可加遍历定理, 在下面给出的概率模型下, 证明 3.1 节所叙述双消化问题的解的个数随长度指数增长.

为了便于参考, 我们叙述次可加遍历定理的一种形式如下:

定理 3.1 (Kingman)　对非负整数 s, t, $0 \leqslant s \leqslant t$, 设 $X_{s,t}$ 是一组随机变量, 满足下列条件:

(1) 只要 $s < t < u$, $X_{s,u} \leqslant X_{s,t} + X_{t,u}$;

(2) $\{X_{s,t}\}$ 的联合分布与 $\{X_{s+1,t+1}\}$ 的联合分布一样;

(3) 期望 $g_t = E[X_{0,t}]$ 存在, 并对某个常数 K 和所有 $t > 1$ 满足 $g_t \geqslant Kt$, 则有限的 $\lim\limits_{t \to \infty} X_{0,t}/t = \lambda$ 以概率为 1 存在且是一阶矩收敛.

为从定理 3.1 得到启发, 回想通常的强大数定理 (SLLN), 它处理独立同分布 (iid) 随机变量 $W_1, W_2, \cdots, W_n$, 此处 $\mu = E(W_i)$ 及 $|\mu| < \infty$. (SLLN) 断言

$$\frac{W_1 + W_2 + \cdots + W_n}{n} \to \mu$$

的概率为 1.

设 $U_{s,t} = \sum\limits_{s+1 \leqslant i \leqslant t} W_i$. 容易看出, (1) 被满足,

$$U_{s,u} = \sum_{s+1 \leqslant i \leqslant t} W_i + \sum_{t+1 \leqslant i \leqslant u} W_i = U_{s,t} + U_{t,u}.$$

当 W_i 是独立同分布时明显满足 (2). 最后, $g(t) = E(U_{0,t}) = t\mu$, 所以 (3) 成立且 $\mu = K$. 所以极限 $\lim\limits_{t \to \infty} \sum\limits_{1 \leqslant i \leqslant t} W_i/t$ 存在且以概率 1 是一个常数. 注意, 这一套做法不允许我们得出结论: 极限是 μ. 这是放松可加性的代价. 现在回到 DDP 解的多重性问题.

强调随机模型是必要的. 两种限制酶分别以概率 p_A 和 $p_B (p_i \in (0,1))$ 独立地切割标号为 $1, 2, 3, \cdots$ 的位点. 这些位点是相继基之间的糖 —— 磷酸骨架. 定义重合为同时被两种限制酶切割的事件, 这种事件在每一个位点以概率 $p_A p_B > 0$ 独立地发生, 并且在位点 0 处肯定发生. 在位点 $1, 2, 3, \cdots$ 处以概率 1 有无限个这种事件数.

定理 3.2　假设对于两种限制酶, 这些位点分别以概率 p_A 和 $p_B (p_i \in (0,1))$ 独立分布. 设 $Y_{s,t}$ 是第 s 个和第 t 个重合切割位点间解的个数, 则存在一个有限常数 $\lambda > 0$, 使

$$\lim_{t \to \infty} \frac{\log(Y_{0,t})}{t} = \lambda.$$

证明　对于 $s, u = 0, 1, 2, \cdots, 0 \leqslant s \leqslant u$, 我们仅仅考虑位于在第 s 个和第 t 个重合间的那一段的双消化问题. 设 $Y_{s,u}$ 表示这一段双消化问题的解数, 即仅在第 s

个和第 u 个重合间的那一段, 分别使用第一种酶和第二种酶得到的片段长度的集合 $A_{s,u}$ 和 $B_{s,u}$, 而 $C_{s,u}$ 是这两种酶一起使用时所产生的片段长度的集合. $Y_{s,u}$ 是把 $A_{s,u}$ 和 $B_{s,u}$ 排序产生 $C_{s,u}$ 的排序数.

显然, 只要 $s < t < u$, 给定第 s 个和第 t 个重合之间这一段的一个解与第 t 个和第 u 个重合之间一段的一个解, 我们就可能有一个第 s 个与第 u 个重合间的一个解. 因此 $Y_{s,u} \geqslant Y_{s,t} Y_{t,u}$.

注意到当 $Y_{s,u}$ 是计算由排序得到的解, 开始这些片段在第 s 个和第 t 个重合间出现, 后又在第 t 个和第 u 个重合间的解中出现时, 不等式可能变成等式. 设

$$X_{s,t} = -\log Y_{s,t}$$

我们有 $s \leqslant t \leqslant u$, 蕴含 $X_{s,u} \leqslant X_{s,t} + X_{t,u}$.

独立地进行切割, 并且在每次消化中以相同的概率出现的假设蕴含定理的条件 (2) 成立.

最后, 为证明满足 Kingman 定理的条件 (3), 设 $n_i, i = 1, 2, \cdots$ 是第 $i - 1$ 个和第 i 个重合间一段区间的长度. 注意 n_i 是独立同分布的随机变量, $E[n_i] = 1/p_A p_B$. 从开始到第 t 个重合这一段的长度是 $m(t) = n_1 + n_2 + \cdots n_t$. 对于第一种或第二种限制酶有 $2^{(m(t)-1)}$ 种方法去切割 0 和 $m(t)$ 间的剩余的 $m(t) - 1$ 个位点, 所以, $A_{0,t}$ 和 $B_{0,t}$ 排序的总对数的界是 $4^{m(t)}$. 注意, 并不是这些排序都是解, 因此 $Y_{0,t} \leqslant 4^{m(t)}$ 或 $X_{0,t} \geqslant -\log 4 \cdot m(t)$, 所以 $E[X_{0,t}] \geqslant Kt$, 此外 $K = -\log(4)/p_A p_B$.

现在我们得出结论: 以概率 1 有 $X_{0,t}/t \to \lambda$. 注意到, 极限 $\lim\limits_{t \to \infty} \log(Y_{0,t})/t$ 的存在性是个尾事件, 与任何有限的事件无关, 所以 λ 是常数.

此外, 我们用下列方法可证明 $\lambda > 0$. 迭代 $Y_{s,u} \geqslant Y_{s,t} Y_{t,u}$ 得到 $Y_{0,t} \geqslant \prod\limits_{i=1}^{t} Y_{i-1,i}$, 从而 $E[\log(Y_{0,t})]/t \geqslant E[\log(Y_{0,1})]$.

由于图 3.1 所示的多重解的例子, 在所考虑的概率模型下事件出现有正概率

$$P(Y_{0,1} \geqslant 2) > 0,$$

这个事实, 连同观察到的 $Y_{0,1} \geqslant 1$ 有 $E[\log(Y_{0,1})] = \mu > 0$. 取极限得到 $\lambda \geqslant \mu > 0$.

显然 $\lambda \geqslant 0$, 但是证明 $\lambda > 0$ 是重要的, 否则 $Y_{0,t}$ 会是常数或多项式地增长且 $\lim\limits_{t \to \infty} \log(Y_{0,t})/t = 0$.

定理 3.3 假设对两种限制酶 A 和 B, 位点分别以概率 p_A 和 p_B 独立分布, $p_i \in (0,1)$. 设 Z_l 是从 0 开始到长为 l 的一段的解数, 则

$$\lim_{l \to \infty} \frac{\log Z_l}{l} = \lambda p_A p_B.$$

证明   对于 l, 定义 t_l

$$m(t_l) \leqslant l < m(t_l + 1).$$

由 t_l 的定义有

$$Y_{0,t_l} \leqslant Z_l \leqslant Y_{0,t_l+1}$$

和

$$\lim_{l \to \infty} \left\{ \frac{\log Y_{0,t_1}}{t_l} \cdot \frac{t_l}{l} \right\} \leqslant \lim_{l \to \infty} \frac{\log Z_l}{l} \leqslant \lim_{l \to \infty} \left\{ \frac{\log Y_{0,t_l+1}}{t_l + 1} \cdot \frac{t_l + 1}{l} \right\}.$$

当然, 当 $t \to \infty$ 时, $\log(Y_{0,t}/t) \to \lambda$. 剩下观察

$$m(t_l) = \sum_{i=1}^{t_l} n_i \leqslant l < m(t_l + 1) \leqslant \sum_{i=1}^{t_l+1} n_i$$

和

$$\frac{1}{t_l} \sum_{i=1}^{t_l} n_i \leqslant \frac{l}{t_l} < \frac{t_l + 1}{t_l} \frac{1}{t_l + 1} \sum_{i=1}^{t_l+1} n_i,$$

所以

$$\lim_{l \to \infty} \frac{l}{t_l} = \frac{1}{p_A p_B}.$$

这证明了

$$\lim_{l \to \infty} \frac{\log(Z_l)}{l} = \lambda p_A p_B.$$

这个结果的推论是对长度为 m 的一段, 我们有近似值 $Z_m \approx \exp(\gamma m)$, 此处 $\gamma = \lambda p_A p_B$. 这就是说, 双消化问题的解作为这一段长度的函数指数地增长. 这对生物学不是一个好消息, 生物学希望得到一段长的 DNA 的精确图谱.

3.2   多重解分类

3.1 节证明了对于长的 DNA 有许多 DDP 的解, 这样结果的困难性在于什么也不明确. 不知道指数增长率, 确定 Kingman 定理中的常数也是非常困难的. 因为我们看到具有多重解的小例子, 所以可以预料这些现象在极长的 DNA 中也存在. 更多的未知信息是关于多重解的分类, 而且关于它的组合性质什么也不知道. 这个证明依赖于切割的重合, 假若解所有的多重性是那样简单, 就可以期望给大的 DNA 作出限制图谱. 当然, 这个例子没有切割位点, 所以它不能包含所有多重解的本质特征. 可以预料, 多重解的结构是非常复杂的. 现在, 以例子给出某些等价解的类型. 通常, 由这些数据的特点引导给出定义.

3.2.1 反射性

只要 $\boldsymbol{\sigma} = (\sigma_1, \cdots, \sigma_n)$ 和 $\boldsymbol{\mu} = (\mu_1, \cdots, \mu_m)$ 是 DDP 的解, 则 $\boldsymbol{\sigma}' = (\sigma_n, \sigma_{n-1}, \cdots, \sigma_1)$ 和 $\boldsymbol{\mu}' = (\mu_m, \mu_{m-1}, \cdots, \mu_1)$ 也是 DDP 的解. 称 $(\boldsymbol{\sigma}', \boldsymbol{\mu}')$ 是 $(\boldsymbol{\sigma}, \boldsymbol{\mu})$ 的反射. 图 3.2 中的一对图谱 $[A, B]$ 和 $[A', B']$ 互为反射. 它们都是双消化问题的解. 实际意义上, 它们代表了问题的同一个解, 差别是由随意选择方向造成的, 片段长度的数据不可能互相区别. 考虑模反射关系的一组解是合理的.

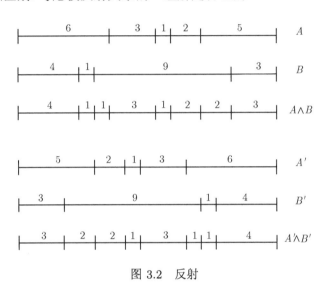

图 3.2　反射

3.2.2 重叠等价

在第 2 章和本章的开头, 讨论了 DDP 的重叠数据. 由重叠数据知道是否 $A_i \cap B_j = \varnothing$ 或非空. 许多不同的图谱可能有同样的重叠数据, 并且表述这种事非常简单. 具有同一重叠数据的这些解称为重叠等价.

如果图谱 M 有 $t - 1$ 个重合切割位点, 则这个图有 t 个 (连通) 分量. 分量可有 $t!$ 种方法排列, 分量的任何子集可被反射. 显然我们得到的解是这个图谱的重叠等价解. 所以, M 是 $2^t t!$ 重叠等价解之一. 分量数是 $t = |A \vee B|$. 如果在 A 或 B 消化中一个分量只有一个片段, 则置换和反射是等价的. 如果 S 等于这种分量数, 2^t 应换成 2^{t-s}.

重叠等价解可能出现的另一种方式如下: 对于每个 B_j, 设 $\mathcal{A}_j = \{A_l : A_l \subset B_j\}$ 且对每个 A_i, 设 $\mathcal{B}_i = \{B_k : B_k \subset A_i\}$. 注意, $\mathcal{A}_j$ 和 $\mathcal{B}_j$ 成员的置换给出图 M 的重叠等价图谱. 我们有下面的定理:

定理 3.4　如果图谱有 $t = |A \vee B|$ 个分量, 重叠等价图谱数为

$$2^{t-s}t!\prod_{j=1}^{m}|\mathcal{A}_j|!\prod_{i=1}^{n}|\mathcal{B}_i|!.$$

证明   限制图谱的区间图表示蕴含着在一个分量中能复制的重叠等价图谱仅仅是反射和第二个酶没有切割的一个消化的片段的置换.

在图 3.3 中, 我们给出分量的全部置换产生 $2^{3-1}\cdot 3! = 24$ 种不同的重叠等价中的两个. 在图 3.4 中, 我们给出未切割片段内的区间置换和反射产生的不同解中的两个.

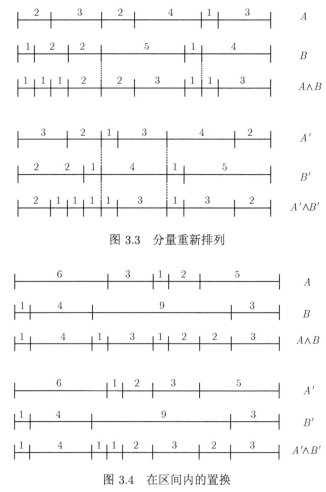

图 3.3   分量重新排列

图 3.4   在区间内的置换

最后一个定理实际包含了重叠等价的刻画.

定理 3.5   重叠等价类由分量的置换与反射以及由完全含在一种酶消化的单个片段中的另一种酶消化的片段的置换产生.

3.2.3 重叠尺寸等价

在我们关于重叠等价的讨论中, 使用了 $A_i \cap B_j$ 是空的或非空这个事实. 回想, 片段的尺寸一般都是知道的, 这启发我们定义图谱的重叠尺寸数据为

$$\{(|A_{i_s}|, |B_{j_s}|, |C_s|) : C_s = A_{i_s} \cap B_{j_s}\}.$$

具有数据 $\{a_1, \cdots, a_n\}, \{b_1, \cdots, b_m\}$ 和 $\{c_1, \cdots\}$ 的 DDP 的两个解是重叠尺寸等价, 如果它们有同样一组重叠尺寸数据. 下面的命题叙述了一个形式上明显的事实:

命题 3.2 当 $\{a_1, a_2, \cdots\}$ 和 $\{b_1, b_2, \cdots\}$ 每一个都有互不相同的元素, 则重叠等价与重叠尺寸等价相同.

命题 3.3 重叠等价推出重叠尺寸等价. 但是, 当 A 或 B 的消化包含同样长度的多个片段时, 重叠尺寸数据给出的关于图谱的信息要少于重叠数据. 这失掉的图谱的信息对应于我们不能用实验的方法在给定的消化中把有同样长度的不同的 DNA 片段分离且区分开.

给定尺寸数据的一个解 $[A, B]$, 描述重叠尺寸等价于 $[A, B]$ 的一组所有解比描述重叠等价 $[A, B]$ 的那些解困难得多. 例如, 图 3.5 中 $[A, B]$ 和 $[A', B']$ 的重叠等价类是彼此互不相同的, 每个包含 $3!(3!)^3 = 1296$ 图谱, 而 $[A, B]$ 和 $[A', B']$ 是重叠尺寸等价. 对 $[A, B]$ 和 $[A', B']$ 的重叠尺寸数据如下:

$[A, B]$	$[A', B']$
$(2, 15, 2)$	$(2, 15, 2)$
$(4, 15, 4)$	$(7, 15, 7)$
$(9, 15, 9)$	$(6, 15, 6)$
$(7, 15, 7)$	$(4, 15, 4)$
$(3, 15, 3)$	$(3, 15, 3)$
$(5, 15, 5)$	$(8, 15, 8)$
$(6, 15, 6)$	$(9, 15, 9)$
$(1, 15, 1)$	$(1, 15, 1)$
$(8, 15, 8)$	$(5, 15, 5)$

这个简单例子表明, 在描述任意限制图谱 $[A, B]$ 的重叠尺寸等价类的一个本质的困难是, 这些没有切割的片段未必仅在一些区间内置换. 假设 B 的片段 B_i 和 B_j 有同样长度. 设 $\mathcal{A}_i$ 和 $\mathcal{A}_j$ 是 A 的分别包含在 B_i 和 B_j 中未切割的区间, 并且设 L_i 是 $\mathcal{A}_i$ 中片段的长度之和, 则在寻找重叠尺寸等价于 $[A, B]$ 的所有解的过程中, 人们必须确定 $\mathcal{A}_i \cup \mathcal{A}_j$ 中的所有元素长度之和等于 L_i 的子集 S. 这是集合划分问题的一种变形, 据知是一个非常困难的计算问题 (见第 4 章).

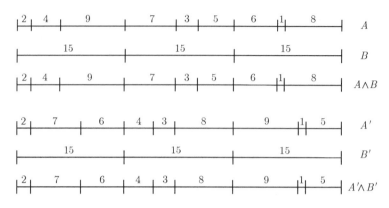

图 3.5   重叠尺寸等价

由于这种分类解的方法有严重的限制, 所以转向另一种称为盒等价的分类. 首先, 我们引进一些图论知识, 再证明 3.2.5 小节的等价定理. 然后, 在 3.2.6 小节和 3.2.7 小节将这些思想用于限制图谱.

3.2.4   更多的图论知识

我们用 l 种颜色按函数 $f : E \to \{1, 2, \cdots, l\}$ 给图 $G(V, E)$ 的边染色.

对于 $1 \leqslant i \leqslant m - 1$, 路 $Q = x_1 x_2 \cdots x_m$ 满足 $\{x_i x_{i+1}\} \in E$, 如果 $x_1 = x_m$, 称 Q 为回路. 用 $Q^r = x_m x_{m-1} \cdots x_1$ 表示 Q 的反射.

一个路或回路的相继的边的染色不同, 称为交错的,

$$f(x_i, x_{i+1}) \neq f(x_{i+1}, x_{i+2}).$$

一个路或回路称为欧拉的, 如果它通过图的每个边 $e \in E$ 恰好一次. 设 $d_c(v, E)$ 是与 v 关联的 E 的 c 色边的边数. 显然, v 在 E 中的度 $d(v) = d(v, E)$ 满足

$$d(v, E) = \sum_{c=1}^{l} d_c(v, E).$$

如果 $\max_c d_c(v, E) \leqslant d(v, E)/2$, 则称顶点 v 是平衡的. 一个平衡图是每个顶点都是平衡的图.

下面定理在研究限制图谱时有用:

定理 3.6 (Kotig)   设 G 是边染色的连通图且顶点的度为偶数, 那么, 当且仅当 G 是平衡图时, G 存在一个交错的欧拉回路.

系 3.1   如果 $G(v, E)$ 是边双色图, 当且仅当对所有 $v \in V, d_1(v, E) = d_2(v, E)$ 时, G 存在一个交错回路.

3.2.5 从一条路到另一条路

设 $F = x_1 \cdots x_i \cdots x_j \cdots x_k \cdots x_n \cdots x_m$ 是边双色图 G 中的交错路且 $x_k = x_i$ 和 $x_n = x_j$. 设 $F = F_1 F_2 F_3 F_4 F_5$, $F_1 = x_1 \cdots x_i$, $F_2 = x_i \cdots x_j$, $F_3 = x_j \cdots x_k$, $F_4 = x_k \cdots x_n$ 和 $F_5 = x_n \cdots x_m$. 交换

$$\phi : F = F_1 F_2 F_3 F_4 F_5 \to F^* = F_1 F_4 F_3 F_2 F_5.$$

如果 $\phi(F) = F^*$ 是交错路, 称变换为序交换, 如图 3.6 所示. 如果 $x_i = x_j$, F^* 是交错路, $F = F_1 F_2 F_3 \to F^* = F_1 F_2^r F_3$ 表示序反射, 如图 3.7 所示. 设 $X = x_1 \cdots x_m, Y = y_1 \cdots y_m$ 是 G 中任意两个回路. 如果对 $1 \leqslant k \leqslant l$, $x_{i+k} = y_{j+k}$, 此处 $i+k$ 和 $j+k$ 运算模 m, 则 X 的区间 $x_{i+1} \cdots x_{i+l}$ 与 Y 的区间 $y_{j+1} \cdots y_{j+l}$ 重合. 我们定义 X 和 Y 的重合区间的顶点数的最大值 l 为指标 $\mathrm{ind}(X,Y)$.

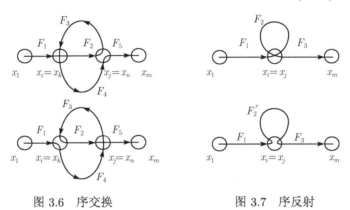

图 3.6　序交换　　　　　图 3.7　序反射

定理 3.7　能够用一列序变换、即序交换及序反射将边二色图 G 中两个交错的欧拉回路 X 和 Y 互相变换.

证明　设 X 和 Y 是定理中的两个回路. 定义 $\mathcal{C} = \{X_i : X_i$ 是由 X 经序变换得到的$\}$, 此处, $X = x_1 \cdots x_m$. 选择与 Y 有最长的重合区间的 $X^* \in \mathcal{C}$,

$$\mathrm{ind}(X^*, Y) = \max\{\mathrm{ind}(X_i, Y) : X_i \in \mathcal{C}\}.$$

定理 3.7 断言 $(\mathrm{ind}(X^*, Y) = m)$.

假设定理不真, 即 $\mathrm{ind}(X^*, Y) = l < m$. 将图标号, 使 $X^* = x_1 \cdots x_m$ 和 $Y = y_1 \cdots y_m$ 的重合区间从 x_1 和 y_1 开始.

置 $v = x_l = y_l$, $w = x_{l+1}$, $u = y_{l+1}$, $e_1 = (v, w)$ 和 $e_2 = (v, u)$, $u \neq w$, 使 e_1 和 e_2 是 X^* 和 Y 的第一个不同的边, 如图 3.8 所示.

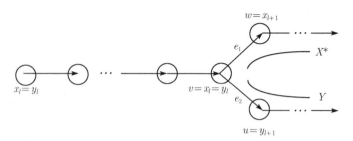

图 3.8 X^* 和 Y 在 $x_l = y_l = v$ 处分开

因为 X^* 和 Y 是交错图, $f(x_{l-1}, x_l) \neq f(x_l, x_{l+1}) = f(e_1)$ 和 $f(y_{l-1}, y_l) \neq f(y_l, y_{l+1}) = f(e_2)$. 由于 $(x_{l-1}, x_l) = (y_{l-1}, y_l)$, 我们有 $f(e_1) = f(e_2)$. 因为是欧拉图, 边 $\{u, v\}$ 必在 X^* 中. 有两种情况:

情况 i X^* 中边 e_2 有方向 $x_i = u, x_{i+1} = v$. 于是 $X^* = x_1 \cdots vw \cdots uv \cdots x_m$. 令 $F_1 = x_1 \cdots v$, $F_2 = vw \cdots uv$ 和 $F_3 = v \cdots x_m$. 由于 (v, w) 和 (v, u) 有同样颜色,

$$\phi(F) = F_1 F_2^r F_3 = X^{**}$$

是序反射, 所以 $X^{**} \in \mathcal{C}$ 且 $\mathrm{ind}(X^{**}, Y) > \mathrm{ind}(X^*, Y)$, 这导致矛盾.

情况 ii 反之, 设 $e_2 \in X^*$ 边有方向 $x_n = v, x_{n+1} = u$,

$$X^* = x_1 \cdots x_l w \cdots x_n x_{n+1} \cdots x_m,$$

此处 $x_l = x_n = v, x_{n+1} = u$. 定义

$$X^* = X_1 X_2 X_3,$$

此处

$$X_1 = x_1 \cdots x_l, \quad X_2 = x_l \cdots x_n, \quad X_3 = x_n \cdots x_m.$$

现在, 引入引理

引理 3.1 X_3 中存在一个顶点 $x_j, j > n$ 也在 X_2 中.

证明 直到 $x_l = y_l = v$ 为止, X^* 和 Y 重合. 因为 $x_{l+1} = w \neq y_{l+1} = u$, 路 $x_{l+1} \cdots x_m$ 必包含边 $\{u, v\}$. 事实上, $(x_n, x_{n+1}) = (v, u)$ 和 $(y_l, y_{l+1}) = (v, u)$. 所以, 存在最小的 $i > l$, 使 y_i 是 $X_2 = x_l \cdots x_n$ 中的顶点, 这意味着 $(y_{i-1}, y_i) \notin X_2$. 由于它不能属于 X_1, 所以这个边 $(y_{i-1}, y_i) \in X_3$. 这就是说有一个 y_i, 使得 y_i 是 X_2 中的顶点, 又是 X_3 中的顶点.

现在, 记

$$X^* = F_1 F_2 F_3 F_4 F_5,$$

此处,

$$F_1 = x_1 \cdots x_l, \quad F_2 = x_l \cdots x_k, x_k = x_j, \quad F_3 = x_k \cdots x_n, x_l = x_n,$$

$$F_4 = x_n \cdots x_j, \quad F_5 = x_j \cdots x_m.$$

假设 $f(x_{k-1}, x_k) = f(x_{j-1}, x_j)$, 则 $f(x_k, x_{k+1}) \neq f(x_{j-1}, x_j)$, 从而序交换

$$X^{**} = F_1 F_4 F_3 F_2 F_5$$

是一个交错回路, 如果下列事实成立:

$$f(x_{l-1}, x_l) \neq f(x_n, x_{n+1}), \quad f(x_{j-1}, x_j) \neq f(x_k, x_{k+1}),$$
$$f(x_{n-1}, x_n) \neq f(x_l, x_{l+1}), \quad f(x_{k-1}, x_k) \neq f(x_j, x_{j+1}).$$

由于假设 $f(x_k, x_{k+1}) \neq f(x_{j-1}, x_j)$, 所以第二个条件成立. 第四个条件容易由此推出. 对于第一个条件, $f(x_{l-1}, x_l) \neq f(x_l, x_{l+1}) = f(v, w) = f(v, u) = f(x_n, x_{n+1})$. 第三个条件容易得出. 由于 X^{**} 和 Y 的初始点重合有 $\mathrm{ind}(X^{**}, Y) > \mathrm{ind}(X^*, Y)$, 这是矛盾.

假设 $f(x_{k-1}, x_k) \neq f(x_{j-1}, x_j)$ 而代之, 考虑

$$F_1 F_2 F_3 F_4 F_5 \to F_1 F_2 (F_3 F_4)^r F_5 = F_1 F_2 F_4^r F_3^r F_5.$$

根据假设 $f(x_{k-1}, x_k) \neq f(x_j, x_{j-1})$ 和 $f(x_k, x_{k+1}) \neq f(x_j, x_{j+1})$, 上式是序反射. 最后

$$F_1 (F_2 F_4^r)^r F_3^r F_5 \to F_1 F_4 F_2^r F_3^r F_5$$

也是序反射, 因为检查这些边有 $f(x_l, x_{l-1}) \neq f(x_n, x_{n+1})$ 和 $f(x_{l+1}, x_l) \neq f(x_{n+1}, x_n)$. 又有 $F_1 F_4 F_2^r F_3^r F_5 = X^{**}$ 满足 $\mathrm{ind}(X^{**}, Y) > \mathrm{ind}(X, Y)$, 导出最终的矛盾.

3.2.6 限制图谱及边界块图

现在, 把这些结论用于限制图谱.

用来作图谱 DNA 的一些基可想象成一个区间 $[1, N]$, 它具有片段区间 $[i, j], i \leqslant j$. 如果 $i \leqslant k$, 定义次序为 $[i, j] \leqslant [k, l]$. $A = \{A_1, A_2, \cdots, A_n\}$ 是非空不相交的, 称为 A 的块的区间的集合. 此处, $\cup A_i = [1, N]$ 且当 $i < j$ 时 $A_i < A_j$. 注意, 这里要求给 A 排序. 双消化问题 DDP($\boldsymbol{a}, \boldsymbol{b}, \boldsymbol{c}$) 仍然是求图谱 $[A, B]$, 满足 $\boldsymbol{a} = ||A||$, $\boldsymbol{b} = ||B||$ 和 $\boldsymbol{c} = ||C||$ 的问题.

本节在限制图谱上定义一个新图 —— 边界块图. 由此证明每个限制图谱是边界块图中的一个交错欧拉路. 为了简单起见, 假设没有公共切点, 即

$$|A \wedge B| = |A| + |B| - 1.$$

块 A_i 的包含是包含在 A_i 中的一组区间: $\mathcal{I}(A_i) = \{C_j : C_j \subset A_i\}$, 我们感兴趣的包含是至少含两个块的情况. 显然 $|\mathcal{I}(A_i) \cap \mathcal{I}(B_j)| = 0$ 或 1.

当 $|\mathcal{I}(X)| > 1$ 时, 如果 $C^* = \min_{c_j \in \mathcal{I}(X)} C_j$ 或 $C^* = \max_{C_j \in \mathcal{I}(X)} C_j$, 则 $C^* \in |\mathcal{I}(X)|$ 称为一个边界块.

(A, B) 所有边界块的集合是 $\mathcal{B}$. 显然 $C_1 \in \mathcal{B}$ 和 $C_l \in \mathcal{B}$, 因为我们假设 $|A \vee B| = 1$.

引理 3.2   (1) 除 C_1 和 C_l 属于一个包含外, 每个边界块恰好属于两个包含 $\mathcal{I}(X), |\mathcal{I}(X)| > 1$;

(2) 每个 $|\mathcal{I}(X)| > 1$ 的 $\mathcal{I}(X)$ 恰好包含两个边界块.

定义 $\mathcal{I}^*(X)$ 为 $|\mathcal{I}(X)| > 1$ 的 $\mathcal{I}(X)$ 的边界块的集合. 设所有边界块的集合是

$$\hat{\mathcal{I}} = \{\mathcal{I}^*(X) : |\mathcal{I}(X)| > 1\}$$

和

$$V = \{|C_k| : C_k \in \mathcal{B}\}.$$

此处, 如果 $C_\alpha \neq C_\beta$ 满足 $|C_\alpha| = |C_\beta|$, 则它们对应 V 的同一个元素. 图 H 是边双色图 (颜色 A 和 B)$H(V, E)$, E 中每一个边对应 $\mathcal{B}$ 中一对边界块,

$$E = \{(|C_i|, |C_j|) : (C_i, C_j) = \mathcal{I}^*(X), |\mathcal{I}(X)| > 1\}.$$

V 中的两个顶点可能被多条边连接. 如果对某个 $i, X = A_i$, 边的颜色为 A, 如果对某个 $j, X = B_j$, 颜色为 B, 图 H 称为 (A, B) 的边界图. H 的一个例子如图 3.9 所示.

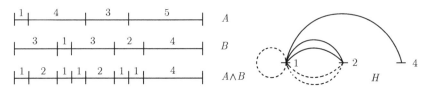

图 3.9   限制图谱和边界图 H(A 实线, B 点线)

引理 3.3   除 $|C_1|$ 和 $|C_l|$ 外, H 的所有顶点是平衡的. 如果 $|C_1|$ 和 $|C_l|$ 不平衡, 则

$$|d_A(|C_1|, E) - d_B(|C_1|, E)| = 1$$

且

$$|d_A(|C_l|, E) - d_B(|C_l|, E)| = 1.$$

由引理 3.3 和这些等式得出, 通过加一条或两条边, H 可变成平衡图.

$\mathcal{B}$ 中边界块的次序

$$C_{i_1} \leqslant C_{i_2} \leqslant \cdots \leqslant C_{i_m}.$$

由引理 3.2 和引理 3.3 得出 $m = |\hat{\mathcal{I}}| + 1$.

定理 3.8 路 $P = |C_{i_1}||C_{i_2}|\cdots|C_{i_m}|$ 是 H 中的交错欧拉路.

证明 $\mathcal{B}$ 中每个相继的块 $C_{i_k}C_{i_{k+1}}$ 有 $\mathcal{I}(X) \in \hat{\mathcal{I}}$, 包含这些块.

3.2.7 限制图谱的盒变换

在这一节, 引入在限制图谱上定义等价关系的盒变换. 等价类中每一个成员都是同一个 DDP=DDP(a, b, c) 问题的解. 限制图谱和边界块图之间的对应关系以及交错欧拉路刻画了由盒变换定义的等价类.

通常, A 和 B 是单消化且 $C = A \wedge B = \{C_1, \cdots, C_l\}$, 对 $1 \leqslant i \leqslant j \leqslant l$ 中的每对 i, j 定义

$$I_C = \{C_k : C_i \leqslant C_k \leqslant C_j\}$$

是由 C_i 到 C_j 的区间集合. I_C 定义的盒是一对区间集合 (I_A, I_B), 它们是包含 I_C 一个块的所有 A 的块的集合和包含 I_C 一个块的所有 B 的块的集合. 定义 m_A 和 m_B 分别是最左面块的最小元素. 左重叠定义为 $m_A - m_B$. 类似地, 定义右重叠, 只不过用最大替换最小, 最右替换最左.

如果 DDP(a, b, c) 的解 $[A, B]$ 的两个不相交的盒有同样的左和右重叠, 并且当这些重叠非零时, 组成这个重叠的 DNA 是双消化的一个片段, 则可交换这两个盒, 如图 3.10 所示, 并且得到 DDP(a, b, c) 的一个新解 $[A', B']$. 如果一个盒的左和右重叠有同样的绝对值, 但符号不同, 则盒可以反射, 如图 3.11 所示, 从而又得到 DDP(a, b, c) 的新解 $[A'', B'']$.

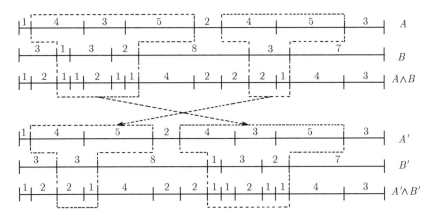

图 3.10 盒变换

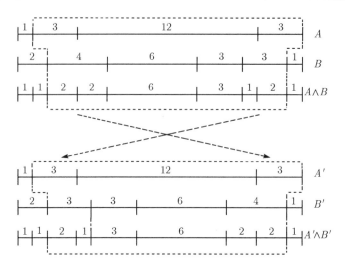

图 3.11　盒反射

类似于包含集合 $\mathcal{I}(X)$, 定义包含尺寸为重集,

$$\mathcal{I}_S(X) = \{|C_i| : C_i \in \mathcal{I}(X)\},$$

并且对于 $|\mathcal{I}(X)| > 1$ 定义边界块尺寸为

$$I_S^*(X) = \{|C_i| : C_i \in \mathcal{I}^*(X)\}.$$

对于 $|\mathcal{I}(X)| = 1$, 令 $\mathcal{I}_S^*(X) = \{0, 0\}$.

包含边界尺寸数据相应地定义为

$$\mathcal{I}^*D(\{(I_s^*(A_i), \mathcal{I}_s(A_i)) : A_i \in A\}, \{(\mathcal{I}_s^*(B_j), \mathcal{I}_s(B_j)) : B_j \in B\}).$$

数据 $\mathcal{I}^*$ 从片段尺寸中将边界块尺寸区分出来.

显然, $\mathcal{I}^*D$ 唯一地确定边界块图. 其次, 我们指出盒变换不改变 $\mathcal{I}^*D$.

引理 3.4　设 $[A', B']$ 由 $[A, B]$ 经过一系列盒变换得到, 则

$$\mathcal{I}^*D[A, B] = \mathcal{I}^*D[A', B'].$$

下面引理说明, 在边界块图中的次序交换和反射对应于限制图谱中的盒交换和反射.

引理 3.5　设 H 是 $[A, B]$ 的边界块图, P 是对应于 $[A, B]$ 的图 H 中的交错欧拉路.

(1) 设 $[A', B']$ 是 $[A, B]$ 由经过盒交换 (反射) 得到的, 并且 P' 是对应于 $[A', B']$ 的交错欧拉路, 则有序交换 (反射) 将 P 变成 P'.

(2) 设 P' 是由 P 经过序交换 (反射) 得到的, 则有一个盒交换 (反射) 将 $[A, B]$ 变成 $[A', B']$, 此处 P' 对应于 $[A', B']$.

最后, 在 DDP 的所有解的集合上引入等价关系盒等价. $[A, B] \equiv [A', B']$ 当且仅当有一列盒变换及没有切成片段的非边界块置换, 将 $[A, B]$ 变成 $[A', B']$. 这个等价关系将解的集合划分成等价类. 此处每一等价类对应一个边界块图 (见引理 3.4), 下面定理刻画了等价限制图谱.

定理 3.9　$[A, B] \equiv [A', B']$ 当且仅当 $\mathcal{I}^* D[A, B] = \mathcal{I}^* D[A', B']$.

证明　假设 $\mathcal{I}^* D[A, B] = \mathcal{I}^* D[A', B']$, 则 $[A, B]$ 和 $[A', B']$ 的边界块图重合, 称它为 H. 由定理 3.8, 图 $[A, B]$ 和 $[A', B']$ 对应 H 中交错欧拉路 P 和 P'. 由定理 3.7, 存在一列序变换将 P 变成 P'. 由引理 3.5(2), 有一列盒变换将 $[A, B]$ 变成 $[A', B']$. 次序的含义见引理 3.4.

3.2.8　一个例子

回忆 3.1.1 小节的例子, 它又出现在图 3.12 中. 这个问题有 208 个不同的解, 分成 26 个不同的重叠等价类: 13 个类每个有 4 个成员, 13 个类每个有 12 个成员. 图 3.12 中的解 $[A, B]$ 有包含 4 个元的重叠等价类, 它们是由全部对的反射生成, 并且在 B 中有几个长为 3 和 6 的未切片段. 解 $[A', B']$ 的重叠等价类包含 12 个元: 3!=6 个 B 中未切片段的置换, 乘上代表每一次的反射的因子 2.

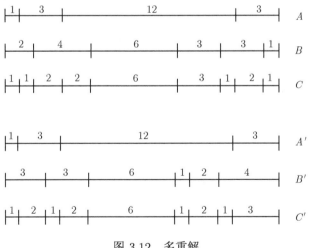

图 3.12　多重解

有点令人吃惊的是对于这个比较小的问题, 重叠尺寸等价类也不能精确地对应重叠类. 对于这个 DDP 问题, 解有 25 个重叠等价类: 11 个 4 成员类, 13 个 12 个成员的类和 1 个具有 8 个成员的类. 图 3.12 中解 $[A, B]$ 是唯一的 8 个成员的类的一个成员, 它是两个不同的 4 元重叠等价类的并.

当我们研究盒等价类时, 情况就不同了, 有 208 个解分成 18 个盒等价类. 最大的一个有 36 个成员, 2 个有 24 个成员, 1 个有 20 个成员, 4 个有 12 个成员, 4 个有 8 个成员和 6 个有 4 个成员. 对应于 $[A,B]$ 的盒等价类有 36 个成员, 最大的一个, 而对应于 $[A',B']$ 的有 24 个成员. 对应的盒等价类如图 3.13 所示.

现在, 考虑 $a = \{1,3,3,12\}$ 和 $b = \{1,2,3,3,4,6\}$ 的限制图谱 $[A,B]$ 的所有对

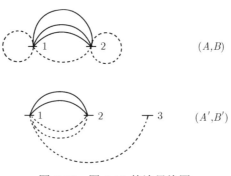

图 3.13   图 3.12 的边界块图

的集合, 有 4!6!/2!2!=4320 个不同的对有这个数据, 有 36 个不同的矢量 $c = \{c_1 \cdots\}$, 即有 36 个不同的双消化问题 DDP(a,b,c) 有 a 和 b 的这些值.

问 题

问题 3.1   DNA 分子也有环形的, 我们用酶 A 和 B 消化这样的分子, 这里 $|A|, |B|, |A \wedge B|$ 和 $|A \vee B|$ 和线性情况一样定义.

(i) 如果 A 和 B 没有重合切割位点, 叙述并证明公式 $|A \wedge B|$;

(ii) 对于 $|A \vee B| > 0$ 的一般情况, 叙述并证明公式 $|A \wedge B|$.

问题 3.2   如果 p_A, p_B 属于 $(0,1)$, 证明以概率 1 有无限多重合.

问题 3.3   假设作 3 种酶 A, B, C 的图谱, 并且位点分别以切割概率 p_A, p_B 和 p_C 独立分布. 虽然可能有其他定义, 定义解为 A, B, C 的片段的置换, 以给出三元消化片段的同一集合. 定义 $Y_{s,t}$ 和 $X_{s,t}$ 如定理 3.2.

(1) 叙述定理 3.2 的三种酶的推广;

(2) 对于这个定理中 (1) 的证明, 求 K.

问题 3.4   给出一个例子, 以说明在问题 3.3 的定理证明中 $P(Y_{0,1} \geqslant 2) > 0$.

问题 3.5   证明在定理 3.3 证明中出现的不等式

$$Y_{0,t_l} \leqslant Z_l \leqslant Y_{0,t_l+1}.$$

问题 3.6   鉴于定理 3.4, 核实图 3.3 和图 3.4 中重叠等价解的数目.

问题 3.7　改变盒交换的定义, 使得重叠尺寸等价被保留.

问题 3.8　利用图 3.10, 证明盒交换不总能导致重叠尺寸等价.

问题 3.9　给定下面的图谱, 限于包含长为 5 的片段的盒. 求盒交换以产生盒等价图谱 (可以复印这个图, 使之能使用可能的盒交换).

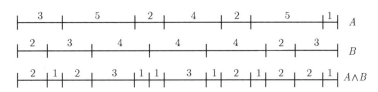

问题 3.10　对 $A \wedge B = \{C_1, C_2, \cdots, C_l\}$ 的限制图谱, 给出盒数的上界.

问题 3.11　证明如果图是 2 色 ($l = 2$) 和平衡的, 则 $d_1(v, E) = d_2(v, E)$.

问题 3.12　如果盒交换定义为具有相同的左重叠和右重叠, 给出一个例子证明边界块图未必是一样的.

第4章 求解 DDP 的算法

本章, 我们研究制作限制图谱的方法. 首先讨论算法和算法困难程度的度量, 然后叙述求解第 3 章描述过的双消化问题 (DDP) 的不同方法.

4.1 算法和复杂性

在现代科学的许多领域中, 面临着通过计算解决问题 P 的任务. 例如, 飞机上给乘客指定座位是一个非平凡问题, 现在通常用计算机解决. 在全书中我们将考虑必须通过计算解决的各种问题. 当然, 问题 DDP 就是其中之一, 在讨论特殊的 DDP 之前, 先给出算法一般的简要讨论.

解决计算问题的方法称为算法. Knuth 在他的经典著作《计算机程序设计的艺术》中列出算法的 5 个重要特征, 以区别通常使用的词汇, 如处方、步骤等. ① 算法经过有限步之后必须停止, 这个要求反映了计算机的影响, 我们对无限迭代下去的方法不感兴趣. ② 算法的所有步必须精确的定义, 这表明认识到读者对算法必须能够编程, 否则算法没有很好定义. (③和④) 对算法的输入必须是特定的, 输出也同样. 必须至少有一个输出. 最后, Knuth 列出⑤, 所谓算法有效性指算法的运算是基本的, 由人用笔和纸在有限时间内能完成. 注意有限时间可能是万亿年.

正如我们将要处理的有限集的组合问题一样, 问题总能用有限步完成. 在计算机时代, 趋向把所有的有限问题都归并起来. 然而, 不只是今天人们才知道古老的谚语 "条条大路通罗马" 对于计算问题也成立. 有许多条路, 其中, 有些路比其他的路短很多, 而且风景也秀丽.

有各种各样衡量算法有效性的方法, 其中一个就是在给定的计算机模型上执行这个算法所需要的时间. 计算机模型在 19 世纪中早期从 Charles Babbage 开始, 技术拖了 Babbage 的后腿. 因为他必须设计机械的而不是电子的计算机. 可程序化的计算机思想由与他同时代的 Ada Augusta, Lovelace 伯爵夫人提出. 现代第一个计算机模型是在 20 世纪 30 年代由 Turing 提出的. 他设想出一个自动机, 具有无限长的带方格的纸带和一些指令, 指令能够让方格向左或向右移动一个格, 能在方格中作记号或擦掉已作过的记号. 这 4 个简单的操作有很大的威力, 具有线性的顺序记忆能力. 当代计算机有随机存取器, 并且这样计算机模型也存在.

现在, 让我们假设一组基本运算, 给定问题 P: 为了解决这个问题的算法需要多少基本运算. 这样的讨论实质是度量问题的大小. 通常, 我们不严格地描述问题的大小, 用图的顶点数或序列中的元素数来表示它. 也可以更精确地描述它, 但这种做法已满足我们的要求. 度量运算数目的一些很好的概念已经建立起来. 例如, 对大小为 n 的一个问题的算法,

$$\text{for} \quad i = 1 \text{ to } n$$
$$x_i = x_i + 1$$

作 n 个加法的算法,

$$\text{for} \quad i = 1 \text{ to } n, j = 1 \text{ to } n$$
$$x_{ij} = 2x_{ij}$$

作 n^2 个乘法. 这里, 引出了循环的概念, 以及赋值的概念 $a \leftarrow b$, 指用 b 代替 a, $x_i \leftarrow x_i + 1$ 指 1 加到位于 x_i 处的数上. 显然, 通常的等号是不合适的, 2=2+1 既错又混淆. 如果加法和乘法被认为是基本运算, 就说第一个算法具有时间复杂性 $O(n)$(读作 n 阶的), 第二个算法具有时间复杂性 $O(n^2)$. 注意, 时间复杂性 (所谓的问题大小) 用 n 的函数来度量. 如果 $0 < k < \infty$ 满足

$$k = \min\{l : \text{某算法解 P 的时间复杂性是} O(n^l)\},$$

则称问题 P 有多项式复杂性 $O(n^k)$.

不存在多项式时间算法的问题称为困难问题. 值得注意的是困难问题本质上与计算机模型无关. 逻辑上, 已经证明这一类问题是困难问题. 我们对另一类问题更感兴趣, 对于它们还不知道是否有多项式时间算法. 但是, 也没有证明它们就没有多项式算法. 这类问题称为 NP 完全问题. 并且, 属于这一类的所有问题有同样的困难程度. 如果它们中的一个用多项式时间解决了, 其他问题也都能用多项式时间解决. 如果它们中的一个能证明要求指数时间, 它们都要求指数时间.

现在, 我们介绍 NP 完全类中的两个问题, 第一个是旅行商问题 (traveling salesman problem, TSP). 给定一个有限图, 它的顶点是城市, 并且所有顶点间都有边连接且都有正的权 (距离), TSP 是求访问所有城市的最短路. 当然, 我们能用考虑所有路线 ($n!$ 个) 的方法解决这个问题, 可是这个解法不是多项式时间.

第二个 NP 完全问题在下一节介绍, 现在我们证明 DDP 也是 NP 完全的.

4.2 DDP 是 NP 完全的

第二个 NP 完全问题是划分问题.

在划分问题中, 给定有限集 F, 如设 $|F| = n$ 且对于每个 $a \in F$ 有一个正整数 $f(a)$, 希望确定是否存在一个子集 $F' \subseteq F$, 使

$$\sum_{a \in F'} f(a) = \sum_{a \in F - F'} f(a).$$

当然, 如果 $\sum\limits_{a \in F} f(a) = J$ 不能被 2 整除, 则不可能有这种子集 F'.

为了证明问题 P 是 NP 完全问题, 有两点要求: ① 必须能用多项式时间检验一个可能解. ② 解问题 P 的算法必能解决一个 NP 完全问题.

定理 4.1   DDP 是 NP 完全的.

证明   设问题数据是 $\boldsymbol{a} = ||A||$, $\boldsymbol{b} = ||B||$ 和 $\boldsymbol{c} = ||C||$, 此处 $\boldsymbol{c}$ 是双消化数据, $\boldsymbol{c}$ 中元素的个数是 $|A \wedge B|$.

为验证 (σ, μ) 是 DDP 的解, 求 $C(\sigma, \mu)$ 的元素. 首先找双消化点 $\sum\limits_{1 \leqslant i' \leqslant i} a_{i'}$ 和 $\sum\limits_{1 \leqslant j' \leqslant j} b_{j'}$ 的位置 G, $1 \leqslant i \leqslant |A| - 1$ 和 $1 \leqslant j \leqslant |B| - 1$, 以及 0 和 L. $G = \{g_0, g_1, \cdots, g_{|A \wedge B|}\}$ 是重集, 如果 G 被排序,

$$C(\sigma, \mu) = \{c_j(\sigma, \mu) : c_j(\sigma, \mu) = g_j - g_{j-1}, 1 \leqslant j \leqslant |A \wedge B|\}.$$

集合可用少于元素个数的平方时间排序 (见问题 4.7). 现在, 检查 $\boldsymbol{c} = C(\sigma, \mu)$. 首先将 $\boldsymbol{c}$ 和 $C(\sigma, \mu)$ 排序, 然后检查两个有序集中的第 i 个元是否相等.

为了完成证明, 我们用 DDP 去解划分问题, 使用上面引进的记号. 考虑数据

$$A = \{f(a_k) : 1 \leqslant k \leqslant n\}, \quad B = \left\{\frac{J}{2}, \frac{J}{2}\right\}, \quad C = A \wedge B = A.$$

作为 DDP 的输入, 显然, 这些数据的 DDP 的任何解通过蕴含消化 C 的序, 都产生划分问题的一个解.

4.3   解 DDP 的方法

由于 DDP 根本上的困难, 我们不可能求出多项式时间解. 目前其他 NP 完全问题仍用启发性方法求解. 在某些情况下, 这些方法很有实际意义. 了解一下问题的结构, 由此给出启示是聪明的做法, 有三种方法是由问题本身得到启发的.

4.3.1   整数规划

首先, 引入一点概念. 假定有了一个解, 对双消化的片段 $c_1, \cdots, c_{|A \wedge B|}$ 指定一个矩阵

$$(c_1, \cdots, c_{|A \wedge B|}) \boldsymbol{E} = (a_1, \cdots, a_n),$$

此外, $\boldsymbol{E}$ 是 $|A \wedge B| \times n$ 阶 0-1 矩阵, 我们有 $a_i = \sum\limits_{k=1}^{|A \wedge B|} c_k e_{ki}$.

类似地,

$$(c_1, \cdots, c_{|A \wedge B|}) \boldsymbol{F} = (b_1, \cdots, b_m),$$

此处 F 是 $|A \wedge B| \times m$ 阶 0-1 矩阵. 显然, 我们希望指定每个 C 的片段一次且仅一次给每个单消化, 所以有额外的恒等式 $\sum_{j=1}^{n} e_{ij} = 1$ 和 $\sum_{k=1}^{m} f_{ik} = 1$.

上面的方程是如意算盘, 由于从它们能导出一些解的性质. 然而, 解 DDP 是求两个系统的相容解: $\text{minimize}\{\alpha + \beta\}$, 此处 $\alpha, \beta \in I^{+}$,

$$-\alpha \leqslant a_i - (cE)_i \leqslant \alpha \quad \text{对所有} i = 1, \cdots, n,$$
$$e_{ij} \in \{0, 1\} \quad \text{对所有} i, j,$$
$$\sum_{k=1}^{n} e_{ik} = 1 \quad \text{对所有} i = 1, \cdots, |A \wedge B|,$$
$$-\beta \leqslant b_j - (cF)_j \leqslant \beta \quad \text{对所有} j = 1, \cdots, m,$$
$$f_{ij} \in \{0, 1\} \quad \text{对所有} i, j,$$
$$\sum_{k=1}^{m} f_{ik} = 1 \quad \text{对所有} i = 1, \cdots, |A \wedge B|.$$

这是一个属于整线性规划问题, 还没有证明现有的软件对 DDP 是有用的.

如果希望度量误差与大小成正比, 如对于 A 消化有

$$-\alpha \leqslant a_i - (cE)_i \leqslant \alpha,$$

可变成

$$-\alpha \leqslant \frac{a_i - (cE)_i}{\varepsilon a_i} \leqslant \alpha \quad \text{或} \quad -\varepsilon a_i \alpha \leqslant a_i - (cE)_i \leqslant -\varepsilon a_i \alpha.$$

因为在这个包含变量 α, β 和 $E = (e_{ij})$ 的线性系统中, ε 和 a_i 两个都是常数. 所以, 这个系统仍然是线性整数规划问题.

4.3.2 划分问题

解 DDP 的另一种途径是把它看成复杂的、相互关联的划分问题, 每个 a_i 是不相交的 c_k 的和

$$a_1 = \sum_{k \in R_1} c_k,$$
$$\vdots$$
$$a_n = \sum_{k \in R_n} c_k,$$

此处, $\bigcup R_i = \{1, 2, \cdots, |A \wedge B|\}$ 且 $R_k \bigcap R_j = \varnothing, i \neq j$.

同样地有

$$b_1 = \sum_{k \in S_1} c_k,$$
$$\vdots$$
$$b_m = \sum_{k \in S_m} c_k,$$

此处 $\bigcup S_i = \{1, 2, \cdots, |A \wedge B|\}$ 且 $S_i \bigcap S_j = \varnothing, i \neq j$.

这样一来, 把 DDP 想象成划分问题是很自然的. 事实上, 这个方法是整线性规划的重新表述. 几个问题都基于这样的方法, 多重解定理听起来像一个警告的音符. 由于对于这两个系统多半存在许多解, 每个系统单独会有更多的解. 希望有些模式能够同时地相容地一次解两个系统.

容易处理重叠, 因为 A 的第 i 个片段和 B 的第 j 个片段重叠, 当且仅当 $R_i \bigcap S_j \neq \varnothing$. 前面的区间图方法给出一个快速地从重叠数据得到图谱的方法, 并且能检验可能解与限制图谱的相容性, 这就是区间图.

4.3.3　TSP

TSP 使 $\{1, 2, \cdots, n\}$ 置换的成本最小化. DDP 问题有两个置换, 一个是 $\{1, 2, \cdots, n\}$ 的置换, 另一个是 $\{1, 2, \cdots, m\}$ 的置换. 任何一个使旅行商行程量小化的计算模式都可修改以适用于 DDP. 例如, 一个旅行商的路线可当成 A 消化的置换. 于是, 想法是让两个旅行商 A 和 B 一道工作, 使路线成本最小. 他们两个都在城市间旅行, A 在 n 个城市, B 在 m 个城市, 他们的回报是符合双消化 C 的良好程度. 在这个混合问题中, A 访问的城市和 B 访问的城市是互不相同的, 它们可能在不同的国家. 我们在下一节考虑这种方法.

4.4　模拟退火法: TSP 和 DDP

4.4.1　模拟退火法

假设我们要使函数 $f : V \longrightarrow R$ 最小化, 此处 $|V| < \infty$. 模拟退火法是由 Metropolis 和其他人于 1953 年提出的, 并且有下面的统计力学的解释. 应该强调指出, 统计力学只是提供个启发. 算法的建立类比于统计物理. 集合 V 可以想象成某个物理系统的所有可能构形的集合, 量 $f(v)$ 是该系统位于构形 v 时的能量, T 起温度的作用. 统计物理中的 Gibbs 分布给出在给定的温度下, 在特殊的构形中发现这个系统的概率. 下面, 我们详细地介绍 Gibbs 分布. 在高温下, 能够在任何状态中以近似相等的概率发现这个系统, 而在低温下, 这个系统多半在低能量构形中.

让我们比较两个标准的优化技术. 离散优化的最简单的梯度模型, 在当前点 w 邻域选一点 v. 如果 $f(v) < f(w)$, 算法移到 v; 否则, 仍在 w 点. 当没附近点产生较小的 $f(v)$, 则值 $f(w)$ 作为最小值返回. 在构造梯度算法时, 有许多选择. 但是, 总的想法是沿下山方向走到至少达到一个局部最小为止. 这个算法的困难是一旦找到局部最小, 算法终止. 与此相对照, 来看一看求最小值的简单的 Monte Carlo 方法. 这里以概率 $1/|V|$ 随机地选择 V 中的点. $f(v)$ 的最小值作为随机采样过程被记录. 这个方法与确定性搜索方法相比, 优点是函数的计算用无偏的方式散布在

整个构形空间中. 局部最小的出现不成问题. 但是, $|V|$ 大时使人们可能找不到最小值. 这样, 就和梯度法没有什么不同了. 模拟退火方法用新的方式综合了这两种方法.

现在, 我们描述模拟退火算法, 也称之为 Metropolis 方法. 设 V 是有限个元的集合, f 是一个函数, 给 V 的每个元以实数值. 假设希望找到一个元 $v^* \in V$, 它对应 f 的全局最小值, 即找 $v^* \in V$, 使得 $f(v^*) = \min_{v \in V} f(v)$. 对任何 $T > 0$, 设 π_T 是 V 上的 Gibbs 分布, 由下式给出

$$\pi_T(v) = \frac{\exp\left\{\dfrac{-f(v)}{T}\right\}}{Z},$$

此处, 选择划分函数 Z, 使 $\sum_{v \in V} \pi_T(v) = 1$, 即

$$Z = \sum_{v \in V} \exp\left\{\frac{-f(v)}{T}\right\}.$$

注意, 对大的 T 值, 分布在 V 上趋于均匀, 而对较小的 T, 对 V 中所喜欢的元, 即 V 中使 $f(v)$ 较小的元赋予大概率的权.

事实上, $\pi_\infty(v) = \lim_{T \to \infty} \pi_T(v) = 1/|V|$, 并且 $\pi_\infty(v)$ 对应简单的 Monte Carlo 抽样. 在另一个极端,

$$\pi_0(v) = \lim_{T \to 0^+} \pi_T(v) = \begin{cases} 0, & f(v) > \min\{f\}, \\ |\{w : f(w) = \min\{f\}\}|^{-1}, & f(v) = \min\{f\}, \end{cases}$$

并且 $\pi(v)$ 在 $\{w : f(w) = \min_{v \in V} f(v)\}$ 上是均匀分布.

不计算所有的 $f(v)$, $v \in V$ 怎样去执行分布 π_T 的模拟不是显然的, 这将损坏模拟的不计算所有 $f(v)$ 去估计最小值的目的. 有一个建立在 Markov 链理论上的方法, 本质上, Markov 链是随机变量序列 $\{X_n\}_{n \geq 0}$, 它们的概率按下列方式确定. 设 $\mu = \{\mu_1, \mu_2, \cdots, \mu_{|V|}\}$ 满足 $\mu(i) = \boldsymbol{P}(X_0 = i)$, μ 称为这个链的初始分布, 并且 $\sum_i \mu(i) = 1$, 则

$$\boldsymbol{P}(X_0 = i_0, X_1 = i_1, \cdots, X_n = i_n) = \mu(i_0)\mu(i_0, i_1)\mu(i_1, i_2) \cdots \mu(i_{n-1}, i_n).$$

我们用 $p(i, j) = \boldsymbol{P}(X_{k+1} = j | X_k = i)$ 定义 $|V|^2$ 个转移概率. 观察到加在过去且直到包含第 k 个状态 X_k 的条件等于加在第 k 个状态的条件, 定义 $P = (p(i, j))$, 第 n 步转移概率为

$$p^{(n)}(i, j) = \boldsymbol{P}(X_{n+m} = j | X_m = i),$$

可将 P 作 n 次幂得到 $p^n = (P^{(n)}(i, j))$.

状态的周期 $d(i)$ 定义为使 $p^k(i,i) > 0$ 的所有 $k \geqslant 1$ 的最大公因子. 从 i 到 j 和从 j 到 i 的路有正概率 (i 和 j 互通) 的所有状态 i, j 有相同的周期 $d(i) = d(j)$. 如果对于所有状态 i, $d(i) = 1$, Markov 链是无周期的. 下面的定理是 Markov 链理论的标准定理.

定理 4.2　设 P 是无周期、有限的且所有状态对互通的 Markov 链的矩阵, 则有唯一的概率失量 $\pi = (\pi_1, \pi_2, \cdots)$ 称为 P 的平衡或静止分布, 如果满足条件

(1) 对所有初始分布 μ, $\lim\limits_{n \to \infty} \mu P^n = \pi$;

(2) $\pi P = \pi$.

(1) 的解释是无论状态的初始分布如何, 无论链在何处开始, 作为从一个状态到另一个状态进行的过程, 它将有极限分布 π. (2) 中的方程是一个方法, 通过它可以检验 π 是平衡分布. 假定 (1) 成立, 容易证明 (2): $\pi = \lim\limits_{n \to \infty} \mu P^n = \lim\limits_{n \to \infty} \mu P^{n-1} P = \pi P$.

现在, 我们转到定义 Metropolis 算法, 想法是构造一个状态空间 V 的 Markov 链, 以 π_T 作为静态分布. 第一步是对所有 $v \in V$ 定义一个邻域集合 $N_v \subset V$, 此处由 v 出发的转移具有使得到的 Markov 链的所有状态对互通的性质. 这就是说, 对所有 $v, w \in V$, 对某个 k, 必须找到 $v_1, v_2, \cdots, v_k$, 满足 $v_1 \in N_w, v_2 \in N_{v_1}, \cdots, v_k \in N_{v_{k-1}}, v \in N_{v_k}$, 那么如果对所有 $v \in N_w$, 转移概率满足

$$\boldsymbol{P}_T(X_n = v | X_{n-1} = w) = p_T(w, v) > 0,$$

所有状态对互通. 我们还要求 $v \in N_w$ 当且仅当 $w \in N_v$, 并且 $|N_v| = |N_w|$. 最后用

$$p_T(w, v) = 0, \quad v \text{ 不在 } N_w \text{ 中}$$

和

$$p_T(w, v) = \frac{\alpha \exp\left\{\dfrac{-(f(v) - f(w))^+}{T}\right\}}{|N_w|}, \quad v \in N_w, \ v \neq w$$

定义 $p_T(w, v)$, 并且 $p_T(w, v)$ 由 $\sum\limits_{v \in N_w} p_T(w, v) = 1/\alpha$ 所确定.

定理 4.3(Mtropolis)　上面定义的具有状态空间 V 的 Markov 链 $p_T(v, W)$ 有平衡分布 π_T 且

$$\pi_T(v) = \frac{\exp\left\{\dfrac{-f(v)}{T}\right\}}{Z}.$$

证明　只需证明 π_T 满足定理 4.2 的条件 (2). 首先, 证明 π_T 满足平衡方程

$$p_T(w, v)\pi_T(w) = p_T(v, w)\pi_T(v).$$

对于 $v = w$, 方程是平凡的, 对于 $v \neq w$,

$$
\begin{aligned}
p_T(w,v)\pi_T(w) &= \alpha \frac{\exp\{-(f(v)-f(w))^+/T\}}{|N_w|} \frac{\exp\{-f(w)/T\}}{Z} \\
&= \alpha \frac{\exp\{-[(f(v)-f(w))^+ + f(w)]/T\}}{|N_w|Z} \\
&= \alpha \frac{\exp\{-\max\{f(v), f(w)\}\}}{|N_w|Z}.
\end{aligned}
$$

由于 $|N_v| = |N_w|$, 最后一个表达式关于 v 和 w 对称, 从而平衡方程成立. 为完成证明, 在 $w \in V$ 上对平衡方程求和,

$$
\begin{aligned}
\sum_{w \in V} p_T(w,v)\pi_T(w) &= \sum_{w \in V} p_T(v,W)\pi_T(v) \\
&= \pi_T(v) \sum_{w \in V} p_T(v,w) = \pi_T(v),
\end{aligned}
$$
∎

所以, 确定使 $f(v)$ 最小的元 $v \in V$ 问题的概率解, 对小的 $T > 0$ 从分布 π_T 采样给出. 实际上, 由于计算函数 f 很费时, 用下面方法模拟 Markov 链: 当在 w 点时, w 的邻点从 N_w 中均匀选择, 如 v, 然后计算 $f(v)$, 向 v 点的运动以概率

$$
p = \exp\left\{\frac{-(f(v)-f(w))^+}{T}\right\}
$$

被接收且链的新状态是 v. 否则, 运动被拒绝, 链的状态仍旧是 w, 转移概率与上面定义的 $p_T(w,v)$ 一致.

最近, 冷却该系统的思想被提出来, 为了在极限情况下, 得到分布 $\pi_0 = \lim_{T \to 0^+} \pi_T$. 在前面已经证明了, π_0 就是那个将质量 1 均匀地分布在能量最小状态上的分布, 用这种方式, 算法模拟了退火或冷却一个物理系统的物理过程. 由于在物理模拟中, 系统可能被冷却得太迅速, 从而陷入一个对应局部最小值的状态. 最近, 证明了一个定理, 以这个特定的速率冷得到的 π_0 是极限分布. 这个算法的冷却方式称为推广的 Metropolis 算法.

定理 4.4(Geman 和 Geman)　对于上面定义的 Metropolis 算法, 在第 n 步使用对于温度 T_n 的转移概率. 如果 $\lim_{n \to \infty} T_n = 0$ 和 $T_n \geq c/\log(n)$, 此处 c 是依赖于 f 的常数, 则

$$
\left(\lim_{n \to \infty} \boldsymbol{P}(X_n = v)\right)_{v \in V} = \pi_0.
$$

启发　由于证明这个定理包含太多的内容, 在这里就不介绍了. 但是, 给出要求冷却率 $1/\log(n)$ 的非常确切的想法是可能的. 回想, Metropolis 算法能以正概率跳出局部最小, 如果 $\Delta = f(v) - f(w) > 0$ 是为逃出局部最小所要求的跳跃, 相应的

概率是

$$\mathrm{e}^{-\Delta/T_n} = \mathrm{e}^{-(f(v)-f(w))^+/T_n}.$$

从不离开局部最小的概率是

$$\prod_{n \geqslant 1} (1 - \mathrm{e}^{-\Delta/T_n}) = \prod_{n \geqslant 1} (1 - p_n).$$

由微积分可知 $1 - p_i \leqslant 1 - p_i + p_i^2/2 - p_i^3/3! + \cdots = \mathrm{e}^{-p_i}$ 和

$$\prod_{n=1}^{N} (1 - p_n) \leqslant \exp \left\{ - \sum_{n=1}^{N} p_i \right\}.$$

如果 $\displaystyle\sum_{n=1}^{\infty} p_i = \infty$, 则

$$\lim_{N \to \infty} \prod_{n \geqslant 1}^{N} (1 - p_n) = 0.$$

因为希望以概率 1 逃出局部最小, 我们需要

$$\sum_{n=1}^{\infty} p_n = \sum_{n=1}^{\infty} \mathrm{e}^{-\Delta/T_n} = \infty.$$

令 $T_n = c/\log(n)$, 产生

$$\sum_{n=1}^{\infty} \mathrm{e}^{-\Delta/T_n} = \sum_{n=1}^{\infty} \frac{1}{n^{\Delta/c}}.$$

令 $\Delta/c \leqslant 1$, 使级数发散.   ■

Metropolis 算法产生一个一般的, 也就是解非特殊问题的方法, 可用来处理许多的组合优化问题. 应该注意到为了实现模拟退火算法, 使用者应控制能量函数和 V 的邻域结构. 算法的成功与失败取决于这些选择.

4.4.2 TSP

TSP 使与 $\{1, 2, \cdots, n\}$ 置换相关的成本最小化. 问题 DDP 有两个置换, 一个是 $\{1, 2, \cdots, n\}$ 的置换, 一个是 $\{1, 2 \cdots, m\}$ 的置换. 任何一个使旅行商行程最小化的计算模式都可改造用于 DDP. 在下一节将考虑这种方法. 模拟退火法的一个特殊版本 (推广的 Metropolis 法) 已用于大的 TSP 问题, 这个方法能与 TSP 的任何其他的领先方法抗衡.

已知旅行商问题属于 NP 完全问题, 猜测没有多项式时间解. 我们要求旅行商访问 n 城市中每一个, 标号为 $1, 2, \cdots, n$, 然后返回家的最短路线. 在这种情况下, 集合 V 可以作为集合 $S_n, \{1, 2, \cdots, n\}$ 的所有置换集合. 此处, 每一个置换 $\sigma \in S_n$

等同于按 σ 指定的顺序的路线给定的相应的构形, 能量是路线的总长度. 虽然这个量的任何单调变换还将适用.

现在, 通过旅行商问题的确定性算法的启发, 选择 S_n 的邻域结构, 对于每个 $k \geqslant 2$, 存在一个称为 k 最优的邻域结构集合, 选择 k 个 "连接点" 将置换分成 $k+1$ 个片, 除了初始和最后的片, 每片可以反向或交换. 说 σ 是 k 最优的, 如果在所有 k 最优邻域的路线中, 我们由 σ 给定的这个路线是最短的. 于是, 每一个路线是 1 最优的, 并且只有真正最好的路线是 n 最优的. 注意, 返回出发城市的要求使所有路线 $(i_1 + \Delta, i_2 + \Delta, \cdots, i_n + \Delta)$ 等价, 这里加法是模 (n) 的.

容易看出路线 $\sigma = (i_1, i_2, \cdots, i_n)$ 是 2 最优当且仅当它产生所有下面路线中的最短路线, 路线集合是 $N(\sigma) = \{\tau \in S_n; \tau = (i_1 i_2, \cdots, i_{j-1}, i_k, i_{k-1}, \cdots, i_{j+1}, i_j, i_{k+1}, \cdots, i_n)\}$ 对某个 $1 \leqslant j \leqslant k \leqslant n$.

不难看出, 给定任何初始路线 σ_0 和任何最终路线 $\sigma_n = (j_1, j_2, \cdots, j_n)$, 能够从 σ_0 通过一系列对于 $k = 0, 1, \cdots, n-1$, 使 $\sigma_k \in N(\sigma_{k+1})$ 的置换 $\sigma_1, \sigma_2, \cdots, \sigma_{n-1}$ 得到 σ_n 如下. 给定这种 $\sigma_k, \sigma_k = (j_1, j_2, \cdots, j_k, l_{k+1}, \cdots, l_m, l_{m+1}, \cdots, l_n)$, 此处 $j_{k+1} = l_m$, 如将 l_{k+1} 到 l_m 反向得到 $\sigma_{k+1} = (j_1, j_2, \cdots, j_k, j_{k+1}, l_{m-1}, \cdots, l_{k+1}, l_{m+1}, \cdots, l_n)$. 于是, 我们看到邻域的这种记法产生了前面描述的算法中周期的互通状态的 Markov 链. 前面所列的邻域结构的其他要求被平凡地满足 $|N_\sigma| = |N_\mu|$ 对所有 $\sigma, \mu \in S_n$ 和 $\sigma \in N_\mu$ 当且仅当 $\mu \in N_\sigma$.

4.4.3 DDP

为了实现前面所描述的退火算法, 要求能量函数和邻域结构. 回想, 给定单消化长度 $A = \{a_1, \cdots, a_n\}$ 和 $B = \{b_1, \cdots, b_m\}$ 及双消化长度 $C = \{c_1, \cdots, c_{|A \wedge B|}\}$ 作为数据. $V = \{(\sigma, \mu) : \sigma \in S_n$ 和 $\nu \in S_m\}$ 中的任何成员对应 $a_1, \cdots, a_n$ 和 $b_1, \cdots, b_m$ 的一个置换, 所以也对应一个图谱. 先前, 我们定义 $C(\sigma, \mu) = \{c_1(\sigma, \mu), c_2(\sigma, \mu), \cdots, c_{|A \wedge B|}(\sigma, \mu)\}$ 是由 (σ, μ) 蕴含的双消化的有序列 $(c_1 \leqslant c_2 \leqslant \cdots)$. 显然, 当 $C = C(\sigma, \mu)$ 时, 我们有一个解.

对于这个问题, 为建立推广的 Metropolis 算法, 需要定义 f 和 N_V. 我们取 χ^2 一类准则作为能量函数

$$f(v) = f(\sigma, \mu) = \sum_{1 \leqslant i \leqslant |A \wedge B|} \frac{(c_i(\sigma, \mu) - c_i)^2}{c_i}.$$

注意, 如果所有度量无误差, 则至少对于一组选择 (σ, μ), f 达到它的全局最小值 0.

按照前面解 TSP 的推广的 Metropolis 方法, 定义构形 (σ, μ) 的邻域集合为

$$N(\sigma, \mu) = \{(\tau, \mu) : \tau \in N(\sigma)\} \bigcup \{(\sigma, v) : v \in N(\mu)\},$$

此处, $N(\sigma)$ 是上面旅行商问题讨论中使用过的邻域.

用这些条件, 已知数据由噬菌体 λ 用限制酶 BamHI 和 EcoRI 产生. 这个算法被准确地检验过. λ 的多重酶图谱见第 2 章. 已知 λ 的完全序列以及图谱的信息. BamHI 在 G*GATCC 切割, 而 EcoRI 在 G*AATC 处切割, 这里 * 指明酶所切的键. λ 是 48502bp 长且每个酶切割 3 个位点, 如下表所示.

BamHI	EcoRI
5509	21230
22350	26108
27976	31751
34503	39172
41736	44976

从而, 我们推导出集合 A, B, C 如下:

$$A = \{5509, 5626, 6527, 6766, 7233, 16841\},$$
$$B = \{3526, 4878, 5643, 5804, 7421, 21230\},$$
$$C = \{1120, 1868, 2564, 2752, 3240, 3526, 3758, 3775, 4669, 5509, 15721\}.$$

使用这个例子的理由是答案已知, 并且是限制图谱的大小合理的区间, 计算机产生 λ 的图如图 4.1 所示.

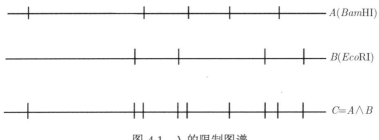

图 4.1 λ 的限制图谱

温度没有像定理建议的那样以速率 $c/\log(n)$ 降低, 由于实践上的原因, 而以速率 $1/n$ 代替. 使用不同的退火模式分别做了三个实验, 从随机初始构形开始, 分别经过 29702, 6895 和 3670 次迭代确定了这个解.

算法在前面引进的随机模型产生的模拟数据上作了进一步的检验. 在长为 n 的有位点的区间上, 每隔一个单位标上标号 $1, 2 \cdots, n$. 假设第一和第二单消化使用的限制酶分别以概率 p_A 和 p_B 独立地切割位点 i. 这个模型可在下面的基础上检验. DNA 可以近似地看成值为 4 个字母的一串独立同分布随机变量. 高阶 Markov 链经常较好地符合数据. 此外, 显然在实际的区间, 被不同限制酶切割的位点从未准确重合, 我们的模型允许重合出现. 模型的这个特点由以下事实证实: DNA 区间长度很少能精确地测量, 并且两个不同的酶可以切割两个非常靠近的位点. 在这个模型产生的数据上, 这个算法能够用少的迭代次数找到大问题的解. 例如, 对于

$(16!16!)/(2!)^7(3!)^2(4!) = 3.96 \times 10^{21}$ 大的问题, 仅用 1635 次迭代就找到解. 然而, 必须强调指出在上面概率模型下这个算法性能的任何研究, 被这个问题的许多实例中的多重解弄混淆. 例如, 回想大小为 4320 的模拟问题, 发现在 208 个不同的准确解, 这个问题在第 2 章和第 3 章中介绍过. 许多准确解的这个特点也必定是上面提到的 3.96×10^{21} 大小问题的一个特点.

这一节介绍的算法可能是对实际数据的已知算法中最有效的. 可惜, 对实际数据运行得并不太好. 下一节讨论这个原因.

4.4.4 环状图谱

DNA 以封闭的环状出现, 因此, 作环状 DNA 图谱是自然的问题, 目标是求单消化片段的环状排列以给出双消化的片段. 和从前一样, 假定测量没有误差.

因为单消化能够相对另一个旋转, 确定单消化置换 (σ, μ) 还不够. 区别每一个单元消化中的片段, 并考虑环状排列中当片段沿反时针方向运动中不同片段首次遇到的点. 如果 p 是 A 消化中的点到 B 消化中点的逆时针方向的距离, 那么构形由 (σ, μ, p) 确定. 此处, 不失一般性, $\sigma(1)$ 和 $\mu(1)$ 是不同片段的指标. 所蕴含的双消化能够容易地归结到线性情况而得到. 按顺序 $\sigma(1), \sigma(2), \cdots$ 排列 A 片段. 现在, 在 B 片段的 μ 顺序下找到从 $\mu(1)$ 片段开始反时针方向距离为 $L - p$ 的那个点. 在这一点切断把它作为 B 消化的左端, 对应 $\mu(1)$ 的 A 消化左端点.

成本函数与线性情况一样, 如果经过两个消化的任何一个的任何片段序列颠倒其次序从一个可得到另一个, 定义两个构形是邻点. 在问题 4.6 中, 显示单消化可旋转 $g = \gcd\{a_1, \cdots, a_n, b_1, \cdots, b_m\}$ 一些倍数. $g > 1$ 多半不成立. 如果这个条件成立, 就可引进随机旋转: 即经过颠倒任何片段序列顺序, 旋转作一个消化任意距离直到 L.

4.5 用真实数据作图

已经多次强调我们研究的是限制片段被准确测量的理想状态. 当然, 测量误差使一个困难问题更困难. 下面我们将解释为什么是这样, 有趣的是必须准确地说明使数据符合一个图谱是什么意思. 虽然, 在第 2 章给出限制图谱的图论定义, 我们用数据制作图谱的研究必须考虑数据和图谱之间的关系.

在开始这项工作之前, 应该指出在制作图谱中主要的问题之一是得到间隔很小的位点的错误置换. 在图 4.2 中, 我们已经指出三个可能的解 C', C'' 和 C'''. 似乎令人奇怪, 单消化可能蕴含不止一个双消化或与多于一个的双消化相容. 然而, 如果 A 消化的一个短的片段在 A 的一个长片段和 B 的片段的测量误差之内, 那么 A 和 B 的位点顺序不能确定. 这个问题促使下面的讨论.

4.5.1　使数据符合图

在这一节, 假定所有的片段尺寸是唯一的, 实质上, 我们一直通过排列单消化片段, 计算图谱的个数 $|A|!|B|!$. 像上面指出的那样, 这不允许我们确定由 A 和 B 蕴含的合理的双消化 $C(\sigma, \mu)$.

下一个逻辑步骤是在我们的图谱组合中交换双消化片段, $|A|!|B|!|A \wedge B|!$ 是新的图谱的个数. 我们仍然有图 4.2 中的同样问题, 不能排布位点沿线性 DNA 的顺序. 注意, 在图 4.2 的情况中, 我们排布了 4! 个双消化片段顺序中的一个, 可是, 我们没有确定 C', C'' 和 C''' 哪一个是正确的图谱.

最后, 我们被迫排布切割双消化位点的位点标号, 这进一步增加了图谱的排布数

$$|A|!|B|!|A \wedge B|! \binom{|A \wedge B| - 1}{|A| - 1},$$

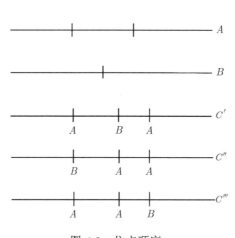

图 4.2　位点顺序

这里假定 $|A \wedge B| = |A| + |B| - 1$. 对于图 4.2 的情况有

$$3!2!4! \binom{4 - 1}{3 - 1} = 3!2!4! \binom{3}{2}$$

个图谱排布. 为看出因子 $\binom{3}{2}$, 如图 4.3 所示, 此处, C'' 被选定.

这个讨论的想法是必须给图谱排布数据. 这样做的目的是检查数据与图谱的符合. 上面的置换和子集的计算允许我们找一个子集 R_i 和 S_j, 使 $a_i \approx \sum\limits_{k \in R_i} c_k$ 和

$b_j \approx \sum_{l \in R_j} c_l.$ 符合的良好程度的度量由下式给出:

$$\sum_{i=1}^{n} \left(a_i - \sum_{k \in R_i} c_k \right)^2 \bigg/ a_i \ \text{和} \ \sum_{j=1}^{m} \left(b_j - \sum_{l \in S_j} c_l \right)^2 \bigg/ b_j.$$

这是一个构形指定给一个图好坏程度的合理度量.

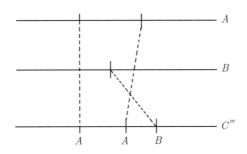

图 4.3　位点排布的顺序

4.5.2　图谱算法

一种流行的构造图谱的算法使用 $|A|!|B|!$ 方法: 尝试所有单消化的排列. 除了这个方法很慢之外, 由于存在测量误差, 效果也不大好.

提出许多其他方法. 一种方法是从左到右逐片地建立单消化排列, 位点位置的界是单个片段长度的累积误差相加来计算的. 当没有双消化片段符合这个图谱, 则排除这个假设的顺序. 用不了经过几个片段之后, 误差界如此之大以至于在切割 $|A|!|B|!$ 个排列时毫无帮助. 除此之外, 还不清楚怎样指定所有的数据排布给一个图谱.

模拟退火法对准确长度问题是非常成功的. 但在这里也试过, 不太成功. 原因可能是巨大的构形空间造成的. 但是, 还没有方法证明一个聪明的邻域结构和函数将不会是成功的.

问　　题

问题 4.1　对下面给定的图谱, 找 4.3.1 小节中整数规划矩阵 $\boldsymbol{E}$ 和 $\boldsymbol{F}$.

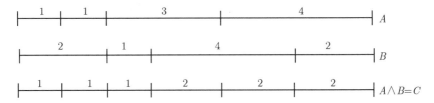

问题 4.2 对问题 4.1 给出的图谱, 像 4.3.2 小节关于划分问题所要求的那样, 求 $\{1,1,1,2,2,2\}$ 的划分 $R_1R_2R_3R_4$ 和 $S_1S_2S_3S_4$.

问题 4.3 有 3 个状态: 1,2,3. 我们按下面规则从一个状态转移到另一状态. 当在状态 1 时, 以概率 1/2 转移到状态 2, 否则仍在状态 1. 当在状态 2 时, 转移到状态 1 或状态 3, 每个都有概率 1/2. 当在状态 3 时, 以概率 1/2 转移到状态 1 或状态 2.

(i) 求转移矩阵;

(ii) 证明 Markov 链是互通的和无周期的;

(iii) 求平衡分布.

问题 4.4 设 $L = \{(i,j) : 0 \leqslant i, j \leqslant n\}$ 对所有的互通状态, 描述邻域结构 N_{ij},

(i) $|N_{ij}| = 5$;

(ii) $|N_{ij}| = 3$.

问题 4.5 设函数 f 定义在 $C = \{0,1\}^n$ 上, 描述求 $\min\{f(\boldsymbol{c}) : \boldsymbol{c} \in C\}$ 的 Metropolis 算法.

问题 4.6 对 4.4.4 小节的环状图谱, 证明

(i) 至多用 4 个颠倒 A 能旋转一个距离 a_1;

(ii) 相对于另一个单消化的图谱, 图谱可旋转 $g = \gcd(a_1, a_2, \cdots, a_n, b_1, \cdots, b_m)$ 的任意倍.

问题 4.7 一个称为冒泡分类的简单算法将 $x_1, x_2, x_3, \cdots, x_n$ 排列顺序

$$x_{i_1} \leqslant x_{i_2} \leqslant \cdots \leqslant x_{i_n}.$$

想法是从表的开始到结束进行下面交换, 只要当 $x_i > x_{i+1}$ 时, 交换 x_i 和 x_{i+1}. 当通过这个表而无交换时, 这个表就被排好了.

(i) 构画出这个算法;

(ii) 分析最坏情况下运行时间.

第5章 克隆与克隆文库

克隆一词常常使人联想到科幻电影中的镜头, 一些遗传材料被用来创造一支同样的人组成的军队, 他们通常很强壮且很美. 纵然, 克隆的结果常常是惊人的, 可是分子生物学的克隆是相当平凡的工作. 这一章是前面限制酶研究的自然推广。克隆是生产重组 DNA 分子的方法, 新分子由已经存在的分子形成. 一个普通的应用是使用大肠杆菌制造非细菌蛋白, 如人的胰岛素 (表 5.1).

表 5.1   由大肠杆菌产生的非细菌蛋白

蛋 白	用 途
人胰岛素	激素; 控制血液中葡萄糖水平
人抑制因子	激素; 调节生长
人生长激素	生长激素与抑制因子一道作用
人干扰素	抗病毒
足和口 VP1 和 VP3	抗足和口病毒疫苗
乙肝核心抗原	乙肝诊断

为了开始克隆, 我们需要克隆载体, 克隆载体常常由能感染合适宿主的病毒构造. 特别地, 噬菌体是特别能够感染细菌的病毒, 病毒能把它的染色体插入细菌. λ 是合适的克隆载体的基础. 其他克隆载体包括存在于细菌细胞内, 并且独立地复制细菌染色体的质粒. 粘粒是基于 λ 的成熟克隆载体, 粘粒联合 λ 的成分和细菌质粒的成分.

用限制酶切开克隆载体, 并在切口处插入一片 DNA. 然后将载体转移到宿主, 在宿主内载体被复制实验上有用数量的 DNA, 如图 5.1 所示.

含插入生物体基因组的 DNA 片段的克隆集合称为克隆文库. 载体仅仅能在一定尺寸的范围内接受插入, 这个范围取决于该载体. 这个事实限制了能放入载体的 DNA. 因而, 也限制了能够包含在一个文库中的 DNA.

我们假设 DNA 来自 G bp 长的基因组, 此处 G 是个大数, DNA 片段由一种或多种酶的限制消化产生, 切口位点以概率 p 存在于任何两个基对之间. 切口独立同分布地形成. 原理上, 这允许两个相邻的键被切割, 由于位点有 4 个或更多个基对长, 实际上这不能实现. 然而, p 是如同 1/5000 这样小, 在简单的独立同分布模型下, 切口相邻的概率小到几乎不存在.

我们的数值例子将处理两个克隆载体. 第一个是 λ 载体, 一种被修饰过的 λ 病毒的变形 (它的 *BamH* I 和 *EcoR* I 图在第 4 章出现过). 对于克隆载体 λ, 可克

隆片段的下限是 $L = 2\text{kbp}$, 而上限是 $U = 20\text{kbp}$. 小的片段被丢弃, 现实地可克隆的范围为 10~20kbp. 也使用粘粒载体, 此处 $L = 20\text{kbp}$ 和 $U = 45\text{kbp}$.

本章, 我们的目的是看看怎样表现克隆文库的, 我们将近似地求出在各种模型中文库内的基因组的百分比.

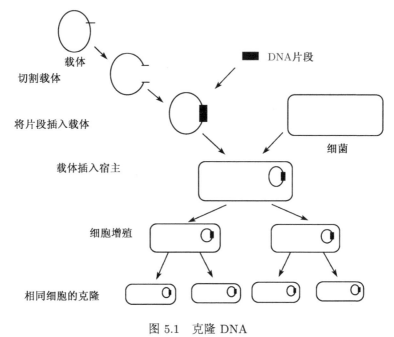

图 5.1 克隆 DNA

5.1 有限的随机克隆数

假定克隆长度 L 是固定的且在基因组中随机地选择, 我们研究的问题是 N 个随机克隆能覆盖这个基因组的多大部分? 设 b 是基因组内任意选定的基,

$$\boldsymbol{P}(b \in \text{随机克隆}) = \frac{L}{G}$$

和

$$\boldsymbol{P}(b \notin N\text{个随机克隆}) = \left(1 - \frac{L}{G}\right)^{N} = \left(1 - \frac{L}{G}\right)^{G\frac{N}{G}}$$

$$\approx \mathrm{e}^{-N\frac{L}{G}}.$$

因为 $L \ll G$ 和 $N \ll G$, 近似值有效, 所以一个随机基 b 属于长 L 的随机克隆的概率 $1 - \mathrm{e}^{-NL/G}$. 这个结论叙述为:

命题 5.1(Clarke-Carbon) 如果从长 G 的基因组中选择 N 个长 L 的随机克隆, 被表达的基因组的期望组分近似地等于

$$f \approx 1 - \mathrm{e}^{-N\frac{L}{G}}.$$

注意, NL/G 等于包含在克隆内的 "基因组" 的个数.

如果在大肠杆菌中选择了 627 个长 $L = 15\mathrm{kbp}$ 的克隆, 此处 $G = 5 \times 10^6\mathrm{bp}$, 则 $NL/G = 2$ 和 $1 - \mathrm{e}^{-2} = 0.865$ 是被表达的基因组的组分.

5.2　完全消化的文库

现在, 考虑长 G bp 的基因组的完全消化. 问在下限为 L 和上限为 U 的载体中能接纳这个基因组的多大部分? 答案是概率和微积分中的一个容易的练习. 回想, DNA 以概率 p 有限制位点.

定理 5.1　假设限制位点以概率 $p = \boldsymbol{P}$(限制位点) 沿长 G bp 的基因组按 Bernoulli 过程分布. 完全消化后具有片段长 $l \in [L, U]$ 的基因组的期望组分近似等于

$$f = (pL + 1)\mathrm{e}^{-pL} - (pU + 1)\mathrm{e}^{-pU},$$

此处, 假定 $p > 0$ 是小的, 而 L 是大的.

证明　首先, 注意到长为 l 的片段由切口 —{非切口}$^{l-1}$— 切口构形产生. 由于包含 b 的 l 个构形中的每一个有概率 $p^2(1-p)^{l-1}$. 这意味着

$$\boldsymbol{P}(b \in 长 l 的片段) = lp^2(1 - p)^{l-1},$$

由于 l 大, p 小,

$$\boldsymbol{P}(b \in 长 l 的片段) \approx lp^2\mathrm{e}^{-p(l-1)},$$

所以, b 以概率

$$f = \sum_{l=L}^{U} lp^2\mathrm{e}^{-p(l-1)}$$

位于长在 $L \leqslant l \leqslant U$ 中的一个片段.

其次, 用积分近似这个和. 这个近似值对于我们要考虑的小 p 值相当好. 例如, $\max_l lp^2\mathrm{e}^{-p(l-1)}$ 位于 $l = 1/p$, 所以 $\max_l lp^2\mathrm{e}^{-p(l-1)} = p\mathrm{e}^{-1+p} \approx p\mathrm{e}^{-1}$,

$$\sum_{l=L}^{U} lp^2\mathrm{e}^{-p(l-1)} \approx p^2 \int_{L}^{U} x\mathrm{e}^{-p(x-1)}\mathrm{d}x = \mathrm{e}^p \left\{ (pL + 1)\mathrm{e}^{-pL} - (pU + 1)\mathrm{e}^{-pU} \right\}.$$

另一种证明　给出这个证明的连续的版本是有启发性的. 在限制片段中基对数的几何分布是 $\boldsymbol{P}(Z = m) = p(1 - p)^m$. 证明当 W 是具有均值 λ^{-1} 的指数分布, $\lambda = \log(1/(1 - p))$ 和 $f_W(w) = \lambda \mathrm{e}^{-\lambda w}$, $w > 0$ 时, $Z = \lfloor W \rfloor$ 是一个练习. 所以, 考虑限制片段长度作为连续随机变量. 设 x 是基因组中的一点. 因为指数分布没有记忆, 从 x 到第一个限制位点的 $5'$ 和 $3'$ 长度分布如 W. 设 X 和 Y 是独立同分布, 此处, $X \overset{d}{=} W$, $Y \overset{d}{=} W$, 则

$$F(X + Y \leqslant z) = \int_0^z \left\{ \int_0^{z-x} \lambda \mathrm{e}^{-\lambda y} \mathrm{d}y \right\} \lambda \mathrm{e}^{-\lambda x} \mathrm{d}x = 1 - (1 + \lambda z)\mathrm{e}^{-\lambda z},$$

所以

$$f(z) = \lambda^2 z \mathrm{e}^{-\lambda z}, \quad z \geqslant 0.$$

x 位于能克隆的片段的概率是

$$\int_L^U f(z)\mathrm{d}z = \lambda^2 \int_L^U \lambda^2 z \mathrm{e}^{-\lambda z} \mathrm{d}z = (\lambda L + 1)\mathrm{e}^{-\lambda L} - (\lambda U + 1)\mathrm{e}^{-\lambda U}.$$

当然, $\lambda = \log[1/(1 - p)] \cong p$, 这个结果与定理 5.1 一致. ■

在另一种证明中出现一个有趣的论点. 虽然, 限制片段长度像 W 那样指数分布. 包含 x 的片段有分布 $X + Y$. 此处, 每一个分布如 W. 这是因为指数分布无记忆, $\boldsymbol{P}(W > x + y | W > x) = \boldsymbol{P}(W > y)$. 解决这个悖论 (等汽车悖论) 的直观方法是理解 x 可能多半属于长的片段, 而不是短的. 通过选择基对采一个片段样本与按 W 生成一个片段长度是完全不同的.

考虑大肠杆菌的两个克隆载体, 此处 $G = 5 \times 10^6$. 用 $p = 1/5000$ 的 $EcoRI$ 消化大肠杆菌. 对于 $L = 2\mathrm{kbps}$, $U = 20\mathrm{kbps}$ 的 λ 克隆,

$$f_\lambda = \left\{ \left(\frac{2}{5} + 1 \right)\mathrm{e}^{-2/5} - (4 + 1)\mathrm{e}^{-4} \right\} = 0.845 \cdots,$$

对于 $L = 20\mathrm{kbp}$ 和 $U = 45\mathrm{kbp}$ 的粘粒,

$$f_t = \{(4 + 1)\mathrm{e}^{-4} - (9 + 1)\mathrm{e}^{-9}\} = 0.090 \cdots.$$

显然, 用粘粒我们抓捕非常少的基因组。这是因为 $L = 20\mathrm{kbp}$, $U = 45\mathrm{kbp}$ 远离片段长度分布的众数的右边, 众数位于 $1/p = 5\mathrm{kbp}$. 人人清楚, 对 λ 克隆值 $L = 2\mathrm{kbp}$ 和 $U = 20\mathrm{kbp}$ 确实包括了这众数, 从而 f 增加.

即使 $f_\lambda = 0.85$ 也太小, 使 15% 的基因组不在文库中. 此外, 在下一节中介绍使 $U - L$ 尽可能大的非常好的理由. 为了增加 f, 分子生物学家发展另一种对策, 后面再讨论.

5.3 部分消化的文库

通过在所有位点被切割之前停止消化, 来实现部分限制消化. 为了我们的目的, 用已被切割的位点的组分 μ 来标记部分消化. 必须彻底弄清楚这两种类型的 Bernoulli 过程. 在第一种情况下, 位点分布在这个基因组中, 并且每个位置是位点的概率为 p.

对于这个基因组, 固定位点 A. 当执行了部分消化, 每个位点以概率 μ 被切割. 记住, 这个过程在该基因组的许多相同的拷贝中发生. 例如, 这些切割可能在由 C 指出的位置上发生 (图 5.2).

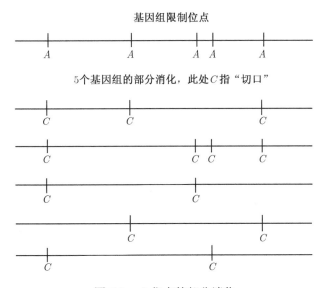

图 5.2 A 位点的部分消化

对于一个基 b 有两种方法使其不在部分消化文库中. 一种是 b 属于没有可能被克隆的限制片段中, 用 E 表示这个事件. 另一种是 b 确实属于可以克隆的片段, 但是这个片段没有进入克隆, 用 F 表示这个事件. 在 5.3.2 小节将要证明对于实际的目的, $\boldsymbol{P}(F) \cong 0$.

5.3.1 可克隆基的组分

注意, $\boldsymbol{P}(E)$ 为一个基不能克隆的概率, 它取决于限制位点的分布 μ, 不取决于部分消化参数. 一个引起 b 不能克隆的明显的构形是两侧的限制位点间的距离大

于 U, 最大可克隆片段的尺寸. 由上一节, 这个事件的概率是

$$\sum_{l=U+1}^{\infty} lp^2 e^{-p(l-1)} \cong p^2 \int_{U+1}^{\infty} x e^{-p(x-1)} dx$$

$$= (p(U+1)+1)e^{-pU} \approx (pU+1)e^{-pU}.$$

可是, 情况远比这个复杂. 虽然, 听起来好像荒谬, 基 b 也可能属于比 L 还小或比 U 更大的一些片段. 图 5.3 解释了这个概率.

图 5.3   基 b 在位置 * 不能被克隆

在图 5.3 中, 假设基 b 位于*处, 相邻限制位点的构形由 A 指出. 这些位点 (键) 的位置用 $u, v, \cdots, z$ 给出. 在位置 v 和 w 之间以及 x 和 y 之间可能有任何数目的位点. 与此不同, 我们指出 u 和 z 间的所有位点, 加上下面的条件:

(1) $z - w > U$,

(2) $x - u > U$,

(3) $y - v < L$.

条件 (1) 保证包含 b 的所有片段和 z 右边的任何距 z 位点太远以至于不能克隆. 条件 (2) 类似, 使包含 b 的所有片段及从 u 向左的任何位点不能克隆. 由于 $y - v$ 太短无法克隆, 基 b 不能被克隆. 现在来, 我们计算这个事件的概率.

连续模型证明是方便的. 因为位点以小概率 p 发生, 我们在 $(-\infty, +\infty)$ 上采用 Poisson 过程, 比率 $\lambda = p$ 即 $\boldsymbol{P}(k$ 个位点在 $[s, s+t)) = e^{-\lambda t}(\lambda t)^k / k!$. 位点间的距离是以均值为 $1/\lambda$ 的独立指数分布变量. 当 p 小时, 这是限制位点的极好模型.

我们的目标是找到不能克隆的大基因组的组分 f, 这等价于事件 A_{t_0} 的概率 $\boldsymbol{P}(A_{t_0})$, 点 t_0 是不能克隆的,

$$f = \lim_{G \to \infty} \frac{1}{G} \int_0^G \boldsymbol{I}(A_t) dt = \boldsymbol{P}(A_{t_0}).$$

给 t_0 重新标号为 0. 克隆的长度必在 (L, U) 之中 (下图).

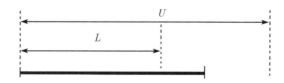

图 5.4 中所显示的是一组典型的在 0 左边的, 距离为 $X_1, X_2, \cdots$ 限制位点. 显然, 0 是不可克隆的, 当且仅当在 $\bigcup\limits_{i \geqslant 1} [\max\{0, L - X_i\}, \max\{0, U - X_i\}]$ 中没有位点. 设随机变量 W 由下式定义:

$$W = \text{长度}\left(\bigcup_{i \geqslant 1} [\max\{0, L - X_i\}, \max\{0, U - X_i\}]\right).$$

那么, 0 不能克隆的概率是 $\boldsymbol{E}(\mathrm{e}^{-\lambda W})$.

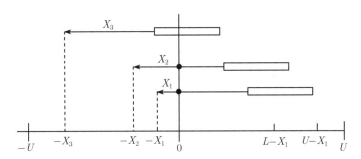

图 5.4 0 左边的限制位点

定理 5.2 设 $\{x_i - x_{i-1}\}_{i \geqslant 0}$ 是均值为 λ^{-1} 的独立同指数分布的随机变量. 0 是不可克隆的概率是 $\boldsymbol{E}(\mathrm{e}^{-\lambda W})$, 此处

$$W = \text{长度}\left(\bigcup_{i \geqslant 1} [\max\{0, L - X_i\}, \max\{0, U - X_i\}]\right),$$

并且

$$\boldsymbol{E}(\mathrm{e}^{-\lambda W}) \geqslant \mathrm{e}^{-\lambda \boldsymbol{E}(W)},$$

此处

$$\boldsymbol{E}(W) = U - L\mathrm{e}^{-\lambda(U-L)} + \frac{1 - \mathrm{e}^{-\lambda(U-L)}}{\lambda}.$$

证明 由 Jenson 不等式有 $\boldsymbol{E}(\mathrm{e}^{-\lambda W}) \geqslant \mathrm{e}^{-\lambda \boldsymbol{E}(W)}$. 为了求 $\boldsymbol{E}(W)$, 我们对由长为 $U - L$ 的区间形成的岛对 $[0, U]$ 中的覆盖感兴趣, 如图 5.5 所示. 这些区间的右手端是比率为 λ 的点的 Poisson 过程 $\{U - X_i\}_{i \geqslant 1}$. 首先, 考虑点 $t \in (0, L)$. t 不被长 $U - L$ 的区间覆盖当且仅当在 $[t, t + U - L]$ 内没有事件. 所以, 如果 $X_t = \boldsymbol{I}\{t \text{ 未覆}\}$, $\boldsymbol{E}(X_t) = \mathrm{e}^{\lambda(U-L)}$, 并且

$$\boldsymbol{E}\left[\int_0^L X_t \mathrm{d}t\right] = \int_0^L \boldsymbol{E}(X_t)\mathrm{d}t = L\mathrm{e}^{-\lambda(U-L)}.$$

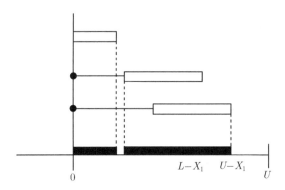

图 5.5 区间的岛

现在, 假设 $t \in (U, L)$. t 未被长 $U - L$ 的区间覆盖, 当且仅当在 $[t, U]$ 中没有事件. 所以, $\boldsymbol{E}(X_t) = \mathrm{e}^{-\lambda(U-t)}$, 并且

$$\boldsymbol{E}\left[\int_L^U X_t \mathrm{d}t\right] = \int_L^U \boldsymbol{E}(X_t) \mathrm{d}t = \int_L^U \mathrm{e}^{-\lambda(U-t)} \mathrm{d}t = \frac{1 - \mathrm{e}^{-\lambda(U-L)}}{\lambda}.$$

最终

$$\boldsymbol{E}(W) = U - \boldsymbol{E}\left[\int_0^U X_t \mathrm{d}t\right].$$

5.3.2 采样、方法 1

在这一节, 我们证明当 DNA 分子数足够多时, 基是可克隆的, 但没有进入一个克隆的概率 $\boldsymbol{P}(F)$ 实际上是零. 换言之, 具有可克隆构形的所有核苷酸被认为是在某个克隆中. 这个论证比较粗, 在 5.3.3 小节中我们将采取另一种方法论证.

由于可克隆范围在 L 和 U 之间, 在一个可克隆片段两端点之间的限制位点的期望数在 pL 和 pU 之间. 设 μ 是在部分消化中被切割的限制位点的组分. 由一个 DNA 分子得到的任何可克隆片段的概率下界近似为 $\mu^2(1-\mu)^{pU}$. 关于这一点的推理如上所述. 两端点的位点必须被切割, 但在它们之间的位点不被切割. 所以, 任何可克隆片段将会平均地一次得到不多于

$$\frac{1}{\mu^2(1-\mu)^{pU}}$$

个 DNA 分子.

假设每个限制位点在某个可克隆分子左端. 近似地有 Gp 个限制位点, 并且每个点近似地在 $p(U - L)$ 个不同的可克隆片段的左端, 故总计有 $G(U - L)p^2$ 可克隆片段. 产生所有这些片段所要求的分子数的非常宽松的过高估计是

$$\frac{G(U - L)p^2}{\mu^2(1 - \mu)^{pU}}.$$

通过估计观察每个片段的等待时间得到可克隆片段的估计数, 将它们乘起来得到这个过高的估计. 下一节采用更成熟的方法处理这个问题.

作为一个说明, 假设用 EcoRI , $\mu = 0.5$ 来消化大肠杆菌, 并且克隆载体是 pJC74, 此处 $L = 19 \times 10^3$, $U - L = 17 \times 10^3$. 由上面公式计算的数字近似为 1.8×10^6, 它恰好在 2×10^9 个分子的典型样本大小的界限之内.

5.3.3 设计部分消化文库

很清楚, 生物学家能够选择 μ 部分消化参数, 不加酶取 $\mu = 0$; 允许消化进行到底, 取 $\mu = 1$. 虽然, 实验上很难达到特定 $\mu \in (0, 1]$ 的值, 我们假定这是可能的. 选择什么 μ 不是显然的. 换句话说, μ 对基因组文库的影响是什么, 这件事不是显然的. 5.2 节给出当 $\mu = 1$ 时的表达度. 当然, $\mu = 0$ 完全没有切割, 是最坏的选择. 这里, 我们详细地研究 $0 < \mu \leqslant 1$ 的情况.

猜测最优 μ 的启发式的论证不太难获得. 平均可克隆片段的长是 $(U+L)/2$bp. 如果 p 是限制位点的概率, 即平均来说每 $1/p$ bp 长有一个位点. 所以, 在一个平均的可克隆片段上近似有 $\lfloor p(U + L)/2 \rfloor$ 个位点. 由于, 我们必须切割片段的端点, 故每 $\lfloor p(U + L)/2 \rfloor + 1$ 个位点, 平均有 2 个切口或大约

$$\hat{\mu} = \frac{2}{\lfloor p(U + L)/2 \rfloor + 1} \tag{5.1}$$

在这一节, 我们指明这个启发性论证不总是正确的, 它取决于要解决的最优化问题.

5.3.4 Poisson 近似

在第 11 章我们有机会研究下列问题: 设 Z 是几何分布的随机变量 $(0 < \alpha < 1)$,

$$\boldsymbol{P}(Z = k) = (1 - \alpha)^k \alpha, \quad k \geqslant 0.$$

在我们的情况中有 n 个随机变量 $\{Z_i\}_{1 \leqslant i \leqslant n}$, 此处, 每个 Z_i 有像上面的 Z 一样的分布, 我们要求 $Y = \max_{1 \leqslant i \leqslant n} Z_i$ 的分布.

为了解决这个问题, 通过将独立 Bernoulli 变量相乘来定义辅助随机变量

$$X = B_1 B_2 \cdots B_t,$$

此处, $\boldsymbol{P}(B_i = 1) = 1 - \alpha = 1 - \boldsymbol{P}(B_i = 0)$. 注意, $\boldsymbol{P}(Z \geqslant t) = \boldsymbol{P}(X = 1) = (1 - \alpha)^t$. 设 $\{X_i\}_{1 \leqslant i \leqslant n}$ 是 n 个像上面 X 那样分布的随机变量, 则如果 $I = \{1, \cdots, n\}$, $W = \sum_{i \in I} X_i$ 计算了 Z_i 的个数, 它至少是 t. 我们利用下面结论: $W = \sum_{i \in I} X_i$ 且 $\lambda = \boldsymbol{E}(W)$. Poisson 近似说 $\boldsymbol{P}(W = k) \approx \mathrm{e}^{-\lambda} \lambda^k / k$. 在一些情况下, 这个结果是大家熟悉的. 当 $\boldsymbol{P}(X_i = 1) = r$ 小, $|I|$ 大时, 并且 $|I| r$ 是有界的, $W = \sum_{i \in I} X_i$ 是二项式

分布 $(|I|, r)$, 并且可用均值为 $\lambda = |I|r$ 的 Poisson 变量很好地近似. 在本章中, 我们将应用这个近似, 并且第 11 章在 Chen-Steim 近似的标题下, 给出这个近似的、更仔细和严格的叙述. 在那里给出这个近似的量的显式.

回到 $Y = \max\limits_{1 \leqslant i \leqslant n} Z_i$ 和 $X = B_1 B_2 \cdots B_t$ 的问题, 有

$$W = \sum_{i \in I} X_i,$$
$$\lambda = \boldsymbol{E}(W) = \sum_{i \in I} \boldsymbol{E}(X_i) = n(1-\alpha)^t.$$

我们要 λ 在 $0 \sim \infty$ 之间保持有界. 令 $t = \log_{1/1-\alpha}(n) + c$, 则

$$\lambda_n(t) = n n^{-1} (1-\alpha)^c = (1-\alpha)^c,$$

$$\boldsymbol{P}(Y = \max Z_i \leqslant t) = \boldsymbol{P}(\text{所有} X_i = 0) \cong \boldsymbol{P}(W = 0)$$
$$= \mathrm{e}^{-\lambda_n(t)} = \mathrm{e}^{-(1-\alpha)^c}.$$

5.3.5 获得所有片段

在 5.3.2 小节给出了一个粗略的计算, 证明所有可克隆片段应该在 $\mu = 0.5$ 的基因组 DNA 的标准样本中. 这个模型是作一列可克隆片段并在等待看到第 $i + 1$ 个片段之前, 一直等待第 i 个片段的出现. 显然, 在我们等待片段 i 时, 许多其他可克隆片段 $j, j > i$ 出现. 现在, 我们更详细地模拟这个过程.

由于基因组有 G 个 bp, 我们期望限制位点数 M 和 pG 的大小相似, 用 k 指明部分消化片段, 此处 $k-1$ 是这个过程未切位点数. 由于终端位点必须被切割. 这些 k 片段每一个有概率 $\alpha = \mu^2(1-\mu)^{k-1}$. 在基因组中有 $M - (k+2) + 1 = M - k - 1$ 个这样的片段. 我们的启发论证表明 $\mu = 2/(k+1)$ 应该使 k 片段的数最优.

在现在这个模型中, 在样本中用 $1, 2, \cdots$ 给基因组作指标. 如果从第 i 个位点开始, 看到随机部分消化中的 k 片段, 设 $W_{i,k} = 1$. 设 $Z_{i,k} =$ 直到 $\{W_{i,k} = 1\}$ 的基因组数, 则

$$\boldsymbol{P}(Z_{i,k} = l) = (1-\alpha)^{l-1}\alpha,$$

此处 $\alpha = \mu^2(1-\mu)^{k-1}$. 当然, 我们对 $Y_k = \max\limits_{1 \leqslant i \leqslant M} Z_{i,k}$ 的分布感兴趣. 它是直到观察到所有 k 片段时, 基因组的极小数. Y_k 越小, 产生的 k 片段越多.

5.3.3 小节给出了对 Y_k 的一些非常有用的洞察, t 的临界值的阶是

$$\log_{1/(1-\alpha)}(M) = \frac{\ln(M)}{\ln(1/(1-\alpha))}.$$

我们假设 $\boldsymbol{E}(Y_k) \approx \log_{1/(1-\alpha)}(M)$.

定理 5.3 限制位点以概率 p 分布在一个长 G 的基因组中. 如果部分消化参数是 $0 < \mu < 1$, $Y_k =$ 直到所有 k 片段被观察到的等待时间用基因组数表示, 它的分布满足

$$P(Y_k \leqslant t) = \frac{\ln(pG)}{\ln(1/(1-\alpha) + c)} \approx \mathrm{e}^{-(1-\alpha)^c}.$$

期望 $E(Y_k)$ 满足

$$E(Y_k) \approx \mu^{-2}(1-\mu)^{-k+1}\ln(pG).$$

值 $\mu = 2/(2+k)$ 使 $E(Y_k)$ 最小.

证明 由于 α 小, $\ln(1/(1-\alpha)) \approx \alpha = \mu^2(1-\mu)^{k-1}$, 所以 Y_k 的中心值的阶是

$$E(Y_k) \approx \frac{\ln(M)}{\ln(1/(1-\alpha))} \approx \mu^{-2}(1-\mu)^{-k+1}\ln(M).$$

回想, 要求 μ 使 Y_k 最小. 于是, 我们应该使 $g(\mu) = \mu^2(1-\mu)^{k-1}$ 最大. 由

$$g'(\mu) = 2\mu(1-\mu)^{k-1} - (k-1)\mu^2(1-\mu)^{k-2}$$

和 $g'(\mu) = 0$ 推出 $\mu = 2/(1+k)$. ■

定理 5.3 蕴含许多重要的内容. $E(Y_k)$ 的行为依赖于 $g(\mu) = \mu^2(1-\mu)^{k-1}$ 的行为. 固定 k, 这个函数行为在 0 附近像 2 次的, 在 μ 大时像 $(1-\mu)^{k-1}$. 由于 k 通常大于 3, 对大的 μ 这个行为是 $(1-\mu)^{k-1}$, 它降低得远比二次速度快. 所以, 非最优 μ 的影响是它关于均值不对称. 事实上, 过分消化远比消化不足的害处大. 因为可克隆片段有一个可变的 k 片段数, 我们应瞄准小的 μ.

为看清 μ 的影响, 考虑 $L = 20000$ 和 $U = 40000$ 的黏粒载体. 取 $p = 1/4000$, 对应 L 和 U 的 k 是 $k_L = 20000/4000 = 5$, $k_U = 40000/4000 = 10$. 所以, 最优 $\hat{\mu}$ 值为

$$\hat{\mu}_L = \frac{2}{1+5} = \frac{1}{3}, \quad \hat{\mu}_U = \frac{2}{1+10} = \frac{2}{11}.$$

表 5.2 是关于大肠杆菌的, 那里 $G = 4.7 \times 10^6$, 故 $M = G_p = 1175$. 注意, 对于 $k = 5$ 使用 $\mu = 2/11$. 从 319 个基因组到 474 个基因组的所有 4 片段, $\mu = 1/3$ 是最优的增加等待时间. 然而, 对于 $k = 10$, 取 $\mu = 1/3$. $\mu = 2/11$ 是从 1298 个基因组到 2442 个基因组最优的增加等待时间, 几乎使等待时间加倍. 这说明了过分消化的影响更大.

表 5.2 等待时间

μ	$k=5$			$K=10$		
	α	$\frac{1}{\ln(1/(1-\alpha))}$	$E(Y_k)$	α	$\frac{1}{\ln(1/(1-\alpha))}$	$E(Y_k)$
2/11	0.0148	67.00	473.6	0.0054	183.6	1297.9
1/3	0.0219	45.06	318.5	0.0029	345.5	2442.3

5.3.6   最大表达度

现在, 我们用比较直接的方法研究可克隆片段中基因组的表现度. 将位点放在 $X_1, X_1 + X_2, X_1 + X_2 + X_3, \cdots$, 此处 X_i 是以 λ 为均值的独立同分布指数随机变量的随机过程, 称为有比率 λ 的 Poisson 过程. 不难证明如果位点以概率 $1 - \mu$ 移动, 结果是有比率 $\mu\lambda$ 的 Poisson 过程. 所以, 如果部分消化参数是 μ, 则定理 5.1 蕴含基因组的

$$f = f(\mu) = (p\mu L + 1)\mathrm{e}^{-p\mu L} - (p\mu U + 1)\mathrm{e}^{-p\mu U} \tag{5.2}$$

组分是可克隆的. 当我们考虑这个基因组 N 个拷贝时, 依赖性来自所有基因组中同样固定的潜在的位点. 现在研究这种情况.

设 $\boldsymbol{X} = X_1, X_2, \cdots (\boldsymbol{Y} = Y_1, Y_2, \cdots)$ 是从点 t 移到左边 (右边) 的独立同分布的片段长度, 这些片段长度对所有基因组都是固定的, 则

$$\boldsymbol{P}(t\text{是可克隆的}|\boldsymbol{X}, \boldsymbol{Y}) = \sum_{l=0}^{\infty} \sum_{k=0}^{\infty} \mu^2 (1-\mu)^{k+l} \boldsymbol{I} \left\{ \sum_{i=1}^{k+1} X_i + \sum_{j=1}^{l+1} Y_j \in (L, U) \right\}.$$

因为 X_i 和 Y_j 是独立同分布的, 设 $Z_i \overset{d}{=} X_i$ 和

$$\boldsymbol{P}(t\text{是可克隆的}|\boldsymbol{X}, \boldsymbol{Y}) = \sum_{n=0}^{\infty} \mu^2 (1-\mu)^n (n+1) \boldsymbol{I} \left\{ \sum_{i=1}^{n+2} Z_i \in (L, U) \right\},$$

包含 t 的可克隆的部分消化片段数的条件期望是 $N\boldsymbol{P}(t$ 是可克隆的 $|\boldsymbol{X}, \boldsymbol{Y})$, 故剩下的任务只是无条件的期望. $n+2$ 个指数随机变量之和有 γ 分布, 后面用到它.

$$\begin{aligned}
\boldsymbol{P}(t\text{是可克隆的}) &= \boldsymbol{E}(\boldsymbol{P}(t\text{是可克隆的}|\boldsymbol{X}, \boldsymbol{Y})) \\
&= \sum_{n=0}^{\infty} \int_L^U \mu^2 (1-\mu)^n (n+1) \frac{p^{n+2} x^{n+1} \mathrm{e}^{-px}}{\Gamma(n+2)} \mathrm{d}x \\
&= (p\mu)^2 \int_L^U x \mathrm{e}^{-x} \mathrm{d}x = (p\mu L + 1)\mathrm{e}^{-p\mu L} - (p\mu U + 1)\mathrm{e}^{-p\mu U},
\end{aligned}$$

它与方程 (5.2) 中的 $f(\mu)$ 是相同的.

对于 $\mu \geqslant 0$, 为使 $f(\mu)$ 最大, $f'(\mu) = \mu(pU)^2 \mathrm{e}^{-p\mu U} - \mu(pL)^2 \mathrm{e}^{-p\mu L}$, 并且 $f'(\mu) = 0$ 推出

$$\mu^* = \frac{2}{(U-L)p} \log \frac{U}{L}.$$

因为, 当 μ 是小的正数时, $f'(\mu)$ 是正的, 对大的 $\mu, f'(\mu)$ 是负的. μ^* 给出 $f(\mu)$ 的最大值. 回想 $\mu \in [0, 1]$, 对于

$$\hat{\mu} = \min \left\{ \frac{2}{(U-L)p} \log \frac{U}{L}, 1 \right\},$$

函数 $f(\mu)$ 是最大. 这与方程 (5.1) 中给出的 $\hat{\mu}$ 的启发性数值差别很大.

5.4　每个微生物中的基因组

上面的结果用基因组数给出. 在标准的 DNA 样本中有多少基因组? 标准样本没有几个微克 (µg), 如 10µg. 让我们考虑 5×10^6 bps 的大肠杆菌基因组. 一些单位是:

$$1\text{bp} = 650\text{道尔顿}, \quad 1\text{道尔顿} = \text{H的分子量}, \quad 1\text{摩尔H} = 1\text{g},$$

所以,

$$10\text{µg} = (10^{-5}\text{g}) \left(6 \times 10^{23}\frac{\text{道尔顿}}{\text{g}}\right) = 6 \times 10^{18}\text{道尔顿}$$

$$= 6 \times 10^{18}\text{道尔顿} \times \frac{1\text{bp}}{650\text{道尔顿}} \times \frac{\text{基因组}}{5 \times 10^6\text{bp}}$$

$$= 1.85 \times 10^9\text{大肠杆菌的基因组}.$$

问　题

问题 5.1　用积分代替和, 计算差

$$p^2 \int_0^\infty x\mathrm{e}^{-p(x-1)}\mathrm{d}x - \sum_{l=0}^\infty lp^2\mathrm{e}^{-p(l-1)}.$$

问题 5.2　希望克隆 $g$bp 的基因, 此处 $0 < g < L$. 要求完全消化中这个基因被克隆的概率, 此处限制位点的概率是 p. 提示: 定理 5.1 解决 $g = 1$ 时的这个问题.

问题 5.3　在问题 5.2 中有 k 个具有位点概率 p_i 的独立的酶, 并且我们做 k 次独立实验. 基因至少在一个消化中被克隆的概率是什么?

问题 5.4　具有概率 $p = \boldsymbol{P}$(限制位点) 的 n 个限制位点按 Bernoulli 过程沿一个无穷的基因组分布. 设 $F_i = $ 第 i 个片段的长度. 设如果条件成立, $\boldsymbol{I}\{L \leqslant F_i \leqslant U\} = 1$, 否则为 0. 证明

$$\lim_{n \to \infty} \frac{\sum_{i=1}^n F_i \boldsymbol{I}\{L \leqslant F_i \leqslant U\}}{\sum_{i=1}^n F_i} = f,$$

此处 f 在定理 5.1 中定义. 提示: 对分子、分母应用 SLLN.

问题 5.5　对粘粒载体, $p = 1/5000$ 和人基因组, 此处 $G = 3 \times 10^{19}$ 作一个类似表 5.2 的表.

问题 5.6　在 DNA 的 10µg 中有多少人基因组?

问题 5.7　考虑两个独立的完全消化: 消化 1(酶 1) 有位点概率 p_1, 消化 2(酶 2) 有位点概率 p_2. 消化 3 是酶 1 和酶 2 的双消化. 设 f_i 表示消化 i 的克隆的组分.

(i) 求 f_3;

(ii) 在消化 1 中不可克隆的, 而在消化 2 中是可克隆的组分;

(iii) 求在消化 1 和消化 2 中都不可克隆的组分.

第6章 物理基因组图谱：海洋、岛屿和锚

前面几章, 我们研究了构造限制图谱的算法. 这些图谱是一般的局部图谱, 类似于城市中的街道图. 正像这些未排序 DNA 的局部限制图谱非常有用一样, 构造整个染色体或基因组的图谱也非常有用. 这样一些图谱使我们能够将未知的、类似于未探明的大陆的内容组成可以处理的单位, 使我们能找到一种方法给出更多的有意义的特征定位. 在经典的遗传图谱中, 基因的位置用遗传距离或重组距离单位给出. 分子生物学已经证明 DNA 中的一些变化的本身可以作出图谱. 在这一章研究不同类型的基因组图谱, 所谓物理图谱, 重叠克隆被用来组成基因组.

为给出问题大小的概念, 表 6.1 给出了 4 个基因组和没有重叠地覆盖每一个基因组所要的克隆数. 酵母的克隆称为 YAC(酵母人造染色体), 因为这个 DNA 一般地被克隆到工程酵母染色体. 插入尺寸为 100kb~1Mb, 并且我们用最优的插入尺寸.

表 6.1 基因组和载体

	lambda(15kb)	粘粒 (40kb)	酵母 (1Mb)
大肠杆菌	267	100	4
啤酒酵母	1333	500	20
秀丽隐杆线虫	5667	2125	85
人	200000	75000	3000

在这一章, 我们考虑物理图谱制作的最直接的方法 —— 重叠随机克隆. 开始构造基因文库. 一般地, 我们假定文库表现基因组, 并且基因组的所有部分都等可能的被克隆. 在第 5 章, 我们已经看到这种假设有欠缺, 可是可采取一些步骤使这种欠缺最小. 例如, 在文库构造中可使用几种酶而且这种组合克隆可更多的表达文库. 如果 α_i 是未被构造 i 克隆的部分, 那么 $\prod\limits_{i=1}^{k} \alpha_i$ 是未被所有 k 个独立构造克隆的部分.

一般假设是克隆被随机的抽出. 然后, 每个克隆用一种以后规定的方式去刻画. 从公共特征中推断出重叠来. 如果这个重叠肯定能检测出, 那么这个基因组图谱以 Clarke-Carbon 公式 (命题 5.1) 指出的速率进行. 能导出如果 N 个长 L 的随机克隆由长 G 的基因组中吸取出来, 那么预期的基因组被覆盖组分近似为

$$1 - e^{-NL/G}.$$

回忆, Clarke-Carbon 公式作为文库中表达的基因组的组分的自然估计. 下面我们将

看到在实践中的这种估计是非常乐观的. 如果每个克隆被全部排序, 提供可能的最敏感的特征, 能够达到这种覆盖. 然而, 这将包含大量的冗余排序是昂贵、耗时的工作. 事实上, 物理图谱的用途之一是减少要求的基因排序的数量.

6.1　用指纹制作图谱

用随机克隆重叠制作图谱的想法是随机的选择克隆并用几种方法之一刻画. 用生物学家称为指纹技术来总结这些特征. 许多指纹模式包含用一些限制酶消化克隆的 DNA. 当两个克隆有足够的公共指纹, 宣布它们重叠. 重叠的克隆被称为形成一个岛. 在制作图谱过程开始有许多孤立的克隆, 我们称为单子岛. 当克隆开始饱和这个基因组, 单子克隆到被吸收成少数几个大的岛. 这里用随机过程模拟, 并且这些数学结果在安排这些大的项目中是有用的.

6.1.1　海洋和岛屿

为了分析的目的, 我们将作某些简化假设, 以后可以放松这些假设. 首先, 考虑理想化的模式, 两个克隆只要它们至少有长度 θ 的部分是公共的, 就能检测它们间的重叠. 以避免特殊的指纹模式的细节. 实践中, 对大多数指纹模式最小的可检测重叠, 随克隆不同而改变. 例如, 依赖于克隆中限制片段的数目. 尽管如此, 我们可把 θ 想象成所预期的最小组分. 假设重叠准则是足够严格的, 很少有假正和假负.

假定我们有完美表达的基因组文库, 所有插入等尺寸. 事实上, 我们用沿基因组齐次 Poisson 过程模拟克隆位置. 现在定义下列符号:

$G =$ 用bp度量的基因组长度,

$L =$ 克隆插入长度,

$N =$ 克隆数,

$c = \dfrac{LN}{G} =$ 覆盖随机点的克隆的期望数,

$T =$ 需要检测重叠的重叠量, 用bp表示,

$\theta = \dfrac{T}{L}$.

这里, 我们将克隆长度重新设定为 $1 = L/L$, 基因组长度为 $g = G/L$. 覆盖随机点的克隆期望数 $c = LN/G = N/g$ 仍然相同. 我们假定在实线 $(-\infty, +\infty)$ 上按速率 c 的 Poisson 过程出现克隆. 基因组对应区间 $(0, g)$. 克隆右手端的定位过程是 Poisson 过程 $\{A_i\}, i \in \{\cdots, -1, 0, 1, 2, \cdots\}$, 标号, 使得

$$\cdots A_{-2} < A_1 < A_0 \leqslant 0 < A_1 < \cdots < A_N < g \leqslant A_{N+1} < \cdots.$$

因为克隆端点出现概率为 N/G, 当 $N/G = c/L$ 小时, Poisson 过程近似有效. 注意

N 是克隆的随机数, 它的右端属于 $(0,g)$. 因为 A_i 是 Poisson 过程,

$$\boldsymbol{P}(N=n)=\frac{\mathrm{e}^{-cg}(cg)^n}{n!}, \quad n \geqslant 0.$$

根据强大数定律, 以概率 1 当 $g \to \infty$ 时, $N/g \to c$. 相互达到时间 $A_i - A_{i-1}$ 是以均值 $1/c$ 和密度 $c\mathrm{e}^{cx}$, $x > 0$ 的独立同指数分布. 关于指数分布可称道和有用的事实是没有记忆性质: 如果 X 是指数分布,

$$\boldsymbol{P}(X>t+s|X>t)=\boldsymbol{P}(X>s).$$

最后, 我们注意左端点定位过程也是有速率 c 的 Poisson 过程.

克隆落入由一个或更多个成员组成的表面的岛上, 这些成员被它们的指纹检测出来的重叠确定. 这些岛仅仅是表面的, 因为某些真正的重叠没有被检测到. 具有两个或更多个成员的岛屿称为重叠群, 两个岛之间的间隔称为海洋. 一个成员的岛称为单子.

图 6.1 中 $N=6$, 对于 $\theta=0$, 有 3 个岛; 对 $\theta=0.2$, 表面上有 4 个岛. 一般地, 忽略端效应, 海洋和岛重叠为 0 或 G.

0 　　G

图 6.1　海洋与岛域

下面的结果描述当进行制作图谱时, 表面的或实际的两种岛和海洋的某些预期的性质.

定理 6.1　设 θ 是为了能检测出重叠, 两个克隆必须共享的长度份额. 设 N 是有指纹的克隆数, c 是覆盖的剩余. 在上面的记号下, 我们有

(i) 表面岛的期望数是 $N\mathrm{e}^{-c(1-\theta)}$;

(ii) $j(j \geqslant 1)$ 个克隆组成的表面岛期望数是 $N\mathrm{e}^{-2c(1-\theta)}(1-\mathrm{e}^{-c(1-\theta)})^{j-1}$;

(ii′) 至少两个克隆组成的表面岛期望数是 $N\mathrm{e}^{-c(1-\theta)}-N\mathrm{e}^{-2c(1-\theta)}$;

(iii) 一个表面岛中克隆的期望数是 $\mathrm{e}^{c(1-\theta)}$;

(iv) 一个表面岛用基对度量的期望长度是 $L\lambda$, 其中, $\lambda=(\mathrm{e}^{c(1-\theta)}-1)/c+\theta$;

(v) 设 $\theta=0$ 得到实际岛对应的结果. 例如, 实际岛的期望数是 $N\mathrm{e}^{-c}$;

(vi) 在表面岛端点出现长至少为 xL 的海洋的概率是 $\mathrm{e}^{-c(x+\theta)}$, 特别地, 取 $x=0$, 表面海洋是实际海洋的概率是 $\mathrm{e}^{-c\theta}$(与一个未被检测出的重叠出现相反).

证明　首先, 定义一个重要的量, $J(x) =$ 相离 x 的两个点没被公共克隆覆盖的概率. 对于 $0 < x \leqslant 1$, 这等价于在最左边点的前面的长 $(1-x)$ 的区间内没有达

到者, 或对于平均值为 $c(1-x)$ 的 Poisson 过程没有事件. 所以

$$J(x) = \begin{cases} \mathrm{e}^{-c(1-x)}, & 0 \leqslant x \leqslant 1, \\ 1, & x > 1. \end{cases}$$

注意, $J(x)$ 被推广到 $J(0) = \boldsymbol{P}(\text{没有克隆覆盖点})$.

岛的个数等于没有检测到重叠而离开克隆的次数. 设 E 是给定的克隆是一个岛的右边克隆这一事件. 如果右边的位置是 t, 那么这意味着点 $t-\theta$ 和 t 没有被公共克隆覆盖, 所以 $\boldsymbol{P}(E) = J(\theta)$. 因为在 $(0,g)$ 内有 N 个克隆, 表面岛的期望数是 $NJ(\theta) = N\mathrm{e}^{-c(1-\theta)}$.

现在考虑岛的右手端这个过程. 如上, 我们用

$$\cdots C_{-2} < C_{-1} < C_0 \leqslant 0 < C_1 < \cdots < C_K < g \leqslant C_{K+1} < \cdots,$$

给它们标号, K 是右手端在 $(0,g)$ 中的表面岛的个数. 这个过程的密度是 $cJ(\theta)$, 由于 $J(\theta)$ 是给定克隆是一个岛的右手端的概率.

为研究一个岛内克隆的期望数, 设 M_j 是位于第 j 个岛内的克隆数. 经过极限论证, 取 $M_1, M_2, \cdots, M_K$ 平均得到 $\boldsymbol{E}(M)$. 定义

$$\overline{M}_g = \frac{1}{K} \sum_{i=1}^{K} M_i$$

至多有 $1+\max\{k : k \text{ 是整数, 并且 } k < 1/(1-\theta)\}$ 个岛屿 0 或 g 重叠 (见问题 6.5). 重叠 0 或 g 的岛不影响 $\overline{M}_g$, 所以 $K \to \infty$ 包含或去掉这些岛. 现在 $K/N \to J(\theta)$ 且 $1/N \sum\limits_{i=1}^{K} M_i \to 1$, 所以

$$\lim_{g \to \infty} \overline{M}_g = \frac{1}{J}(\theta) = \mathrm{e}^{c(1-\theta)}$$

得到一个岛的有关克隆数的更多信息是可能的. 给定具有 $A_i = t$ 的克隆是一个岛的右手端这个事件 E 有概率 $\boldsymbol{P}(E) = J(\theta)$. 从 t 移到左边, 问是否检测到一个重叠克隆或没有检测到. 如果克隆覆盖区间 $(t-1, t-1+\theta)$, 它可检测的重叠 $(t-1, t)$. 这个事件独立于 E 且有概率 $1 - J(\theta)$. 按这种方法继续,

$$\boldsymbol{P}(M_i = j|E) = (1 - J(\theta))^{j-1} J(\theta)$$

或 M_i 具有停止概率 $J(\theta)$ 的几何分布. 用岛的期望数乘这个概率给出 (ii), 而分布的平均值是 $J^{-1}(\theta)$, 与上面给定的极限论证一致.

为了证明 (iv), 考虑由 M 个克隆组成的一个岛, 此处 M 有上面所说的几何分布. 岛的长度是 $X_1 + X_2 + \cdots + X_{M-1} + 1$, 此处 X_i 是直到新克隆开始的距离,

$i < M$(图 6.2), 定义 X_i 有密度

$$f(x) = c\mathrm{e}^{-cx}, \quad 0 < x < 1 - \theta,$$

$$\boldsymbol{P}(X_i = 1) = 1 - \int_0^{1-\theta} c\mathrm{e}^{-cx}\mathrm{d}x = \mathrm{e}^{-c(1-\theta)}.$$

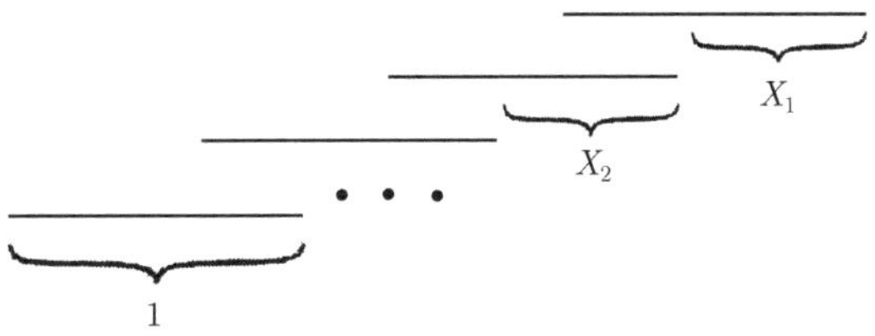

图 6.2　一个岛的长度

一个表面岛的期望长度是 $\boldsymbol{E}\left(\sum\limits_{1 \leqslant i \leqslant M} X_i\right)$. 期望的计算要求某些额外的理论. 如果事件 $\{M = j\}$ 独立于 $X_{j+1}, X_{j+2}, \cdots$, 随机变量 M 是 $X_1, X_2, \cdots$ 的停止时间. 然后, 可用所谓 Wald 恒等式的结果去计算期望. 这个恒等式是说当 M 是停止时间时,

$$\boldsymbol{E}\left(\sum_{1 \leqslant i \leqslant M} X_i\right) = \boldsymbol{E}(X)\boldsymbol{E}(M).$$

这个结果作为定理 6.2, 给以表述和证明.

现在由 $M = \min\{i : X_i = 1\}$ 定义停止时间 M. 我们定义

$$\boldsymbol{E}(X) = \int_0^{1-\theta} cx\mathrm{e}^{-cx}\mathrm{d}x + \mathrm{e}^{-c(1-\theta)} = c^{-1}(1 - \mathrm{e}^{-c(1-\theta)}) + \theta\mathrm{e}^{-c(1-\theta)}.$$

如上所述, $\boldsymbol{E}(M) = \mathrm{e}^{c(1-\theta)}$, 所以由 $\boldsymbol{E}(M)\boldsymbol{E}(X)$ 得到 (iv).

最后, 对于 (vi) 我们要求在一个表面岛端点出现的至少长为 x 的海洋, 在 t 个均值没有达到 $(t-\theta, t+x)$ 之中的概率, 它的概率是 $\mathrm{e}^{-c(x+\theta)}$. ∎

定理 6.2(Wald 恒等式)　如果 $X_1, X_2, \cdots$ 是独立同分布随机变量, 具有有限期望, 并且如果 M 是 $X_1, X_2, \cdots$ 的停止时间, 使得 $\boldsymbol{E}(M) < \infty$, 则

$$\boldsymbol{E}\left(\sum_{i=1}^M X_i\right) = \boldsymbol{E}(M)\boldsymbol{E}(X).$$

证明   设 $Y_n = \begin{cases} 1, & M \geqslant n \\ 0, & M < n \end{cases}$ ，则我们有 $\sum_{n=l}^{M} X_n = \sum_{n=1}^{\infty} X_n Y_n$. 于是

$$\boldsymbol{E}\left(\sum_{n=1}^{M} X_n\right) = \boldsymbol{E}\left(\sum_{n=1}^{\infty} X_n Y_n\right) = \sum_{n=1}^{\infty} \boldsymbol{E}(X_n Y_n).$$

然而，$Y_n = 1$ 当且仅当经过相继观察 $X_1, X_2, \cdots, X_{n-1}$ 之后我们还没有停止. 所以，Y_n 由 $X_1, X_2, \cdots, X_{n-1}$ 决定，从而是独立于 X_n. 于是从上面最后一个方程得到

$$\boldsymbol{E}\left(\sum_{n=1}^{M} X_n\right) = \sum_{n=1}^{\infty} \boldsymbol{E}(X_n)\boldsymbol{E}(Y_n) = \boldsymbol{E}(X)\sum_{n=1}^{\infty} \boldsymbol{E}(Y_n)$$

$$= \boldsymbol{E}(X)\sum_{n=1}^{\infty} \boldsymbol{P}(M \geqslant n) = \boldsymbol{E}(X)\boldsymbol{E}(M).$$

显然最小可检测重叠 θ 对制作图谱进程有主要影响. 图 6.3 指出岛的个数的期望数作为 DNA 指纹的基因组当量数 c 的函数，并且图 6.4 指出岛的期望平均长度. 在图 6.3 中 $Ne^{-c\sigma} = (G/L)ce^{-c\sigma}$，所以岛的期望数是用 G/L 作单位. 这使得图形与基因组的细节无关. 类似地，平均岛长用 L 作单位. 在这个任务开始时，由于新的克隆不大容易与其他重叠，岛的个数增加. 岛的最大个数发生在 $c = (1-\theta)^{-1}$，并且等于 $(G/L)e^{-1}(1-\theta)^{-1}$. 这之后，由于间隔封闭岛的个数下降. 某些点之后，由于用指纹随机克隆去克隆所有间隔需要巨量的工作. 为了给间隔搭桥必须采用有向策略.

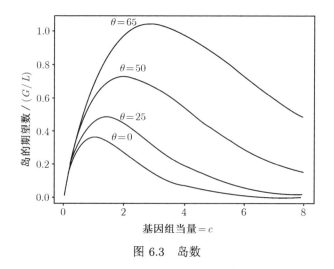

图 6.3   岛数

注意，最小可检测重叠从 50% 减少到 25%，将极大地加速这个任务的进程. 与此相反，将最小可检测重叠从 25% 减少到理论的极限值 0 却相对地不大有效. 这个

结果显示具有 $\theta \in (0.15, 0.20)$ 的指纹模式可能是最敏感的目标, 进一步减少处于极限值. 当然, 为得到更敏感的指纹, 小的 θ 值的优点必须与为此增加的努力相权衡.

下面, 建立定理 6.1(1) 的更一般的版本, 它放宽 L 和 θ 是常数的条件. 设克隆插入的大小 L 按具有密度的某个分布选定. 检测与给定的克隆的重叠所必须的是与那个克隆尺寸 L 有关的独立随机变量 Θ. 例如, $\Theta = \theta L$ 要求这个克隆的份额 θ. Θ 的分布反映在可克隆片段中有可变限制位点数.

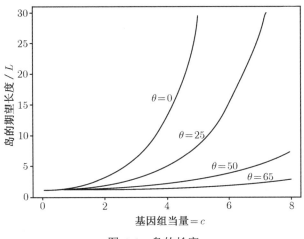

图 6.4　岛的长度

我们假设克隆长度 L 是有均值 $E(L)$ 的独立同分布的随机变量. $L/E(L)$ 的密度是 $f(l)$. 我们定义 $J(x)$ 的新版本是相距 x 的两个点没有被公共克隆覆盖的概率. 设

$$\mathcal{J}(x) = P\left(\frac{L}{E(L)} > x\right) = \int_x^\infty f(l)\mathrm{d}l,$$

则

$$J(x) = \exp\left\{-c\int_x^\infty \mathcal{J}(l)\mathrm{d}l\right\}.$$

由于 $J(\Theta)$ 实际是 (Θ, L) 的函数, 下面我们记 $E(J(\Theta)) = E(E(J(\Theta)|L))$.

定理 6.3　以上面的假定和记号, 包括 Θ 和 L 作为随机变量,

(1) 表面岛的期望数是 $NE(J(\Theta)) = NE(E(J(\Theta)|L))$;

(2) 表面岛有 j 个克隆的概率至少是 $(1 - E(J(\Theta)))^{j-1}E(J(\Theta))$.

证明概要　由于一个随机克隆是一个岛的右手端克隆的概率是 $J(\Theta)$, 并且总计有 N 个克隆, 岛的期望数是 $NE(J(\Theta))$.

采用上面的直接方式, 用变量 θ 或 L 不可能产生重叠的独立同分布随机变量 $X_1, X_2, \cdots$. 然而, 贪婪算法能够产生一个岛内的克隆数以及岛的长度的下界. 贪婪

岛长度与表面岛长度对比的例子, 如图 6.5 所示. 当一个克隆从右向左移动时, 按 A_i 次序, 即它们的右克隆端的次序考虑这些克隆. 这意味着有时由于 L 短或 θ 大, 离开一个克隆到较少覆盖的克隆, 可是这产生独立的 X_i. 在一个贪婪岛中克隆数是 j 且有概率

$$E\left(\prod_{i=1}^{j}(1-J(\Theta_i))J(\Theta_1)\right). \qquad \blacksquare$$

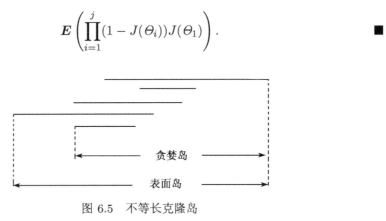

图 6.5   不等长克隆岛

6.1.2   分小与控制

在这一节, 我们考虑不是一下子全部构造完, 而是一个染色体一个染色体地构造物理图谱看是否有优点的问题. 乍一看好像没有优点: 模型的公式关于指纹克隆数 N 是线性的. 在具有两个相同长度染色体的生物体中. 如果有 N 个克隆被打上整个基因文库的指纹, 或有 $N/2$ 个克隆被打上来自这两个指定染色体文库中每一个的指纹, 在两种情况下, 只要指纹模式能检测出它们长度 $\theta\%$ 的克隆间的匹配, 人们会期望有相同的岛数.

事实上, 喜欢将一个任务分小还有一些次要的考虑:

(1) 如果宣布重叠的规律保持不变, 假正的比率对大尺寸的基因组将会大些. 有了保持同样的假正比率. 为了宣布在大的基因组中的重叠, 必须要求更大的重叠分额 θ, 然而效果不大 (见 6.1.4 小节).

(2) 如果基因组被分成两个部分, 研究者可能决定不给每一半同样数的指纹. 随着任务的进行, 研究者会对进行慢的一半更多的克隆打上指纹. 然而, 大数定律断定在每一半进行大致相当 (除非系统偏差引起一半明显较少的表现). 在效率上只有稍微改进 (除非基因组被分解成如此之多, 以至于所要求的覆盖每一部分的期望克隆数是小的).

除数学上的考虑之外, 还有各种各样实际上的考虑也希望将任务分小. 例如, 当这些策略变得可行时, 将任务细分允许对后面的部分采用改进的指纹策略. 同时, 在不同的实验中可执行这个细分的任务, 从而达到并行处理的效果.

6.1.3 两个先驱实验

随机克隆图谱制作的实践方面依赖于要制作图谱的生物体的生物学特点, 同时也依赖于克隆载体. 我们讨论过 λ 和黏粒克隆载体. 在最近几年, 一些革新的生物学家已经将酵母人工染色体 (YACs) 工程化, 使得 YAC 能接受大的插入, 并且当酵母细胞被分割或增殖时能被复制. 克隆到 YAC 中的 DNA 的数量不等, 范围为 $10^5 \text{bp} \sim 10^6 \text{bp}$. 例如, 我们经常使用大肠杆菌 ($G = 5 \times 10^6$ bp) 和人 ($G = 3 \times 10^9$ bp) 作例子. 表 6.1 给出这些生物体和载体组合的 G 和 L.

这一节的目的是讨论两个原始的有影响的实验. 我们简要地描述这些实验并讨论我们的结果与这个实验数据的一致性. 一个关键的考虑是否可认为最小可检测重叠是常数 θ, 与所考虑的克隆无关. 定理 6.2 给出非常数 θ 的某些推论. 这个假定被指纹方法满足, 指纹方法包含了由大量片段导出的信息 (如在大肠杆菌中使用的信息). 在这种情况下, 克隆都有大致同样的指纹信息的密度, 从而为了组织匹配所要求的大致同样的最小重叠. 与此不同, 我们假设可能不足够适合使宣布重叠永远可能. 例如, 酵母任务 (下面的啤酒酵母) 要求克隆共享 5 个限制片段长度 (为了宣布成对重叠), 那些包含少于 6 个片段的克隆从不能联合成岛. 于是, 可以期望我们的公式与大肠杆菌项目的数据非常一致, 可是相当低估了酵母项目的单个克隆岛的数量. 像我们将要介绍的那样, 确实是这种情况.

6.1.4 啤酒酵母

第一个实验是 1986 年由 Olson 等人报道的, 他研究了酵母中 4946 个 λ 克隆. 与我们有关的一些参数是 $G = 20 \times 10^6$ 和 $L = 15 \times 10^3$. 使用过一种指纹, 其中, 每个克隆被 $EcoR$ I 和 $Hind$ III 消化并度量片段的长度.

Olson 等人安排 4946 个克隆成 1422 个岛, 这些岛由 680 个重叠群和 742 个单子组成. 据报道, 每个克隆的片段平均数是 8.36, 并且宣布重叠的准则包含一对克隆至少共享 5 个片段的要求. 作者注意到 742 个单子中多数包含 5 个或更少的片段, 然而即使包含这种克隆的大的重叠在成对比较中会被忽略. 关于有 5 个或更少限制片段的克隆问题, 对于这样的项目, 我们的公式预见到什么?

简单的计算表明, 小于 14% 的克隆在某种程度上期望它有 5 个或更少的限制片段. 假设限制位点按均值为每克隆 8.36 片段或 7.36 限制位点的 Poisson 过程分布. 设 K 表示一个克隆中实际限制位点的数量. 那么, 对任何整数 k, $P(K = k) = \lambda^k e^{-\lambda}/k!$, $\lambda = 7.36$, 从而大约所有克隆的 14% 有 5 个或更少的位点. 由于在推导 $\lambda = 7.36$ 估计中, 小于 400bp 的片段没有被记入, 这个估计应稍微小一些. 把这个比例取为 13%, 大约 4300 个克隆会预期有 6 个或更多个片段, 并且大约 650 个会有 5 个或更多片段.

离开宣布重叠所需公共片段平均值 8.36, 用 5 粗略估计 θ 在 $5/8.36 \approx 0.60$. 因为几个其他技术条件要求, 估计值应该稍微增加一点, 这里, 我们取 $\theta = 0.63$.

因 $N = 4303, \theta = 0.63$ 和 $c = 4.5$(如同作者报道的), 我们期望 660 个重叠群和 154 个单子克隆岛, 加上预期具有 5 个或更少片段的 643 个单子总共产生 660 个重叠群和 797 个单子克隆岛. 给出所包含的粗略近似, 这与观察到的 680 个重叠群和 742 个单子克隆岛相当一致.

由于酵母项目是第一代制作图谱项目, 如果人们不使用后来为大肠杆菌所建立的指纹法, 将这个结果与期望的过程进行比较是有趣的. 用同样数量的克隆 ($N = 4946, \theta = 0.20, c = 4.5$), 人们仅能期望得到 131 个重叠群和 4 个单子. 这样, 像我们前面注意到的, 使用更多信息的指纹能够极大地加速完成物理制作图谱的过程.

6.1.5   大肠杆菌

第二个实验是 1987 年 Kohara 等所作大肠杆菌的研究. $G = 4.7 \times 10^6$ bp, 这是所考虑的三个基因组中最小的. 这项研究以实验设计和它的成功而著称. Kohara 等没有作出任何惊人的技术进步, 他们仅仅广泛地使用了已知的技术产生了大肠杆菌基因组知识的主要进展. 他们工作的结果是 8 种酶的整个基因组的限制图谱.

Kohara 等使用的指纹法是下面所谓一种 c 指纹 —— 每个克隆对 8 种酶的每一种制作图谱. 比较克隆图谱, 判断这些克隆重叠. 图 6.6 是指出三个克隆的一个岛. 8 种限制酶从顶到底按下列次序排列: BamHI (B), $Hind$ III (D), EcoRI (E), EcoRV(F), Bg1II (G), KpnI (Q), PstI (S) 和 PvuII (V). Kohara 等人最终的结果是整个大肠杆菌基因组的 8 种限制酶图谱, 如图 6.7 所示.

Kohara 等研究在成对指纹比较的基础上, 将 1025 克隆安排成 70 个岛, 其中, 7 个是孤立的单克隆岛, 然后用杂交法找到跨间隔的克隆, 除 6 个之外克隆全部被覆盖.

报告说克隆的插入物平均 15.5kb, 大约 3kb 重叠能被检测出. 取最小可检测重叠是 $\theta = 3/15.5 \approx 0.19$, 基因组大小是 4704 kb, 基因组覆盖 $c = (1024)(15.5)/4704 \approx 3.38$, 公式预期有 67.16 个岛, 其中, 4.39 个应是单子克隆岛. 这与观察到的 70 和 7 相当一致. 即使根据关于变量 θ 和 L 的定理 6.2 的结果, 这也是小的差别.

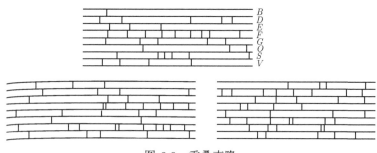

图 6.6   重叠克隆

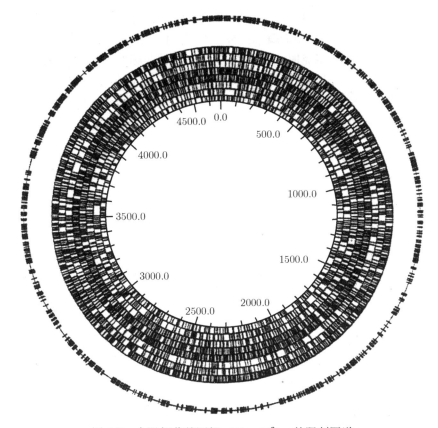

图 6.7 大肠杆菌基因组, 4.7×10^6bp 的限制图谱

然而, 公式预期多数间隔足够小只需用杂交法一步就能覆盖, 可是仍有几个没被覆盖. 给定无限文库用杂交法筛选. 定理 6.1(6) 预期 70 个间隔中大约有 2 个不能被覆盖, 因为它会比 15.5 kb 长. 如果为保持正杂交信号要求在每一端 1 kb 重叠, 预期大约 70 个间隔中的 4 个仍保留, 因为它们的长度超过 13.5 kb. 由于仅包含 2344 个克隆的有限文库通过杂交法筛选 (包括已经打上指纹的克隆), 几个额外的克隆可能仍未被覆盖, 只是因为最优状态的克隆在有限文库中没有出现. 这样, 这 6 个剩余的间隔是在预料之中的.

6.1.6 计算指纹模式

许多指纹模式涉及用其他限制酶消化克隆 DNA. 最简单指纹将克隆 C 与一组消化片段相联系. 如果从这个消化产生 k 个片段, 我们可用

$$f_a(C) = \{l_1, l_2, \cdots, l_k\}$$

来表示它.

关于上面的模式有几种变形, 回想片段长度越长与此相关的测量的误差越大. 如果用一种酶消化, 用 4^{-4} 切割概率代替 4^{-6}, 我们能够得到更精确的测量, 可是会有 16 倍之多的片段. 为了克服这个问题, 先用一种较低频率的切割酶 ($p_1 = 4^{-6}$) 消化这个克隆, 并且在片段端点用放射材料标记. 然后, 加上第二种限制酶 ($p_2 = 4^{-4}$) 产生许多片段, 而少数将是被标记的端点. 图 6.8 解释了这个实验. 虽然产生许多小的片段, 为仔细地度量仅由 6 个端点加了标记. 我们用

$$f_b(C) = \{l_{i_1}, l_{i_2}, \cdots, l_{i_k}\},$$

把它符号化, 指出我们已选定现有片段的特定子集.

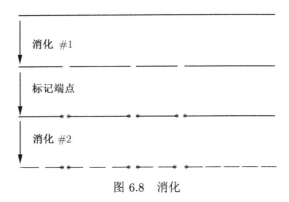

图 6.8　消化

我们讨论打指纹的第三种方法是作克隆的限制图谱. 由于我们已经广泛地讨论过限制图谱, 此处没有必要再详细讨论. 图谱的符号化版本是

$$f_c(C) = \{l_1, l_2, \cdots, l_k\}.$$

此处, 为说明组成指纹的这些数据, 必须给出一个规则确定两个克隆是否重叠. 理想上, 我们喜欢

$$O(C_1, C_2) = \begin{cases} 1, & C_1 \bigcap C_2 \neq \varnothing, \\ 0, & C_1 \bigcap C_2 = \varnothing. \end{cases}$$

自然, 达到理想是不可能的. 我们给克隆打上指纹为了在没有真正确定它们的 DNA 序列的情况下得到它们内容的快照. 当然, DNA 序列是一个极限指纹, 而确定序列是一个费工费材料的事. 所以, 在作决策时, 通常遇到几种误差. 我们阐明作为检验决策函数的假设函数 $O(C_1, C_2)$,

$$H_0 : C_1 \cap C_2 = \varnothing, \quad H_1 : C_1 \cap C_2 \neq \varnothing.$$

为确定 $H_1 : C_1 \bigcap C_2 \neq \varnothing$, 我们必须有很强的证据说明这些数据不能从不相交的克隆产生. 生物学家通常宁肯让一些重叠没有检出, 也不愿意宣布一个错的重叠. 给

定这个问题的大小是很难避免的问题. 在这些实验中常常刻画几千个克隆. 用 5 千个克隆有

$$\binom{5000}{2} \approx 12.5 \times 10^6$$

个克隆对. 所以, 即使类型 I, 10^{-6} 的误差概率预期有 12.5 个假重叠.

好的指纹模式应该能够检测出克隆间相对小的重叠, 在给定要作图谱的基因组的大小情况下, 允许一个可接受的假正的低比率. 为了给设计制作图谱项目提供一般的指导, 在这里我们讨论指纹法本身的选择以及宣布重叠的规律, 来决定最小的可检测重叠和假正比.

现在考虑两个指纹模式的基本类型. 这两个例子是用作说明的, 而不是详尽的.

类型 (a/b) 这种指纹由单种酶 [类型 (a)] 或相继使用的酶 [类型 (b)] 的组合消化产生的限制片段长度组成. 它们平均产生 n 个片段. 当两个指纹至少共享 k 个片段长度时, 匹配规则宣布一个重叠. 由于测量误差大致与片段长度成比例. 如果它们长度之差至多 $100\beta_1\%$, 将承认两个片段匹配. 典型地, $0.01 \leqslant \beta_1 \leqslant 0.05$, 这取决于凝胶系统.

类型 (c) 指纹由单个酶 (或酶组合) 的限制图谱组成, 这种酶平均产生 n 个片段, 当两个图谱中 k 个终端片段长度一致时, 匹配规则宣布一个重叠. 如果片段之差至多 $100\beta_2\%$ 时, 承认片段匹配, 此处 β_2 可能大于、小于或等于 β_1, 这取决于这个限制图谱是怎样制作的 (部分消化或双消化), 在我们的例子中, 将取 $\beta_1 = \beta_2 = 0.03$.

直观上, 我们知道只要 $\beta_1 = \beta_2$, 类型 (c) 指纹比类型 (a/b) 指纹包含更多信息. 限制图谱有力地限制了有意义的片段长度匹配, 即对应两个限制图谱的终端片段之间重叠的那些长度匹配.

下面的结果估计最小可检测区间和对于上面规定两种指纹模式的假正的机会.

定理 6.4 以上面的假定, 两种指纹方法的最小可检测重叠设定为每克隆期望的 n 个片段中大致有 k 个片段.

(1) 对于类型 (a/b) 的指纹, 两个不重叠克隆的指纹共有的片段期望数大致是 $\lambda = 1/2\beta_1 n^2$. 只要 λ 相对 n 较小时, 两个非重叠共享的片段分布近似地是 Poisson 分布, 即宣布重叠是假正概率近似为

$$P(X \geqslant k) = \sum_{i=k}^{\infty} \mathrm{e}^{-\lambda} \frac{\lambda^i}{i!},$$

此处 X 是具有均值 $\lambda = 1/2\beta_1 n^2$ 的 Poisson 随机变量.

(2) 对类型 (c) 指纹, 宣布重叠是假正的概率大致是

$$4(1/2\beta_2)^k(1 + 1/2\beta_2).$$

证明　为了计算两个非重叠克隆间的假匹配被宣布的概率, 首先计算随机选定的限制片段有匹配长度的机会. 如果限制酶产生的片段具有平均长度 λ^{-1}, 那么可由连续的具有密度 $f(x) = \lambda e^{-\lambda x}, x > 0$ 的指数分布很好的近似限制片段的长度. 假如, 我们在这一分布中随机的取两个片段. 选自分布 $f(x)$ 第一个片段有长度 x, 只要第二个片段长度为 $x(1-\beta) \sim x(1+\beta)$, 它以 $100\beta\%$ 概率匹配第一个. 于是, 两个随机片段匹配的机会是

$$\int_0^\infty \left[\int_{x(1-\beta)}^{x(1+\beta)} (\lambda e^{-\lambda y} \mathrm{d}y) \right] \lambda e^{-\lambda x} \mathrm{d}x = \frac{2\beta}{4-\beta^2} \approx \frac{1}{2}\beta.$$

为了更精确, 能够使用在凝胶中分解的片段大小的实际上下限作为第一个积分的上下限. 然而, 这个简单近似 $1/2\beta$ 对于使用已足够精确.

在比较类型 (a/b) 的两个指纹时, 有 n^2 种方法从每个指纹中取一个片段, 当每个指纹由 n 个片段组成时. 这样, 匹配对的期望数是 $1/2\beta_1 n^2$. 事实上, 利用 Poisson 近似 (问题 6.6) 会得到一个证明.

在比较两个类型 (c) 的指纹时, 情况更局限. 两个限制图谱恰在 k 个片段上匹配的机会大致是 $4(1/2\beta_2)^k$. 由两个图谱有 4 个方向, 并且一旦方向固定两个图谱中至少 k 个终端片段必定准确匹配. 这两个图谱至少在 k 片段上匹配的机会是

$$4\left(\frac{1}{2}\beta_2\right)^k + 4\left(\frac{1}{2}\beta_2\right)^{k+1} + 4\left(\frac{1}{2}\beta_2\right)^{k+2} + \cdots = 4\left(\frac{1}{4}\beta_2\right)^k \left(1 - \frac{1}{2}\beta_2\right)^{-1}$$
$$\approx 4\left(\frac{1}{2}\beta_2\right)^k \left(1 + \frac{1}{2}\beta_2\right).$$

这就完成了定理 6.4 的证明. ∎

两种指纹模式产生大致同样的最小可检测重叠 $\theta \approx k/n$, 可是类型 (a/b) 指纹比类型 (c) 指纹的假正率显著地高. (确实, 对于类型 (a/b) 假正率随 n 增加, 对于类型 (c) 指纹本质上与 n 无关.) 为了达到可比较的假正率, 对类型 (a/b) 指纹必须使用大的 k 值, 这将会增加对检测所要求的重叠 θ.

例如, 假定我们能够利用一种酶 (或酶组合), 使得每个插入产生平均 10 个片段, 并且凝胶能分辨片段长度在 $\beta_1 = \beta_2 = 0.03$ 内. 如果我们只度量长度, 并且要求这两种类型 (a) 指纹在 7 个片段上匹配, 则根据定理 6.4(1) 假正的机会大约是 0.0009, 并且最小可检测重叠 θ 大致是 7/10=0.70.

如果作这些片段的限制图而代之, 那么要求指纹只共享两个公共片段, 概据定理 6.4(2) 会得到同样假正率. 于是, 产生大致相同假正比率的最小可检测重叠将是 $\theta \approx 2/10 = 0.20$, 根据 6.2 节的结果来看, 这是一个本质的改进. 一般地, 当要求两个片段重叠时, 假正率是 $4(1/2\beta_2)^2 = \beta_2^2$, 对大多数目的这是合适的, 并产生 $\theta = 2/n$.

使用分离的凝胶通道确定类型 (a/b) 或类型 (c) 多重组合指纹, 可以清楚地构造更详细的指纹 (如 Kohara 等人使用 8 种不同限制酶所作的那样). 如果要求每个分量指纹至少在 k 个片段上匹配才宣布一个重叠, 那么假正率机会大致是每个分量指纹假正率的乘积.

例如, 在上述情况下我们希望避免构造限制图. 在使用包含一些独立的酶, 每种产生大约 10 个片段的多重类型 (a) 指纹情况下, 决不会达到大致相同的假正率及同样的最小可检测重叠区间 ($\theta = 0.20$). 因为每个指纹会有大约 0.44 假正率, 如果只要重叠共有两个带就算宣布重叠, 直接计算指出大约要求 9 种独立的酶. 是否选择构造单个限制图谱 (如 Kohara 等用部分消化) 或对 9 种不同酶确定限制片段长度, 在实际中, 由研究者对每种方法涉及的工作量以这个项目可接受的假正率的估计所决定, 也注意到上面的分析取决于使用的凝胶的分辨率 (β_1 和 β_2).

6.2 用锚制作图谱

有另一种物理图谱制作方法, 这里考虑用我们称为锚的技术连接随机克隆. 和从前一样, 有一个随机克隆基因组文库, 新特点是一个所谓锚的随机基因组文库. 这个锚文库包含非常小基因组插入, 它唯一地标识基因组位置, 在我们的模型中把它看成基因组中的点. 抛锚包含确定哪一个克隆包含给定的锚, 锚把它相关联的克隆连接成岛. 图 6.9 给出 7 个克隆和 3 个锚的情况, 有 3 个没被锚的单子岛、1 个被锚的单子岛和 3 个克隆和 2 个锚的岛.

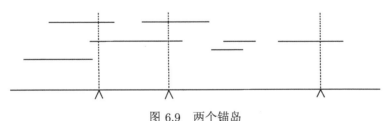

图 6.9 两个锚岛

6.2.1 海洋、岛和锚

我们定义下列符号:

$$G = 用bp度量的单倍体基因组长度,$$
$$L = 用bp度量的克隆插入长度,$$
$$N = 克隆数,$$
$$M = 锚数,$$
$$c = \frac{NL}{G} = 覆盖一个随机点的克隆期望数,$$

$$d = \frac{ML}{G} = 包含在一个随机克隆内的锚的期望数.$$

如果重新度量克隆长度为 $1 = L/L$, 而基因组长度为 $g = G/L$, 那么 Poisson 过程的比率仍然相同, $c = NL/G = N/g$ 和 $d = ML/G = M/g$. 像前一节一样, 用 $\{A_i, i \in \{\cdots, -1, 0, +1, +2, \cdots\}\}$ 模拟右克隆端点位置过程, 所以

$$\cdots A_{-2} < A_{-1} < A_0 \leqslant 0 < A_1 < \cdots < A_N < g \leqslant A_{N+1} < \cdots.$$

和从前一样, 当 $g \to \infty$ 时, $N/g \to c$.

锚的过程用另一个时间齐次具有比率 d 的 Poisson 过程描述, 此处在 $(0, g)$ 内的到达数 M 满足当 $g \to \infty$ 和 $M/g \to d$ 时, 我们假定锚的过程和克隆过程是独立的.

定理 6.5　以上面记号我们有

(i) 克隆不含锚的概率 q_1 是 e^{-d}, 没有锚的岛的期望数是 $N\mathrm{e}^{-d}$,

(ii) 克隆是锚岛最右边克隆的概率 p_1 是

$$p_1 = \begin{cases} \dfrac{d(\mathrm{e}^{-c} - \mathrm{e}^{-d})}{d - c}, & c \neq d, \\ c\mathrm{e}^{-c}, & c = d, \end{cases}$$

则锚岛的期望数是 Np_1;

(iii) 在一个有锚岛中克隆的期望数是 $(1 - q_1)/p_1$;

(iv) 克隆是单子有锚岛的概率 p_2 是

$$p_2 = \begin{cases} \dfrac{d(c^2 - cd - d)}{(c - d)^2}\mathrm{e}^{-(c+d)} + \dfrac{d^2}{(c - d)^2}\mathrm{e}^{-2c}, & c \neq d, \\ \dfrac{2c + c^2}{2\mathrm{e}^{2c}}, & c = d, \end{cases}$$

则单子有锚岛的期望数是 Np_2;

(v) 有锚岛的期望长度是 λL, 此处

$$\lambda = \begin{cases} \dfrac{(c - d)^2\mathrm{e}^{c+d} + c(cd^2 - cd - c)\mathrm{e}^c + d(2c - d)\mathrm{e}^d}{cd(c - d)(\mathrm{e}^c - \mathrm{e}^d)}, & c \neq d, \\ \dfrac{2\mathrm{e}^c + c^2 - 2c + -2}{2c^2}, & c = d; \end{cases}$$

(vi) 没有被有锚岛覆盖的基因组期望比例 r_0 是

$$r_0 = \begin{cases} \mathrm{e}^{-c} + \dfrac{c(d^2 - cd - c)}{(d - c)^2}\mathrm{e}^{-(c+d)} + \dfrac{c^2}{(d - c)^2}\mathrm{e}^{-2d}, & c \neq d, \\ \dfrac{2\mathrm{e}^c + 2c + c^2}{2\mathrm{e}^{2c}}, & c = d; \end{cases}$$

(vii) 在一个有锚岛中的锚期望数是 $\dfrac{d(1 - e^{-c})}{cp_1}$;

(viii) 对任意 $x \geqslant 0$, 有锚岛被长至少为 xL 的实际海洋跟随的概率是

$$\frac{e^{-c(x+1)}(1 - q_1)}{p_1}.$$

特别地, 取 $x = 0$ 这个公式给出有锚岛被一个实际海洋而不是未检测出的重叠跟随的概率.

证明 现在设 N_u 和 N_a 分别表示在 $(0, g)$ 内没有锚 (u) 克隆数和有锚 (a) 克隆数, 所以 $N = N_u + N_a$. 定义 q_1 是无锚克隆的概率, 从而 $q_1 = e^{-d}$, 因为 $q_1 = \boldsymbol{P}$(在 $(0,1)$ 内无锚到达). 所以, 无锚克隆到达强度是 cq_1, 而有锚克隆到达强度是 $c(1 - q_1)$. 又根据遍历定理, 以概率 1 有

$$当 \ g \to \infty \ 时, \quad \frac{N_u}{g} \to cq \ 和 \ \frac{N}{g} \to c.$$

所以 $N_u \sim cgq_1 \sim Nq_1$, 从而 (i) 得证.

像前一节一样, 考虑有锚岛的右端点过程. 用下面的序将其标号:

$$\cdots C_{-2} < C_{-1} < C_0 \leqslant 0 < C_1 < \cdots < C_K < g \leqslant C_{K+1} < \cdots,$$

所以, K 是右端点在 $(0, g)$ 内的有锚岛数.

其次, 计算过程 $\{C_j\}$ 的强度. cp_1 的值是 $\boldsymbol{P}$(在 t 点结束的克隆是有锚岛的右端点 | 克隆在 t 点结束). 首先, 像前面的模型一样, 定义 $J(x) =$ 两个相距 x 的点被有公共克隆覆盖的概率. 对于 $0 < x < 1$, 这等价于在最左端点前没有到达长为 $(1 - x)$ 的区间内, 或在均值为 $c(1 - x)$ 的 Poisson 过程中没有事件, 所以

$$J(x) = \begin{cases} e^{-c(1-x)}, & 0 < x \leqslant 1, \\ 1, & x > 1. \end{cases} \tag{6.1}$$

回到 p_1, 给定克隆是在有锚岛中最右边, 如果从右手端到左边的最近的锚的距离 V 满足 $V \leqslant 1$, 并且没有其他的克隆充满这个距离, 所以有

$$P_1 = \boldsymbol{E}(\boldsymbol{I}\{V \leqslant 1\}J(V)) = \int_0^1 de^{-dv}J(v)\mathrm{d}v$$

$$= \begin{cases} \dfrac{d(e^{-c} - e^{-d})}{d - c}, & c \neq d, \\ ce^{-c}, & c = d, \end{cases}$$

从而确立 (ii).

现在转到在一个有锚岛内的克隆期望数. 设 M_j 是在第 j 个有锚岛内的克隆数. $M_1, \cdots, M_K$ 对右端点在 $(0, g)$ 内的有锚岛有定义, 通过极限论证建立平均值

$E(M)$. 首先, 定义

$$\overline{M}_g = \frac{1}{K} \sum_{i=1}^{K} M_i.$$

对于重叠为 0 和 g 的岛有潜在的困难. 设 $M_g' = \sum_{i=1}^{K} M_i - N_a$, 此处 N_a 是完全在 $(0, g)$ 内的有锚岛中的克隆数. 现在 $M_g' \leqslant M''$ 是重叠为 0 或 g 的有锚岛内的克隆数. 所以 $E(M'') < \infty$, 并且当 $g \to \infty$ 时, $M''/g \to 0$. 所以

$$\overline{M}_g = \frac{g}{K} \frac{1}{g} \sum_{i=1}^{K} M_i = \frac{g}{K} \left\{ \frac{N_a}{g} + \frac{M_g'}{g} \right\}.$$

当 $g \to \infty$ 时, $K/g \to cp_1$ 和 $N_a/g \to c(1 - q_1) = c(1 - \mathrm{e}^{-d})$, 所以以概率 1,

$$E(M) = \lim_{g \to \infty} \overline{M}_g = \frac{1 - q_1}{p_1}.$$

为了尽可能清楚, M 是具有由几乎确定的极限

$$F(t) = \lim_{g \to \infty} \frac{1}{K} \sum_{i=1}^{K} I\{M_i < t\}$$

定义的分布函数的随机变量. 这是我们定理的部分 (iii).

现在, 转到事件 E, 此处给定的克隆 C 是单子有锚岛. 设 V 是从左端到 C 中第一个锚的距离, W 是从右端到 C 中第一个锚的距离. 这样, 如果仅有一个锚, $W = 1 - V$. 给定 (V, W) 及 $V + W \leqslant 1$, 当没有克隆在最左端点左边以距离 V 覆盖这个锚, 并且没有克隆在最右边锚的左边克隆之内开始时, 我们有 E. 这个条件概率有值 $J(V)J(W)$. 随机变量 (V, W) 由下式:

$$(V, W) = \begin{cases} (V', W'), & V' + W' \leqslant 1, \\ (V', 1 - V'), & V' < 1 \text{ 且 } V' + W' > 1 \end{cases}$$

定义的带有参数 d 的两个独立同指数分布 (V', W') 得到. 所以

$$\begin{aligned} p_2 &= E\{I\{V' < 1\} J(V') J(\min\{W', 1 - V'\})\} \\ &= d^2 \int_0^1 \int_0^{1-v} \mathrm{e}^{-d(u+v)} J(v) J(u) \mathrm{d}u \mathrm{d}v \\ &\quad + d \int_0^1 \mathrm{e}^{-dv} J(v) J(1-v) \mathrm{e}^{-d(1-v)} \mathrm{d}v. \end{aligned} \tag{6.2}$$

由方程 (6.2) 得到 (iv).

其次, 我们研究有锚岛的长度. 如前, 令 $S_i = $ 第 i 个有锚岛的长度, 并且定义 $\boldsymbol{E}(S)$ 是岛的极限平均长度. 定义

$$\overline{S}_g = \frac{1}{K} \sum_{i=1}^{K} S_i.$$

注意, 基因组内一点可至多属于两个有锚岛, 所以

$$\frac{1}{g} \sum_{i=1}^{K} S_i \to r_1 + 2r_2, \tag{6.3}$$

此处 r_i 是一个点恰好被 i 个有锚岛覆盖的概率. 像已经提到过的 $r_0 + r_1 + r_2 = 1$, 故我们计算 r_0 和 r_2.

首先, 计算 r_0. 在基因组内取一点 t, 并设 W 是从 t 到岛右边的第一个锚的距离和 V 是从 t 到左边第一个锚的距离. 设 E 是 t 没有被任何有锚岛覆盖的事件, 故 $\boldsymbol{P}(E) = r_0$. 当在 $t - V$ 的左边开始的克隆在 t 之前结束以及当任何在 $(t - V, t)$ 内开始的克隆在 $t + W$ 之前结束时 E 发生. 给定 (V, W), 第一个事件有概率 $J(V)$, 而第二个事件有概率 $J(W)/J(V + W)$. 显然

$$r_0 = \boldsymbol{E}\left(\frac{J(V)J(W)}{J(V + W)}\right), \tag{6.4}$$

由方程 (6.4) 可以推出 (vi).

为了得到 r_2, 定义 E 是 t 恰被两个锚岛覆盖的事件. 当至少一个在 $t - V$ 的左边开始的克隆在 $(t, t + W)$ 内结束, 没有在 $t + V$ 的左边开始的克隆在 $t - W$ 之后结束, 并且至少一个在 $(t - V, t)$ 内开始的克隆在 $t + W$ 之后结束时这个事件发生. 类似于上面的推理给出

$$\boldsymbol{P}(E|V, W) = \left(1 - \frac{J(V)}{J(V + W)}\right) J(V + W) \left(1 - \frac{J(W)}{J(V + W)}\right)$$
$$= \frac{(J(V) - J(V + W))(J(W) - J(V + W))}{J(V + W)}$$

和

$$r_2 = \boldsymbol{E}(\boldsymbol{P}(E|V, W)).$$

方程 (6.3) 得出当 $g \to \infty$ 时,

$$\overline{S}_g = \frac{g}{K} \frac{1}{g} \sum_{i=1}^{K} S_i \to \boldsymbol{E}(S) = \frac{r_1 + 2r_2}{cp_1} = \frac{1 - r_0 + r_2}{cp_1}.$$

关于 r_0, r_2 及 $E(S)$ 的方程指出

$$
\begin{aligned}
cp_1 E(S) &= 1 - E(J(V) + J(W) - J(V + W)) \\
&= 1 - 2E(J(V)) + E(J(V + W)),
\end{aligned} \tag{6.5}
$$

从而得出 (v).

现在, 看一下 $E(H)$, 每个有锚岛平均锚数. 设 i 是第 i 个有锚岛的指标, R 是有锚岛 $1, 2, \cdots, K$ 中锚数, 则

$$
E(H) = \lim_{g \to \infty} \frac{1}{K} \sum_{i=1}^{K} H_i = \lim_{g \to \infty} \frac{g}{K} \frac{R}{g}.
$$

回忆一个锚不被一个岛覆盖的概率是 $J(0) = \mathrm{e}^{-c}$. 故锚在岛中的强度是 $d(1 - \mathrm{e}^{-c})$, 所以

$$
\frac{R}{g} \to d(1 - \mathrm{e}^{-c}),
$$

从而得到 (vii)

$$
E(H) = \frac{d(1 - \mathrm{e}^{-c})}{cp_1}. \tag{6.6}
$$

最后, 我们研究海洋长度. 假设我们有一个克隆, 其右端点位于 t. 设 V 是从 t 回到第一个锚的距离. t 是在一个岛的右端点. 岛有锚, 并且由长至少是 k 的实际的海洋跟随的条件概率等于所有克隆从 t 的左端开始, 在 t 的左端结束的概率只要 $V < 1$ 从而是零, 否则用没有克隆在 $(t, t + k)$ 间开始的概率去乘. 给定 V, 这个概率等于 $J(0)I\{V < 1\}\mathrm{e}^{-kc}$. 所以, 所要求的概率是

$$
E(J(0)I\{V \leqslant 1\}\mathrm{e}^{-kc}) = \mathrm{e}^{-c(k+1)}(1 - q_1) = \mathrm{e}^{-c(k+1)} P(V < 1).
$$

在岛是有锚岛的条件下, 为得到岛被一个长为 k 的海洋跟随的条件概率, 我们用概率 p 去除给定克隆是有锚岛端点的概率.

系 6.1 当 $d \to \infty$ 时, 每个岛是有锚岛, 并且所有重叠被检测得到.

为了解释有锚岛的长度和个数以及覆盖, 如图 6.10~ 图 6.12 所示.

6.2.2 克隆与锚的对偶性

当克隆是固定长度 (L) 时, 克隆与锚间存在对称性. 为了解这一点, 我们将克隆和锚两者都表示为点. 锚已经是点, 我们用中点或中心标出克隆. 显然, 克隆与锚重叠当且仅当对应的点间距小于或等于 $L/2$, 则说克隆和锚是相邻接的. 邻接性定义了一个偶图, 其连通分量是

(1) 孤立的锚;

(2) 孤立的克隆;

(3) 至少一个克隆和一个锚的岛.

注意, 交换克隆和岛的标号保持有锚克隆的岛. 当我们考虑岛的长度时, 克隆和锚间有反对称性. 上面, 我们度量从最左面克隆的左端到最右面克隆的右端的长度. 为了达到对称, 度量从最左克隆中心到最右克隆的中心的长度, 这个 L 小于通常的岛的长度.

下面的定理阐述了对偶的一些推论, 此处对偶性指交换克隆与锚的角色.

定理 6.6 以上面的记号与定义有

(1) 在一个有锚岛中克隆的期望数与一个有锚岛中锚的期望数对偶;

(2) 基因组没有被有锚岛覆盖的概率与克隆位于单子岛的概率对偶.

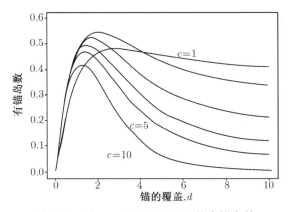

图 6.10 对 $c = 1, 2, 3, 4, 5, 10$ 的有锚岛数

证明 为检验 (1), 注意到定理 6.5(3), 在一个有锚岛内的克隆期望数是

$$\frac{(1 - e^{-d})(d - c)}{d(e^{-c} - e^{-d})}.$$

由定理 6.5(7), 在一个有锚岛中锚的期望数是

$$\frac{d(1 - e^{-c})(d - c)}{cd(e^{-c} - e^{-d})},$$

交换 c 和 d, 这两个量确实相等.

为证明 (2), 单子岛概率等于没锚岛概率 (q_1) 加上单子有锚岛概率 (p_2) 或 ($q_1 + p_2$). 这与定理 6.5(6) 中关于 r_0 的公式对偶. ■

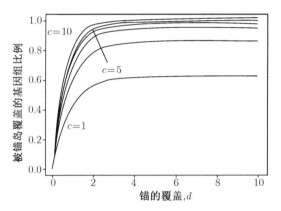

图 6.11   对于 $c = 1, 2, 3, 4, 5, 10$ 有锚岛覆盖的基因组比例

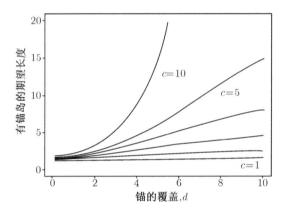

图 6.12   对于 $c = 1, 2, 3, 4, 5, 10$ 有锚岛的期望长度

6.3   克隆重叠的概述

在这一短节中, 我们给出用于推断克隆重叠技术的综述. 不企图详尽给出所有可能的方法, 而是给出已经使用的某些方法的更一般的描述.

这一章由限制片段信息描绘克隆重叠开始, 每一个克隆被消化, 并且得到我们称之为类型 (a/b) 指纹的片段长度数据的某个子集. 此外, 有序片段长度 —— 限制图谱 —— 用于类型 (c) 指纹.

下一个我们研究的克隆重叠技术是锚, 此处对每个克隆能够确定锚序列的存在性. 这用 DNA–DNA 杂交完成, 并且我们称这个方法为探针–克隆杂交. 对于探针–克隆杂交有两个子情况. 6.2 节中的模型是针对探针或锚在基因组中是唯一的这个序列生物学家称之为序列标记位 (STS). 在两个克隆中存在 STS 无疑地蕴含在基因组中存在克隆重叠.

探针–克隆杂交的另一种情况是使用在基因组中的探针不唯一性, 即随机克隆 C 以概率 p 包含探针 A. 如果有 M 个探针和 N 个克隆, 那么杂交克隆 C_i 的探针数是二项式随机变量 $Y_i = \mathrm{Bin}(M, p)$. 仅当 $Z_{i,j} > t$ 时宣布重叠, 在我们能控制模型中假重叠数, 此处 $Z_{i,j} = C_i$ 和 C_j 公共探针数.

当 $C_i \bigcap C_j = \varnothing$ 时, $Z_{i,j}$ 是 $\mathrm{Bin}(M, p^2)$. 由此得到大偏差结果 (见 11.1.6 小节), 被宣布的 (假) 克隆重叠期望数的界为

$$\binom{N}{2} \mathrm{e}^{-M\mathcal{H}},$$

此处

$$\mathcal{H} = \mathcal{H}\left(\frac{t}{M}, p^2\right) = \frac{t}{M} \log \frac{t/M}{p^2} + \left(1 - \frac{t}{M}\right) \log \frac{(1 - t/M)}{1 - p^2}.$$

当然, 这里要求 $t > Mp^2$.

对于克隆重叠的最后一个方法, 我们考虑用杂交确定克隆–克隆重叠. 这看起来要求 $\binom{N}{2}$ 个克隆–克隆杂交实验, 可是用下列方法可以避免这么多实验. 首先将每个克隆端点排序, 如每克隆长 100~200 个基. (通过利用全部端点) 给出特定的 N 个探针针对每个单独的克隆, 那么必须分析每一个克隆, 看这些探针存在与否. 这可用一个称为库的巧妙技术完成. 设 $A_i, i = 1, \cdots, M_A$ 是一组不同的克隆且 $\bigcup\limits_{i=1}^{M_A} A_i$ 由所有克隆组成. 假设 $B_j, j = 1, \cdots, M_B$ 是这组克隆的不同的不相交的覆盖.

可用下面的方法分析每一个库 A_i 和 B_j. 将 N 个探针放到 $\sqrt{N} \times \sqrt{N}$ 个格子中, 使得每个探针有位置 (i, j). 把每行 (A_i) 和每列 (B_j) 集合起来形成克隆库. 然后克隆库与一个方格杂交, 在与这库相关的行和列有的是正的效果. 如果察看对 A_i 和 B_j 有正杂交值的格子, 这些正杂交值发生的 (k, l) 包括 (i, j) 同时也包括 (i', j'), 此处克隆 (i', j') 包括与克隆 (i, j) 的重叠 (图 6.13).

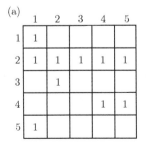 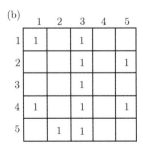 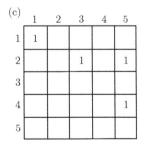

图 6.13　(a) 2 行杂交; (b) 3 列的杂交; (c) 重叠 (2,3) 克隆

让我们更深入地看看这个设计. 如果 $\mathcal{A} = \{A_1, \cdots, A_{M_A}\}$ 和 $\mathcal{B} = \{B_1, \cdots, B_{M_B}\}$ 是如上所描述的一组 N 个克隆的不相交的覆盖, 要求对所有 $i, j, |A_i \bigcap B_j| \leqslant 1$, 使得保证重叠推断是唯一的, 杂交工作量是 $O(M_A + M_B)$.

命题 6.1 假设 $\mathcal{A}$ 和 $\mathcal{B}$ 是大小为 M_A 和 M_B 的不相交的覆盖, 并且对所有 $i, j, |A_i \bigcap B_j| \leqslant 1$, 则 $\min\{M_A + M_B\} = 2\sqrt{N}$.

证明 注意到 $\bigcup\limits_{i,j}(A_i \bigcap B_j)$ 是所有 N 个克隆的集合, 故 $|\mathcal{A}| \cdot |\mathcal{B}| = M_A \cdot M_B \geqslant N$. 所以, $M_B \geqslant N/M_A$ 以及 $M_A + M_B \geqslant M_A + N/M_A$, 通过计算表明下界在 $M_A = \sqrt{N} = M_B$ 最小.

事实上, 将这个策略扩展到在 k 维中每维 $\sqrt[k]{N}$ 个克隆, 这提示使库杂交数最小化的维数问题

$$\min_k k N^{1/k}, \quad \text{它在} k = \ln(N) \text{发生.}$$

6.4 综 合

本章的前面几节讨论了在某些理想化条件下预测图谱覆盖和检测克隆重叠的技术. 怎样由重叠数据确定图谱? 克隆重叠图谱的图正是区间图, 故第 2 章的多数内容在这里适用. 如果重叠数据是无二义性的, 并且来自线性 (或环形) 基因组, 那么图谱装配恰是区间图问题, 容易解决. 当然实际数据几乎无二义性! 即使满足 STS/锚位的唯一性假设, 杂交实验的误差导致数据与区间图不相容. 这里我们不去研究它. 可用线性时间检查数据是否与区间图相容, 装配问题的大多数推广是 NP 完全问题, 这不应该奇怪.

在这一节, 我们会介绍当探针在基因组内部不唯一时, 探针-克隆制作图谱的某些结果. 给出刻画克隆布置的一些结果, 这里假定在杂交数据中没有误差.

目的是找出使目标函数最大的克隆在实线上的布置. 首先, 讨论没有规定目标函数的布置, 对于给定的布置定义一个原子区间, 作为不含克隆端点在其内部的最大区间. 原子区间的高度是包含在区间的克隆数. 当原子区间有高度 0 时称为一个间隔.

假设 N 个固定长度克隆以 $\pi_1, \pi_2, \cdots, \pi_N$ 次序 (按左端点) 在一个布置中排列好. 一个布置按下列方式与通过 $N \times N$ 格 $\{(i, j) : 1 \leqslant i, j \leqslant N\}$ 的路对应. 一个 $(i, j), i \leqslant j$ 的方格对应有克隆 $\pi_i \pi_{i+1} \cdots \pi_j$, 而没有其他克隆出现的原子区间. 当我们遇到克隆 π_{j+1} 的左端点, 将 (i, j) 与 $(i, j+1)$ 连接, 并且进入克隆 $\pi_i \pi_{i+1} \cdots \pi_{j+1}$ 出现的区间. 当我们遇到克隆 π_i 的右端点时将 (i, j) 与 $(i+1, j)$ 连接, 并进入仅有克隆 $\pi_i \pi_{i+1} \cdots \pi_j$ 出现的区间. 这就是说, 间隔对应像 $(j+1, j)$ 的方格. 图 6.14 给出布置的简单说明及其相关的格路. 我们定义格路是从 $(1,1)$ 到 (n, n) 路, 它的每

一个边是从格 (i,j) 到它的右邻 $(i,j+1)$ 或它的下邻 $(i-1,j)$,并且在这路上的每个格 (i,j) 满足 $j \geqslant i-1$.

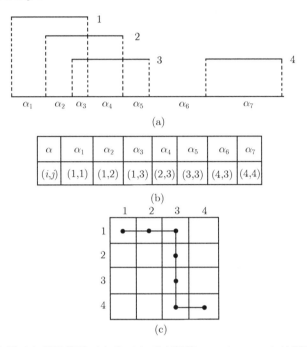

图 6.14　布置 (a) 以及格路 (b) 和 (c) 对应置换 $\pi = (1,2,3,4)$ 的原子区间的 $\alpha_1, \alpha_2, \cdots$

不仅有 $N!$ 个左端的排序而且对左端点的每种排序有许多具有不同克隆重叠的布置. 探针数据 $(d_{ij}) = D$ 将删除某些这种布置,此处 $d_{i,j} = \boldsymbol{I}\{$探针 j 包含在克隆 i 中$\}$. 假设探针 $j \notin C_{\pi(k)}$,又 $j \notin C_{\pi(m)}$,而对于 $\pi(k) < \pi(l) < \pi(m), j \in C_{\pi(l)}$,那么 $C_{\pi(k)}$ 和 $C_{\pi(m)}$ 在任何与 π 和 D 相容的布置不能重叠. 因为如果它们重叠,$C_{\pi(l)} \subset C_{\pi(k)} \cup C_{\pi(m)}$,并且探针 j 至少属于 $C_{\pi(k)}$ 或 $C_{\pi(m)}$ 之一. 所以,所有通过 $(k',m'), k' \leqslant k < m \leqslant m'$ 的格路与 D 不相容,而这种格称为在数据 D 下的排斥格. 一个布置与数据 D 相容,如果对每个原子区间,每个探针 j 或者在包含这个区间的所有克隆中或者不在它们任一个之中. 在我们的论证中隐含了探针是点的假设. 在这个模式中重叠小于探针长度时我们保证能检测出重叠.

定理 6.7　一个布置与数据 D 相容当且仅当它的格路不通过在这个数据 D 下排斥格.

证明　这个定理之前的讨论指明对应与数据 D 相容的布置的格路不通过任何排斥格.

对于逆命题,必须证明在这个数据下不通过排斥格的格路对应一个布置,并且探针放置与 D 相容. 设 $d_{i,j} = 1$,并且 (k,l) 在这条路上及 $k \leqslant i \leqslant l$,此处按假设

(k,l) 不是排斥格. 假设在 $\pi_k \cdots \pi_l$ 中某个克隆不含探针 j. 在不含探针 j 的这个原子区间中的所有克隆必定有右端在第 i 个克隆的右边或左边, 否则 (k,l) 被排斥. 不失一般性, 假定所有克隆端点在克隆 i 右边.

设克隆 k' 是不包含探针 j 的区间 (k,l) 中的最右边克隆. 那么, 在这个格路上 $k'+1$ 行的第 1 个格对应原子区间, 此处所有克隆不包含探针 j. 通过用这种方式放置探针 j, 所有 $d_{ij} = 1$ 能够被满 (图 6.15).

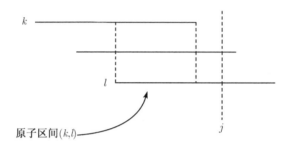

图 6.15　定理 6.7 的说明

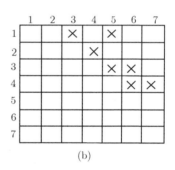

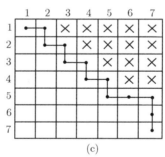

图 6.16　布置的例

定理 6.7 告诉我们, 任何不通过数据 D 下的排斥格的格路对应一个数据 D 相容的布置. 事实上, 对给定的 π, 可以找到布置和给出数据 D 的探针放置. 不失一般性, $\pi = (1, 2, \cdots, N)$.

首先寻找所有排斥格. 数据 $d_{i,j} = 1$ 当且仅当探针 j 在克隆 i 中. 当 $d_{k-1,j} = 0$, $d_{k,j} = d_{k+1,j} = \cdots = d_{l,j} = 1$ 和 $d_{l+1,j} = 0$. 当 $k' < k \leqslant l < l'$ 时, 格 (k', l') 是排斥格. 为寻找所有排斥格, 首先找这种连续的片段, 然后找这些 "局部" 排除, 这由察看每个探针确定.

在图 6.16 中给出 7 个探针和 7 个克隆的例子. 用左端点给克隆标号, 从 A 到 G, 而探针标号为 $1, \cdots, 7$. 图 6.16(a) 是数据 D. 在 D 的列中对 1 的每次相继出现, 我们能找到最左下的排斥点. 图 6.16(b) 中用 "×" 标记这些点. 图 6.16(c) 是由 "×" 标记的整个排斥区间以及对应的相容布置. 图 6.16(c) 中的布置是特殊的, 它对应的布置是具有最大克隆重叠或与数据相容的最小探针数.

问　题

问题 6.1　求岛的最大期望数发生处 c 的值 (定理 6.1) 并确定其最大值.

问题 6.2　利用定理 6.1 推导 Carbon–Clarke 公式 (命题 5.1) 中 DNA 可克隆的组分 f, 仔细地解释你的推导.

问题 6.3　假设长 L 的 N 个克隆的每一个被排序, 并且根据 Carbon–Clarke 进行基因组制作图谱. 对大的 N 估计已排序的 DNA 对已作图谱的 DNA 之比.

问题 6.4　对覆盖 c 的克隆作图实验, 假设在具有 $2l \leqslant L$ 长的输入的每个端点上 l bp 被排序. 用这种方法能期望基因组的多大部分被排序? 如果 $l \ll L$, 估计序列岛的长度和两岛之间海洋的大小.

问题 6.5　假设用长 L 要求 θ 或更多重叠的克隆的指纹作图谱, 证明基因组内一点能属于 $1 + \max\{k : k$ 是整数, $k < 1/(1 - \theta)\}$ 那么多个岛.

问题 6.6　利用第 11 章 Poisson 过程近似的 Chen–Stein 方法, 建立有明显界的定理 6.4(1).

问题 6.7　具有比 λ_1 和 λ_2, $\lambda_2 < \lambda_1$ 的两个独立的齐次 Poisson 过程. 长 L 的克隆首先按过程 #1, 然而按过程 #2 切成的片段来刻画. 如果两个克隆共有匹配的**界标片段**, 宣布它们重叠. 当过程 #1 片段被过程 #2 切割时界标片段出现, 如果这两个克隆的片段都被过程 #2 切割, 而且所得限制图谱在 $100\beta\%$ 之内片段间匹配宣布克隆重叠. 求使两个不重叠的克隆匹配的界标片段期望数.

问题 6.8　使用方程 (6.2) 及方程 (6.1) 的 $J(x)$ 建立定理 6.5(4).

问题 6.9　使用方程 (6.5) 建立定理 6.5(5).

问题 6.10　使用方程 (6.4) 建立定理 6.5(6).

问题 6.11　使用方程 (6.6) 建立定理 6.5(7).

问题 6.12　对于 $\sqrt{N} \times \sqrt{N}$ 个克隆格子的克隆库的讨论中, 列和行入库. 描述另外两个容易完成的入库, 每个有 $\sqrt{N} - 1$ 个库, 而每个库有 $\sqrt{N} + 1$ 个克隆.

问题 6.13　如果在定理 6.7 的证明中, 不包含原子区间 (k, l) 中探针 j 的所有克隆在克隆 i 的左边有右端点. 设 k' 是最右边的克隆. 描述所有克隆包含探针 j 的第一个原子区间的位置.

问题 6.14　对图 6.16 的例子,

(i) 求最大重叠布置并将标号探针放置在这个布置上;

(ii) 再求最小重叠布置并将探针放在这个布置上.

问题 6.15　对于克隆长度 L 是具有均值 $E(L)$ 的独立同分布随机变量的情况, 叙述并证明定理 6.5 的结果.

第7章 序列装配

本书经常强调 DNA 测序的基本意义和作用. 快速增长的核酸和蛋白序列数据库依赖于阅读 DNA 的能力. 1980 年诺贝尔奖授予 Gilbert 和 Sanger, 因为他们在 1976 年发明了两种阅读 DNA 的方法. 现在, 利用 Gilbert 或 Sanger 方法阅读直至 450 个基对长的 DNA 毗连区间或串成为日常工作. 在第 8 章有许多长 50000 甚至超过 300000 的 DNA 序列. 会经常涉及到利用阅读短的子串的能力去确定比它长 100~1000 倍的串的过程. 在 7.1 节, 我们将研究所谓鸟枪测序法并用它完成这项工作. 自从 1976 年发明了快速测序方法后, 虽然有许多方法修正了这个本质上是随机方法, 鸟枪测序仍然被广泛地使用. 最近, 有一种建议, 通过杂交建立测序, 本质上把一个序列的 k 元组内容作为决定序列的数据的方法. 在 7.2 节将要讨论杂交法测序的计算机科学方面的内容, 它与鸟枪测序法差别很大. 当然, 也建立其他新技术或完善原有技术, 以使基因组测序成为日常工作, 至于数学或计算机将起什么作用尚不大清楚. 但是, 这个令人激动的重要的事业是会感染人的.

7.1 鸟枪测序法

在本节, 我们将利用阅读长为 l 的 DNA 单链的能力, 通常 $l \in [350,1000]$. 所有步骤是基于下面的事实. 同一个单链 DNA 的相同拷贝参与 4 种不同的反应, 每个基对应一种反应. 每种反应导致以 5′ 开始, 以这个序列中的一个与反应有关的特定的基结束. 每一个分子被标号, 有时在 5′ 端结束, 有时在终止基结束. 来自每种反应的 DNA 被放入分开的泳道, 并且通过电泳分析 4 个泳道, 参见图 7.1 和 2.4 节.

$$5'\text{ATCCACGGCCATAGG}3',$$

所有 5′ 在 G 处结束的子串
$$\begin{cases} \text{ATCCACG,} \\ \text{ATCCACGG,} \\ \text{ATCCACGGCCATAG,} \\ \text{ATCCACGGCCATAGG.} \end{cases}$$

序列装配问题的复杂微妙之处之一是不知道有序的单链片段 f 的方向, 即 f 可能是我们要测序的任何方向的单链分子. 所以, 当比较两个片段 f_1 和 f_2, 它们可能位于同一链上或为了使它们位于同一链上, 必须取它们当中之一的相反的补 f_1^r.

基本的鸟枪测序问题具有由要测序的分子 $a = a_1 a_2 \cdots a_L$ 产生的数据. 数据是

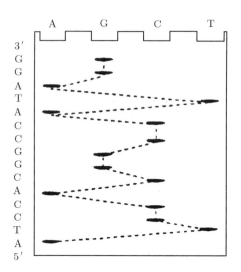

图 7.1 关于 ATCCACGGCCATAGG 的测序数据

a 上不知位置的片段的随机序列 $f_1, f_2, \cdots, f_N$. 我们的问题是从 $\mathcal{F} = \{f_1, f_2, \cdots, f_N\}$ 推断 a.

在 7.1.2 小节, 我们讨论鸟枪测序法的计算复杂性. 然后, 为了给出包含所有 $f_i \in \mathcal{F}$ 的可能的最短序列的至多 4 倍长的序列, 在 7.1.3 小节介绍贪婪算法. 允许 f_i 有误差的通常的测序方法在 7.1.3 小节给出个轮廓. 在 7.1.4 小节讨论怎样估计装配序列的误差.

7.1.1 SSP 是 NP 完全的

首先, 把我们的问题抽象并理想化为最短公共超串问题 (SSP). 这里我们有一个片段或串的集合 $\mathcal{F} = \{f_1, f_2, \cdots, f_N\}$, 希望找到一个长度最小的串 S(最短公共超串), 使得对所有的 i, f_i 是 S 的子串, 这里, 在片段阅读中没有片段的倒相及误差. 作为 SSP 的一个例子考虑片段集合

$$f_1 = \text{ATAT},$$
$$f_2 = \text{TATT},$$
$$f_3 = \text{TTAT},$$
$$f_4 = \text{TATA},$$
$$f_5 = \text{TAAT},$$
$$f_6 = \text{AATA}.$$

包含这些 f_i 的最短超串 S 如下:

$$S = \text{TAATATTATA},$$

$$
\begin{aligned}
f_1 &= \quad \text{ATAT}, \\
f_2 &= \quad\quad \text{TATT}, \\
f_3 &= \quad\quad\quad \text{TTAT}, \\
f_4 &= \quad\quad\quad\quad \text{TATA}, \\
f_5 &= \text{TAAT}, \\
f_6 &= \quad\quad \text{AATA}.
\end{aligned}
$$

定理 7.1(Gallant 等, 1980) SSP 是 NP 完全的.

证明 SSP 是 NP 完全的过程对序列装配问题没有给出更多的解释, 在这里就不给出证明了.

有许多方法给 SSP 引进误差. 一种方法是所谓序列重组问题 (SRP), 即给定片段集合 $\mathcal{F}$ 和误差率 $\varepsilon \in [0,1)$, 求一个序列 S, 使得对所有的 $f_i \in \mathcal{F}$, 存在 S 的一个子串 a 满足

$$
\max_i \{\min\{d(a, f_i), d(a, f_i^r)\}\} \leqslant \varepsilon |a|.
$$

在 SRP 问题中有可倒向的片段和误差. 当然, SRP 问题仍然是 NP 完全的.

定理 7.2 SRP 是 NP 完全的.

证明 我们限于字符集 (A, C, G, T). 用一个 SSP 例子 $\mathcal{F}_{\text{SSP}} = \{s_1, s_2, \cdots, s_n\}$ 开始. 构造 SRP 问题如下: 对每个 s_i, 通过用 AAxCC 替每一个字母 x, 产生一个 f_i. 例如, 如果 $s_i = \text{ATG}$, 则 $f_i = \text{AAACCAATCCAAGCC}$.

注意, $f = \text{AAx}_1\text{CC} \cdots \text{AAx}_n\text{CC}$ 有 $f^r = \text{GGx}_n^c\text{TT} \cdots \text{GGx}_1^c\text{TT}$, 所以 f_i 不能与任何 f_j^r 重叠. 于是, SRP 有 $\varepsilon = 0$ 的解给出 $\mathcal{F}_{\text{SSP}}$ 的超串. 如果任何 GGx^cTT 出现在 SRP 解中, 就用 x 代替 x^c. 反之, 任何 $\mathcal{F}_{\text{SSP}}$ 超串给出如上面定义的 $\mathcal{F} = \{f\}$ 的 SRP 重构. 重构是超串长的 5 倍. 于是, SRP 的多项式时间的算法给出 SSP 多项式时间算法.

7.1.2 贪婪算法的解至多是 4 倍最优解

这一节, 我们研究超串装配的贪婪算法. 贪婪算法首先选取有最大重叠的一对片段开始, 逐步的合并这些片段. 可以证明贪婪算法的解至多是 2.75 倍最优解, 在这里不介绍这个证明. 并猜测贪婪算法解至多是 2 倍最优解. 因为许多 DNA 装配算法使用贪婪算法, 研究在 SSP 问题的理想化条件下贪婪算法的行为是有意义的.

我们的串集合是 $\mathcal{F} = \{f_1, f_2, \cdots, f_N\}$. 假设 $i \neq j$ 时 $f_i \neq f_j$, 并且对所有的 i, j, 没有串 f_i 是 f_j 的子串. 对于串 f_i 和 f_j, 设 v 是使 $f_i = uv$ 和 $f_j = vw$ 的最长的串. $v = \varnothing$ 是可能的, 而 $u = \varnothing$ 是不被允许的. 然后, 定义重叠 $\text{ov}(i, j) = |v|$ 和前缀长度 $pf(i, j) = |u|$. 例如, 如果 $f_1 = \text{ATAT}$ 和 $f_4 = \text{TATA}$, 则 $\text{ov}(1, 4) = 3$, $pf(1, 4) = 1$. 由于

$$f_1 = \text{ATAT},$$
$$f_4 = \quad \text{TATA}.$$

虽然在这个例子中 $\mathrm{ov}(1,4) = \mathrm{ov}(4,1)$, 但一般来说这不成立.

片段 $\mathcal{F}$ 的前缀图 $G = \{V, E, pf\}$ 是边赋权的有向图, 有 N 个顶点, $V = \mathcal{F}$ 和 N^2 个边 $E\{(f_i, f_j) : 1 \leqslant i, j \leqslant N\}$ 且每个边 (f_i, f_j) 有权 $pf(i, j)$.

为了说明, 我们使用 7.1.1 小节的集合, $\mathcal{F} = \{f_1, \cdots, f_6\}$, 其中,

$$f_1 = \text{ATAT},$$
$$f_2 = \text{TATT},$$
$$f_3 = \text{TTAT},$$
$$f_4 = \text{TATA},$$
$$f_5 = \text{TAAT},$$
$$f_6 = \text{AATA}.$$

原来这个超串对应前缀图的一个圈. G 中的一个圈是起点与终点相同的路, 图 7.2 的圈对应图 7.3 的子串或

$$f_1 = \qquad\qquad \text{ATAT},$$
$$f_4 = \qquad\quad \text{TATA},$$
$$f_3 = \qquad \text{TTAT},$$
$$f_2 = \quad \text{TATT},$$
$$f_1 = \text{ATAT}.$$
$$\text{超串} S = \overline{\text{ATATTATAT}}$$

我们有 $|S| = 9$.

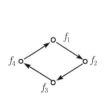

图 7.2　f_1, f_2, f_3, f_4 的圈

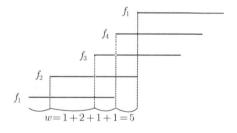

图 7.3　$f_1 f_2 f_3 f_4$ 的子串

回想哈密尔顿圈访问每个顶点恰好一次, 并且求最小权的哈密尔顿圈是 NP 完全的. 定义 MWHC(G) 是最小权圈的权的和. 这是一个旅行商问题 (TSP), 见 4.4.2 小节. OPT(S) 是最小长度超串.

引理 7.1 $\mathrm{MWHC}(G) \leqslant \min\{|S| : S \text{ 是 } \mathcal{F} \text{ 的超串 }\} = \mathrm{OPT}(S).$

证明   达到 $\mathrm{MWHC}(G)$ 的圈具有圈的权和小于或等于 S 的赋权的哈密尔顿圈的权和, 它有权 $W = \sum\limits_{j=1}^{N} w_i, w_i = $ 前缀权(图 7.4). 每个序列包含在重叠的串 f_{i_1}, $f_{i_2}, \cdots, f_{i_N}$ 的构形中 (我们不包含 f_{i_1} 的第二次出现). 所以, 此处 $i_{N+1} \equiv i_1$.

$$
\begin{aligned}
\mathrm{MWHC}(G) \leqslant W &= \sum_{j=1}^{N} pf(i_j, i_{j+1}) = \sum_{j=1}^{N-1} pf(i_j, i_{j+1}) + pf(i_N, i_1) \\
&\leqslant \sum_{j=1}^{N-1} pf(i_j, i_{j+1}) + pf(i_N, i_1) + \mathrm{ov}(i_N, i_1) \\
&\leqslant \sum_{j=1}^{N-1} pf(i_j, i_{j+1}) + |f_{i_N}| = |S|.
\end{aligned}
$$

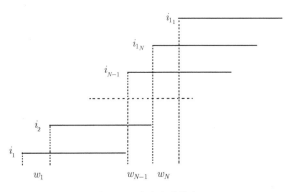

图 7.4 哈密尔顿圈

现在, 假定允许任何数量的圈, 此处每个顶点恰指定给一个圈, 并且圈的总权最小. 假设 G 的圈覆盖 (CYC) 权定义为

$$
\mathrm{CYC}(G) = \sum_i \text{圈 } i \text{ 的权} = \sum_i W_i.
$$

引理 7.2 $\mathrm{CYC}(G) \leqslant \mathrm{MWHC}(G) \leqslant \mathrm{OPT}(S).$

计算 $\mathrm{CYC}(G)$ 比计算 $\mathrm{MWHC}(G)$ 简单得多. 事实上, 下面的贪婪算法就是做这件事. 想法是将具有最大重叠的两个串合并.

算法 7.1(贪婪算法)

1. $\mathcal{T} \leftarrow \{f_1, f_2, \cdots, f_N\}; S \leftarrow \varnothing.$

2. while $\mathcal{T} \neq \varnothing$, do

   for $s, t \in \mathcal{T}$ with $\max\{\mathrm{ov}(s, t)\}$ ($s = t$ possible)

   (a) if $s \neq t$,   merge s and t to uvw and uvw to $\mathcal{T}$ remove s, t from $\mathcal{T}$

(b) if $s = t$ remove s from $\mathcal{T}$; add s to $\mathcal{S}$.

3. when $\mathcal{T} = \varnothing$ output $\mathcal{T}$ the concatenation of strings in $\mathcal{S}$.

引理 7.3   贪婪算法中合并的串之间的重叠可由原来串间的重叠确定.

证明   这个引理失效当且仅当 f_1 和 f_2 合并成 $f = uvw$, 有某个子串 f_i 是 f 的子串. 根据假设 f 不是 f_1 或 f_2 的子串, 它必包含 f_1 和 f_2 间的重叠 v 和某个前缀 u, 所以 $\mathrm{ov}(f_1, f) > \mathrm{ov}(f_1, f_2)$, 这导出矛盾.

现在, 将贪婪算法用于我们例子的数据 $\mathcal{F} = \{f_1, \cdots, f_6\}$. 注意, 合并的串可由原来串的序列标号. 为开始计算, 计算数据 $\mathrm{ov}(f_i, f_i)$

	1	2	3	4	5	6
1	2	3	1	3	1	0
2	0	1	2	1	1	0
3	2	3	1	3	1	0
4	3	2	0	2	2	1
5	2	1	1	1	1	3
6	3	2	0	2	2	1

(1) 有几个 i, j, 使 $\mathrm{ov}(f_1, f_j) = 3$. 任意选 f_1 和 f_4, 将 f_1 和 f_4 合并得到 ATATA;

(2) 由于 $\mathrm{ov}(f_6, f_1) = 3$, 将 f_6 和 $f_1 f_4$ 合并得 $f_6 f_1 f_4 = $ AATATA;

(3) 由于 $\mathrm{ov}(f_5, f_6) = 3$, 将 f_5 和 $f_6 f_1 f_4$ 合并得 $f_5 f_6 f_1 f_4 = $ TAATATA;

(4) 最后一个 (可达到) 长 3 的重叠是 $f_3 f_2$, 将它合并得到 $f_3 f_2 = $ TTATT;

(5) 来自端点的重叠: $\mathrm{ov}(f_2, f_5) = 1$, $\mathrm{ov}(f_4, f_3) = 0$ 和自身的重叠 $\mathrm{ov}(f_4, f_5) = 2$ 和 $\mathrm{ov}(f_2, f_3) = 2$.

将同一个串的两个端点 f_4 和 f_5 合并

$$\mathcal{S} \longleftarrow \{f_5 f_6 f_1 f_4\} \cup \varnothing;$$

(6) 将同一串的两个端点 f_2 和 f_3 合并

$$\mathcal{S} \longleftarrow \{f_3 f_2\} \cup \{f_5 f_6 f_1 f_4\}, \quad \mathcal{T} = \varnothing;$$

(7) $\mathcal{T}$ 中的串链接一起, T = TTATTTAATATA.

想法是 $\mathcal{T}$ 中每一个超串是图 G 中的一个圈. 当形成输出的超串时, 将圈打断后再链接.

在图 7.5 中圈是 $C_1 = f_1 f_2 f_3 f_4 f_1$ 和 $C_2 = f_5 f_6 f_5$. 如果置 $l_i = \max\{|f_j| : f_j \in$ 圈 $C_i\}$ 和 w_i 是圈 i 的权, 则

$$|S| < \sum_i (l_i + w_i).$$

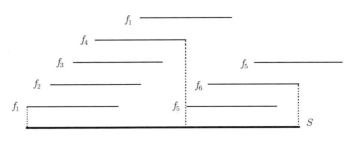

图 7.5　链接圈 C_1 和 C_2

串 $s = s_1 s_2 \cdots s_n$ 有周期 p, 如果 s 对某个 k 是 $s_1 s_2 \cdots s_p s_1 s_2 \cdots s_p \cdots s_1 s_2 \cdots s_p = (s_1 s_2 \cdots s_p)^k$ 的子串. 下面的引理在定理 7.3 证明中是有用的.

引理 7.4　如果串 s 有长 p_1 和 p_2 的两个周期, 并且 $|s| \geqslant p_1 + p_2$, 则 s 有长 $\gcd(p_1, p_2)$ 的周期.

证明　可以证明当 $p_1 < p_2$ 时, 串有长 $p_2 - p_1$ 的周期. 利用欧几里得算法给出 s 有长 $\gcd(p_1, p_2)$ 的周期.

定理 7.3　如果贪婪算法产生超串 T, 则 $|T| \leqslant 4\mathrm{OPT}(S)$.

证明　首先, 注意到图 G 中的每个圈, 圈权 w 等于与这个圈相关联的超串的周期长 p, 这个圈权 w 是直到第一个串重复为止的字母数, 显然是 T 的周期. 如果有更小的周期, 这将与 T 的构造矛盾.

设 C_1 和 C_2 是 G 中不相交的圈, $f_1 \in C_1$ 及 $f_2 \in C_2$. 那么, f_1 和 f_2 的重叠 u 有长度 $|u| \leqslant w_1 + w_2$. 为证实这一点, 注意 f_i 有周期 w_i. 如果 $|u| > w_1 + w_2$, 那么 f_1 和 f_2, 从而 C_1 和 C_2 中的所有串应该处在权为 $\gcd(w_1, w_2)$ 的同一个圈内, 与这个圈的最小性矛盾.

在每个圈中取最长的串并将它们, 比方说, 按顺序 $l_1 l_2 \cdots l_k$ 最优地合并, 每个相邻对 l_i, l_{i+1} 的重叠不能超过这个圈的权 $w_i + w_{i+1}$. 所以, 总的重叠以 $2\sum_i w_i$ 为界. 合并的串有长度 L, 则

$$L \geqslant \sum_i l_i - 2\sum_i w_i = \sum_i (l_i - 2w_i),$$

所以

$$\mathrm{OPT}(S) \geqslant L \geqslant \sum_i (l_i - 2w_i).$$

最后

$$|T| \leqslant \sum_i (l_i + w_i) = \sum_i (l_i - 2w_i) + \sum_i 3w_i$$
$$\leqslant \mathrm{OPT}(S) + 3\mathrm{OPT}(S) = 4\mathrm{OPT}(S).$$

7.1.3　实践中的装配

真实的 DNA 序列装配有几个理想化超串不存在的问题. 有个问题是 f_i 和 f_i^r 哪一个是合适的选择. 最大的问题是实际序列数据有误差、错配、插入和删除. 为序列装配已经建立的几种策略, 有下面的要点:

(1) 片段重叠统计;

(2) 片段布置或近似比对;

(3) 最终多元比对.

第 1 步　片段重叠统计, 我们必须计算片段 f_i 与片段 f_j(或 f_j^r) 重叠的情况. 这要将一对片段进行比对, 并计算比对的打分或者这个比对的相似性. 计算的成本是单个比对的 $\binom{N}{2}$ 倍. 固定 f_i 的方向, f_j 和 f_j^r 与 f_i 按下列方式比对.

也有不重叠的可能性

当然, f_j^r 可以取代 f_j, 使上面两个片段间的可能的关系加倍.

重叠可用比对打分计算 (见第 9 章). 相同的字母比对得到一个正分, 而不同的比对字母得到一个负分. 插入或删除字母得负分. $S(\boldsymbol{a}, \boldsymbol{b})$ 是 $\boldsymbol{a}$ 和 $\boldsymbol{b}$ 的所有字母比对后所得的最大得分, 此处 $|\boldsymbol{a}| = n, |\boldsymbol{b}| = m$. 设 $s(\boldsymbol{a}, \boldsymbol{b})$ 是在 $\{A, C, G, T\}$ 上的相似性度量且 $g(k) = k\delta$ 是插入删除惩罚. 定义

$$A(\boldsymbol{a}, \boldsymbol{b}) = \left\{ \max\ S(a_k a_{k+1} \cdots a_i, b_l b_{l+1} \cdots b_j) : \left\{ \begin{array}{l} 1 \leqslant k \leqslant i \leqslant n, \\ 1 \leqslant l \leqslant j \leqslant m, \\ \text{并且} j = n \text{或} l = m \\ \text{至少有一个成立} \end{array} \right\} \right\}.$$

动态规划算法求 $A(\boldsymbol{a}, \boldsymbol{b})$. 一组有关算法在第 9 章介绍. 这里我们仅介绍这个算法, 对于更复杂的处理请参阅第 9 章, 定义

$$A(i, j) = \max\{S(a_k a_{k+1} \cdots a_i b_l b_{l+1} \cdots b_j) : 1 \leqslant k \leqslant i, 1 \leqslant l \leqslant j\}.$$

算法 7.2(重叠算法)

input: $a, b, s(\cdot, \cdot), \delta$

output : $A(i, j)$

$$A(0,j) = A(i,0) \leftarrow 0 \text{ for } i = 1, \cdots, n; j = 1, \cdots, m$$

for $i = 1, \cdots, n$

    for $j = 1, \cdots, m$

$$A(i,j) \leftarrow \max \left\{ \begin{array}{l} A(i-1,j) - \delta, \\ A(i,j-1) - \delta, \\ A(i-1,j-1) + s(a_i, b_j) \end{array} \right\}$$

    end

    end

这像局部比对算法, 但是在这个递归中没有 0(见第 9 章). 4 种可能重叠的最好比对打分通过查看边界可得到

$$A(f_i, f_j) \leftarrow \max\{A(i, |f_j|), A(|f_i|, j); 1 \leqslant i \leqslant |f_i|, 1 \leqslant j \leqslant |f_j|\}.$$

这些比对对应上面介绍的 f_i 和 f_j 的重叠.

第 2 步　片段的布置, 我们必须安排这些片段进行近似对比. 所描述的算法用于此, 对包含在其他片段中的片段首先要识别它, 再将它与它们最符合的片段相结合. 对于每个剩余 (不含在其他片段) 的对, 我们必须从 $\max\{A(f_i, f_j), A(f_i, f_j^r)\}$ 中选择一个方向. $A(f_i, f_j) \geqslant C$ 的要求确保高质量重叠. 我们布置的第一对是

$$\max_{i,j}\{\max\{A(f_i, f_j), A(f_i, f_j^r)\}\}.$$

由于找到最好的重叠, 这对片段放入重叠群或岛上, 这片段的位置或真实的重叠不是我们使用的打分. 注意, 在这一点设置了相对的方向. 当两个重叠群并成一个大重叠群时, 容易找到总的相对方向.

在使用贪婪算法的过程中可能产生误差, 因而可用像随机退火法等模式探察其他不同的装配. 显然, 这是 7.1.1 小节和 7.1.2 小节中哈密尔顿路问题的一种形式, 那里我们要以最小成本访问所有顶点.

虽然, 我们已给出实际序列装配的简单描述, 任何读过多重序列比对这一章 (第 10 章) 的读者都会认识到这是一个非常复杂的问题. 序列装配是具有新的自由度的多重序列比对. 几种解决这个问题的软件包还没有被证明对于来自各测序实验室的数据的大小和复杂性来说是健全的.

7.1.4　序列精度

自然要问已装配的 DNA 序列精度如何? 关于序列的这个重要课题的大多数信息由不同的实验室确定, 然后加以比较. 序列装配基本上仍然是一个随机过程, 关

于这个成品, 我们应该作一个统计论述. 这一节, 我们介绍的是在已装配为序列中第 i 个字母是 A, C, G, T 或 − 的概率的估计. 必须作一些假设.

关键的假设是序列的装配是正确的. 在实践中这不现实, 读者应把这一节看成困难问题的初步分析. 又假设所有片段以及每个片段的所有部分确实是等可靠的. 由于我们知道, 当将序列在凝胶中移动时, 它经常是不大可靠. 所以这也是一种简化的假设. 我们还假设测序误差与它的局部位置无关, 并且它在整个序列中以常数比率出现. 最后, 假定序列由独立同分布 (iid) 字母组成.

现在, 确定这个问题使用的记号. 通常, $\mathcal{F} = \{f_1, f_2, \cdots, f_N\}$ 是片段的集合. 将这些片段与已装配序列比对. 已装配序列对应一个矩阵的第 i 列, 而这些片段对应第 j 行, 在这个矩阵的没有片段比对的地方填以 $\varnothing$, 这样做是方便的. 即在我们矩阵中, 每个元 x_{ij} 是 $\mathcal{B} = \{A, C, G, T, -, \varnothing\}$ 的成员, 此处 $\{A, C, G, T, -\}$ 标出已比对的片段, 而 $\varnothing$ 将填在这个行的开始和结尾处. 对应 n 个列的真正的序列是 $s = \{s_1, s_2, \cdots, s_n\}$, 此处, $s_i \in \{A, C, G, T, -\} = \mathcal{A}$. 需要保持片段方向的踪迹. 因为特定的测序误差取决于方向. 这可由下式完成:

$$r_j = \begin{cases} 0, & \text{就是片段} j, \\ 1, & \text{片段} j \text{是相反的补.} \end{cases}$$

我们的目的是估计 $\pi_i(a) = \boldsymbol{P}(s_i = a | x_{i,j}, j = 1, \cdots, N)$. 首先, 假定知道测序误差比率

$$p(b|a) = \boldsymbol{P}(x_{ij} = b | s_i = a), \quad a \in \mathcal{A}, \quad b \in \mathcal{B}.$$

简单利用 Bayes 律, 则得到下面的方程, 采取上面的记号有

$$\pi_i(a) = \frac{p(a) \prod_{j=1}^{N} [(1 - r_j) p(x_{ij}|a) + r_j p(x_{ij}^c|a^c)]}{\sum_{b \in \mathcal{A}} p(b) \prod_{j=1}^{N} [(1 - r_j) p(x_{ij}|b) + r_j p(x_{ij}^c|b^c)]}. \tag{7.1}$$

由于我们可能没有 $p(b|a)$ 的一个好的估计, 现在给出当 $p(b|a)$ 未知时, 估计 $\pi_i(a)$ 的一个算法. 这个算法是 EM 算法 (期望最大化算法) 的特殊情况. 如果已知真正的 DNA 序列, 估计合成和误差率就是一个简单的事情. 如果基 a 在 s 中出现

$$n_a = \sum_{i=1}^{n} \boldsymbol{I}(s_i = a)$$

次. 对所有 $a \in \mathcal{A}$, $b \in \mathcal{B}$, 当 b 在一片段中 a 被记录的次数是

$$n_{ab} = \sum_{i=1}^{n} \sum_{j=1}^{N} [(1-r_j)\boldsymbol{I}(x_{ij}=b)\boldsymbol{I}(s_i=a) + r_j\boldsymbol{I}(x_{ij}^c=b)\boldsymbol{I}(s_i^c=a)]. \tag{7.2}$$

这个基合成与误差率的极大似然估计的参数由下式给出:

$$\hat{p}(a) = \frac{n_a}{n}, \tag{7.3}$$

$$\hat{p}(b|a) = \frac{n_{ab}}{n_a}, \tag{7.4}$$

这种情况给出同时估计误差率和分布的下列算法.

算法 7.3(精度算法)

1. Initialize the consensus distribution. Set $\pi_i(x) = 1.0$, where x is the most frequently occurring letter at column i.

2. Estimate $p(a)$ and $p(b|a)$ for all a, b. Set the counts n_a and n_{ab} equal to their conditional expected values

$$\hat{n}_a = \sum_{i=1}^{N} \pi_i(a),$$

$$\hat{n}_{ab} = \sum_{i=1}^{n} \sum_{j=1}^{N} [(1-r_j)\boldsymbol{I}(x_{ij}=b)\pi_i(a) + r_j\boldsymbol{I}(x_{ij}^c=b)\pi_i(a^c)]$$

and estimate $p(a)$ and $p(b|a)$ as before (Equations (7.3) and (7.4)).

3. Recompute $\pi_i(a)$ for all i and a according to Equation(7.1), with $p(a)$ and $p(b|a)$ replaced by their current estimates.

4. Continue. If the changes in $\hat{p}(b|a)$ and $\hat{p}(a)$ are less than ε, for all a and b, otherwise go to step 2.

7.1.5 预期的进展

序列装配的合理的随机模型与通过指纹随机克隆 (第 6 章) 的物理图谱制作的海洋与岛的模型密切相关, 这时我们有 N 个长 l 的片段随机地位于长 L 的序列中. 模型是片段的左端点以比率 N/L 按 Poisson 过程出现. 为建立重叠所要求重叠组分是 θ. 这个组分是小的. 例如, 为建立重叠, 要求 20 bp 是适当的, 所以 $\theta = 20/l = 20/350$ 是 θ 的典型值.

显然, 定理 6.1 可直接使用. 相关的更早一些的结果收集在下一个定理中. 至少被 k 个片段覆盖的 $[0, L]$ 的组分在估计支撑序列和对过程的比率的理解是有用的. 注意, 假设 $l \ll L$, 并且两个序列端点的影响可忽略不计.

定理 7.4　鸟枪测序方案, 使用上述记号和假定, 设 $c = Nl/L$, 则

(i) 被 k 个片段覆盖的 $[0, L]$ 的组分是 $e^{-c}c^k/k!$;

(ii) 表面序列岛的期望数是 $Ne^{-c(1-\theta)}$;

(iii) 表面岛的期望长度用 bp 计量是 $l\left\{\dfrac{e^{c(1-\theta)} - 1}{c} + \theta\right\}$;

(iv) 表面序列岛之间至少有 xl bp 的概率是 $e^{-c(x+\theta)}$.

证明　只有 (i) 在定理 6.1 中没有叙述. 考虑 $t \in (0, L)$, 则 t 被 k 个片段覆盖当且仅当 $K = k$ 个左克隆端出现在 $[t-l, t]$ 中. 所以, 深度 K 是 $\mathcal{P}(N/L \cdot l) = \mathcal{P}(c)$. 如果 $X_k(t) = \boldsymbol{I}(t$ 被 k 个片段覆盖$)$,

$$\frac{1}{G}\int_0^G X_k(t)\mathrm{d}t \to \boldsymbol{E}(X_k) = \frac{e^{-c}c^k}{k!}. \qquad \blacksquare$$

知道两个序列岛 $(\theta = 0)$ 之间的最大距离是有意义的, 因为在距离足够小时, 实验者将不用鸟枪测序法. 有 Ne^{-c} 个海洋, 每个海洋长 Y_i 是具有分布函数 $1 - e^{-cx}$ 的指数分布且均值为 $1/c$. 像我们将在第 11 章所指出的那样,

$$\boldsymbol{E}\left(\max_{1 \leqslant i \leqslant Ne^{-c}} Y_i\right) \approx \frac{1}{c}\log(Ne^{-c}) = \frac{\log N}{c} - 1 = \frac{L\log N}{lN} - 1.$$

关于这个分布的更精确的细节在第 11 章出现.

7.2　用杂交法测序

最近, 提出一种 DNA 测序的新方法, 杂交法测序 (SBH). 用本书的语言, 这个方法也可称为 k 元组合成测序. 想法是作一个 2 维格或 k 元组矩阵. 在每个 (i, j) 位置上放一个不同的 k 元组或称探针. 这个探针矩阵称为测序芯片. 然后, 将一个要测序的 DNA 单链用放射材料或荧光材料标记. 在这个例子中每个 k 元组出现都被这个矩阵中的它的逆补杂交. 然后, 没有杂交的 DNA 从这个矩阵去掉, 杂交的 k 元组用检测标记 DNA 的仪器确定. 图 7.6 中给出 $4^3 = 64$ 个格, 3 元组以及由 $\boldsymbol{a} = \text{ATGTGCCGCA}$ 杂交的结果.

这个方法有一些技术上的困难, 实验和数学上两者都有困难. 主要的实验困难来源于 k 元组间的杂交. 某些 k 元组, 像 G-C 高含量的 k 元组杂交能力比其他的强. 此外, 可能有包含错配的不完全杂交. 所有这些都给 SBH 数据带进误差, 此处序列中还有一些 k 元组没有被杂交. 在本节, 我们假定完全的杂交数据. 对于 SBH 数据, 另一个由实验引申的问题是忽略多重性. 当一个 k 元组出现不止一次时, 我们仅能了解到它至少出现一次. 到目前为止, SBH 不是 DNA 测序的实用方法.

AAA	ACA	AGA	ATA
AAC	ACC	AGC	ATC
AAG	ACG	AGG	ATG
AAT	ACT	AGT	ATT
CAA	CCA	CGA	CTA
CAC	CCC	CGC	CTC
CAG	CCG	CGG	CTG
CAT	CCT	CGT	CTT
GAA	GCA	GGA	GTA
GAC	GCC	GGC	GTC
GAG	GCG	GGG	GTG
GAT	GCT	GGT	GTT
TAA	TCA	TGA	TTA
TAC	TCC	TGC	TTC
TAG	TCG	TGG	TTG
TAT	TCT	TGT	TTT

图 7.6　3 元组矩阵和杂交结果

　　SBH 的数学方面也不是平凡的. 注意, 如果 k 太小, SBH 数据太杂乱以致无法找出这个序列. 例如, 知道在一个长 100 个字母的 DNA 中出现的所有的 16 个 2 元组没有什么用. 通常, 在这些情况下, 几乎所有的 k 元组都有杂交信号, 可是用这个数据我们求不出这个序列. 显然, 取 k 尽可能得大是一个优点. 事实上, 如果要确定的序列长为 n, 有一个 4^n 个 n 元组的格最理想. 那么, 这个序列能够在这个矩阵上的一个被杂交读出. 显然, 在实验上这是不可能的, 而且我们的目的是从 k 元组矩阵上能求解尽可能多的序列. 生物学家努力增加 k 的可行大小. 最近 $k = 8$ 已经构造出来了, 也许可能得到 $k = 10$.

　　总结一下: 对于每一个 k 元组 w, 如果 w 是 a 的一个子串则有数据 $I_w = 1$, 如果 w 不是 $I_w = 0$. 杂交数据不是随机的且具有非常不同的特点. 我们由定义为 a 的谱 $S(a) = \{w : w = s_i s_{i+1} \cdots s_{i+k-1}, 1 \leqslant i \leqslant n+1-k\}$ 的 k 元组集合构造一个图. 此处, 使 $S(a)$ 是重集, 所以 $|S(a)| = n - k + 1$. 我们考虑的第一个图 H, 顶点集 $S = V_H$, 如果 $u, v \in S$, u 的后 $k-1$ 个字母和 v 的前 $k-1$ 个字母相同 u, v 间有一个有向边. 例如, 序列 $a = $ ATGCAGGTCC 有顶点集合 ATG, TGC, GCA, CAG, AGG, GGT, GTC, TCC, 它的图 H 如图 7.7 所示. 作这个图的动机是 u, v 之

间的边说明在 DNA 序列中 u 和 v 的相邻重叠出现. 访问所有顶点的哈密尔顿路给出 SBH 装配问题的解.

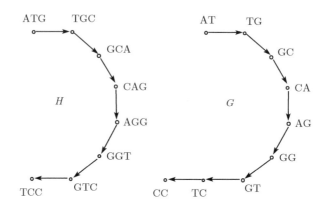

图 7.7　ATGCAGGTCC 的图 H 和图 G

在图 7.7 中, 哈密尔顿路是唯一的. 在图 7.8 中我们展示序列 a=ATGTGCCGCA 的另一种图. 有几个不同的分支, 我们遇到的是求哈密尔顿路的 NP 完全问题.

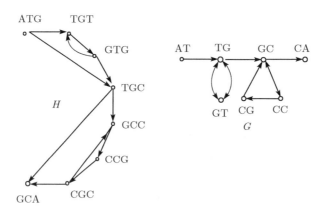

图 7.8　ATGTGCCGCA 的图 H 和图 G

另一种数据结构将图的这个基本的问题由寻找哈密尔顿路改变为寻找欧拉路. 有求欧拉路的有效算法及欧拉路存在的必要充分条件. 有向图 G 有顶点集 V_G, 来自谱的 $(k-1)$ 元组的集合, 此处, 谱的每个 k 元组包含两个 $(k-1)$ 元组. 如果谱 S 包含一个 k 元组, 它的第一个 $(k-1)$ 元组是 u, 第二个 $(k-1)$ 元组是 v, $(k-1)$ 元组 u 被一个有向边连接到 v. 在这个图中可能有重边, 但是 V_G 不是重集. 有向图 G 的例子示于图 7.7 和图 7.8. 注意, 图 7.8 中的图 G 比图 H 简单得多.

关于有向图的欧拉定理给出欧拉路存在的条件. 对于顶点 v, 定义

$$\text{in}(v) = (v)\text{的入度}, \quad \text{out}(v) = (v)\text{的出度},$$

$$\text{d}(v) = \text{in}(v) - \text{out}(v).$$

给起点标以 s, 终点标以 t. 当且仅当

$$\text{in}(v) = \text{out}(v) \quad \text{对} v \neq s, t,$$
$$\text{out}(s) - \text{in}(s) = 1,$$
$$\text{out}(t) - \text{in}(t) = -1$$

时存在一条欧拉路.

关键是 G 中的圈的交图. 现在, 我们定义交图. 首先, 从 t 到 s 加一个弧. 我们的兴趣是欧拉圈. 然后, 将 G 分解成简单的圈 $v_{i_1} \rightarrow v_{i_2} \cdots v_{i_k} = v_{i_1}$, 此处除 $v_{i_k} = v_{i_1}$ 外没有 $v_i = v_j$. 一个边至多在一个圈 C 中被使用, 可是顶点可被使用任意多次. 对于这些圈, 定义圈 $C_1, C_2, \cdots, C_l$ 的交图 C_I, 如果圈 C_i 和 C_j 有 l 个公共顶点, 在 G_I 中用 l 个边连接它们.

回到图 7.8 中的图 G. 简单圈看起来像

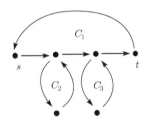

所以, 图 G_I 是

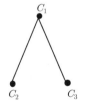

这是一棵树, 即 G_I 无圈. 原来, 这个简单性质一般也成立. 下面定理对一般图 G 成立.

定理 7.5 G 的简单圈形成的交图 G_I 是树当且仅当 G 中有唯一的欧拉圈.

证明 设 G_I 是具有 n 个顶点的树. 这个证明用归纳法. 如果 G_I 包含一个顶点, 则 G 有一个圈从而定理成立. 假设对直到 $n-1$ 个顶点的所有树命题成立. 在 n 个顶点的树 G_I 中, 考虑对应一个圈 C 的叶. C 与图 G' 仅有一个公共点 v, G' 是

G 将 C 移去的图. 显然, 图 G' 是有 $n-1$ 个顶点的树. 由归纳法假设 G' 有通过 v 的唯一的欧拉圈 E. 由此推出 G 中有唯一的欧拉圈, 从 v 开始通过 E, 再回到 v, 通过 C 可在 v 点结束.

设 G 有唯一的欧拉圈, 我们证明 G_I 是树. 设 C_I 不是树, 所以包含一个圈. 这个圈在 G_I 中有 k 个顶点, 对应 G 中 k 个圈, 如图 7.9 所示. 容易看到将 G 中这些圈合起来至少得到两个欧拉圈, 矛盾. ∎

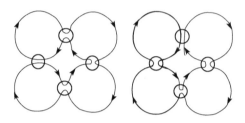

图 7.9　G_I 有 $k=4$ 个圈的 G

将定理 7.5 用于 SBH 数据, 我们需要 SBH 图 G 化成一种简单形式. 为了了解必要性, 考虑特定 k 元组重复两次的情形 (没有其他 k 元组重复). 由于第一次重复可唯一的确定为 s. 而第二个为 t, 有一个唯一的欧拉圈. 然而, 这个圈图是

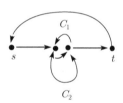

此处有 $\mathrm{in}(v) = \mathrm{out}(v) = 2$ 的两个顶点是这重复的 $(k-1)$ 元组, 并且下面的弧 C_2 代表重复的 k 元组间的路. 交图是

它不是树. 为了克服这个困难, 我们递归地把所有的顶点 v_i 和 v_j 合并成 v_i^*, 此处所有进入 v_j 的弧是离开 v_i 的弧, 并且 $\mathrm{in}(v_j) = \mathrm{in}(v_i)$.

如果新图是 G^*, 注意到 G^* 有从 s 到 t 的欧拉路当且仅当在原来的 SBH 图 G

中有一个从 s 到 t 的欧拉路 (不管 s 和 t 被映射成什么). 我们的例子变为

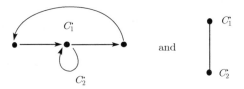

如果 k 元组重复出现 3 次, 则图 G^* 有圈,

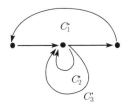

并且 G_I^* 不是树,

7.2.1 其他 SBH 设计

探针矩阵称为测序芯片. 到目前为止, 我们已经研究了所有 k 元组的经典芯片 $C(k)$. 当然可以寻找不同于所有 k 元组的其他可能性, 并问什么是最好的设计. 首先, 为这种设计建立一个准则.

对于序列 $s = s_1 s_2 \cdots s_m s_{m+1} \cdots s_n$, 假定前 m 个字母已经确定, 要估计将序列 $s_1 s_2 \cdots s_m$ 非二义性地向右扩张一个字母的概率 $\boldsymbol{P}(U(m,n))$. 按典型的统计风格, 对于小概率 α, 我们要求

$$1 - \boldsymbol{P}(U(m,n)) \leqslant \alpha.$$

好的准则是

$$n_{\max} = \max\{n : 1 - \boldsymbol{P}(U(m,n)) \leqslant \alpha\},$$

这正好是保持扩张概率大的最大的 n. 下面假定序列的字母是独立同均匀分布.

我们考虑 4 种不同的测序芯片. 芯片 $C(k)$ 已经介绍过了. 芯片的容量 $\|C\|$ 是探针的数目. $\|C(k)\| = 4^k$. 回想 R 表示嘌呤 A, G, Y 表示嘧啶 T, C. 此外, W(弱)

表示 A, T, 而 S(强) 表示 C, G. X 表示随意一个字母 A, C, G 或 T. 我们的测序芯片在每个位置上有探针库.

- 二元芯片 $C_{\text{bin}}(k)$ 由位于下面集合中的所有探针组成:

$$\{W, S\}\{W, S\} \cdots \{W, S\}\{A, C, G, T\} = \{W, S\}^k\{A, C, G, T\}$$

和

$$\{R, Y\}^k\{A, C, G, T\}.$$

显然, $\|C_{\text{bin}}(k)\| = 2 \times 2^k \times 4$, 并且每个探针长 $k + 1$;

- 有间隙的芯片 $C_{\text{gap}}(k)$ 由位于下面集合中的所有探针组成:

$$\{A, C, G, T\}^k$$

和

$$\{A, C, G, T\}^{k-1}\{X\}^{k-1}\{A, C, G, T\}.$$

此处第二个 $k - 1$ 个字母只是占据位置并无序列信息, $\|C_{\text{gap}}(k)\| = 2 \times 4^k$;

- 交错芯片 $C_{\text{alt}}(k)$ 由位于下面集合中的所有探针组成:

$$(\{A, C, G, T\})^{k-1}\{X\}\{A, C, G, T\}$$

和

$$(\{A, C, G, T\})^{k-2}\{X\}\{A, C, G, T\}^2.$$

此处交错的字母具有位置信息, $\|C_{\text{alt}}(k)\| = 2 \times 4^k$.

也许看不出来这些设计在分辨能力上面与前面讨论的经典的或均匀的芯片 $C(k) = C_{\text{unif}}(k)$ 有什么本质的区别. 情况恰相反. 对每一种计算, 假设所有 k 元组有概率 4^{-k}.

对于均匀芯片,

$$\boldsymbol{P}_{\text{unif}}(U(m, n)) = \boldsymbol{P}(s_{m-k+2} \cdots s_m x \notin S(\boldsymbol{s}), \text{对于} x \neq s_{m+1}) \cong ((1 - 4^{-k})^{n-k+1})^3.$$

在这种计算中忽略自重叠词, 并且假定对于 $x \neq y, s_{m-k+2} \cdots s_m x$ 与 $s_{m-k+1} \cdots s_n y$ 独立. 所以

$$1 - \boldsymbol{P}_{\text{unif}}(U(m, n)) \cong \frac{3(n - k + 1)}{4^k} \cong \frac{3n}{4^k} = \frac{3n}{\|C(k)\|},$$

则对 $n_{\max}$ 的解是

$$n_{\max} = \frac{\|C(k)\alpha\|}{3}.$$

对于二元芯片, 二义性来自这些情况, 谱 $S_{\text{bin}}(s)$ 包含两个探针 $v'y$ 和 $v''y$, 此处 $y \neq s_{m+1}$, 并且 v' 是由 $W - S$ 中字符写的 $s_{m-k+1} \cdots s_m$, v'' 是由 $R - Y$ 中字符写的 $s_{m-k+1} \cdots s_m$. $v'y$ 不属于 $S_{\text{bin}}(s)$ 概率近似地等于 $(1 - 1/(2^k 4))^{n-k}$, 所以

$$\boldsymbol{P}_{\text{bin}}(U(m,n)) = \boldsymbol{P}(v'y \text{和} v''y \text{都不属于} S_{\text{bin}}(s))$$
$$\cong \left(1 - \left(1 - \frac{1}{(2^k 4)}\right)^{n-k}\right)^2 \cong \left(\frac{n}{(2^k 4)}\right)^2 = \frac{n^2}{2^{2(k+2)}}.$$

注意, 对于均匀分布字符系 $\boldsymbol{P}(v''|v') = \boldsymbol{P}(v'')$, 我们已假定 $v'y$ 和 $v''y$ 近似地独立, 所以

$$1 - \boldsymbol{P}_{\text{bin}}(U(m,n)) \cong 1 - \left(1 - \frac{n^2}{2^{2(k+2)}}\right)^3 \cong \frac{3n^2}{2^{2(k+2)}} = \frac{12n^2}{\|C_{\text{bin}}(k)\|^2}.$$

所以, 对二元芯片,

$$n_{\max} = \frac{1}{\sqrt{12}\|C_{\text{bin}}(k)\|\sqrt{\alpha}}.$$

对于 $k = 8$ 和 $\alpha = 0.01$, 对于经典芯片 $C(8) = C_{\text{unif}}(8)$ 得到 $n_{\max} \cong 210$. 对于二元芯片 $n_{\max} = 1/\sqrt{12}\|C\|\sqrt{\alpha}$, 而当 $\alpha = 0.01$ 和 $\|C\| = 4^8$ 时得到 $n_{\max} \approx 1800$, 一个很大的改进. 这种结果对交错芯片和有间隙芯片也成立.

7.3 重访鸟枪测序法

在 7.1 节中, 我们了解到相当精确的片段序列相对容易地得到, 并且由覆盖的深度确定这个序列 $\boldsymbol{a}$, 缺点是问题难以计算和片段误差, 虽然数量上不大, 也能误导分析, 并且片段的相对方向未知. 7.1.3 小节所构画的鸟枪测序的装配的传统方法是基于两两重叠, 而不是数据的实际的多重重叠.

在 7.2 节, 已经看到通过 k 元组内字母的 SBH 测序可以重新表达为欧拉图问题. 因为实验的现实保持 k 较小, 这就导致数据容易出错. 多数测序仍然利用鸟枪测序法的各种变形来进行.

下面, 我们构画出一种将 SBH 测序思想用于鸟枪测序上的一种方法. 回想, 我们有一组片段 $\mathcal{F} = \{f_1, f_2, \cdots, f_N\}$. 新算法的基本思想是应用 SBH 的数学概念到鸟枪测序法. 给定近似长 $l \in [350, 1000]$ 的片段, 我们只能顺着一个片段读并决定所有的 k 元组, 此处 k 由建立算法的人选定. 如果有 2% 的误差, 在片段数据中平均每 50bp 将有 $50-k$ 个正确的 k 元组. 以 $k \in [10, 20]$, 这给出正确数据本质上的

组分. 由 $\{f_1, f_2, \cdots, f_N\}$ 确定的数据看起来像

$$\bigcup_{w \in \cup_i (f_i \cup f_i^r)} \left(w; \bigcup_{\alpha=1}^{n(w)} (i_\alpha, j_\alpha) \right),$$

此处 w 是在 $\cup f_i$ 中 f_i 片段的位置 j_α 出现的 k 元组或在反向片段 f_i^r 的同一位置出现的 k 元组. 这个 k 元组 w 出现 $n(w)$ 次.

为了避免片段方向这个麻烦的特点, 简单地把片段数据扩大两倍使之包含 f 同时也包含 f^r. 那么, 算法将产生两个同样的数据, 我们仅报告一个. 这个算法的速度弥补了这个小无效性, 并允许我们越过通常的片段方向的陷阱.

下面是这个步骤的大概. 首先取片段数据并产生 k 元组数据. 然后在 $(k-1)$ 元组上构造欧拉图 (如在 SBH 中那样). 边有权重, 相关的片段数. 当在两个边上的数据没有矛盾的完全衔接, 把所有这些边, 边 $e_1 \to$ 顶点 $\to$ 边 e_2 折叠. 称这些折叠的边为超边. 然后, 从最重的边出发执行一个贪婪的欧拉旅行. 当旅行在进行, 无需参考多重序列的比对情况就 (直接) 产生一个序列. 在这个序列的重叠群或岛已经产生之后, 去掉这些重复.

生物学家要求多重比对去核对这个算法和它们的基本片段数据. 在欧拉序列产生之后, 这件事容易完成. 简单的应用第 8 章的切细方法看哪儿的片段可能与欧拉序列比对得好. 这就给出了候选的比对对角线. 然后, 限制在沿着对角线的一个窄带上应用动态规划. 多数片段几乎完美地符合欧拉序列, 并且能够很快地产生出实验者能够检验的多重序列比对.

算法 7.4(装配)

input: N, k; $f_1, f_2, \cdots, f_N$

output: Sequence assembly

1. Convert $f_1, f_2, \cdots, f_N, f_1^r, f_2^r, \cdots, f_N^r$ into $(w_\alpha, i_\alpha, j_\alpha)$ for all α occurrences of w, when $|w| = k$.

2. Construct the Euler graph on $(k-1)$-tuples for the k-tuples form 1. Each edge w has $\alpha = 1$ to $n(w)$ pairs of (fragment=i_α, position=j_α).

3. Collapse edges into super edges.

4. Perform greedy Eulerian tour(s).

5. Align fragment to sequence produced by(4).

如果阅读百分之百准确, 并且没有 k 元组重复, 那么, 这个算法保证给出正确的序列. 在出现误差和重复时, 这个算法实际上也工作得非常好.

下面, 给出一个简单例子. 为了表达方便, 忽略了 f 和 f^r 的复杂情况. 序列 $a = \text{ATGTGCCGCA}$ 是在 7.2 节和 7.8 节中用过. 方案是有 4 个如下所示的片段:

$$\mathbf{a} = \underline{ATGTGCCGCA},$$
$$f_1 = \quad GTGCCG,$$
$$f_2 = \quad\quad GCCGCA,$$
$$f_3 = ATGTG,$$
$$f_4 = \quad TGTGCC.$$

对于 $k = 3$, 数据变为

$$ATG : (3, 1),$$
$$TGT : (3, 2), (4, 1),$$
$$GTG : (1, 1), (3, 3), (4, 2),$$
$$TGC : (1, 2), (4, 3),$$
$$GCC : (1, 3), (2, 1),$$
$$CCG : (1, 4), (2, 2),$$
$$CGC : (2, 3),$$
$$GCA : (2, 4).$$

图 G 为

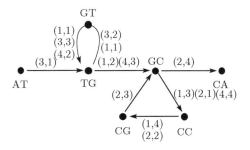

这个序列容易读出, 从权重大的边开始, 并且向前和向后移动.

问　　题

问题 7.1　在 SSP 中, 证明

$$\max_i |f_i| \leqslant |S| \leqslant \sum_{i=1}^{N} |f_i|.$$

试给出一个例子, 当 $N = 5$, $i \neq j$ 时, $|f_i| \neq |f_j|$, 而 $\max_i |f_i| = |S|$. 对于任意的 $N(|\mathcal{A}| = 4)$ 给出 $|S| = \sum_{i=1}^{N} |f_i|$ 的例子.

问题 7.2　对于 7.1.5 小节的鸟枪测序法的随机模型, 设片段的方向从 5′ 到 3′ 为 (+), 3′ 到 5′ 为 (−) 且以概率 1/2 独立同分布. 求 $[0, L]$ 至少被一个 + 片段和一个 − 片段覆盖的组分.

问题 7.3　对与序列 $\boldsymbol{a} = \text{AATGATAGGCAGCCAC}$,

(i) 求图 G;

(ii) 利用 $k = 3$ 求所有的与 G 相容的序列重构.

问题 7.4　取词 $x_0 x_1 \cdots x_{r-1}$, 并通过 $a_i = x_l$ 定义 $\boldsymbol{a} = a_1 \cdots a_n$, 此处 $l = i \bmod r, n \geqslant 2r$. 假设 $S(\boldsymbol{a})$ 是谱, SBH k 元组满足 $1 \leqslant r \leqslant k$. 进一步假设 $\boldsymbol{x} = x_0 x_1 \cdots x_{r-1}$ 没有自重叠.

(i) 求 $S(\boldsymbol{a})$;

(ii) 求使用 $S(\boldsymbol{a}) = S(\boldsymbol{b})$ 的所有序列 $\boldsymbol{b} = b_1 \cdots b_n$.

问题 7.5　对于有隙芯片, 证明 $n_{\max} = 1/\sqrt{12} \| C_{\text{gap}}(k) \| \sqrt{\alpha}$.

问题 7.6　假设在 $S(\boldsymbol{a})$ 中有 4^k 个不同的元素. 有多少重构具有谱 $S(\boldsymbol{a})$? 这些重构 (最短的) 有多长?

问题 7.7　假设我们序列是两个字母的字符集 $\{R, Y\}$ 的序列. 希望这样分配探针使得它们的相邻探针差别尽可能得小.

(i) 考虑一维数组, 用归纳法证明可以安排 2^l 个词使得每个词与它相邻的每个词仅在一个位置上不同;

(ii) 使用 (i) 构造长 $2l$ 的所有 2^{2l} 的二维数组, 使得每一个词与它相邻的 4 个词都恰好在一个位置上不同.

问题 7.8　在 7.3 节中, 将例子中的 f_2 改变为 $f_2 = \text{CCCGCA}$, 引进了误差. 执行这个装配算法.

第 8 章　数据库和快速序列装配

像我们在第 1 章讨论的那样, DNA 快速排序已经迅速地改变了生物学. 要想知道这个发生的转变多迅速是困难的. 海量数据已经引起收集和分配序列数据及重要的相关数据的数据库增大. 主要 DNA 数据库是由欧洲国家开办的数据实验室 EMBL, 美国的数据库 GenBank 和日本的 DNA 数据库 DDBJ. 今天, 这些数据库的内容本质上是一样的. 国际核酸数据库的增长如图 8.1 所示.

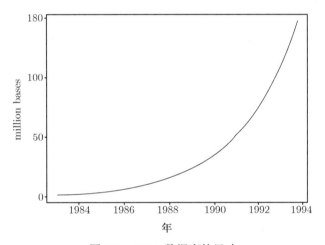

图 8.1　DNA 数据库的尺寸

在 20 世纪 80 年代, 为了了解当前已知序列的情况, 分子生物学依赖于这些数据库. 过去这些序列及时进入数据库有些困难. 可是, 现在几乎所有的序列在发表后一个月之内就进入数据库. 快速进入数据库是重要的, 其原因是生物学家能够确定他们的序列同已经确定的其他序列之间的关系. 为了确定序列之间的关系, 在 8.5 节我们将介绍广泛使用的扫描数据库的技术.

今天, 一些序列在杂志上发表的同时也进入数据库. 逐渐地, 杂志不接受已确定的 DNA 或蛋白序列的小片段. 基因组计划肯定大量增加 DNA 序列的比率和容量. 所以, 数据库将越来越成为生物学的中心. 8.1 节讨论核酸数据库的发行.

查看 DNA 或蛋白序列有什么用? 像在第 1 章描绘的那样, DNA 序列是生物体的结构和功能的蓝图. 显然, 知道 DNA 编码、DNA 调控基因等是非常重要的. 这个信息能够同这个序列一起存储起来. 当然, 蛋白序列代表了生物体的工作部分, 而且更有生物学意义. 某些蛋白具有结构作用, 如皮肤、头发和骨骼中的蛋白, 而另一些作为分子机能的一部分. 某些氨基酸对于蛋白的工作是本质的, 而其他一些不那么重要. 在 8.2~8.4 节, 我们将学习某些计算机科学技术去总结或表示 DNA 序列. 首先, 把这些序列变成压缩或后缀形式, 由此关于这些序列的许多信息能够容易地读出, 然后我们给出关于切细和链接的容易算法.

将生物序列组织成数据库的理由是了解新的生物学. 在漫长的进化时间里进化保留了有用的序列模式. 当新的序列与数据库的已知序列有许多相似之处, 就有很大的可能它们的生物功能也相似. 用这种方法, 通过序列比对形成新的有用的生物学假设. 无需更多规定, 在 8.5 节中, 我们使用这一章的思想形成启发性的序列比对方法. 8.6 节我们给出与这些思想有关的严格序列比对方法.

8.1   DNA 和蛋白序列数据库

GenBank 用公布号作索引. 公布号 82.0 出现在 1994 年春, 有 169 896 个 loci(分开的序列片段), 代表了 180 589 455 个基. 公布号 76.0(1993 年 4 月) 有 111 911 个 loci 及 129 968 355 个基. 公布号 82.0 基的个数比公布号 76.0 的基的个数大 39%. 公布号 82.0 的统计小结在 8.1.3 小节中介绍.

8.1.1   序列数据库文件中条款的描述

LOCUS	条款的唯一短名用来提示该序列的定义, 必选.
DEFINITION	该序列的简洁描述.
ACCESSION	主要的进入号, 是指定给每个条款的唯一的不变的代码. 当从 GenBank 索引信息时应使用这个代码, 必选.
KEYWORDS	描述这个条款的基因产品及其他信息的短词组, 必选.
SEGEMENT	关于次序的信息, 依此次序这个条款出现在来自同一分子的一列不连续的序列中, 任选.
SOURCE	生物体的通用名字, 或文献中经常使用的名字, 必选.
ORGANISM	生物体的正式的科学名字 (第一行) 和分类学的分类水平 (第二行及以后各行), 必选.
REFERENCE	对包含这个条款报告数据的所有文章的索引, 包含 4 个子关键词, 并且可能重复, 必选.
AUTHORS	这个索引的作者名单, 必选.
TITLE	索引的全称, 任选.
JOURNAL	索引的杂志的名称, 卷号, 年和页码, 必选.
STANDARD	所宣布的关于这个条款等级和评论的水准, 必选.

COMMENT	对与其他序列条款的交叉参考, 与其他条款的比较和 LO-CUS 中名字以及其他评论的变化. 任选.
FEATURES	包含为蛋白和 RNA 分子编码的序列区划的信息表和由实验确定的生物学有意义的位点的信息, 任选.
BASE COUNT	每个基的代码在这个序列中出现的次数的小结, 必选.
ORIGIN	说明所报告序列的第一个基是怎样在基因组中操作定位的. 这里可能包含它在大的基因图谱中的位置, 必选. 这 ORIGIN 行后是序列数据 (一个多重记录)
//	条款结束符号. 条款结束时/恰好一个记录结束时必需.

8.1.2 简单序列数据文件

下面给出一个完整序列条款文件 (这个例子仅有两个条款). 注意在这个例子中及在整个数据库中, 方括号中的数字指明在 REFERENCE 表中的项目. 例如, 在 AAURRA 中, [1] 是指 Huysmans 等的文章.

GBSMP.SEQ

样本序列的数据文件

2 个 loci, 280 个基, 来自 2 个报告序列

LOCUS	AAURRA 118 bp ss-rRNA RNA 16-JUN-1986
DEFENITION	A.auricula-judae(蘑菇) 5S 核糖体 RNA.
ACCESSION	K03160
KEYWORDS	5S 核糖 RNA; 核糖体 RNA.
SOURCE	A.auricula-judae(蘑菇) 5S 核糖体 RNA.
ORGANISM	auricula-judae 真核生物; 植物; 食真菌体; 担子菌; 子食层体; 红茹科
REFERENCE	1(基 1~118)
AUTHORS	Huysmans, E., Darris, E., Vandenberghe, A. 和 De Wachter, R.
TITLE	4 种蘑菇的 5S rRNA 的核苷酸序列, 以及它们在研究担子菌在真核生物中的系统发育的位置.
JOURNAL	Nucl Acid Res 11, 2871-2880(1983)
STANDARD	评论全部内容
FEATURES	从 到/展开 描述
rRNA	1 118 5S 核糖体 RNA
BASE COUNT	27a 34c 34g 23t

ORIGIN   成熟 rRNA 的 5′ 端

    1 atccacggcc ataggactct gaaagcactg catcccgtcc gatctgcaaa gttaaccaga

    61 gtaccgccca gttagtacca cggtggggga ccacgcggga atcctgggtg ctgtggtt

//

LOCUS   ACARR58S   162 bp ss-RNA   RNA   15-MAR-1989
DEFINITION   A.castellanii (变形虫) 5.8S 核糖体 RNA.
ACCESSION   K00471
KEYWORDS   5.8S 核糖体 RNA; 核糖体 RNA.
SOURCE   A.castellanii (变形虫; 株系 ATCC30010)rRNA
ORGANISM   Acanthamoeba castellanii

    Eukaryota; Animalia; Protozoa; Sarcomastigophora; Sarcodina; Rhizopoda; Lobosa; Gymnamoeba; Amoebida; Acanthopodina; Acanthamoebidae.

REFERENCE   1(基 1~162)
AUTHORS   Mackay, R.M. 和 Doolittle, W.F.
TITLE   AcanthamoebaA. castellanii 5S 和 5.8S 核糖体核糖核酸: 系统发育和较结构分析
JOURNAL   Nucleic Acids Res. 9, 3321-3334(1981)
STANDARD   全自动
COMMENT   [1] 也为 A.castellanii 5S rRNA<K03160>. NCBI gi: 173608
FEATURES   位置/合格者
rRNA   1..162
    /note= "5.8S rRNA"
SOURCE   1..162
    /organism= "Acanthamoeba.castellanii"
BASE COUNT   40 a 39 c 44 g 39 t
ORIGIN   成熟 rRNA 的 5′ 端

    1 aactcctaac aacggatatc ttggttctcg cgaggatgaa gaacgcagcg aaatgcgata

    61 cgtagtgtga atcgcaggga tcagtgaatc atcgaatctt tgaacgcaag ttgcgctctc

    121 gtggtttaac ccccgggag cacgttcgct tgagtgccgc tt

//

8.1.3 统计小结

依据生物学数据库分成几个部分, 如一个部分是植物序列. 首先我们给出长度大于 100000 bps 的某些序列.

Locus	长度/bp	分组	进入号
CHMPXX	121024	PLN	X04465
CHNTXX	155844	PLN	Z00044
CHOSXX	134525	PLN	X15901
CLEGCGA	143172	PLN	X70810
D26185	180136	BCT	D26185
EBV	172281	VRL	V01555
ECO110K	111401	BCT	D10483
ECOUW76	225419	BCT	U00039
ECOUW82	136254	BCT	L10328
ECOUW89	176195	BCT	U00006
HE1CG	152260	VRL	X14112
HEHCMVCG	229354	VRL	X17403
HEVZVXX	124884	VRL	X04370
HS1ULR	108360	VRL	D10879
HS4B958RAJ	184113	VRL	M80517
HSECOMGEN	150223	VRL	M86664
HSGEND	112930	VRL	X64346
HUMNEUROF	100849	PRI	L05367
HUMRETBLAS	180388	PRI	L11910
IH1CG	134226	VRL	M75136
MPOMTCG	186608	PLN	M68929
MTPACG	100314	FLN	X55026
PANMTPACGA	100314	PLN	M61734
SCCHRIII	315338	PLN	X59720
VACCG	191737	VRL	M35027
VARCG	186102	VRL	L22579
VVCGAA	185578	VRL	X69198

下表给出数据库分组的条款数和基数:

分　　组	条款数	基　　数
PRIMATE	31972	30328835
MAMMALIAN	5628	6183786
VERTEBRATE	6558	7270430
INVERTEBRATE	11234	18729402
RODENT	20581	22836624
PLANT	16154	27150929
BACTERIAL	15107	27433286

续表

分　　组	条款数	基　　数
PHAGE	968	1414274
RNA	3603	2176197
VIRAL	15876	20597295
UNANNOTATED	1490	1391910
SYNTHETIC	1717	2572139
EST SEQUENCES	33727	10672722
PATENT	5281	1831626

8.2　序列的树表现

后缀树在确定序列之内或序列之间的重复的位置时非常有用. 这时生物学家确定自己的序列与数据库中的另一个序列之间的准确的重复是非常有意义的. 我们不给出形式定义, 后缀树的概念最容易用例子来说明. 虽然我们只给出一个短DNA 序列, 这个想法对任何有限序列都有效.

为了说明后缀树的概念, 设 $a = $ AATAATGC$\$$, 此处 $\$$表明该序列结束. 对每个 $i, i = 1, \cdots, 9$, 设子串 S 是由 i 开始的. 在 a 中任何处都不再出现的最短子串, 则说这个子串等同于 i. 例如, 位置 $i = 4$ 等同于 AATG, 这些等同的子串被组织成一个后缀树, 代表了信息 $a = a_1 a_2 \cdots a_n$ 的后缀树的 n 个端点由 $1, 2, \cdots, n$ 组成.

位置	等同的子串
1	AATA
2	ATA
3	TA
4	AATG
5	ATG
6	TG
7	G
8	C
9	$\$$

从根到端点 i 的边的标号序列是位置 i 的子串的相同序列. 上面的长 9 的序列的后缀树如图 8.2 所示. 两个 (或更多) 序列能够同时进行, 以便给出一个后缀树, 从中能够容易地找出最长的匹配区间.

图 8.2 是后缀树的最简单的形式. 在更正式的表示中, 边用一个串而不是单个字符标号. 对每个叶的串由当前字符开始持续到这个串的终点. 同时, 只要一个中间结点只有一个儿子, 将它删掉, 然后将两个字符串合并. 这种从根到叶的字母的拼接将给出这相关的后缀.

虽然我们应该清楚什么是后缀树, 可是现在还没有关于它的结构的算法. 8.4 节我们将给出一个适合这个任务的算法, 可是, 首先考虑包含在后缀树中的信息.

在这个序列中最长的重复是 AAT, 它在位置 1 和位置 4 开始. 只要读出这棵树的最长的两个分枝的顶端就能得到这个信息. 往上移一层, 我们发现长为 2 的重复: AT 从 2 和 5 开始, AA 从 1 和 4 开始 (当然, 它们包含在长为 3 的重复中). 最

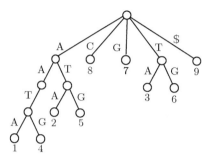

图 8.2 AATAATGC\$的后缀树

后我们可以读出长为 1 的重复: A 在 1, 4, 2 和 5 位置开始, T 在位置 3 和 6 开始, G 在位置 7 开始和 C 在位置 8 开始. 假若我们对频率至少是 2 的重复感兴趣, 序列 a 的全部重复信息包含在这个经济的结构中.

8.3 序列的切细

在这一节, 我们将研究在序列 $a = a_1 a_2 \cdots a_n$ 中寻找所有长为 k 的重复的问题. 回想 $a_i \in \mathcal{A}$, 此处 $|\mathcal{A}| = d$. 如 $a_i a_{i+1} \cdots a_{i+k-1}$ 的长为 k 的词又称为一个 k 元组, 并且有 d^k 个可能的 k 元组. 虽然, 长为 k 的重复的位置信息没有后缀树那么详细, 在 8.4 节我们会看到在序列比较中它是非常有用的. 今后我们假定 $d^k \ll n$.

第一个任务是对每一个 k 元组, 使其与一个整数对应. 设 $e : \mathcal{A} \to \{0, 1, \cdots, d-1\}$ 是一一映射. 定义

$$s_i = \sum_{j=0}^{k-1} e(a_{i+j}) d^{k-1-j}.$$

注意

$$s_{i+1} = (s_i d + e(a_{i+k})) \bmod (d^k),$$

所以, 每个 k 元组 $a_i a_{i+1} \cdots a_{i+k-1}$ 与 $\{0, 1, \cdots, d^k - 1\}$ 中的唯一的整数对应. 故有 $a = a_1 a_2 \cdots a_n$ 与 $s = s_1 s_2 \cdots s_{n-k+1}$ 之间的一一映射. 下面假设 s 已经确定.

8.3.1 切细表

已经有将一串数字排序的有效方法. 这个过程称为分类, 最基本的一个方法称为冒泡分类法, 它将输入数据 $s_1, s_2, \cdots, s_m$ 排成数值序 $s_{i_1} \leqslant s_{i_2} \leqslant \cdots \leqslant s_{i_m}$.

算法 8.1(冒泡分类)

input: $s_1, s_2, \cdots, s_m$

output：$s_{i_1} \leqslant s_{i_2} \leqslant \cdots \leqslant s_{i_m}$

1. bound$\leftarrow m$

2. $l \leftarrow 0$

       for $i = 1$ to bound -1

            if $s_i > s_{i+1}$

                interchange s_i and s_{i+1}

                    $l \leftarrow i$

3. If $l = 0$, end

   if $l \neq 0$, bound$\leftarrow l$,

         return to step2.

证明 步骤 2 的第一次迭代考虑以 s_1 和 s_2 开始的所有的对, 所以, 所有的对经过最后一次 (l) 交换之后有序

$$s_{l+1} \leqslant s_{l+2} \leqslant \cdots \leqslant s_m.$$

在新的一列中, 我们只需将这一列排序到编码以 s_l 结束的第 l 项. 步骤 2 的每次迭代, 列的长度至少减少 1, 从而当 $l = 0$ 时, 列已经完成排序.

从这个证明中我们看到当 $s_1 > s_2 > \cdots > s_m$ 时, 这个算法运行时间的最坏的情况发生. 第一次运行这个算法产生了序列 $s_2, s_3, \cdots, s_m, s_1$, 并且相续的每次运行都有把这一列的第一个数放到恰当的位置. 所需要的步骤的界是

$$(m-1) + (m-2) + \cdots + 1 = \frac{m(m-1)}{2} = O(m^2).$$

另一个称为快速分类算法在所期望的情况下时间需求是 $O(m \log m)$, 并且知道这是可能最快的分类算法之一.

现在我们假定序列 $\{s_i\}$ 已经排序, $s_{i_1} \leqslant s_{i_2} \leqslant \cdots \leqslant s_{i_m}$. 容易作一张切细表 (w, b_w, e_w), $w = 0$ 到 $d^k - 1$, 它指明在这个序列中每个 k 元组 $(= w)$ 在序列 $s_{i_1}, s_{i_2}, \cdots, s_{i_m}$ 中以 (b_w) 开始, 以 (e_w) 结束. 并且可用线性时间作出这张表. 例如, $b_w = 17$ 和 $e_w = 23$ 指 k 元组 w 在原序列中发生在 $i_{17}, i_{18}, \cdots, i_{23}$. $b_w = 0$ 指明这个 w 不在这个序列中任何处出现. 本质上, 这个表告诉我们 w 在原来序列中何处出现.

8.3.2 用线性时间切细

用这个方法, 我们定义 $n \times d^k$ 阶数组 A. $A(i, j)$ 定义为 k 元组 i 在序列 $s_1 s_2 \cdots$ 中第 j 次出现的位置. 沿 $s_1 s_2 \cdots$ 往下进行构造这个数组, 当遇到 k 元组 i 时, 将这个位置加到这个数组的第 i 行.

虽然, 这个步骤用线性时间 $O(n)$, 它用存储为 $O(nd^k)$. 这应该与 8.3.1 小节比较, 那里要求的时间是 $O(n \log n)$, 存储是 $O(n)$.

8.3.3 切细和链接

以 $s = s_1 s_2 \cdots$ 开始, 这个链允许我们找到这个序列中所有 k 元组的出现. 回想 $s_i \in \{0, 1, \cdots, d^{k-1} - 1\}$. 序列 α 和 γ 将在这个算法之后给予解释.

算法 8.2 (链)

input: $s_1 s_2 \cdots s_m$

output: $\alpha(0), \alpha(1), \cdots, \alpha(d^k - 1)$ and $\gamma(1), \gamma(2), \cdots, \gamma(m)$

1. $\alpha = \beta \leftarrow (-1, -1, \cdots)$
2. for $i = 1$ to m

  if $\beta(s_i) = -1$

   $\alpha(s_i) \leftarrow i, \beta(s_i) \leftarrow i, \gamma(i) \leftarrow$ end

  otherwise $\beta(s_i) > 0$

   $\gamma(\beta(s_i)) \leftarrow i$

   $\gamma(i) \longleftarrow$ end

   $\beta(s_i) \longleftarrow i$

这个算法的输出允许我们通过读 $\alpha(i)$ 找到 i 的第一个位置, 然后通过 $\gamma(\alpha(i))$, $\gamma(\gamma(\alpha(i))), \cdots$ 可找到后继的位置. 于是, $\{\gamma^k(\alpha(i))\}_{k \geq 0}$ 给出 i 的一些位置. 所以, 所有长 k 的重复可用 $O(m)$ 时间找到, 为给出这个序列链接需要 $O(m)$ 数量加法. 当然, 存储是 $O(m)$. 实际上, 不写新序列 γ, 我们能写出 s 本身. 例如, 考虑 $s = (1, 0, 1, 1)$, 此处, 我们计算 $\alpha(\alpha(0), \alpha(1)) = (2, 1)$ 和 $\gamma = (3, 结束, 4, 结束)$.

8.4 序列中的重复

为了给出这个算法的根本想法, 考虑 $a =$ AATAATGC\$. 在第 1 步, 将有同样字母的所有位置放到几个组中. 在每一个额外步, 对每一个后续的字母重复这个步骤, 后续指在每一组之中. 图 8.2 中可以看到这种树.

在这一节我们给出一个算法. 它能够找出一个序列中频率至少是 2 的所有重复. 为说得更清楚一些, 在第 i 阶段这个算法能产生所有长为 i 的重复. 这个算法的一个副产品是构造后缀树所需的所有信息.

后缀树只不过枚举在每一个位置开始直到这个模式是唯一的为止所有模式. 在每一个结点, "下一个"字母被分类, 变成"女儿"结点的位置集合. 下面 suffix$(B, depth)$ 的输出是位置和深度集合, 它将给定深度上对 B 中位置的字母分类. 这个算法重复使用这个功能走遍后缀树, 直到每一个位置有唯一后缀.

算法 8.3(后缀)

input: (B, depth)

output：(list,depth) for $\alpha \in \mathcal{A}$

   for all $\alpha \in \mathcal{A}$

   list$(\alpha) = \varnothing$

   for all $i \in B$

    list$(a_{i+\text{depth}}) \leftarrow$ list$(a_{i+\text{depth}}) \cup \{i\}$

算法 8.4(重复)

input：$a_1, a_2, \cdots, a_n$

   for node=top

    list(node)$\leftarrow \{1, 2, \cdots, n\}$

   for all nodes with$|(\text{list(node)}| > 1$

    suffix (list(node), depth)

为了说明这个算法, 回想我们的例子 $a = $ AATAATGC\$. 我们由

$$\text{list(top)} \leftarrow \{1, 2, \cdots, 9\}$$

调用 suffix(list(top),1) 得到

$$\text{list(A)} = \{1, 2, 4, 5\},$$
$$\text{list(C)} = \{8\},$$
$$\text{list(G)} = \{7\},$$
$$\text{list(T)} = \{3, 6\},$$
$$\text{list(\$)} = \{9\}.$$

为了说明, 我们只用这些表中两个继续进行, 调用 suffix(list(T),2) 得到

$$\text{list(TA)} = \{3\}, \quad \text{list(TG)} = \{6\}.$$

继续这个算法直到产生图 8.2 中的树.

8.5　用切细进行序列比较

  本节的目的是描述序列之间非罕见的相似性的快速定位算法. 为得到序列相似性的直观概念, 我们举一个例子, $a = $ CTAATCC 和 $b = $ AATAATGC. 使序列可视化的标准方法是把它们作成点阵形式, 此处 • 表明 $a_i = b_j$, 如图 8.3 所示. 我们也对当 $a_i a_{i+1} = b_j b_{j+1}$ 时, 只在 (i, j) 处写 • 的情况感兴趣. 这样, 得到图 8.4 的矩阵 (注：图 8.4 矩阵比图 8.3 的矩阵稀疏得多).

图 8.3　1元组匹配　　　图 8.4　2元组匹配　　　图 8.5　1元组对角和

　　具有很强相似性的序列在对角线区域有许多 ●, 下面我们将给出几个更精确的定义, 可是, 在这一节我们只研究对角和, 即每个对角线上的匹配数. 设 $a = a_1 \cdots a_n$ 和 $b = b_1 \cdots b_m$. 为统计 k 元组匹配, 对 $-m + k \leqslant l \leqslant n - k$ 定义

$$S_l = \sum_{i=1}^{n-k+1} \boldsymbol{I}\{a_i a_{i+1} \cdots a_{i+k-1} = b_{i-l} b_{i-l+1} \cdots b_{i-l+k-1}\}.$$

此处 $j + l = i$, 并且在对角线上匹配的词数是 S_l. 这个对角线用 $l = i - j$ 标号. 图 8.5 表示 S_l, $-7 \leqslant l \leqslant 6$.

　　计算对角和相当容易. 一个直接方法由 S_l 的公式给出, 要求 $O(nm)$ 时间和空间. 为改进这个明显的方法, 考虑将 b 切组成 k 元组. 那么, 对 a 中每个 k 元组 (由 $i = 1$ 开始), 通过观察, 可找到 b 中匹配的 k 元组. 然后, 能够算出偏移 $l = i - j$, 从而容易算 S_l.

　　其次, 对 $b = $ AATAATGC 中 2 元组, 我们作细切表,

2 元组	b 中位置
AA	1,4
AT	2,5
GC	7
TA	3
TG	6

　　回想, 对 $k - m \leqslant l \leqslant n - k$ 或 $-6 \leqslant l \leqslant 5$, 我们必须计算 S_l. 对 $i = 1$ 到 $n - k = 5$, 我们找到 b 中的匹配位置, 计算偏移 $l = i - j$ 和增量 S_l. 例如, $i = 1$ 有 $w = $ CT, 它不在 b 的细切表中. $i = 2$ 有 $w = $ TA, 它在 b 中位置 3 处出现, 所以 $S_{2-3} = S_{-1} = 0 + 1$.

　　继续这个过程:

i	1	2	3	4	5	6
w	CT	TA	AA	AT	TC	CC
S_{-1}		1	2	3	3	3
S_2			1	2	2	2

这个计算结果是 $S_{-1} = 3$ 和 $S_2 = 2$. 注意, 这与图 8.4 一致.

下面的算法, 按这种细切方法快速计算这些对角和. 这个方法首先将序列 $\boldsymbol{b}$ 细切, 然后从 $i = 1$ 到 $i = n - k + 1$ 进行, 增加对角和. 最小的对角线指标是 $1 - (m - k + 1) = k - m$, 而最大的指标是 $(n - k + 1) - 1 = n - k$.

算法 8.5(快速)

input: $a_1, \cdots, a_n; b_1, \cdots, b_m; k$

output: $S_\nu, k - m \leqslant \nu \leqslant n - k$

1. $S_\nu \leftarrow 0, k - m \leqslant \nu \leqslant n - k$

2. Chain $\boldsymbol{b}$

$\quad\quad\quad$ for each $w \in \{0, 1, \cdots, d^k - 1\}$

$\quad\quad\quad\quad$ $\gamma^l(\alpha(w))$, $l \geqslant 0$ gives(successive)locations of $w \in \mathbf{b}$

3. for $i = 1$ to $n - k + 1$

$\quad\quad\quad\quad$ $w \leftarrow a_i a_{i+1} \cdots a_{i+k-1}$

$\quad\quad\quad\quad\quad$ until $\gamma^l(\alpha(w)) =$end

$\quad\quad\quad\quad\quad\quad$ $S_{i-\gamma'(\alpha(w))} \leftarrow S_{i-\gamma'(\alpha(w))} + 1$

实际上, 我们对那些对角线和是大的区域感兴趣. 到目前为止, 我们已经计算了

$$S_\nu = \#k\text{元组匹配} - 0 \times (\#\text{不匹配}).$$

现在, 对于不匹配引入惩罚 g, 并且设

$$S_\nu = \#k\text{元组匹配} - g \times (\#\text{不匹配}).$$

当然, 在第一个公式中 $g = 0$.

算法 8.6(快速间隔)

input: $a_1, \cdots, a_n; b_1, \cdots, b_m; k$

output: $S_\nu, k - m \leqslant \nu \leqslant n - k$

1. $S_\nu \leftarrow 0$ $\text{loc}_\nu \leftarrow 0, k - m \leqslant \nu \leqslant n - k$

2. Chain $\boldsymbol{b}$

$\quad\quad\quad$ for each $w \in \{0, 1, \cdots, d^k - 1\}$

$\quad\quad\quad\quad$ $\gamma^l(\alpha(w)), l \geqslant 0$ gives(successive)locations of $w \in \boldsymbol{b}$

3. for $i = 1$ to $n - k + 1$

$$w \leftarrow a_i a_{i+1} \cdots a_{i+k-1}$$

$$\text{until } \gamma^l(\alpha(w)) = \text{end}$$

$$\nu = i - \gamma^l(\alpha(w))$$

$$S_\nu \leftarrow S_\nu + 1 - g(i - \text{loc}_\nu - 1)$$

$$\text{loc}_\nu \leftarrow i$$

最后一个算法, 计算给出最大得分的每个对角线的区间. 这允许我们确定给出最高打分的对角线的区间位置, 而不考虑这个对角线的其他部分. 寻找匹配区间或序列子串的算法称为定位算法.

算法 8.7(l 快速)

input: $a_1, \cdots, a_n; b_1, \cdots, b_m; k$

output: $S_\nu, \ k - m \leqslant \nu \leqslant n - k$

1. $M_\nu \leftarrow 0 \ \text{loc}_\nu \leftarrow 0, \ k - m \leqslant \nu \leqslant n - k$

2. Chain $\boldsymbol{b}$

$$\text{for each } w \in \{0, 1, \cdots, d^k - 1\}$$

$$\gamma^l(\alpha(w)), l \geqslant 0 \text{ gives(successive)locations of } w \in \boldsymbol{b}$$

3. for $i = 1$ to $n - k + 1$

$$w \leftarrow a_i a_{i+1} \cdots a_{i+k-1}$$

$$\text{until } \gamma^l(\alpha(w)) = \text{end}$$

$$\nu \leftarrow i - \gamma^l(\alpha(w))$$

$$S_\nu \leftarrow 1 + \max\{S_\nu - g(i - \text{loc}_\nu + 1), 0\}$$

$$\text{loc}_\nu \leftarrow i$$

$$M_\nu \leftarrow \max\{M_\nu, S_\nu\}$$

因为计算 S_l 的目标是确定序列之间相似区间的位置. 程序必须控制不寻常大的和 S_l. 这是第 11 章的一个课题, 可是对此有一个非常有用的统计检验.

至于计算有效性方面, 直接 "计算和式" 算法用时间 $O(nm)$. 基于细切算法用时间 $O(\#\bullet)$.

定理 8.1 如果序列 $\boldsymbol{a} = a_1 \cdots a_n$ 和 $\boldsymbol{b} = b_1 \cdots b_m$ 的字母具有独立同分布及概率 $p_\alpha = \boldsymbol{P}(\text{字母 } \alpha)$, 则计算 $k - m \leqslant l \leqslant n - k, S_l$ 的细切算法在 $k \ll \min\{n, m\}$ 的假设下所用时间的期望是 $O\left(\left(\sum\limits_{\alpha \in \mathcal{A}} p_a^2\right)^k nm\right)$.

证明 忽略细切 $\boldsymbol{b}$ 的时间, 显然基于细切算法用的时间 T 与 $\bullet$ 数成正比. 于

是

$$E(T) = E\left[\sum_{i=1}^{n-k+1}\left(\sum_{j=1}^{m-k+1} I\{a_i \cdots a_{i+k-1} = b_j \cdots b_{j+k-1}\}\right)\right]$$

$$= \sum_{i=1}^{n-k+1}\sum_{j=1}^{m-k+1} P\{a_i \cdots a_{i+k-1} = b_j \cdots b_{j-k+1}\}$$

$$= (n-k+1)(m-k+1)(P(a_i = b_j))^k$$

$$= (n-k+1)(m-k+1)\left(\sum_{\alpha \in \mathcal{A}} p_\alpha^2\right)^k.$$

细切算法要求 $\boldsymbol{b} = b_1 \cdots b_m$ 作成细切表. 虽然 $O(m)$ 是细切 $\boldsymbol{b}$ 所用的合理时间, 将会用的最大时间是 $O(m \log m)$, 并且这个算法运行时间是

$$O\left(\left(\sum_{\alpha \in \mathcal{A}} p_\alpha^2\right)^k nm + cm \log m\right) = O\left(\left(\sum_{\alpha \in \mathcal{A}} p_\alpha^2\right)^k nm\right).$$

■

显然, $O\left(\left(\sum_{\alpha \in \mathcal{A}} p_\alpha^2\right)^k nm\right)$ 的阶正是 nm. 例如, 当 $\mathcal{A} = \{A, C, T, G\}$, $p_\alpha = 1/4$ 和 $k = 6$ 时, 我们有 $\left(\sum_{\alpha \in \mathcal{A}} p_\alpha^2\right)^k = 1/4^6 \approx 0.0002$. 这在计算时间上是相当可观地减少. 广泛使用的序列比较程序是基于这个方法的数据库搜索, 称为 FASTN, FASTA 等等 (N= 核苷酸, A= 氨基酸).

8.6　至多有 l 个失配的序列比较

在这最后一节, 给出一个在对角线或区间上使 k 元组匹配数最大的算法. 我们能够惩罚不匹配, 这些不匹配, 即对比中不等同的那些字母 (每个序列中一个) 现在称为失配. 为了更好地定义问题, 我们研究寻找至多有 l 个失配的匹配串问题 (连续的子序列). 这里, 利用细切的思想有利. 第一个结果刻画了至多有 l 个失配的匹配, 虽然在引理 8.1 中用的是布尔语言. 作为一个例子, 如图 8.6 所示.

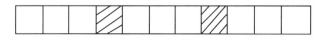

图 8.6　对于 $t = 11$, $l = 2$ 和 $k = \lfloor 11/3 \rfloor = 3$ 最坏情况的失配分布

引理 8.1 设 $c = c_1 c_2 \cdots c_t, c_i \in \{0, 1\}$ 至多有 l 个零, 则

(1) c 至少包含 $t - (l+1)k + 1$ 个 1 的 k 元组;

(2) c 至少包含一个 1 的 k 元组, $k = \lfloor t/(l+1) \rfloor$.

证明 词 c 有 $t - k + 1$ 个 k 元组, c 中的每个 0 至多在 k 个 k 元组中. 因为至多有 l 个零, 零至多属于 $l \times k$ 个 k 元组. 所以, c 至少有 $t - k + 1 - lk = t - (l+1)k + 1$ 个 1 的 k 元组. 注意

$$t - (l+1) \left\lfloor \frac{t}{l+1} \right\rfloor + 1 \geqslant 1,$$

证明了 (2). ∎

显然, $a_1 \cdots a_t$ 和 $b_1 \cdots b_t$ 之间的每个匹配对应布尔词 c,

$$c_i = \begin{cases} 0, & a_i \neq b_i, \\ 1, & a_i = b_i. \end{cases}$$

这给出下面的简单的结果:

定理 8.2 设 $a_1 a_2 \cdots a_t$ 和 $b_1 b_2 \cdots b_t$ 是至多有 l 个失配的匹配.

(1) 对于 $k \leqslant \lfloor t/(l+1) \rfloor$, $a_1 \cdots a_t$ 和 $b_1 \cdots b_t$ 至少共享 $t - (l+1)k + 1$ 个 k 元组;

(2) 对于 $k = \lfloor t/(l+1) \rfloor$, $a_1 \cdots a_t$ 和 $b_1 \cdots b_t$ 共享一个 k 元组.

这立刻给出近似匹配的严格算法. 想法是利用 k 元组滤掉不匹配区间.

算法 8.8(过滤)

input: a, b

output: matches with l mismatches

1. set $k = \lfloor t/(l+1) \rfloor$.

2. find all locations (i, j) of Shared k-tuples

$$a_i a_{i+1} \cdots a_{i+k-1} = b_j b_{j+1} \cdots b_{j+k-1}$$

3. extend (i, j) to left and right until $\begin{cases} l+1 \text{ mismatches} \\ \text{end of } \mathbf{a} \text{ or } \mathbf{b} \end{cases}$

设 a 和 b 的字母独立同分布. 那么容易证明, 如果 $X = $ 潜在匹配数, 则

$$\boldsymbol{E}(X) = (n - k + 1)(m - k + 1)p^k,$$

此处 $p = \boldsymbol{P}(a = b)$.

当这个算法用于 DNA 序列, 经常有一些长不为 t 的具有小于或等于 l 个失配的潜在匹配, 因而必须排除. 下面证明怎样两次使用 $\lfloor t/(l+1) \rfloor$ 的思想提高排除率.

为了两次使用我们的想法. 定义以 i 开始间隔大小为 s 的间隔的 k 元组是位置集合 $i, i + s, i + 2s, \cdots, i + (k-1)s$, 如图 8.7 所示. 这些间隔的 k 元组能够用作额外的滤子, 去检验潜在的匹配.

引理 8.2   设 $c = c_1 c_2 \cdots c_t$ 至多有 l 个 0, 则 c 至少一个全 1 的间隔的 $\lfloor t/(l+1) \rfloor$ 元组, 间隔大小为 $l+1$.

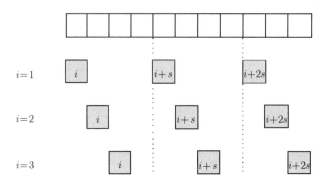

图 8.7   间隔的 $\lfloor 11/3 \rfloor = 3$ 元组, 间隔大小 $s = 2 + 1 = 3$

证明   考虑 c 的以 $1, 2, \cdots, l+1$ 开始间隔大小为 $l+1$ 的 $l+1$ 个 $\lfloor t/(l+1) \rfloor$ 一元组. 这些 $l+1$ 个间隔的 $\lfloor t/(l+1) \rfloor$ 元组是不重叠的. 此外因为

$$(l+1) + \left(\left\lfloor \frac{t}{l+1} \right\rfloor - 1 \right)(l+1) \leqslant t,$$

每个 $\lfloor t/(l+1) \rfloor$ 元组适合 c. 它们中至多 l 个包含 0, 所以至少有一个必定全是 1. 将我们的结果合起来, 有下列 "双过滤子":

定理 8.3   设 $a_1 a_2 \cdots a_t$ 和 $b_1 b_2 \cdots b_t$ 是至多有 l 个失配的匹配, $k = \lfloor t/(l+1) \rfloor$, 串 $a_1 a_2 \cdots a_t$ 和 $b_1 b_2 \cdots b_t$ 共享一个 (连续的)k 元组和大小为 $l+1$ 的间隔的 k 元组.

在我们写出双过滤算法概要之前, 需要定义 k 元组之间的距离. 如果 k 元组在 $\boldsymbol{a}$ 中以 a_i 开始, 在 $\boldsymbol{b}$ 中以 b_j 开始, 说 k 元组的坐标为 (i, j). 两个坐标为 (i_1, j_1) 和 (i_2, j_2) 的 k 元组 v_1 和 v_2 的距离定义为

$$d(v_1, v_2) = \begin{cases} i_1 - i_2, & i_1 - i_2 = j_1 - j_2, \\ \infty, & \text{否则.} \end{cases}$$

算法 8.9(双过滤)

input: $\boldsymbol{a}, \boldsymbol{b}$

output: length l mismatches

(1) set $k = \lfloor t/(l+1) \rfloor$.

- find all locations (i, j) of continuous k-tuples where there exists a gapped k-tuple with gap size $k + 1$ of distance $d \in [-l, t-l]$.

(2) extend (i,j) to left and right until $\begin{cases} l+1 \text{ mismatches or} \\ \text{end or } \boldsymbol{a} \text{ of } \boldsymbol{b}. \end{cases}$

为结束这一章, 我们估计双过滤的优点.

定理 8.4 假设 $\boldsymbol{a} = a_1 a_2 \cdots a_n$, $\boldsymbol{b} = b_1 b_2 \cdots b_m$ 是独立同分布序列, $p = \boldsymbol{P}(a_i = b_j)$. 设 X 是至多 l 个失配的长为 t 的潜在匹配数.

(1) 对于具有 $k = \lfloor t/(l+1) \rfloor$ 的连续的 k 元组过滤有

$$\boldsymbol{E}(X) = (n-k+1)(m-k+1)p^k;$$

(2) 具有连续的 $k = \lfloor t/(l+1) \rfloor$ 元组和间隔大小为 $l+1$ 的间隔 k 元组的双过滤

$$\boldsymbol{E}(X) \leqslant (n-k+1)(m-k+1)(t+1)p^{2k-\delta},$$

此处 $\delta = \lceil k/(l+1) \rceil$.

证明 像前面注意到的 (1) 是直接了当的. 为了证明 (2), 注意到具有间隔大小为 $l+1$ 的间隔 k 元组在一个连续的 k 元组中至多有 $\lceil k/(l+1) \rceil$ 个字母是公共的. 固定连续的 k 元组, 有不多于 k 个这样的相交的间隔 k 元组.

$$\boldsymbol{E}(X) = \sum_{(i,j)} \sum_{\substack{\text{间隔的} \\ k\text{元组}}} \boldsymbol{P}(\text{在}(i,j)\text{的连续}k\text{元组})$$
$$\times \boldsymbol{P}(\text{间隔的}k\text{元组}|\text{连续的}k\text{元组}).$$

显然,

$$\boldsymbol{P}(\text{在}(i,j)\text{的连续}k\text{元组}) = p^k$$

有不多于 $t - l - (-l) + 1 = t + 1$ 个间隔大小为 $l+1$, 距离为 $d \in [-l, t-l]$ 的间隔 k 元组. 每个与连续的 k 元组相交不多于 $\delta = \lceil k/(l+1) \rceil$ 个字母, 所以

$$\sum_{\substack{\text{间隔的} \\ k\text{元组}}} \boldsymbol{P}(\text{间隔的}k\text{元组}|\text{连续的}k\text{元组}) \leqslant (t+1)p^{k-\delta}. \qquad \blacksquare$$

8.7 用统计量进行序列比较

这一章的技术可以用来求序列统计量. 用来小结一个序列的最简单统计量是单个字母或 1 元组的个数. 通常, 对所有 k 直至某个固定值的 k 元组计数构成了计数统计. 对于 $\boldsymbol{a} = a_1 a_2 \cdots a_n, |\mathcal{A}| = d$, k 元组计数, 明显地可用时间 $O(n \times d^k)$ 和存储 $O(d^k)$ 得到. 对于基因、内含子, 甚至基因组, 求这样的统计是一个普通的实践.

当比较两个序列, 所问的问题是两个序列的支撑概率分布本身是否不同. 这里我们不介绍详细的结果, 而在 12.1 节, 我们给出序列的计数统计的多元中心极限定理, 检验两个多元正态分布的两个独立观察是否是相等的分布是不困难的. 这给我们比较两个序列的方法.

另一个有趣的问题是用统计量去确定数据库中与 $a = a_1 a_2 \cdots a_n$ 可能相似的位置. 对这个问题, 当我们沿数据库运动, 检验每一个与 a 等同的区间, 容易找到长 n 的所有区间的统计量. 这里出现多重假设检验和两个重叠区间的相关性.

问　　题

问题 8.1　对蘑菇 5S 核糖体 RNA 的前 20 个字母作后缀树.

问题 8.2　假设在算法 8.6 中间隔用函数 $w(i)$ 加权, $w(i) = gi$. 修正算法 8.6 适应这个改变.

问题 8.3　在某些情况下, 根据匹配字母用定义在 $\mathcal{A} \times \mathcal{A}$ 上的 $s(\bullet, \bullet)$ 给匹配加权. 例如, 可能要求 $s(A, A) = 2$ 和 $s(T, T) = 3$. 当然, 我们用的是 $s(\alpha, \alpha) = 1$, 对所有 $\alpha \in \mathcal{A}$. 修正算法 8.7 适应这个改变.

问题 8.4　在定理 8.4(1) 中, 对每一个潜在匹配, k 元组之外的一些额外位置数的概率分布是什么? 这些位置在 "向左或向右扩展" 直到 $l + 1$ 个失配被确定位置的过程中必须被检验. 可以忽略序列端点的影响.

问题 8.5　证明在算法 8.9 中两个连续的和间隔的 k 元组之间的距离必在 $[-l, t - l]$ 之中.

第9章　动态规划、两个序列比对

第8章中两个序列比较的方法便于理解并能在计算机上快速执行. 然而, 要解决的基本问题仍然不明确, 考虑分子水平上的进化, 整个一类问题将会容易得到启发. 黑猩猩和人有最近的共同祖先, 鸟的翅膀和蝙蝠的翅膀却是独立进化来的, 我们能区别共同的祖先和共同的外表吗? 基因 DNA 是活的生物体的蓝图的概念导致这样一个想法, 进化必定与 DNA 中的变化直接有关. 这些变化历史的研究称为分子进化.

分子进化在 20 世纪 60 年代开始研究, 当时仅有几种蛋白序列, 最著名的是细胞色素 C(它协助电子转移) 和血红蛋白. 对于各种各样的生物体都知道血红蛋白序列, 在密切相关的生物体有相似序列的假设下, 对这些序列构造了家族树. 主要的细节是清楚的, 黑猩猩比响尾蛇与人的关系更近, 可是一些亲近关系还难于从这些数据中导出. 最终将会有足够的数据来处理当前争论的事件, 可是深入的和精细的问题仍然不断出现. 分子进化是一个新课题, 已经开始成为一个学科. 对于我们的目的, 将利用分子水平上的进化来启发我们阐述序列比较问题. 在第14章, 将研究从序列来推断进化树问题.

分子进化过程中发生的最简单事件是一个基替换另一个基和一对基的插入或删除. 虽然其他事件, 如辐射, 也能引起这种改变, 但你可以把这些想象成由复制机造成的打印错误. 在 DNA 或蛋白的线性表示中容易指出这些事件. 例如, 如果 $a=$ ACTGC 经历了 C 代替 T$=a_3$ 的替换, 则 $a \to b=$ACCGC. 生物学家通常用比对表示这一变换, 将 a 写在 b 的上面, 相应的字母对齐. 例如,

$$a = \text{A C T G C},$$
$$b = \text{A C C G C}.$$

如果 b_2 被删掉, 用一个空字符代替 $b_2 = \text{C}$ 仍然保持比对:

$$b = \text{A C C G C},$$
$$a = \text{A} - \text{C G C}.$$

这里, a 变成 $c = $ACGC. 其次, 在 $c_3 = $G 和 $c_4 = $C 之间插入 T, 表示如下 *:

$$c = \text{A C C G} - \text{C},$$
$$d = \text{A} - \text{C G T C}.$$

注意不可能在比对中区分插入和删除. 单从最后一个比对看, d 中 T 的插入可能是

＊原文第二段有些表述混乱, 译者作了适当的调整.—— 译者注

c 中 T 的删除.

随着序列之间更长的时间间隔, 变化累积模糊了它们之间的关系. 在上面的例子中, a 和 d 的关系为

$$a = \text{A C T G} - \text{C},$$
$$d = \text{A} - \text{C G T C}. \tag{9.1}$$

序列比对的目的是在不知道进化事件本身情况下，推断两个序列间的真正进化关系. 不知道 $a \to b \to c \to d$ 的条件下, 肯定喜欢下面的比对而不是 (9.1):

$$\text{A C T G} - \text{C},$$
$$\text{A C} - \text{G T C}.$$

因为 (9.1) 有三个相同的, 一个失配和两个插入删除, 而这个比对有 4 个相同的和两个插入删除.

重要的是清楚地建立描述序列比对的定义, 安排两个字母一个在另一个之上称为匹配. 如果两个匹配字母是一样的, 这个匹配称为等同, 否则称为替换或失配. 一个插入或删除是一个或更多个字母与 "—" 对齐. 当仅仅指定了匹配而没有插入删除的细节, 这个最终的安置称为迹.

让我们进一步研究我们的简单例子, $a=$ACTGC 和 $d=$ ACGTC. (9.1) 中的比对有三个等同, 一个失配和两个插入删除. 这个比对代表了关于这个序列进化的特殊假定, 三个核苷酸自从公共祖先起没有变化, 这里至少有一个替换和两个核苷酸的插入或者删除. 为了找到好的比对, 用计算机比对序列. 计算机是必须的, 因为有指数多个可能比对. 例如, 下面我们将要看到的两个长为 1000 的序列有超过 10^{600} 多个可能比对.

为了计算 "最好的" 比对, 我们需要一种方法给比对打分, 怎样给比对打分仍然是个问题. 我们介绍一个简单的启发性的 "比对打分" 的推导. 如果 p 是一个等同的概率, q 是替换的概率, 而 r 是单个字母的插入删除的概率, 上面最后的比对有概率 $\boldsymbol{P}_r$, 此处 $\boldsymbol{P}_r = p^3 q r^2$. 用对数似然定义得分 S

$$S' = \log \boldsymbol{P}_r = 3(\log p) + (\log q) + 2(\log r),$$

定义 $S = S' - 5\log s$, 此外 s 是满足 $\log(p/s) = 1$ 的常量. 我们从 S' 只减去一个常数. S 变为

$$S = 3 - \mu - 2\delta,$$

此处 $\mu = \log(s/q), \delta = \log(\sqrt{s}/r)$. 庆幸的是用

$$S = \max \{\text{等同数} -\mu \text{ 替换数} -\delta \text{ 插入删除数}\}$$

定义的得分, 像在这一章将看到的那样, 能够有效地进行计算. 它又有我们介绍的简单的极大似然解释. 读者注意, 这个简单指仅仅是启发性的. 这个启发性方法在 11.2.1 小节关于统计和比对得到推广.

Needleman 和 Wunsch(1970) 写过一篇题为 *A general method applicable to the search for similarities in the amino acid sequence of two proteins* 的论文. 作者肯定不知道他们的方法适合一类广泛的由 Richard Bellman 引入的名为动态规划的算法. 他们的文章已经极大地影响了生物学的序列比对. 它最大的优点是讲述了比对最优性的明显准则, 同时又给出了解题的有效方法. 比对中允许插入、删除、失配 (负相似性) 和匹配 (正相似性).

在 20 世纪 70 年代, Stan Ulam 和其他数学家对序列上定义距离 $D(a, b)$ 感兴趣. 最小距离比对定义为失配、插入和删除的最小的加数和. 距离的优点是在序列空间上构造度量空间

(1) $D(a, b) = 0$ 当且仅当 $a = b$;

(2) $D(a, b) = D(b, a)$ (对称性);

(3) 对任意 c 有 $D(a, b) \leqslant D(a, c) + D(c, b)$ (三角不等式).

强调序列度量是由于这样一个事实, 序列距离矩阵常被用来构造进化树. 一个非常类似于 Needkeman 和 Wunsch 的算法可用来计算序列间的这种距离.

和历史上的次序相反, 在 9.3 节描述距离方法, 在 9.4 节给出相似性方法. 我们求相似性是最满意的, 因为已知可用距离方法解决的问题都能用相似性方法解决. 然而, 在 9.6 节给出一个相似解, 但设它没有距离解. 在 9.5 节指出几种简单的修正, 用来求解短序列最佳符合一个长序列的有关问题. 在 9.6 节, 研究确定两个序列的未预料到的相似片段位置的重要问题, 而这两个序列可能没有很好的比对. 这些题目的多样性允许在一个框架之内求解各种各样的问题.

9.1 比对的个数

在这一节, 给出序列比对简要的组合处理. 生物学提出了比对序列的动机, 并且认为比对是多么困难. 估计序列比对个数则成为数学任务. 这个结果在负面意义上对生物学有用, 它肯定了存在巨大数量的比对, 并且直接枚举是没有希望的.

这里记号是重要的. 设 $a = a_1 a_2 \cdots a_n$ 和 $b = b_1 b_2 \cdots b_m$ 是两个长分别为 n 和 m 的序列. 想象比对的一种方法是当空元素 "—" 插入序列时, 产生一个比对. 新序列必须与旧序列有相同长度 L. 然后写出两个序列, 一个在另一个上面. 插入 "—" 的 $a = a_1 a_2 \cdots a_n$ 变为 $a^* = a_1^* a_2^* \cdots a_L^*$, 而 $b = b_1 b_2 \cdots b_m$ 变为 $b^* = b_1^* b_2^* \cdots b_L^*$. a^* 和 b^* 的非 "—" 元素的子序列是原来的序列. 比对是

$$a_1^* a_2^* \cdots a_L^*,$$
$$b_1^* b_2^* \cdots b_L^*.$$

为了弄清楚这个过程, 设 a=ATAAGC 和 b=AAAAACG. 为了得到一个比对, 诸多可能之一是设 a^*=-ATAAGC- 和 b^*=AAAAA-CG. 例如, b_1^* =A, b_6^* =- 以及 b_7^* =C, 而 b_1 =A, b_6 =C, b_7 =G. 比对写成

$$a^* = - \text{A T A A G C} -,$$
$$b^* = \text{A A A A A} - \text{C G}.$$

此处 b_1^*=A 说成是插入第一个序列, 或是从第二个序列删除的, 这取决于你的观点. a_2^* =A 与 b_2^* =A 匹配形成一个等同, 而 a_3^* =T 与 b_3^* =A 形成一个失配.

本节的问题是问有多少种方法将 a 与 b 比对. 不允许 $\binom{-}{-}$ 项存在, 因为没有必要将两个删除匹配. 这显然有 $\max[n, m] \leqslant L \leqslant n + m$. 当首先删除所有 a_i, 然后删除所有 b_j 产生 $L = n + m$ 的情况.

$$\begin{array}{cccccccc} a_1 & a_2 & \cdots & a_n & - & - & \cdots & - \\ - & - & \cdots & - & b_1 & b_2 & \cdots & b_m. \end{array}$$

组合的洞察来源于承认两个比对, 以下列三种方式之一结束:

$$\begin{array}{cccccc} \cdots & a_n & \cdots & a_n & \cdots & - \\ \cdots & - & \cdots & b_m & \cdots & b_m, \end{array}$$

此处 $\binom{a_n}{-}$ 对应 a_n 的插入/删除, $\binom{a}{b}$ 对应一个等同或替换, 而 $\binom{-}{b_m}$ 对应 b_m 的插入/删除. 注意, 没有规定没有见到的 (没有显示的) 基的命运. 定义

$f(i, j) = i$ 个字母长的序列与另一个 j 个字母长的序列的比对数.

定理 9.1　设 $f(n, m)$ 定义如上, 则

(1) $f(n, m) = f(n-1, m) + f(n-1, m-1) + f(n, m-1)$;

(2) 当 $n \to \infty$ 时, $f(n, n) \sim 2^{\frac{5}{4}} \cdot \pi^{-\frac{1}{2}} (1 + \sqrt{2})^{2n+1} n^{1/2}$,

此处当 $n \to \infty$ 时, $c(n) \sim d(n)$ 意指 $\lim\limits_{n \to \infty} c(n)/d(n) = 1$.

证明　为得到 (1), 重新查看上面三种情况, 想法是把注意力集中在比对的结尾上. 如果 a_n 被删除, 那么这个序列的前面部分有 $f(n-1, m)$ 个比对. 如果 a_n 和 b_m 对齐, 产生 $f(n-1, m-1)$ 个比对. 如果 b_m 被删除, 则产生 $f(n, m-1)$ 个比对. 所以

$$f(n, m) = f(n-1, m) + f(n-1, m-1) + f(n, m-1).$$

(2) 的证明太长, 这里略去.　　　　　　　　　　　　　　　　　　　　■

例如, 两个长 1000 字母的序列有

$$f(1000, 1000) \approx 2^{\frac{5}{4}} \cdot \pi^{-\frac{1}{2}}(1 + \sqrt{2})^{2001}\sqrt{1000} = 7.03 \times 10^{763}$$

个比对! 宇宙中大约有 10^{80} 个基本粒子. Avogadro 数的量级为 10^{23}. 显然, 我们不能检验所有的比对, 即使宇宙中所有分子按并行方式以最快的计算机速度进行运算, 也不可能.

如果同意不认为

$$\begin{matrix} \text{C--} & & \text{--C} \\ & \text{和} & \\ \text{--G} & & \text{G--} \end{matrix}$$

是不同的, 情况稍微改善一点. 设 $g(n, m)$ 表示这种较小的比对的数. $\begin{pmatrix} - \\ b_m \end{pmatrix}$ 有三种可能性,

$$\begin{matrix} \cdots & a_n & - & \cdots & - & & - & \cdots & a_n & - \\ \cdots & b_{m-1} & b_m & \cdots & b_{m-1} & b_m & \cdots & - & b_m, \end{matrix}$$

而 $\begin{pmatrix} a_n \\ - \end{pmatrix}$ 有

$$\begin{matrix} \cdots & a_{n-1} & a_n & \cdots & a_{n-1} & a_n & \cdots & - & a_n \\ \cdots & b_m & - & \cdots & - & & - & \cdots & b_m & -. \end{matrix}$$

递归方程的新版本是

$$\begin{aligned} g(n, m) &= g(n-1, m) + g(n, m-1) + g(n-1, m-1) - g(n-1, m-1) \\ &= g(n-1, m) + g(n, m-1), \end{aligned}$$

减去双重计数. 这个结果在下一个定理中给出, 即由 Stirling 公式导出这个结果的渐近值.

Stirling 公式

$$n! \sim \sqrt{2\pi}n^{n+1/2}e^{-n}.$$

定理 9.1 给出计算比对的结果, 而定理 9.2 给出计算迹的结果.

定理 9.2 如果 $g(n, m)$ 如上定义, $g(0, 0) = g(0, 1) = g(1, 0) = 1$ 且

$$g(n, m) = \binom{n+m}{n}, \quad n = m,$$

$$g(n, n) = \binom{2n}{n} \sim 2^{2n}(\sqrt{n\pi})^{-1}, \quad n \to \infty.$$

证明 递归方程 $g(n,m) = g(n-1,m) + g(n,m-1)$ 有解 $\binom{n+m}{n} = g(n,m).$

这个结果也可如下推出: 新的计算比对方法 (实际上是迹) 是将对齐的对 $\begin{matrix} a_i \\ b_j \end{matrix}$ 看

成相同的, 并忽略置换 $\begin{matrix} a_l & a_{l+1} & - \\ - & - & b_k \end{matrix} \cdots$. 关键是认识到必定有 k 个对齐的对,

$0 \leqslant k \leqslant \min\{n,m\}$, 有 $\binom{n}{k}$ 种方式选择 a, $\binom{m}{k}$ 种方式选择 b, 所以有 $\binom{n}{k}\binom{m}{k}$

个比对有 k 个对齐的对. 所以

$$g(n,m) = \sum_{k \geqslant 0} \binom{n}{k}\binom{m}{k} = \binom{n+m}{n}.$$

后一个等式是一个练习. ∎

两个序列 $n = m = 1000$ 有 $g(1000,1000) \sim 10^{600}$ 个迹, 所以直接搜索仍然是不可能的.

要求匹配 (等同和失配) 至少在长为 b 又不被删除干扰的块内出现, 进一步减少比对的个数是可能的. 这样做的动机是生物学家有时拒绝有小的匹配组的比对. 定理 9.1 的计算模式可用于这个新的要求.

设 $g(b,n)$ 是两个长为 n 的序列的比对数, 其中, 所有匹配块的大小至少是 b. 等价地, $g(b,n)$ 是具有两行而没有规定列的 (0,1) 矩阵数, 使两行恰包含 n 个 1, 每一列至少包含一个 1, 并且有两个 1 出现的列发生在其大小是 b 或更大的邻接块中. 我们对 $g(b,n)$ 作为 b 的函数, 当 b 固定, $n \to \infty$ 时的渐近行为感兴趣.

观察到没有列和等于 2 的比对, 它仅仅是在第一行有单个 1 的 n 个列和在第 2 行有单个 1 的 n 个列的置换. 这些没有匹配的比对对任何 b 满足这个准则. 于是对所有 b 和 n,

$$g(b,n) \geqslant \binom{2n}{n}.$$

应用上面的 Stirling 公式 (固定 b),

$$g(b,n) \geqslant ((\pi n)^{-1/2})(4^n + o(1)), \quad n \to \infty.$$

下面的定理没有给出证明.

定理 9.3 设 $g(b,n)$ 是两个长为 n 的序列的匹配数, 其中, 匹配必须出现在长至少大于 $b \geqslant 1$ 的块中, 定义 $\phi(x) = (1-x)^2 - 4x(x^b - x + 1)^2$, 并且设 ρ 是 $\phi(x) = 0$ 的最小的正实根, 则

$$g(b,n) \sim (\gamma_b n^{-1/2})D_b^n, \quad n \to \infty,$$

此处 $D_b = \rho^{-1}$, 并且

$$\gamma_b = (\rho^b - \rho + 1)(-\pi\rho\phi'(\rho))^{-1/2}.$$

为了了解定理 9.3 与定理 9.1 的关系, 注意 $g(1,n) = f(n,n)$. 对于 $b = 1$, 则

$$\phi(x) = (1-x)^2 - 4x = 1 - 6x + x^2,$$

并且当 $x = 3 \pm 2\sqrt{2}$ 时, $\phi(x) = 0$. 所以 $\rho = 3 - 2\sqrt{2}$, 并且

$$\gamma_b = 0.5727, \quad D_b = (3 - 2\sqrt{2})^{-1} = 5.828.$$

那么, 我们有

$$f(n,n) = g(1,n) \sim (0.5727)n^{-1/2}(5.828)^n,$$

注意 $(1 + \sqrt{2})^{2n} = (5.828)^n$.

表 9.1 指出 $b \geqslant 1$ 的行为. 例如, 当 $b = 2$ 时,

$$g(2,n) \sim (0.53206)n^{-1/2}(4.5189)^n.$$

表 9.1 块长为 b 的比对数

b	D_b	γ_b
1	5.8284	0.57268
2	4.5189	0.53206
3	4.1489	0.54290
4	4.0400	0.55520
5	4.0103	0.56109
10	4.00001	0.564183

推论 9.1 当 $b \to \infty$ 时, $D_b \to 4$, $\gamma_b \to \pi^{-1/2}$.

9.2 网络中最短和最长路

在这一节中, 我们介绍求网络中最短或最长路的一般算法. 设图的顶点是 $v_0, v_1, v_2, \cdots, v_N$. 假设弧是有向的, 当 $i < j$ 时, 从 v_i 到 v_j. 当然 v_0 是原点, 定义

$$W(i,j) = \text{边}(v_i, v_j)\text{的权重},$$

$$L(j) = \min\{W(0,i_1) + W(i_1,i_2) + \cdots + W(i_k,j) :$$
$$0 < i_1 < i_2 < \cdots < i_k < j \text{ 对所有的 } k\}.$$

算法 9.1(最短路)

input $W(i,j), 0 \leqslant i < j \leqslant N$

output $L(1) \cdots L(N)$

  for $j = 1$ to N

   $L(j) \leftarrow W(0, j)$

   for $i = 1$ to $j - 1$

    $L(j) \leftarrow \min\{L(j), L(i) + W(i, j)\}$

证明　假设正确计算了 $L(0), L(1), \cdots, L(j-1)$, 那么, 这个算法的当前循环说明

$$L(j) = \min\{W(0,j), L(1) + W(1,j), \cdots, L(j-1) + W(j-1,j)\}.$$

由于从 0 到 j 的最短路有最后一个边, $W(i_k, j), i_k < j$, 这个方程是正确的. 那么,

$$L(j) = W(0, i_1) + \cdots + W(i_k, j)$$
$$= (W(0, i_1) + \cdots + W(i_{k-1}, i_k)) + W(i_k, j).$$

括号中的值必定是从 0 到 i_k 的最短路, 或者 $L(j)$ 不是最小的. 于是 $L(j) = L(i_k) + W(i_k, j)$. 这个算法的运行时间与

$$\sum_{j=1}^{N} \sum_{i=1}^{j-1} 1 = \sum_{j=1}^{N} (j-1) = O(N^2)$$

成正比.

序列比对可表述为网络中的路. 网络的结点是 (i, j), 每个结点 (i, j) 表示比对的一个对 $\begin{array}{c} a_i \\ b_j \end{array}$. 图中有 nm 个结点. 结果 $i \leqslant k$ 且 $j \leqslant l$ 时, 结点 (i, j) 和 (k, l) 之间有边, 所以这个算法要稍微扩展一下. 边的权重将在下节讨论. 通过运行时间分析知用最短路算法求最短路的复杂性是 $O(n^2 m^2)$. 通过揭示边权重的特殊性质, 对许多情形可把复杂性减少到 $O(nm)$.

为了更明显地指出比对与网络图之间的联系, 必须在这个网络上加上源和汇. 在图 9.1 中, 我们展示了对 $\boldsymbol{a}=$TAGGCA 和 $\boldsymbol{b}=$ATGGGAA 的网络例子. 源在左上角标以 "o", 汇在右下角标以 "$*$".

实弧对应有比对字母 $\begin{pmatrix} A \\ A \end{pmatrix}$, $\begin{pmatrix} G \\ G \end{pmatrix}$ 和 $\begin{pmatrix} A \\ A \end{pmatrix}$ 的比对, 然而这并没有确定精确的比对, 在我们的例子中仅仅匹配是指定的边 (下图).

由迹定义比对还需要做的是规定删除的次序. 弧的权重必定依赖于删除/插入字母以及所访问的结点, 两个序列的删除对应从源到汇的单个弧.

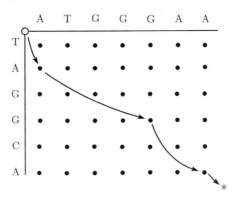

图 9.1　比对作为有向网络

9.3　全局距离比对

序列 $\boldsymbol{a} = a_1 a_2 \cdots a_n$ 和 $\boldsymbol{b} = b_1 b_2 \cdots b_m$ 是在有限字符集 $\mathcal{A}$ 上写成. 特别地, 可以使用 20 个字母、蛋白的氨基酸字符集或 DNA 的嘌呤/嘧啶字符集. 设 $d(a, b)$ 是字符集上的距离, 设 $g(a)$ 是删掉或插入一个字母 a 的正成本. 距离 $d(a, b)$ 表示 a 突变成 b 的成本. 如果 $d(a, b)$ 被推广, 使 $d(a, -) = d(-, a) = g(a)$, 那么定义

$$D(\boldsymbol{a}, \boldsymbol{b}) = \min \sum_{i=1}^{L} d(a_i^*, b_i^*),$$

此处 min 是在 $\boldsymbol{a}$ 和 $\boldsymbol{b}$ 的所有比对上取最小. 全局比对的图式如图 9.2 所示. 全局表示这样一个特点, 在 $\boldsymbol{a}, \boldsymbol{b}$ 比对中 $\boldsymbol{a}$ 和 $\boldsymbol{b}$ 的所有字母都必须考虑到.

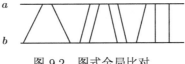

图 9.2　图式全局比对

定理 9.4　如果 $\boldsymbol{a} = a_1 a_2 \cdots a_n$ 和 $\boldsymbol{b} = b_1 b_2 \cdots b_m$, 定义 $D_{i,j} = D(a_1 a_2 \cdots a_i, b_1 b_2 \cdots b_j)$. 又设

$$D_{0,0} = 0, \quad D_{0,j} = \sum_{k=1}^{j} d(-, b_k), \quad D_{i,0} = \sum_{k=1}^{i} d(a_k, -),$$

则

$$D_{i,j} = \min\{D_{i-1,j} + d(a_i, -), D_{i-1,j-1} + d(a_i, b_j), D_{i,j-1} + d(-, b_j)\}. \qquad (9.2)$$

如果 $d(\cdot, \cdot)$ 是字母集上的度量, 则 $D(\cdot, \cdot)$ 是有限序列集上的度量.

证明　用类似于 9.1 节中验证 $f(n, m)$ 的递归方程的推理, 验证方程 (9.2). $a_1 \cdots a_i$ 和 $b_1 \cdots b_j$ 的比对可以以下列三种方式之一结束:

$$\begin{array}{ccc} \cdots a_i & \cdots a_i & \cdots - \\ \cdots - & \cdots b_j & \cdots b_j. \end{array}$$

如果最优比对以 $\begin{pmatrix} a_i \\ - \end{pmatrix}$ 结束, 成本必定是 $D_{i-1,j} + d(a_i, -)$, 因为这个比对的开始部分本身必须是最优的, 而且是 $a_1 a_2 \cdots a_{i-1}$ 和 $b_1 b_2 \cdots b_j$ 比对;

如果最优比对以 $\begin{pmatrix} a_i \\ b_j \end{pmatrix}$ 结束, 成本必定是 $D_{i-1,j-1} + d(a_i, b_j)$, 因为 $a_1 a_2 \cdots a_{i-1}$ 和 $b_1 b_2 \cdots b_{j-1}$ 必须是最优比对;

$\begin{pmatrix} - \\ b_j \end{pmatrix}$ 的情况与 $\begin{pmatrix} a_i \\ - \end{pmatrix}$ 的推理一样.

最优比对有这三种可能的最小成本, 从而 (9.2) 得证. ∎

以 $\delta = d(\boldsymbol{a}, -) = d(-, \boldsymbol{a})$, 方程 (9.2) 的另一种表述为

算法 9.2(全局距离)

input　$\boldsymbol{a}, \boldsymbol{b}, d(a, b)$

output　$D_{i,j}, 0 \leqslant i \leqslant n, 0 \leqslant j \leqslant m$ and $D_{0j} = j\delta$

　　　　$D_{i,0} = i\delta$,

　　　　for $i = 1$ to n

　　　　　　for $j = 1$ to m

　　　　　　　　$D_{i,j} \leftarrow \min\{D_{i-1,j} + \delta, D_{i-1,j-1} + d(a_i, b_j), D_{i,j-1} + \delta\}$.

系 9.2　算法 9.2 的运行时间是 $O(nm)$.

为了得到所有的最优比对, 有两种技术. 第一个技术包含了在每个结点 (i, j) 保存一个指针. 指针表明 $(i-1, j), (i-1, j-1)$ 或 $(i, j-1)$ 中哪一个被包含在最优 $D_{i,j}$ 中. 然后, 当找到 $D_{n,m}$, 沿着指针产生比对. 第二种技术称为回溯, 在最优路上, 每个 (i, j), 通过重新计算三个项, 问 $(i-1, j), (i-1, j-1)$ 或 $(i, j-1)$ 之中哪一个最优的. 在这些情况下, 用栈通过深度优先搜索产生这些比对, 栈用先入后出方法管理. 距离比对的一个例子如表 9.2 所示, 其中, $\mu = 1, \delta = 1$. 在这个最优比对中等同用 – 标出, 这个最优比对是

```
-  G  C  T  G  A  T  A  T  A  G  C  T
   |  |  |  |  |  |     |  |  |  |  |
G  G  G  T  G  A  T  -  T  A  G  C  T.
```

表 9.2 距离比对

	—	G	G	G	T	G	A	T	T	A	G	C	T
—	0	1	2	3	4	5	6	7	8	9	10	11	12
G	1	0	1	2	3	4	5	6	7	8	9	10	11
C	2	1	1	2	3	4	5	6	7	8	9	9	10
T	3	2	2	2	2	3	4	5	6	7	8	9	9
G	4	3	2	2	3	2	3	4	5	6	7	8	9
A	5	4	3	3	3	3	2	3	4	5	6	7	8
T	6	5	4	4	3	4	3	2	3	4	5	6	7
A	7	6	5	5	4	4	4	3	3	3	4	5	6
T	8	7	6	6	5	5	5	4	3	4	4	5	5
A	9	8	7	7	6	6	5	5	4	3	4	5	6
G	10	9	8	7	7	6	6	6	5	4	3	4	5
C	11	10	9	8	8	7	7	7	6	5	4	3	4
T	12	11	10	9	8	8	8	7	7	6	5	4	3

9.3.1 插入删除函数

在序列进化中, 几个相邻字母的删除 (或插入) 不是单个删除 (或插入) 的累加, 而经常是一个事件的结果. 于是, 有时要求这些多个插入删除的权重不同于单个字母插入删除的权重之和. 设 $g(k)$ 是一个 k 个基的插入删除的权, 这是合理的且 $g(k) \leqslant kg(1)$ 成立.

定理 9.5 设 $D_{i,j} = D(a_1 \cdots a_i, b_1 \cdots b_j), D_{0,0} = 0, D_{0,j} = g(j)$ 和 $D_{i,0} = g(i)$, 则

$$D_{i,j} = \min \left\{ \begin{array}{l} D_{i-1,j-1} + d(a_i, b_j), \\ \min_{1 \leqslant k \leqslant j} \{D_{i,j-k} + g(k)\}, \\ \min_{1 \leqslant l \leqslant i} \{D_{i-l,j} + g(l)\} \end{array} \right\}.$$

证明 证明如同定理 9.4 那样进行. 这里只有一点不同, 例如, 比对可能以删除序列 $a_1 a_2 \cdots a_i$ 中直到 i 个字母结束. 所以, 代替 $D_{i-1,j} + g(1)$ 有

$$\min_{1 \leqslant l \leqslant i} \{D_{i-l,j} + g(l)\}. \quad ■$$

这个算法的计算时间是 $\sum_{i,j}(i + j) = O(n^2m + nm^2)$, 或当 $n = m$ 时为 $O(n^3)$. 对于长 1000 个字母或更多字母的序列, 减少运行时间是重要的. 对于 $g(k)$ 是线性的情况, 容易实现.

定理 9.6　设 $g(k) = \alpha + \beta(k-1)$, α, β 是常数. 置 $E_{0,0} = F_{0,0} = D_{0,0} = 0$, $E_{i,0} = D_{i,0} = g(i)$ 和 $F_{0,j} = D_{0,j} = g(j)$. 如果 $E_{i,j}$ 和 $F_{i,j}$ 满足

$$E_{i,j} = \min\{D_{i,j-1} + \alpha, E_{i,j-1} + \beta\}, \quad F_{i,j} = \min\{D_{i-1,j} + \alpha, F_{i-1,j} + \beta\},$$

$E_{d0} = \infty$; 对所有 i 对所有 j, $F_{0j} = \infty$, 对所有 $i > 0$, $D_{i,0} = g(i)$; 对所有 $j > 0$, $D_{0,j} = g(j)$. 则

$$D_{i,j} = \min\{D_{i-1,j-1} + d(a_i, b_j); E_{i,j}; F_{i,j}\}.$$

证明　需要建立的等式是

$$E_{i,j} = \min_{1 \leqslant k \leqslant j}\{D_{i,j-k} + g(k)\}, \quad F_{i,j} = \min_{1 \leqslant l \leqslant i}\{D_{i-l,j} + g(l)\},$$

我们将证明等式 $E_{i,j}(F_{i,j}$ 用类似的方法证明).

假设 $E_{i,j^*} = \min\limits_{1 \leqslant k \leqslant j^*}\{D_{i,j^*} + g(k)\}, 0 \leqslant j^* < j$, 则

$$\min_{1 \leqslant k \leqslant j}\{D_{i,j-k} + g(k)\} = \min\{\min_{2 \leqslant k \leqslant j}\{D_{i,j-k} + g(k)\}, D_{i,j-1} + g(1)\}$$

$$= \min\{\min_{1 \leqslant k-1 \leqslant j-1}\{D_{i,(j-1)-(k-1)} + g(k-1)\} + \beta, D_{i,j-1} + \alpha\}$$

$$= \min\{E_{i,j-1} + \beta, D_{i,j-1} + \alpha\}. \qquad ∎$$

如果对所有 $k, l, m \geqslant 0, g(k+m+l) - g(k+m) \leqslant g(k+l) - g(k)$, 说明 $g(k)$ 是凹的. 如果 $g(k)$ 是凸的, 比它是凹的时更容易得到一个 $O(nm)$ 算法. 然而, 一个凸插入删除函数在生物学中似乎是靠不住的. 下一个定理没给出证明.

定理 9.7　如果 $g(k)$ 是凹的且 $g(k) = \alpha + \beta \log(k)$, 则用更复杂一些算法能够得到 $O(n^2 \log(n))$ 运行时间.

想象这些算法的关键是把矩阵 (或比对网络) 的步骤与算法中的步骤等同起来. 首先, 回顾普通的最短路算法, 当 $n = m$ 时, 用 $O(n^2 m^2) = O(n^4)$ 的时间. 而我们的算法用 $O(n^2)$ 时间和 $O(n^3)$ 时间. 原因是求 $D_{i,j}$ 时必须搜索矩阵部分. 在最短路算法 9.1 中, 必须搜索图 9.3 中的面积为 $(i+1)(j+1) - 1$(不含 (i,j)) 的整个矩形. 对于算法 9.2 和定理 9.6, 我们只需搜索三个方块 $(i-1, j-1)$(匹配) 和 $(i, j-1)\&(i-1, j)$(插入删除). 在定理 9.5 中为求一般插入删除权重, 我们必须在第 i 行和第 j 列及 $(i-1, j-1)$ 上搜索, 总计 $(1+i+j)$ 个方块. 在所有这些更有效算法中所发生的情况是, 在算法 9.1 中长边已经表示为短边之和, 并且只取那些最短的边进入 (i,j).

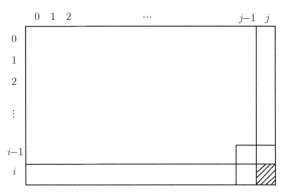

图 9.3 所有 (i,j) 的计算

注意, 任何插入删除函数 $0 \leqslant g$ 能够组成最短路 $\hat{g}$

$$\hat{g}(k) = \min\{g(l_1) + \cdots + g(l_k) : \sum l_i = k, 0 \leqslant l_i \leqslant k\},$$

那么, 对于长 k 的插入删除正确的权是 $\hat{g}(k)$.

命题 9.1 $\hat{g}$ 是次可加的.

证明 由定义, $\hat{g}(k+l) \leqslant \hat{g}(k) + \hat{g}(l)$. ■

算法 9.1 的一个简单应用给出

算法 9.3$(\hat{g})$

input g

 for $k = 0, \cdots, \max\{n, m\}$

  $\hat{g}(k) \leftarrow g(k)$

  for $l = 1$ to $k - 1$

   $\hat{g}(k) \leftarrow \min\{\hat{g}(l) + g(k-1), \hat{g}(k)\}$

例如, 如果 $g(k) = \alpha + \beta(k-1), 0 \leqslant \alpha \leqslant \beta$, 则 $\hat{g}(k) = \alpha k$, 而且如果 $\beta < \alpha$, 则 $\hat{g}(k) = g(k)$. 不能假设 $\hat{g}$ 是单调的或凹的. 对 $g(k) = k, k \neq 3$ 且 $g(3) = 0$, 我们得到 $\hat{g}(k) = k(\mathrm{mod}3)$. 由次可加性, 一般地有

$$\lim_{k \to \infty} \frac{\hat{g}(k)}{k!} = \gamma \geqslant 0.$$

9.3.2 依赖距离的权重

在某些应用中, 赋给替换的权重依赖于它在该序列中的位置. 将我们的算法推广到适合一般的情况是一个例行工作. 定义 $s_{i,j}(a, b)$ 是 a 和 b 比对在序列 $a = a_1 \cdots a_n$ 和 $b = b_1 \cdots b_m$ 的第 i 个和第 j 个位置上的替换函数, 确定插入稍微更困难一些. 在序列 a 的第 i 个位置上, 如果删除 a_i, 开始这个插入删除权重是 α_i, 或

者如果删除 a_i, 扩张这个插入删除, 权重为 β_i. 类似地, 如果删除 b_j, 开始这个插入删除权重为 γ_j, 并且如果删除 b_j, 扩张这个插入删除权重为 δ_j. 定理 9.6 的递归方程的推广是

$$E_{i,j} = \min\{D_{i,j-1} + \gamma_j, E_{i,j-1} + \delta_j\},$$

$$F_{i,j} = \min\{D_{i-1,j} + \alpha_j, F_{i-1,j} + \beta_i\},$$

并且

$$D_{i,j} = \min\{D_{i-1,j-1} + s_{i,j}(a_i, b_j), E_{i,j}, F_{i,j}\}.$$

请注意, 如果 $\alpha_i \neq \beta_i$ 或 $\gamma_j \neq \delta_j$, 不能保证

$$D(a_1 \cdots a_n, b_1 \cdots b_m) = D(a_n \cdots a_1, b_m \cdots b_1).$$

由于这些插入删除函数依赖哪个端点 "开始" 这个插入删除. 如果, 对所有 i 和 j, $\alpha_i = \beta_i$ 和 $\gamma_j = \delta_j$, 或者 $\alpha_i \equiv \varepsilon, \beta_i \equiv \beta, \gamma_j \equiv \gamma$ 和 $\delta_j \equiv \delta$, 就不存在这样的问题.

9.4　全局相似比对

现在取 $s(a, b)$ 是字符集上的相似性的度量, 即对所有 a 有 $s(a, a) > 0$; 对某些 (a, b) 对, 必定有 $s(a, b) < 0$. 想法是相似 (即 a 与 a 匹配) 奖励正分, 而将不相似的字母比对就罚以负分, 设 $-\hat{g}(a)$ 是与 a 相关的插入删除的惩罚. (用 $\hat{g}$ 来区别这个函数和距离比对的插入删除权重.) 令 $s(a, -) = s(-, a) = -\hat{g}(a)$, 则用下式定义 a 和 b 的相似性

$$S(\boldsymbol{a}, \boldsymbol{b}) = \max \sum_{i=1}^{L} s(a_i^*, b_i^*),$$

此处在所有比对上取最大值. 关于相似比对与定理 9.6 类似的结果是

定理 9.8　如果 $\boldsymbol{a} = a_1 a_2 \cdots a_n$, $\boldsymbol{b} = b_1 b_2 \cdots b_m$, 定义

$$S_{i,j} = S(a_1 a_2 \cdots a_i, b_1 b_2 \cdots b_j).$$

又令

$$S_{0,0} = 0, \quad S_{0,j} = \sum_{k=1}^{j} s(-, b_k) \text{ 和 } S_{i,0} = \sum_{k=1}^{i} s(a_i -),$$

则

$$S_{i,j} = \max\{S_{i-1,j} + s(a_i, -), S_{i-1,j-1} + s(a_i, b_j), S_{i,j-1} + s(-, b_j)\}.$$

如果对所有 a, $s(a, -) = s(-, a) = -\hat{\delta}$, 则

$$S_{i,j} = \max\{S_{i-1,j} - \hat{\delta}, S_{i-1,j-1} + s(a_i, b_j), S_{i,j-1} - \hat{\delta}\}.$$

证明 证明过程与定理 9.3 完全一样. ■

为了说明相似性算法, 我们比对与上面相同的序列, 大肠杆菌苏氨酸 tRNA 和大肠杆菌缬氨酸 tRNA. 我们使用单个字母插入删除算法, 选择参数 $s(a,a) = 1$; 如果 $a \neq b, s(a,b) = -1$, 并且 $\delta = 2$. 表 9.3 给出对这个序列的 $5'$ 端的矩阵 $(S_{i,j})$ 最优比对, 最优比对是

```
-  G  C  T  G  A  T  A  T  A  G  C  T
   |     |  |  |  |     |  |  |  |  |
G  G  G  T  G  A  T  -  T  A  G  C  T.
```

表 9.3 苏氨酸 tRNA(a) 和缬氨酸 tRNA(b) 的相似比对

	−	G	G	G	T	G	A	T	T	A	G	C	T
−	0	−2	−4	−6	−8	−10	−12	−14	−16	−18	−20	−22	−24
G	−2	1	−1	−3	−5	−7	−9	−11	−13	−15	−17	−19	−21
C	−4	−1	0	−2	−4	−6	−8	−10	−12	−14	−16	−16	−18
T	−6	−3	−2	−1	−1	−3	−5	−7	−9	−11	−13	−15	−15
G	−8	−5	−2	−1	−2	0	−2	−4	−6	−8	−10	−12	−14
A	−10	−7	−4	−3	−2	−2	1	−1	−3	−5	−7	−9	−11
T	−12	−9	−6	−5	−2	−3	−1	2	0	−2	−4	−6	−8
A	−14	−11	−8	−7	−4	−3	−2	0	1	1	−1	−3	−5
T	−16	−13	−10	−9	−6	−5	−4	−1	1	0	0	−2	−2
A	−18	−15	−12	−11	−8	−7	−4	−3	−1	2	0	−1	−3
G	−20	−17	−14	−11	−10	−7	−6	−5	−3	0	3	1	−1
C	−22	−19	−16	−13	−12	−9	−8	−7	−5	−2	1	4	2
T	−24	−21	−18	−15	−12	−11	−10	−7	−6	−4	−1	2	5

下面定理包含了多个字母插入删除情况. 再次假定插入删除惩罚 $\hat{g}(k)$ 是插入删除长度 k 的函数.

定理 9.9 设 $S_{i,j} = S(a_1 a_2 \cdots a_i, b_1 b_2 \cdots b_j)$, $S_{0,0} = 0, S_{0,j} = -\hat{g}(j)$ 和 $S_{i,0} = -\hat{g}(i)$, 则

$$S_{i,j} = \max \left\{ \begin{array}{l} S_{i-1,j-1} + s(a_i, b_j), \\ \max\limits_{1 \leqslant k \leqslant j} \{S_{i,j-k} - \hat{g}(k)\}, \\ \max\limits_{1 \leqslant l \leqslant i} \{S_{i-l,j} - \hat{g}(l)\} \end{array} \right\}.$$

对于线性的插入删除权重的情况, 下面的结果得到 $O(nm)$ 运行时间.

定理 9.10 设 $\hat{g}(k) = \alpha + \beta(k-1)$, α, β 是常数. 设对所有 i, $E_{i,0} = -\infty$, 对所有 j, $F_{0,j} = -\infty$, $S_{0,0} = 0$, 对所有 $i \geqslant 0$, $S_{i,0} = -\hat{g}(i)$ 和对所有 $j > 0$, $S_{0,j} = -\hat{g}(j)$. 如果

$$E_{i,j} = \max\{S_{i,j-1} - \alpha, E_{i,j-1} - \beta\}, \quad F_{i,j} = \max\{S_{i-1,j} - \alpha, F_{i-1,j} - \beta\},$$

则

$$S_{i,j} = \max\{S_{i-1,j-1} + s(a_i,b_j), E_{i,j}, F_{i,j}\}.$$

距离比对和相似比对公式间的平行自然产生一个问题. 什么时候相似算法和距离算法等价? 在全局比对中当用距离 (相似) 将全序列比对时, 存在一个相似 (距离) 算法给出同样一组最优比对, 即求相似比对和距离比对是对偶问题.

定理 9.11   设由 $s(a,b)$ 给出相似度量, 插入删除惩罚为 $\hat{g}(k)$, $d(a,b)$ 是距离度量, 插入删除权重为 $g(k)$. 假设存在一个常数 c, 使 $s(a,b) = c - d(a,b)$ 和 $\hat{g}(k) = g(k) - (kc)/2$, 则比对是相似最优当且仅当它是距离最优.

证明   由初等计数 $n + m = 2$ 倍匹配数 $+\sum\limits_{k} k\Delta_k$, 这里匹配指比对的字母, Δ_k 指长为 k 的插入删除数. 利用这个简单方程,

$$
\begin{aligned}
D(\boldsymbol{a},\boldsymbol{b}) &= \min\left\{\sum_{匹配} d(\boldsymbol{a},\boldsymbol{b}) + \sum_k g(k)\Delta_k\right\} \\
&= \min\left\{\sum_{匹配} c + \sum_k \frac{k\Delta_k c}{2} - \sum_{匹配} s(\boldsymbol{a},\boldsymbol{b}) + \sum_k \hat{g}(k)\Delta_k\right\} \\
&= \min\left\{\frac{c(n+m)}{2} - \sum_{匹配} s(\boldsymbol{a},\boldsymbol{b}) + \sum_k \hat{g}(k)\Delta_k\right\} \\
&= \frac{c(n+m)}{2} - \max\left\{\sum_{匹配} s(\boldsymbol{a},\boldsymbol{b}) + \sum_k \hat{g}(k)\Delta_k\right\} \\
&= \frac{c(n+m)}{2} - S(\boldsymbol{a},\boldsymbol{b}).
\end{aligned}
$$
∎

通常, $0 \leqslant c \leqslant \max\limits_{a',b'} d(a',b')$ 所以有正的和负的两种相似的值, 注意

$$D(\boldsymbol{a},\boldsymbol{b}) + S(\boldsymbol{a},\boldsymbol{b}) = \frac{c(n+m)}{2},$$

所以 "最大距离" 是 "最小相似". 了解这个等价性之后, 有一个问题让人吃惊: 一些问题有简单的相似算法, 却不存在等价的距离算法. 这种情况将在 9.6 节中出现.

9.5   将一个序列吻合另一个序列

下面将算法修正用来解决一个新问题: 求一个 "短" 序列与一个 "长" 序列的最好的吻合, 这个问题是有意义的. 一个例子是在核苷酸序列中确定调控模式的位

置, 如 TATAAT 在细菌启动子中的位置. 这个算法找出这个短模式在长序列中大概在何处出现.

首先, 考虑 $\boldsymbol{a} = a_1 a_2 \cdots a_n$ 吻合 $\boldsymbol{b} = b_1 b_2 \cdots b_m$ 的问题. 为了使这个问题更直观, 设想 n 比 m 小得多 (n 和 m 的相对大小与数学无关.) 问题是求

$$T(\boldsymbol{a}, \boldsymbol{b}) = \max\{S(\boldsymbol{a}, b_k b_{k+1} \cdots b_{l-1} b_l) : 1 \leqslant k \leqslant l \leqslant m\}.$$

这个问题的图形表示如图 9.4 所示. 正像定义指出的那样, 解这个问题用的时间与下式成正比:

$$\sum_{k=1}^{m} \sum_{k=l}^{m} n(l-k) = O(nm^3).$$

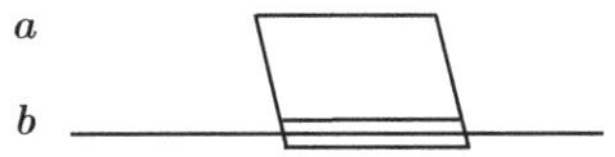

图 9.4 吻合比对的图形表示

我们用另一种方式求解. 注意删除 $\boldsymbol{b}$ 的开始和结束部分没有惩罚. 当然, 用通常的矩阵形式的边界值给 $\boldsymbol{b}$ 的开始部分的删除编码.

$$T_{i,j} = \max\{S(a_1 a_2 \cdots a_i, b_k b_{k+1} \cdots b_j) : 1 \leqslant k \leqslant j\}.$$

定理 9.12 定义 $T_{0,j} = 0, 0 \leqslant j \leqslant m, T_{i,0} = -i\delta$, 则

$$T_{i,j} = \max\{T_{i-1,j-1} + s(a_i, b_j), T_{i,j-1} - \delta, T_{i-1,j} - \delta\}.$$

证明 主要想法是使用边界条件. $\boldsymbol{b}$ 的开始部分删除 $b_1 b_2 \cdots b_j$ 产生 $T_{0,j} = 0$. 必须考虑到 $\boldsymbol{a}$ 的每一个字母. 因此 $T_{i,0} = -i\delta$. 在初始匹配之后, 必须考虑 $\boldsymbol{a}$ 和 $\boldsymbol{b}$ 的删除. 对 $T_{i,j}$ 递归正好做到这一点. ■

系 9.3 $T_{\boldsymbol{a},\boldsymbol{b}} = \max\{T_{n,j}, j : 1 \leqslant j \leqslant m\}$.

证明 为得到 $\boldsymbol{a}$ 与 $b_k \cdots b_j$ 比对的不带权重的结束部分, 只需选择最好的得分 $T_{n,j}$.

为了说明这个算法, 我们取 $LacI$ 的大肠杆菌启动序列作为 $\boldsymbol{b}$. 在大肠杆菌启动子序列中, -10 信号 TATAAT 是众所周知的具有功能意义的. 我们取 $\boldsymbol{a}=$TATAAT. 如上所述, $s(a,a) = 1$, 如果 $a \neq b, s(a,b) = -1$ 及 $\delta = 2$. 矩阵 $(S(i,j))$ 如表 9.4 所示. 搜索这个矩阵的最后一行, 在 $(6, 13)$ 和 $(6, 43)$ 处给出 $\max\limits_{1 \leqslant j \leqslant 58} S(6,j) = 2$ 的两个解. 在 $(6, 43)$ 的模式有比对

TATAAT

CATGAT

是在启动子序列中为 CATGAT, 规范的 −10 模式. 在 (6, 13) 的模式有比对

$$\mathrm{T\,A\,T\,A\,A\,T}$$
$$\mathrm{T\,C\,G\,A\,A\,T}$$

在启动子序列中为 TCGAAT 一个同样很好的吻合.

表 9.4　TATAAT 与 *LacI* 的大肠杆菌启动子最为吻合的矩阵

```
      G  A  C  A  C  C  A  T  C  G  A  A  T  G  G  C  G  C  A  A  A  A  C  C  T  T
T  -1 -1 -1 -1 -1 -1 -1 [1]-1 -1 -1 -1  1 -1 -1 -1 -1 -1 -1 -1 -1 -1 -1 -1  1  1
A  -3  0 -2  0 -2 -2  0 -1[0]-2  0  0 -1  0 -2 -2 -2 -2  0  0  0  0 -2 -2 -1  0
T  -5 -2 -1 -2 -1 -3 -2  1 -1[-2]-1  1 -1 -1 -3 -3 -3 -2 -1 -1 -1 -1 -3 -1  0
A  -7 -4 -3  0 -2 -2 -1  0 -2[0]-1  0 -1  0 -2 -2 -4 -4 -2 -1  0  0 -2 -2 -3 -2
A  -9 -6 -5 -2 -1 -3 -1 -3 -2 -1[1]-1 -2 -1 -3 -3 -5 -3 -1  0  1 -1 -3 -3 -4
T  11 -8 -7 -4 -3 -2 -3  0 -2 -3 -2 -1[2]0 -2 -2 -4 -4 -5 -3 -2 -1  0 -2 -2 -2
```

```
      T  C  G  C  G  G  T  A  T  G  G  C  A  T  G  A  T  A  G  C  G  C  C  C  G  G  A  A  G  A  G  A  G  T
   -1 -1 -1 -1 -1 -1  1 -1 -1 -1 [1]-1  1 -1  1 -1  1 -1 -1 -1 -1 -1 -1 -1 -1 -1 -1 -1 -1 -1 -1 -1 -1  1
    0  0 -2 -2 -2 -1  2  0 -2 [0] 1  0  0 -1  0 -2 -2 -2 -2 -2 -2  0  0 -2  0 -2  0 -2 -1
    1 -1 -1 -3 -3 -3 -1  0  3 -1 -3[-2] 1 -1  1  0 -1 -1 -3 -3 -3 -3 -3 -3 -1 -2 -1 -2 -1
   -1  0 -2 -2 -4 -4 -3  0  1  2  0 -2 -2 -1[0]0 -1  2  0  0 -4 -4 -4 -4 -4 -2 -1  2  0  2 0 -2 -2
   -3 -2 -1 -3 -3 -5 -5 -2 -1  0  1 -1 -1 -3 -2[1]-1  0  1 -1 -1 -3 -5 -5 -5 -5 -3 -1 -2 -1 -1 -1 -1 -3
   -3 -4 -3 -2 -4 -4 -4 -4 -1 -2 -1  0 -2  0 -2 -1[2]0 -1  0 -2 -4 -4 -4 -6 -6 -6 -5 -3 -2 -3 -2 -2 -2  0
```

　　这说明了这个算法的用途, 它确定了 *LacI* 中公认的 −10 信号 CATGAT 的位置. 它又强调了用寻找 −10 模式的同样好的模式 TCGAAT30 基 5′ 的方法进行启动子信号分析的困难性.

9.6　局部比对和丛

　　已经发现在两个只有很小相似性的序列之间有令人吃惊的关系. 有几个戏剧性的例子, 在病毒和它的宿主 DNA 之间出乎意料地确定了一些长的匹配片段. 这一小节的主题是寻找这些相似片段的动态规划算法. 这大概是求解当前分子生物问题的最有用的动态规划算法. 这些算法称为局部比对, 如图 9.5 所示. 为了给出这个问题的数学描述, 必须假设一个相似函数 $s(a, b)$. 目标是求

$$H(\boldsymbol{a}, \boldsymbol{b}) = \max\{S(a_i a_{i+1} \cdots a_{j-1} a_j, b_k b_{k+1} \cdots b_{l-1} b_l) : 1 \leqslant i \leqslant j \leqslant n, 1 \leqslant k \leqslant l \leqslant m\},$$

此处 $H(\varnothing, \varnothing) = 0$, 这相当于 $\binom{n}{2}\binom{m}{2}$ 个序列比对问题, 因此必须设计出一个新算法, 利用定理 9.8 的方法计算 H, 当 $n = m$ 时求 S 要用时间 $O(n^6)$.

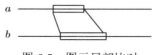

图 9.5　图示局部比对

当开始求解这种类型的问题时, 问题的描述是基于距离函数, 并且算法涉及向前和向后递归. 每一个递归要求一个矩阵. 这些算法太复杂. 上面给出的相似函数能用直接的方法求解这个问题. 定义 $H_{i,j}$ 是在 a_i 和 b_j 处结束的两个片段的最大相似性,

$$H_{i,j} = \max\{0; S(a_x a_{x+1} \cdots a_i, b_y b_{y+1} \cdots b_j) : 1 \leqslant x \leqslant i, 1 \leqslant y \leqslant j\}.$$

对 H 得到一个类似于上面讨论的相似性问题的递归方程.

定理 9.13 设 $H_{i,0} = H_{0,j} = 0, 1 \leqslant i \leqslant n, 1 \leqslant j \leqslant m$, 则

$$H_{i,j} = \max\{0, H_{i-1,j-1} + s(a_i, b_j), \max_{1 \leqslant k \leqslant i}\{H_{i-k,j} - g(k)\}, \max_{1 \leqslant l \leqslant j}\{H_{i,j-l} - g(l)\}\}.$$

证明 和前面完全一样, 考虑在 (i, j) 处结束的两个片段, 如果有一个在 (i, j) 结束的打正分的片段, 则它必须满足通常的递归. 如果这个通常三项递归全部以负值结束, 则没有在 (i, j) 结束的打正分的片段, 所以 $H_{i,j} = 0$. ■

当然, 单个或线性插入删除能够像上面讨论的那样处理.

系 9.4 $H(\boldsymbol{a}, \boldsymbol{b}) = \max\{H_{k,l} : 1 \leqslant k \leqslant n, 1 \leqslant l \leqslant m\}$.

系 9.5 如果 $g(k) = \alpha + \beta(k-1)$, 当 $i \cdot j = 0$ 时, $E_{i,j} = F_{i,j} = H_{i,j} = 0$ 及

$$E_{i,j} = \max\{H_{i,j-1} - \alpha, E_{i,j-1} - \beta\},$$

$$F_{i,j} = \max\{H_{i-1,j} - \alpha, F_{i-1,j} - \beta\},$$

有

$$H_{i,j} = \max\{0, H_{i-1,j-1} + s(a_i, b_j), E_{i,j}, F_{i,j}\}.$$

这个方法称为局部或最大片段算法. 关于其他高度相似的片段会怎样?

下面的步骤是在具有最高打分的所有比对中求出一个比对, 然后继续寻找下一个最好的比对, 而这个比对与已经输出的比对没有共同的匹配或失配. 这个算法与定理 9.13 对应, 当最好的局部比对输出后就停止, 它给出的算法扩展了定理 9.13 的直接应用. 正如在 9.8 节将要看到的那样, 有许多比对实际上与局部最优比对是一样的, 只有微小的细节差别, 写出所有这些比对通常是不可行的, 甚至是没有意义的. 代之而来的是问, 是否有其他有意义的比对. 我们定义比对丛是与给定比对有一个或更多公共匹配 (等同或失配) 比对的集合, 这就达到目的. 然后, 从每一个丛中取一个比对作为输出.

当计算矩阵 H 时, 将所有 $Y = H_{i,j}$ 且 $H_{i,j} \geqslant C = $ 截值的 (i, j, Y) 进栈. 这个栈如下排序:

如果

(1) $H_{i,j} > H_{k,l}$;

(2) $H_{i,j} = H_{k,l}$ 且 $i + j < k + l$

或

(3) $H_{i,j} = H_{k,l}, i + j = k + l$ 且 $i < k$,
则 $(i, j, H_{i,j}) \succ (k, l, H_{k,l})$.

在某个栈项的回朔过程中, 我们只输出一个比对. 为此, 需要一个附加概念, 即最小长度比对. 定义在 (p, q) 处开始在 (i, j) 处结束的比对的长度是 $|i + j - (p + q)|$, 我们只输出最小长度比对, 虽然这完全是一个选择问题.

算法从顶 (i, j, Y), 即 "$\succ$" 下的最大项开始, 然后输出这个比对. 其次, 我们必须找到与已经输出的比对没有公共匹配或失配的比对中打分次高的比对, 使用重新计算矩阵的这个简单概念, 计算时不允许已用过的匹配 (等同或失配). 这个简单的方法叫做去丛, 即去掉丛中所有比对的影响. 这不涉及更多的计算. 由于必须重新计算比对的结束处 (即 (i, j)) 右下方的元素, 每个相继的比对平均用 $nm/4$ 个矩阵元素重新计算. 花这些成本是值得的. 由于简单, 在单个和线性插入删除场合中能够给出更有效的算法.

简单起见, 取单个字母插入删除情况为例, 设 (k, l) 位于比对中左上角处 (这个比对必须在一个匹配处结束或它不是最优的). 新矩阵 H^* 满足

$$H_{i,j}^* = H_{i,j}, \quad i < k \text{ 或 } j < l,$$

由下式定义 $H_{k,l}^*$:

$$H_{k,l}^* = \max\{0, H_{k-1,l}^* - g(1), H_{k,l-1}^* - g(1)\}.$$

注意, 不允许这个匹配结束这个比对. 考虑行 $(k, j), l < j$. 重新计算每个项, $j = l+1, l+2, \cdots$, 直到 $H_{k,j} = H_{k,j}^*$. 那么我们清楚, 对于这个行的其余项有 $H_{k,l} = H_{k,l}^*$. 类似地, 考虑对这个比对的余下部分也成立. 注意, 在每一行和列必须至少达到前一行和列所必须的位置. 用这种设计得到有效得多的算法. 如果一个比对有长度 L, 所要求的重新计算近似于 L^2, 并且如果输出几个比对丛, 重新计算与 $\sum_i L_i^2$ 成正比.

将去丛算法推广到 $g(k) = \alpha + \beta(k - 1)$ 的情况相当容易. 回想在系 9.5 中要求三个矩阵 H, E 和 F. 我们计算三个新矩阵 H^*, E^* 和 F^*, 像上面沿行和列进行那样, 直到三个矩阵都一致, $H^* = H, E^* = E$ 和 $F^* = F$. 为了演示这个算法, 设 $s(a, a) = 2$, 若 $a \neq b, s(a, b) = -1, g(k) = 2k$. 比较两个序列, 表 9.5(a) 给出这个矩阵 $H(\times 10)$, 此处最好的匹配片段是表 9.5

```
T  G  A  G  -  A  T  A
|  |     |     |  |  |
T  G  C  G  A  A  T  A,
```

得分为 9, 矩阵 N 如表 9.5(b) 所示, 此处重新计算的项用 $*$ 示于右边. 对这一步, 最好的匹配片段是

```
G   A   T   A   C   T
|   |   |       |   |
G   A   T   -   C   T
```

得分为 5.

表 9.5

	-	G	C	T	C	T	G	C	G	A	A	T	A
–	0	0	0	0	0	0	0	0	0	0	0	0	0
C	0	0	2	0	2	0	0	2	0	0	0	0	0
G	0	2	0	1	0	1	2	0	4	2	0	0	0
T	0	0	1	2	0	2	0	1	2	3	1	2	0
T	0	0	0	3	1	2	1	0	0	1	2	3	1
G	0	2	0	1	2	0	4	2	2	0	0	1	2
A	0	0	1	0	0	1	2	3	1	4	2	0	3
G	0	2	0	0	0	0	3	1	5	3	3	1	1
A	0	0	1	0	0	0	1	2	3	7	5	3	3
T	0	0	0	3	1	2	0	0	1	5	6	7	5
A	0	0	0	1	2	0	1	0	0	3	7	5	9
C	0	0	2	0	3	1	0	3	1	1	5	6	7
T	0	0	0	4	2	5	3	1	2	0	3	7	5

(a) 第一次局部比较

	-	G	C	T	C	T	G	C	G	A	A	T	A
–	0	0	0	0	0	0	0	0	0	0	0	0	0
C	0	0	2	0	2	0	0	2	0	0	0	0	0
G	0	2	0	1	0	1	2	0	4	2	0	0	0
T	0	0	1	2	0	2	0	1	2	3	1	2	0
T	0	0	0	3	1	0	1	0	0	1	2	3	1
G	0	2	0	1	2	0	0	0	2	0	0	1	2
A	0	0	1	0	0	1	0	0	0	4	2	0	3
G	0	2	0	0	0	0	3	1	0	2	3	1	1
A	0	0	1	0	0	0	1	2	0	2	1	2	3
T	0	0	0	3	1	2	0	0	1	0	1	0	1
A	0	0	0	1	2	0	1	0	0	3	2	0	0
C	0	0	2	0	3	1	0	3	1	1	2	1	0
T	0	0	0	4	2	5	3	1	2	0	0	4	2

(b) 第二次局部比较与用第一次丛 (用方盒表示)

9.6.1　自身比较

这里有一个在一个序列中寻找重复的局部算法的简单应用. 因为我们将 a 与 a 比较, 而不需要提示 $a=a$, 必须设 $H_{i,j}=0$ 且只对 $i<j$ 计算 $H_{i,j}$.

算法 9.4(重复)

input：a, b

　　1. $H_{i,i}=0, H_{0,i}=0$, all $i=1$ to n

　　2. for $i=1$ to n

　　　for $j=i+1$ to n

　　　　$H_{i,j} \leftarrow \max\{H_{i-1,j}-\delta, H_{i-1,j-1}+s(a_i,a_j), H_{i,j-1}-\delta, 0\}$

这个简单算法能找到重叠的重复, 如果 ATATATATATAT 是一个子串, 则

$$\text{A T A T A T A T A T}$$
$$\text{A T A T A T A T A T},$$

可能是最好的重复, 匹配的子串移了两个字母, 这依赖于打分参数. 那么第二个最好的重复应该是

$$\text{A T A T A T A T}$$
$$\text{A T A T A T A T},$$

移到 4 个字母的子串. 显然, 对于串联或相邻重复的单位, 即使当这个模式不总是完全周期时, 这个方法也能够找到重复和它的 "周期".

假设希望找到一个非重叠重复, 当然, 用这个算法也能找到它们. 但是我们局限于搜索非重叠重复. 依增加计算时间为代价, 关于这项工作还有一个容易的算法.

算法 9.5(非重叠重复)

input：a, b

　　　$M \leftarrow 0$

　　　for $i=1$ to $n-1$

　　　　$M \leftarrow \max\{M, H(a_1 \cdots a_i, a_{i+1} \cdots a_n)\}$

显然, 这个算法时间 $O(n^3)$.

9.6.2　衔接重复

在 9.6.1 小节, 我们研究了在一个序列 $a = a_1 a_2 \cdots a_n$ 中寻找重复的方法. 这里, 给定一个模式 $b = b_1 b_2 \cdots b_k$, 希望在 a 中寻找 b 的最大重复, 这里 b 的重复必须是相邻的或串联的. 定义 $b^l = bb \cdots b$, 使 b 重复或相毗连 l 次, 定义相似函数

$$R(a, b) = \max\{S(a_i a_{i+1} \cdots a_j, b_x b_{x+1} \cdots b_k b^l b_1 b_2 \cdots b_y):$$

$$1 \leqslant i \leqslant j \leqslant n, 1 \leqslant x \leqslant k+1, 0 \leqslant y \leqslant k, l \geqslant 0\},$$

此处当 $y = 0$ 时 $b_1 b_2 \cdots b_y = \varnothing$, 并且当 $x = k+1$ 时 $b_x b_{x+1} \cdots b_k = \varnothing$. 用明显的方式解这个问题是很花时间的, 因为 b^l 可能非常长. b 的每一个重复必需至少与 a 有一个匹配, 或者通过忽略重复 b 使打分提高. 所以 $l \leqslant kn$, 并且我们看到 $R(a, b) = H(a, b^{kn})$ 将用 $O(kn^2)$ 运行时间. 有一个更巧妙的算法, 它运行 $O(kn)$ 时间. 这个算法建立在两个观察之上.

考虑前面的讨论, 那里复制这个模式至少 kn 次. 设模式 b 有长度 k. 第一个观察是任意项的值与同一行的它的左面 k 列的项的值无关. 设所考虑的这个项的是 C_j, 而在它同一行左边 k 列的项是 C_{j-k}. 注意, 有一个比对在 C_{j-k} 结束, 它产生这个项的打分. 可是, 有一个同样的比对, 向右移 k 列, 在 C_j 处给出同样的打分 (因为这个模式序列重复性质). 这样, 通过 C_{j-k} 在向 C_j 移动的过程中的任何比对包含了 k 个删除. 由于删除收到负分, 所以这个比对的打分必定比 C_{j-k} 处的打分少. 可是, 我们知道在 C_j 的打分至少和在 C_{j-k} 处的打分一样大, 这是一个矛盾.

按前面动态规划算法的风格. 需要定义一个拨款 $R_{i,j}$. 假定我们得到分别取自 $a_1 a_2 \cdots a_i$ 和 $b_1 b_2 \cdots b_j$ 的在 a_i 和 b_j 结束的比对的最好打分. 对于 b_j, 这假定 b 与 $a_1 a_2 \cdots a_i$ 比对重复的能力不受缺少 b 重复的限制. 形式上,

$$R_{i,j} = \text{在 } a_i \text{ 和 } b_{j+1} \text{ 结束的比对的最好打分.}$$

注意, $0 \leqslant j \leqslant k-1$. 对于归纳步, 假定 $R_{i-1,j}, 0 \leqslant j \leqslant k-1$ 是已知的. 现在用递归方法计算 $R_{i,j}^*$,

$$R_{i,j}^* = \max\{0, R_{i,j-1} - \delta, R_{i-1,j} - \delta, R_{i-1,j-1} + s(a_i, b_{j+1})\},$$

从 $j = 1$ 开始. 可是, 对于 $j = 1$, 没有给出 $R_{i,j-1} = R_{i,0}$ 和 $R_{i-1,j-1} = R_{i-1,0}$. 根据周期性, $R_{i,0} = R_{i,k}$ 和 $R_{i-1,0} = R_{i-1,k}$, 因为开始我们不知道 $R_{i,0} = R_{i,k}$. 我们令 $R_{i,0} = 0$ 并计算 $R_{i,1}^*$. 所以, 除非由扩展在 a_i 和 b_k 结束的比对得到正确的比对, $R_{i,1}^* = R_{i,1}$. 当递归进行到 $R_{i,k-1}^*$ 时有 $R_{i,k-1} = R_{i,k-1}^*$, 除非这个比对是由 $R_{i,0}$ 删除 $b_1 \cdots b_k$ 得到的. 我们前面一段讨论排除了这个可能性, 从而 $R_{i,k-1} = R_{i,k-1}^*$. 第二个观察是如果这次使用 $R_{i,0} = R_{i,k}$ 的正确的值重新计算这一行, 就得到 $R_{i,j}$ 的正确的值, $0 \leqslant j \leqslant k-1$. 通过用这种方式将数组给 "包起来", 计算 $R(a, b)$ 用 $O(kn)$ 时间.

算法 9.6(包)

input: a, b

1. $R_{0,j} = 0$ for $0 \leqslant j \leqslant k-1$

   $R_{i,0} = 0$ for $0 \leqslant i \leqslant n$

2. for $i = 1$ to n

    for $j = 1$ to $k - 1$

        $R_{i,j} = \max\{0, R_{i,j-1} - \delta, R_{i-1,j-1} + s(a_i, b_{j+1}), R_{i-1,j} - \delta\}$

        $R_{i,0} = \max\{0, R_{i,k-1} - \delta, R_{i-1,k-1} + s(a_i, b_j), R_{i-1,0} - \delta\}$

    for $j = 1$ to k

        $R_{i,j} = \max\{0, R_{i,j-1} - \delta, R_{i-1,j-1} + s(a_i, b_{j+1}), R_{i-1,j} - \delta\}$

3. $R(a, b) = \max\{R_{i,j} : 1 \leqslant i \leqslant n, 1 \leqslant j \leqslant k - 1\}$

9.7 线性空间算法

到目前为止所介绍的大多数算法求比对都用平方时间和平方空间. 常常出现这种情况, 所需空间如此之大, 以至于数据在 RAM(随机存取器) 中存不下, 因此算法要花费大量时间在磁盘和 RAM 之间交换数据. 在这一节, 我们介绍降低空间需求的两个技术. 第一个减少到 $O(n)$, 第二个减少到 $O(D_{n,m} \min\{n, m\})$.

在第一个方法中, 减少到 $O(n)$ 存储的成本是大致加倍计算时间. 为简明起见, 这一节我们使用计算相似性 S 的算法, $g(k) = k\delta$.

算法 9.7(S)

input：$n, m, \boldsymbol{a}, \boldsymbol{b}, s(\cdot, \cdot), \delta$

output：S

1. $S_{i,0} \leftarrow -i\delta, i = 0, 1, \cdots, n$

   $S_{0,j} \leftarrow -j\delta, j = 0, 1, \cdots, m$

2. for $i = 1$ to n

   for $j = 1$ to m

       $S_{i,j} = \max\{S_{i-1,j-1} + s(a_i, b_j), S_{i-1,j} - \delta, S_{i,j-1} - \delta\}$

3. $S \leftarrow S_{n,m}$

为了不用空间平方计算 $S = S_{n,m}$ 需求对 S 进行简单的修正.

算法 9.8(S^*)

input：$n, m, \boldsymbol{a}, \boldsymbol{b}, s(\cdot, \cdot), \delta$

output：$S_{n,1}, S_{n,2}, \cdots S_{n,m} = \mathbf{S}$

1. $T_{1,j} \leftarrow -j\delta$ for $j = 0$ to m

   for $i = 1$ to n

      for $j = 0$ to m

         $T_{0,j} \leftarrow T_{1,j}$

         $T_{1,0} \leftarrow -i\delta$

   for $j = 1$ to m

$$T_{1,j} = \max\{T_{0,j-1} + s(a_i, b_j), T_{0,j} - \delta, T_{1,j-1} - \delta\}$$

2. $S_{n,j} \leftarrow T_{1,j}, j = 0, 1, \cdots, m.$

这个算法 S* 的缺点是不允许我们确定具有得分 $S_{n,m}$ 的最优比对. 下一个算法用确定比对的中间点方法克服这个困难. 定义

$$\boldsymbol{a}_{1,i} = a_1 a_2 \cdots a_i, \quad \boldsymbol{b}_{1,j} = b_1 b_2 \cdots b_j$$

和

$$\hat{a}_{n,i+1} = a_n a_{n-1} \cdots a_{i+1}, \quad \hat{b}_{m,j+1} = b_m b_{m-1} \cdots b_{j+1}.$$

最后, 定义 $\boldsymbol{e}\|\boldsymbol{f}$ 是有限序列 $\boldsymbol{e}$ 和 $\boldsymbol{f}$ 连接, 输出 $\boldsymbol{c}$ 是最优比对, 我们把它作为等价于比对的对 (i,j) 的集合.

在算法 SL 中, 在步 SL2 中由 $S^*(i, m, \boldsymbol{a}_{1,i}, \boldsymbol{b}_{1,m}, S1)$ 的输出 $S1$ 是 $S(\boldsymbol{a}_{1,i}, \varnothing)$, $S(\boldsymbol{a}_{1,i}, b_1), \cdots, S(\boldsymbol{a}_{1,i}, b_1 \cdots b_m)$.

算法 9.9(SL)

input：$n, m, \boldsymbol{a}, \boldsymbol{b}, s(\cdot, \cdot), \delta$

output：$\boldsymbol{c}$

1. if $m = 0$

       $\boldsymbol{c} \leftarrow -$

    if $n = 1$

    if j satisfies $s(a_1, b_j) = \max_k S(a_1, b_k) > -2\delta$

        then $\boldsymbol{c} \leftarrow (1, j)$

        else $\boldsymbol{c} \leftarrow -$

2. $i \leftarrow \lfloor n/2 \rfloor$

    $S^*(i, m, \boldsymbol{a}_{1,i}, \boldsymbol{b}_{1,m}, S1)$

    $S^*(n - i, m, \hat{\boldsymbol{a}}_{m,i+1}, \hat{\boldsymbol{b}}_{m,1}, S2)$

3. $M \leftarrow \max_{0 \leqslant j \leqslant m} S1(j) + S2(m - j)$

    $k \leftarrow \min\{j : S1(j) + S2(m - j) = M\}$

4. algorithm SL $(i, k, \boldsymbol{a}_{1,i}, \boldsymbol{b}_{1,k}, \boldsymbol{c}_1)$

    algorithm SL $(m - i, n - k, \boldsymbol{a}_{i+1,n}, \boldsymbol{b}_{k+1,n}, \boldsymbol{c}_2)$

5. $\boldsymbol{c} \leftarrow \boldsymbol{c}_1 \| \boldsymbol{c}_2$

算法 SL 的证明 如果 $m = 0$, $\boldsymbol{c} = -$. 如果 $n = 1$ 且 $+\max_k s(a_1, b_k) = s(a_1, b_j) > -2\delta$, 则 $S(a_1 b_1 \cdots b_m) = -(j-1)\delta + s(a_1, b_j) - (m-j)\delta$ 和 $\boldsymbol{c} = (1, j)$. 否则, $\boldsymbol{c} = -$. 由于比对的打分是可加的, 当 $g(k) = k\delta$ 时, $M = S_{n,m}$. ∎

算法 SL 的时间复杂性容易计算, 第一遍做完用的时间与 $2(n/2 \cdot m) = nm$ 成正比. 然后, 把这个问题分成大小为 $n/2, k$ 和 $n/2, m - k$ 的两个问题, 它们用的时间正比于

$$2\left(\frac{n}{4} \cdot k\right) + 2\left(\frac{n}{4}(m - k)\right) = \frac{n}{2}m.$$

这样, 算法在正比于 $O\left(\sum_{k\geqslant 0} nm2^{-k}\right) = O(2nm) = O(nm)$ 的时间内收敛. 这个分析表明算法 SL 的运行时间是算法 S 的两倍.

$g(k) = \alpha + \beta(k-1)$ 的情况作为一个练习. 对于局部算法, 下面的方法用线性空间给出一个最优的局部比对. 在第一遍, 对应于 S^* 的算法称为 H^*, 能够找到 $H(\boldsymbol{a}, \boldsymbol{b}) = H_{i,j}$ 的第一个出现 (根据系 9.4 之后给出的序 $\succ$). 然后执行 $H^*(a_i a_{i-1} \cdots a_1, b_j b_{j-1} \cdots b_1)$ 找到 $H_{i,j}$ 在 $H^*(a_i \cdots a_k, b_j \cdots b_k)$ 处的第一个 (根据 $\succ$ 序) 打分. 现在, 最好的局部比对是子串 $a_k a_{k+1} \cdots a_i$ 和 $b_l b_{l+1} \cdots b_j$. 算法 $SL(a_k \cdots a_i, b_l \cdots b_j)$ 用线性空间给出这个比对. 在最坏情况下, 算法用的时间是算法 H 的 4 倍. 用线性空间去丛得到第 k 个最好的局部比对是更为困难的工作.

现在, 转到第二个 $O(n)$ 空间方法. 观察到为了计算最终的比较值, 仅使用了这个矩阵的一部分, 这是很自然的. 为了精细地研究这个观察, 我们回到距离比对.

$$D_{i,j} = \min\{D_{i-1,j-1} + d(a_i, b_j), \min_{k\geqslant 1}\{D_{i,j-k} + g(k)\}, \min_{k\geqslant 1}\{D_{i-k,j} + g(k)\}\},$$

除 $a = b$ 外, 假设 $d(a, b) = 1$.

引理 9.1　对于所有 $(i, j), D_{i,j} - 1 \leqslant D_{i-1,j-1} \leqslant D_{i,j}$.

证明　在 $i+j$ 上归纳证明. 左边由递归方程立即得到. 如果 $D_{i,j} = D_{i-1,j-1} + d(a_i, b_j)$, 则有 $D_{i,j} \geqslant D_{i-1,j-1}$. 否则, 不失一般性, 假设 $D_{i,j} = D_{i-k,j} + g(k)$. 归纳假设推出 $D_{i-k,j} \geqslant D_{i-(k+1),j-1}$, 所以 $D_{i,j} \geqslant D_{i-1-k,j-1} + g(k)$. 这样, 递归方程推出 $D_{i,j} \geqslant D_{i-1-k,j-1} + g(k) \geqslant D_{i-1,j-1}$. ∎

引理 9.1 是优美方法的关键. 这个引理表明 $D_{i,i+c}$ 是 i 的非减函数, 这对矩阵 $D_{i,j}$ 意味着一个结构. 它的形状像一个山峪, 沿常数 $j - i$ 线升高. 这最低的上升是 $D_{0,0} = 0$. 下面考虑的重点是当 $D_{i,i+c} = k$ 改变到 $D_{i+1,i+1+c} = k+1$ 时, 上升改变的界限.

假设所有插入删除有成本 1, 即 $g(k) = k$. 这个算法的基本想法是从 $D_{0,0} = 0$ 开始, 然后沿 $j - i = 0$ 扩展直到 $D_{i,i} = 1$. 一般地, 区域 $D_{i,j} \leqslant k$ 将有 $2k+1$ 个边界. 每个边 $j - i = c$ 一直扩张 $D_{i,j} = k+1$(对于 $j - i = c$). 到 $k+1$ 的边界扩张可由 $k, k-1, \cdots$ 的边界和检验 $a_i = b_j$ 确定. 这个步骤一直进行到 $D_{n,m}$ 为止. 如果 $D_{n,m} = s$, 显然被计算的项不多于 $(2s+1)\min\{n, m\}$. 仅仅存储这些界就足够了, 所以, 要求存储空间是 $O(s^2)$. 所以, 我们能用等于 $O(D_{n,m} \times \min\{n, m\})$ 的线性时间计算 $D_{n,m}$.

9.8　回　　溯

到目前为止, 我们还没有太关心实际上产生这些比对, 有两种方法产生一个比对: 保留指针和重复计算, 我们首先处理指针方法.

在单个插入删除情况下, $g(k) = k\delta$, 能够容易处理指针. 回想, 一般来说, 比对有 4 种可能性, 对于局部比对包括选择 (3),

(0) $H_{i-1,j-1} + s(a_i, b_j)$;

(1) $H_{i,j-1} - \delta$;

(2) $H_{1-i,j} - \delta$;

(3) 0.

选择 (3), 0 意味着比对结束. 所以, $\{0,1,2\}$ 的任何子集是可能的, 此处 $\varnothing =$ 选择 (3). 使用整数 $t \in [0,7]$ 对应 $\{0,1,2\}$ 的 8 个子集是方便的.

计算回溯只是对每一项重复递归方程, 在比对的右下端以最优的打分开始, 并且检验哪一个选择导致这个给定的打分. 正像上面所述, 出现多种选择.

通常是许多比对来源于同一个打分. 在回溯中, 在每一 (i,j) 处存在多种选择, 在位置处 (i,j) 设有被探查的选择将被放入栈中, 栈用后进先出 LIFO 方式管理, 当比对完成, 我们返回到栈. 当然, 后进先出允许我们利用直到在栈中找到 (i,j) 为止已经得到的比对. 当栈变空, 所有最优比对已经输出.

因为 LIFO 栈的效率, 很难精确地估计产生这些比对的时间效率. 对于单个插入删除情况. 能够用 $O(L)$ 时间找到唯一的一个比对, 此处 $L =$ 比对的长度. 在多种插入删除情况下, 计算回溯用时间 $O(\max\{n,m\}L)$. 下一个定理表明 $g(k) = \alpha + \beta(k-1)$ 时怎样减少时间.

定理 9.14　如果 $g(k) = \alpha + \beta(k-1)$ 且 $S_{i,j} > S_{i,j-k^*} - \beta k^*$, 则对所有 $k \geqslant k^* + 1$,

$$S_{i,j} > S_{i,j-k} - g(k).$$

证明

$$S_{i,j} > S_{i,j-k^*} - \beta k^* \geqslant \max_{1 \leqslant q \leqslant j-k^*} \{S_{i,j-k^*-q} - \alpha - \beta(q-1)\} - \beta k^*$$

$$= \max_{1+k^* \leqslant q+k^* \leqslant j} \{S_{i,j-(k^*+q)} - \alpha - \beta((k^*+q)-1)\}$$

$$= \max_{1+k^* \leqslant k \leqslant j} \{S_{i,j-k} - g(k)\}.$$

接近最优比对(1)

最优比对依赖于输入序列和算法的参数. 赋与失配和插入删除的权重由经验确定, 并且努力利用生物学数据推测有意义的值. 当然, 除赋权之外, 还有一些关于序列的未知的限制, 使得正确的比对与用算法得到的最优比对不同. 因此, 产生打分 (距离或相似) 在距最优打分的指定距离之内的所有比对有某些意义. 对于相似性算法, 这里给出两个算法.

为了明显起见, 设 $\boldsymbol{S} = (S_{i,j})$ 是单个插入删除矩阵,

$$S_{i,j} = \max\{S_{i-1,j-1} + s(a_i, b_j), S_{i-1,j} - \delta, S_{i,j-1} - \delta\}.$$

任务是找出打分在 $e > 0$ 范围内最优值 $S_{n,m}$ 的所有比对. 这里包含了所有最优比对.

在位置 (i,j), 假定从 (n,m) 到 $(0,0)$ 的回溯被执行, 能得到一个打分大于或等于 $S_{n,m} - e$ 的比对. 从 (n,m) 到 (i,j), 但是不包括 (i,j) 的当前比对的打分是 $T_{i,j}$. $T_{i,j}$ 是到达 (i,j) 的所有可能的非最优比对权重之和. 通常, 从 (i,j) 开始有 3 个可能步骤: $(i-1,j), (i-1,j-1)$ 和 $(i,j-1)$, 当且仅当

$$T_{i,j} + S_{i-1,j} - \delta \geqslant S_{n,m} - e,$$

$$T_{i,j} + S_{i-1,j-1} + s(a_i, b_j) \geqslant S_{n,m} - e,$$

$$T_{i,j} + S_{i,j-1} - \delta \geqslant S_{n,m} - e$$

每一步位于所希望的比对中.

(1) 如果 $T_{i,j} + S_{i-1,j} - \delta \geqslant S_{n,m} - e$, 移到 $(i-1,j)$ 且 $T_{i-1,j} = T_{i,j} - \delta$;

(2) 如果 $T_{i,j} + S_{i-1,j-1} + s(a_i, b_j) \geqslant S_{n,m} - e$, 移到 $(i-1,j-1)$ 且

$$T_{i-1,j-1} = T_{i,j} + s(a_i, b_j);$$

(3) 如果 $T_{i,j} + S_{i,j-1} - \delta \geqslant S_{n,m} - e$, 移到 $(i,j-1)$ 且 $T_{i,j-1} = T_{i,j} - \delta$.

用未探查的方向进栈的方法可以产生多种接近最优比对. 当然, 包括多种插入和删除. 下面展示的序列是鸡血红蛋白 mRNA 序列, 这个链 (上面序列) 的 115—171 核苷酸和这个链 (下面序列) 的 118—156 核苷酸

```
UUUGCGUCCUUUGGGAACCUCUCCAGCCCCACUGCCAUCCUUGUCACACGGCAACCCCAUGGUC
UUUCCCCACUUCG  AUCUUUGUCACAC                              GGCUCCGCUCAAAUC
```

从许多已知的氨基酸序列的 RNA 序列编码的分析推测这个比对是正确的.

使用具有失配权重 1 和 $g(k) = 2.5 + k$ 的全局距离, 此外 k 是插入或删除长度, 在 14 个最优比对中找到了生物学上是正确的比对. 为了指出这个例子中邻基的大小, 有 14 个比对在最优比对的 0% 之内, 14 个在 1% 之内, 35 个在 2% 之内, 157 个在 3% 之内, 579 个在 4% 之内, 1317 个在 5% 之内. 对于失配权重为 1 及多重插入删除函数 $2.5 + 0.5k$, 正确的比对不在上面两个最优比对的表中. 这个例子说明对比对权重的敏感性.

接近最优比对(2)

上面的方法要求探查所有接近最优比对. 通常它们有指数数量的大小, 不大精确, 可经常使用的方法是问 (i,j) 是否是在任何接近最优比对上的一个匹配. 具有 (i,j) 匹配的所有比对中最好的打分是

$$S(a_1 \cdots a_{i-1}, b_1 \cdots b_{j-1}) + s(a_i, b_j) + S(a_{i+1} \cdots a_n, b_{j+1} \cdots b_n).$$

例如, 如果这个量 $\geqslant S_{n,m} - e$, 位置 (i, j) 可能是非常重要的. 计算 $S(a_1 \cdots a_n, b_1 \cdots b_m)$ 和 $S(a_n a_{n-1} \cdots a_1, b_m b_{m-1} \cdots b_1)$ 的矩阵能够完成这个分析.

9.9 倒   位

这里, 我们的目标是描述允许倒位的两个 DNA 序列的最优比对的算法. DNA 序列的倒位定义为该序列的倒位补. 虽然倒位数没有限制, 不允许倒位相互相交. 后面将讨论相交倒位的情况. 虽然我们能够描述我们算法的另一个版本, 能处理完全和全局序列比对. 这里我们只介绍局部比对算法, 并且是线性插入删除权重函数.

当允许倒位时, 倒位区间将不能精确匹配, 并且它们本身必须比对. 此外, 倒位区间之一必须相补以保持 DNA 序列的极性. 我们定义

$$Z(g, h; i, j) = S_1(a_g a_{g+1} \cdots a_i, \bar{b}_j \bar{b}_{j-1} \cdots \bar{b}_h),$$

此处, $\bar{A} = T, \bar{C} = G, \bar{G} = C$ 和 $\bar{T} = A$. 在原来的序列中, 经过倒位后, 片段 $a_g a_{g+1} \cdots a_i$ 和 $b_h b_{h+1} \cdots b_j$ 匹配. 这就是说, $a_g, a_{g+1} \cdots a_i$ 和 $\bar{b}_j \bar{b}_{j-1} \cdots \bar{b}_h$ 比对. $Z(g, h; i, j)$ 由按序列原来的次序, 以开始 (g, h) 和结束 (i, j) 坐标标定. 函数 S_1 是由定理 9.10 中用匹配函数 $S_1(a, b)$ 和插入删除函数 $g_1(k) = \alpha_1 + \beta_1(k-1)$ 定义的比对打分. 每个倒位额外增加成本 γ, 非倒位比对使用匹配函数 $s_2(a, b)$ 和插入删除函数 $g_2(k) = \alpha_2 + \beta_2(k-1)$.

具有倒位的最好打分 W 的递归在下面算法中给出:

算法 9.10(全部倒位)

input: $\boldsymbol{a}, \boldsymbol{b}$

set $U(i, j) = V(i, j) = W(i, j) = 0$ if $i = 0$ or $j = 0$

for $j = 1$ to m

  for $i = 1$ to n

    $U(i, j) = \max\{U(i-1, j) + \beta_2, W(i-1, j) + \alpha_2\}$

    $V(i, j) = \max\{V(i, j-1) + \beta_2, W(i, j-1) + \alpha_2\}$

    for $g = 1$ to i

      for $h = 1$ to j

      compute $Z(g, h; i, j)$

$$W(i, j) = \max\{ \max_{\substack{1 \leqslant g \leqslant i \\ 1 \leqslant h \leqslant j}} \{W(g-1, h-1) + Z(g, h; i, j)\} + \gamma,$$

$$W(i-1, j-1) + s_2(a_i, b_j), U(i, j), V(i, j), 0\} \tag{9.3}$$

best inversion score $=\max\{W(i,j) : 1 \leqslant i \leqslant n, 1 \leqslant j \leqslant m\}$.

证明递归方程给出非相交倒位的最优打分和通常的动态规划比对算法的证明一样. 递归方程组 (9.3) 在计算时间方面是高消耗的. 如果对每个 (g,h), $1 \leqslant g \leqslant i$ 和 $1 \leqslant h \leqslant j$ 计算 $Z(g,h;i,j)$, 这需时间 $O(i^2,j^2)$, 并且 $n=m$ 时完全算法 9.10 用时间 $O(n^6)$. 如果是一般的 $g_i(k)$, 当 $n=m$ 时算法 9.10 对应的版本用时间 $O(n^7)$.

显然, 算法 9.10 对于有意义的问题太花费时间了. 本质的原因是计算了许多质量极差的倒位后, 又抛弃了. 生物学家仅对长一些、高质量的倒位有兴趣. 幸运的是有一些计算上有效的方法去选择这些倒位, 并且戏剧化地加速了这个比对算法.

首先应用具有 $s_1(a,b)$ 和 $g_1(k) = \alpha_1 + \beta_1(k-1)$ 的局部算法于序列 $\boldsymbol{a} = a_1 \cdots a_n$ 和倒位序列 $\boldsymbol{b}^{(\mathrm{inv})} = \bar{b}_m \bar{b}_{m-1} \cdots \bar{b}_1$. 局部算法给出最好的 K 个 (倒位) 局部比对, 并且具有在比对中没有一个匹配 (等同和失配) 被用过多于一次的性质. 每次最好的比对被确定位置后, 必须重新计算矩阵以去掉这个比对的影响. 如果比对 i 有长度 L_i, 产生最好的 K 个倒位比对的表 $\mathcal{L}$ 所要求的时间是 $O\left(nm + \sum\limits_{i=1}^{K} L_i^2\right)$. 为了减少时间需求, 我们选择适当的 K 值. 为了进一步减少运行时间, 我们可以加一个选定的打分阀 $\geqslant C_1$, 使得两个随机序列具有第 K 个最好比对打分 $\geqslant C_1$ 的概率是小的. 在第 11 章将见到统计意义的讨论.

算法 9.11(最好的倒位)

input: $\boldsymbol{a}, \boldsymbol{b}$

1. apply local algorithm to $\boldsymbol{a}$ and $\boldsymbol{b}^{(\mathrm{inv})}$ to get K alignments

$$\mathcal{L} = \{(Z(g,h;i,j), (g,h), (i,j)) : \alpha \in [1,K]\}$$

2. set $U(i,j) = V(i,j) = W(i,j) = 0$ if $i = 0$ or $j = 0$

   for $j = 1$ to m

       for $i = 1$ to n

$$U(i,j) = \max\{U(i-1,j) + \beta_2, W(i-1,j) + \alpha_2\}$$

$$V(i,j) = \max\{V(i,j-1) + \beta_2, W(i,j-1) + \alpha_2\}$$

$$W(i,j) = \max\{\max_{\mathcal{L}}\{W(g-1,h-1) + Z(g,h;i,j)\} + \gamma,$$

$$W(i-1,j-1) + s_2(a_i,b_j), U(i,j), V(i,j), 0\}$$

best inversion score $=\max\{W(i,j) : 1 \leqslant i \leqslant n, 1 \leqslant j \leqslant m\}$.

我们已经大大地减少了计算时间. 算法的第一部分可用 $O(nm)$ 时间完成, 第二部分要求时间正比于 nm 乘上一个常数加上在 (i,j) 结束的 $\mathcal{L}$ 中元素个数的平均数. 似乎只有一个最好的倒位具有这个性质. 回忆我们将 $a_g a_{g+1} \cdots a_i$ 和

$\bar{b}_j\bar{b}_{j-1}\cdots\bar{b}_h$ 比对, 这允许几个元素以 (i,j) 结束的可能性. 表 $\mathcal{L}$ 仍然限制到 K 个元素, 在下面讨论的例子中 $|\mathcal{L}|=2$. 显然, 最优倒位算法的第二部分运行时间是

$$O\left(nm|\mathcal{L}|+O\left(\sum_{i=1}^{|\mathcal{L}|}L_i^2\right)\right).$$

为了最大的灵活性, 我们允许 $s_1(a,b)$ 和 $s_2(a,b)$ 以及 $w_1(k)$ 和 $w_2(k)$ 有不同的值. 如果想像倒位片段已经进化与其余比对不同, 这可能是好方法, 通常 $s_1=s_2$ 和 $g_1=g_2$.

下面使用序列 a =CCAATCTACTACTGCTTGCA 和 b =GCCACTCTCGCTGTACTGTG 去解释这个算法. 匹配函数是

$$s_1(a,b)=s_2(a,b)=\begin{cases}10, & a=b,\\ -11, & a\neq b,\end{cases}$$

而

$$w_1(k)=w_2(k)=-15-5k.$$

倒位惩罚是 $\gamma=-2$, 而表 $\mathcal{L}$ 是由 $K=2$ 定义, $\mathcal{L}$ 中两个比对示于如表 9.6, 那里匹配对用方块表示. 表 9.6 表示对于 a 和 $b^{(\mathrm{inv})}$ 的矩阵 H 和 $\mathcal{L}$ 中两个比对. 带有倒位的最好的局部比对及矩阵 W 如表 9.7 所示.

表 9.6 $a=$ CCAATCTACTACTGCTTGCA 和

$b=$ GCCACTCTCGCTGTACTGTG 的具有倒位的最好局部比对

	C	A	C	A	G	T	A	C	A	G	C	G	A	G	A	G	T	G	G	C
C	10	0	10	0	0	0	0	10	0	0	10	0	0	0	0	0	0	0	0	10
C	10	0	10	0	0	0	0	10	0	0	10	0	0	0	0	0	0	0	0	10
A	0	20	0	20	0	0	10	0	20	0	0	0	10	0	10	0	0	0	0	0
A	0	10	9	10	9	0	10	0	10	9	0	0	10	0	10	0	0	0	0	0
T	0	0	0	0	0	19	0	0	0	0	0	0	0	0	0	10	0	0	0	0
C	10	0	10	0	0	0	8	10	0	0	10	0	0	0	0	0	0	0	0	10
T	0	0	0	0	0	0	[10]	0	0	0	0	0	0	0	0	10	0	0	0	0
A	0	10	0	10	0	0	[20]	0	10	0	0	0	10	0	10	0	0	0	0	0
C	10	0	20	0	0	0	[30]	10	5	10	0	0	0	0	0	0	0	0	0	10
T	0	0	0	9	0	[10]	0	10	19	0	0	0	0	0	0	10	0	0	0	0
A	0	10	0	10	0	0	[20]	5	20	8	0	0	10	0	10	0	0	0	0	0
C	10	0	20	0	0	0	[30]	10	9	18	0	0	0	0	0	0	0	0	9	20
T	0	0	0	9	0	10	0	[10]	19	0	0	7	0	0	0	10	0	0	0	0
G	0	0	0	0	19	0	0	5	0	[29]	9	10	0	10	0	10	0	20	10	0
C	10	0	10	0	0	8	0	10	0	9	[39]	19	14	9	4	0	0	0	9	20
T	0	0	0	0	0	10	0	0	0	4	19	28	8	3	0	10	0	0	0	0
T	0	0	0	0	0	10	0	0	0	0	14	8	17	0	0	10	0	0	0	0
G	0	0	0	0	10	0	0	0	0	10	9	24	4	27	7	10	0	20	10	0
C	10	0	10	0	0	0	0	10	0	0	20	4	13	7	16	0	0	0	9	20
A	0	20	0	20	0	0	10	0	20	0	0	9	14	2	17	5	0	0	0	0

表 9.7 矩阵 W 和比对

Q	C	C	A	C	T	C	T	C	G	T	G	T	A	C	T	G	T	G
C	0	10	10	0	10	0	10	0	10	0	10	0	0	0	0	0	10	0
C	0	10	20	0	10	0	10	0	10	0	10	0	0	0	0	0	10	0
A	0	0	0	30	10	5	0	0	0	0	0	0	0	10	0	0	0	0
A	0	0	0	10	19	0	0	0	0	0	0	0	0	10	0	0	0	0
T	0	0	0	5	0	29	9	10	0	0	0	10	0	10	0	0	10	0
C	0	10	10	0	15	9	39	19	20	9	10	0	0	0	0	10	0	0
T	0	0	0	0	0	25	19	49	29	24	19	20	9	10	0	20	0	10
A	0	0	0	10	0	5	14	29	38	18	13	8	9	0	20	0	0	9
C	0	10	10	0	20	0	15	24	39	27	28	9	4	0	28	30	10	5
T	0	0	0	0	0	30	10	25	19	28	16	38	18	14	8	17	40	20
A	0	0	0	10	0	10	19	14	14	8	17	18	27	7	24	5	20	29
C	0	10	10	0	20	5	20	9	24	4	18	13	7	16	4	34	15	9
T	0	0	0	0	30	10	30	10	13	0	28	8	17	8	17	5	14	44
G	10	0	0	0	0	10	10	19	20	2	8	38	18	13	9	24	54	34
C	0	20	10	0	10	5	20	8	20	8	30	10	18	27	76	56	51	46
T	0	0	9	0	0	20	0	30	10	9	10	40	20	28	56	65	66	46
T	0	0	0	0	10	9	10	19	0	5	20	29	30	51	45	75	55	56
G	10	0	0	0	0	0	5	0	29	9	15	30	18	46	40	55	85	65
C	0	20	10	0	10	0	10	0	15	9	39	19	14	19	41	56	50	60
A	0	0	9	20	0	0	0	0	0	4	19	28	8	3	36	36	45	60

现在, 修正倒位算法以产生 J 个最好比对. 我们的目标是产生 J 个最好的比对, 它们没有公共的匹配、失配和倒位. 所以, 当 $\mathcal{L}$ 中一个倒位用于一个比对, 它就不能用于相继的比对中. 当算法进行时, 通过适当的改变 $\mathcal{L}$, 这就能办到. 像在局部算法中那样, 计算沿着第 p 行从 q 列 r 列进行, 直到

$$U^*(p,r) = U(p,r), \quad V^*(p,r) = V(p,r), \quad W^*(p,r) = W(p,r). \tag{9.4}$$

然后, 在第 q 列执行这个计算, 用这种方法, 重复计算这个矩阵的孤立的岛.

这时出现了这个算法的第二个更复杂的特点. 方程 (9.4) 中重新计算步骤的有效性由动态规划递归方程的基本性质判别. 然而, 如果 $(Z(g,h;i,j),(g,h),(i,j)) \in \mathcal{L}$, 则这些递归方程允许 $W(g-1,h-1)$ 影响 $W(i,j)$. 所以, 执行岛的重新计算之后, 对 (i,j) 检验 $\mathcal{L}$, 值 $W^*(i,j)$ 可能改变, 即此处 $W^*(g,h) \neq W(g,h)$, 找到这样一个项开始新岛的重新计算. 所以, 重新计算的步骤可能开始一串这种岛. 如果 $\mathcal{L}$ 有大量的项, 新岛可能增加. 因此, 难于给出求 J 个最好的比对的运行时间的严格分析. 如果 $\mathcal{L}$ 是短的, 仍然是

$$O\left(nm|\mathcal{L}| + \sum_{i=1}^{J} M_i^2\right),$$

此处 M_i 是第 i 个比对的长度, 包含计算 $\mathcal{L}$ 的运行时间要加上 $O\left(nm + \sum_{i=1}^{K} L_{J+i}^2\right)$.

9.10 图谱比对

在 DNA 被排序之前, 通常是把某些特征的近似位置映射到 DNA 上. 本书不讨论遗传图谱制作, 在该图谱中基因的近似位置被确定. 有时定位非常粗糙, 如将基因确定在特定染色体的任何位置上. 位置由重组频率确定. 另一类型图谱制作, 制作物理图谱对分子生物学也很重要, 在第 6 章讨论过. 两个有兴趣的特征之间的距离由测量 DNA 片段本身来估计, 因此称为物理图谱. 回忆在第 2 章中, 限制位点是 DNA 中小的特殊的模式, 在位点上限制酶将 DNA 切成两个分子. 限制位点通常是映射到物理图谱中的特征. 第一个由广泛物理图谱制作的基因组是大肠杆菌的 7000+ 限制位点图谱, 画出 8 个限制酶位点. 虽然我们的分析不局限于限制图谱, 它将指导我们的问题描述, 同时对基本算法给出几种修正.

首先定义图谱, 每个图谱位点有两个特性, 位点的位置和位点特征名字. 图谱 $A = A_1 A_2 \cdots A_n$ 由一列数偶 $A_i = (a_i, r_i)$ 组成, a_i 是用碱基对数度量的第 i 个位点的位置, r_i 是第 i 个位点的特征名字. 类似地, $B = B_1 B_2 \cdots B_m$ 也是一个图谱, 其中 $B_j = (b_j, s_j)$.

在确立图谱间相似性度量之前, 对这些图谱的特点进行观察是适当的. 进化成大分子序列的一些变换有它们的类似之处. 一个位点可以出现或消失, 对应于插入删除或替代. 虽然一个位点可被另一个位点代替, 通常认为这是不大可能出现的事件. 所以, 通常不包含位点替换. 即使是限制图谱, 一个图谱的开始和结束也可能不对应限制位点. 在这些场合下, 我们给一个特殊的位点名字表示开始和结束.

像上面强调的那样, 位置仅仅是近似的. 因此, 建立相似性函数去奖励相同的位点比对以及相似的内部位点距离是有价值的. 如果相似性函数是度量位点的相同性, 位点具有到图谱开始点的距离, 那么在这个图谱的一个区域中距离的误差将会传播到整个图谱, 这是自然的.

假设图谱比对是

$$M = \begin{array}{l} r_{i_1} r_{i_2} \cdots r_{i_d}, \\ s_{j_1} s_{j_2} \cdots s_{j_d}, \end{array}$$

此处 $r_{i_k} = s_{j_k}$. 比对打分 $S(M)$ 定义为

$$S(M) = v \times d - \mu |a_{i_1} - b_{j_1}|$$
$$- \mu \times \sum_{t=2}^{d} |(a_{i_t} - a_{i_{t-1}}) - (b_{j_t} - b_{j_{t-1}})|$$
$$- \mu |(a_n - a_{i_d}) - (b_m - b_{j_d})| - \lambda \times (n + m - 2d),$$

此处 v, λ 和 μ 是非负的. 在这个打分定义中, 每个匹配 (等同) 对奖励 v. 相邻的比

对的位点 (i_{t-1}, j_{t-1}) 和 (i_t, j_t) 间的距离之差由 μ 的一个因子惩罚. 最左边和最右边比对差异也乘以因子, 每个未比对的位点惩罚以 λ, 例子如图 9.6 所示.

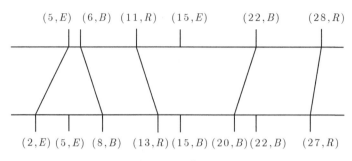

图 9.6 图谱比对

为保持序列比对算法的形式, 设

$$s(A_i, B_j) = \begin{cases} v, & r_i = s_j, \\ -\infty, & r_i \neq s_j. \end{cases}$$

所介绍的算法打算用于求 $S(\boldsymbol{A}, \boldsymbol{B})$, 两个图谱间所有比对的最大打分.

当 $r_i = s_j$, 设 $X(i, j)$ 是打分最高的全局比对的打分, 包含最右边对 (r_i, s_j), 不包含项 $\mu|(a_m - a_i) - (b_m - b_j)|$, 则

$$Y(i, j) = \max\{X(g, h) - \mu|(a_i - a_g) - (b_j - b_h)| : g < i, h < j \text{ 且 } r_g = s_h\},$$

$$X(i, j) = \max\{v - \lambda(n + m - 2) - \mu|a_i - b_j|, Y(i, j) + v + 2\lambda\}.$$

在 $X(i, j)$ 的递归中, 第一项 $v - \lambda(n + m - 2) - \mu|a_i - b_j|$ 是仅有 (i, j) 匹配的比对打分. 第二项, $y + v + 2\lambda$ 是当至少有一个匹配对在 (i, j) 的左边时的打分. 最后一步是把排除的项又加回来:

$$S(\boldsymbol{A}, \boldsymbol{B}) = \max\{X(i, j) - \mu|(a_n - a_i) - (b_m - b_j)| : 1 \leqslant i \leqslant n, 1 \leqslant j \leqslant m\}.$$

算法 9.12(图谱)
input: $n, m, \boldsymbol{A}, \boldsymbol{B}, \mu, \lambda, v$
output: $i, j, S(\boldsymbol{A}, \boldsymbol{B})$.
  $S \leftarrow -\mu(a_n + b_m) - \lambda(m + n)$
  for $i \leftarrow 1$ to n
   for $j \leftarrow 1$ to m
    if $r_i = s_j$
     $y \leftarrow -\mu(a_n + b_m) - \lambda(n + m)$

$$\text{for } g \leftarrow 1 \text{ to } i-1$$

$$\quad \text{for } h \leftarrow 1 \text{ to } j-1$$

$$\quad\quad \text{if } r_g = s_h$$

$$\quad\quad\quad y \leftarrow \max\{y, X(g,h) - \mu|(a_i - a_g) - (b_j - b_h)|\}$$

$$X(i,j) \leftarrow \max\{v - \lambda(n+m-2) - \mu|a_i - b_j|, y + v + 2\lambda\}$$

$$S \leftarrow \max\{S, X(i,j) - \mu|(a_n - a_i) - (b_m - b_j)|\}$$

这个算法的计算复杂性是 $O(n^2m^2)$. 匹配间的位点数极限趋于 α, 改变 g 和 h 的嵌套损失, 可以加速计算. 所以

算法 9.13(图谱 *)

input: $n, m, \boldsymbol{A}, \boldsymbol{B}, \mu, \lambda, v$

output: $i, j, S(\boldsymbol{A}, \boldsymbol{B})$

$$S \leftarrow -\mu(a_n + b_m) - \lambda(m+n)$$

$$\text{for } i \leftarrow 1 \text{ to } n$$

$$\quad \text{for } j \leftarrow 1 \text{ to } m$$

$$\quad\quad \text{if } r_i = s_j$$

$$\quad\quad\quad y \leftarrow -\mu(a_n + b_m) - \lambda(m+n)$$

$$\quad\quad\quad \text{for } g \leftarrow \max\{1, i-\alpha\} \text{ to } i-1$$

$$\quad\quad\quad\quad \text{for } h \leftarrow \max\{1, j-\alpha\} \text{ to } j-1$$

$$\quad\quad\quad\quad\quad \text{if } r_g = s_h$$

$$\quad\quad\quad\quad\quad\quad y \leftarrow \max\{y, X(g,h) - \mu|(a_i - a_g) - (b_j - b_h)|\}$$

$$X(i,j) \leftarrow \max\{v - \lambda(n+m-2) - \mu|a_i - b_j|, y + v + 2\lambda\}$$

$$S \leftarrow \max\{S, X(i,j) - \mu|(a_n - a_i) - (b_m - b_j)|\}.$$

显然, 可以将这个算法修改以产生局部图谱比对, 或者产生以前介绍过的任何其他序列比对算法. 在此不作修改, 而是转到关于图谱比对的特定的比对方面, 它由构造限制位图谱的一个方法产生. DNA 终点标号, 用一种特殊的酶消化, 切割位点的距离在凝胶中测定. 回忆, 在电场作用下 DNA 在凝胶中迁移不大精确. 有时位置接近的位点的相关的 DNA 在所得到的凝胶中出现在一个带中. 所以, 图谱对 $A_i = (a_i, r_i)$ 实际上可能代表几个位点 (a^α, r^α), 使得 α 间的差别很小. 这引出位点的多重匹配的概念, 它可很容易地加到算法中. 带有多重匹配的比对如图 9.7 所示.

算法 9.14(多重匹配)

input: $n, m, \boldsymbol{A}, \boldsymbol{B}, \mu, \lambda, v$

output: $i, j, S(\boldsymbol{A}, \boldsymbol{B})$

$$S \leftarrow -\mu(a_n + b_m) - \lambda(m + n)$$

for $i \leftarrow 1$ to n

    for $j \leftarrow 1$ to m

      if $r_i = s_j$

         $y \leftarrow -\mu(a_n + b_m) - \lambda(m + n)$

         for $g \leftarrow \max\{1, i - \alpha\}$ to $i - 1$

           for $h \leftarrow \max\{1, j - \alpha\}$ to $j - 1$

           if $r_g = s_h$

           $y \leftarrow \max\{y, X(g, h) - \mu|(a_i - a_g) - (b_j - b_h)|\}$

$$X(i, j) \leftarrow \max\{v - \lambda(n + m - 2) - \mu|a_i - b_j|, y + v + 2\lambda\}$$

$$X(i, j) \leftarrow \max\left\{X(i, j), \lambda + \max\left\{\begin{array}{l} X(i, j - 1) \\ -\mu(s_i - s_{j-1}), \\ X(i - 1, j) \\ -\mu(r_i - r_{i-1}) \end{array}\right\}\right\}$$

$$S \leftarrow \max\{S, X(i, j) - \mu|(a_n - a_i) - (b_m - b_j)|\}.$$

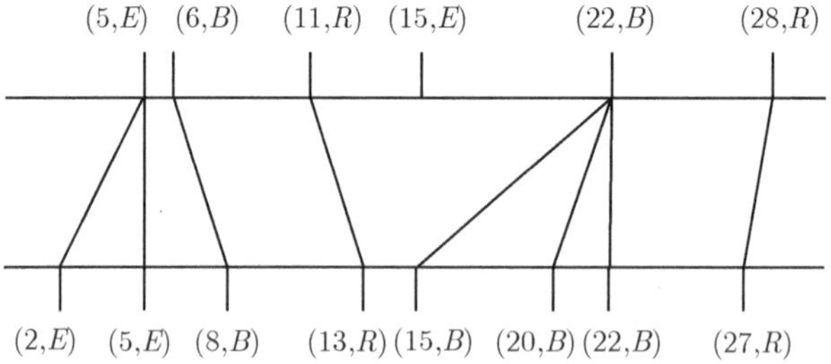

图 9.7　多重匹配

9.11　参数序列比较

应用动态规划序列比较算法的最大困难之一是算法惩罚参数的选择. 在某些情况下, 氨基酸的权重或插入删除函数的微小变化在所得到的比对中产生很大的改变. 在另一些情况下, 比对对于算法参数的改变是非常稳健的. 没有一组 "正确" 参数: 对一对序列来说, 能够找到对一种统计特性的有意义匹配的参数, 对另一种类型匹配没有用. 所以, 对一大组参数值考虑序列的比较是有意义的. 理想情况是我们要对所有可能数值计算最优比对. 乍一看, 这会要求无穷多序列比较, 从而是完全不实际的目标. 这一节, 我们描述一个算法去完成它.

这些问题的一般处理是对 d 维参数空间定义一个线性打分函数

$$S(\boldsymbol{A}) = k_0 + \sum_{i=1}^{d} k_i \lambda_i,$$

此处 $(k_0, k_1, \cdots, k_d)$ 是两个序列 $\boldsymbol{a}$ 和 $\boldsymbol{b}$ 的比对 $\boldsymbol{A}(\boldsymbol{a},\boldsymbol{b})$ 的函数, 并且 $\lambda \in ([0,\infty])^d$.

命题 9.2 打分 $S(\lambda) = \max\{S(\boldsymbol{A}): \boldsymbol{A}$ 是 $\boldsymbol{a},\boldsymbol{b}$ 的一个比对$\}$ 是 λ 的一个连续、凹的逐段线性函数.

证明 函数

$$S(\lambda) = \max\left\{ k_0 + \sum_{i=1}^{d} k_i \lambda_i : k_1, \cdots, k_d \text{ 由 } \boldsymbol{A}(\boldsymbol{a},\boldsymbol{b}) \text{ 确定} \right\}$$

具有这些性质, 因为有有限个数的比对. ∎

我们将限于是 1 维和 2 维参数系统. 我们解决参数比对的办法是发现函数 $S(\lambda)$ 的这些逐段线性 "块" 或区域, 从而用有限时间能找到这个函数. 在介绍算法前, 研究那些区域是有意义的. 为了记号上的方便, 和本章前面一样使用参数 μ(失配), δ(插入删除). 有两个结果, 一个是关于全局比对, 另一个是局部比对.

定理 9.15 对全局比对, 形成两个区域间边界的线对于某个 $c > -1/2$, 具有形式 $\delta = c + (c + 1/2)\mu$.

证明 具有 w 个等同, x 个失配和 y 个插入删除 (每次一个字符) 的全局比对有打分 $w - \mu x - \delta y$, 并且满足 $2w + 2x + y = n + m$(根据定理 9.11), 将后一个方程改写为

$$w + x + \frac{y}{2} = \frac{n+m}{2}$$

或

$$w - (-1)x - \frac{1}{2}y = \frac{n+m}{2}.$$

所以, 每个比对平面 $w - \mu x - \delta y$ 在 $(\mu,\delta) = (-1,-1/2)$ 处相交. 显然, 每个比对平面的边界或交线也通过 $(-1,-1/2)$. 设 $\delta = c + b\mu$ 是这种边界线, 则有 $-1/2 = c - 1 \times b$ 或 $b = c + 1/2$ 和 $\delta = c + (c + 1/2)\mu$. 因为我们要 (μ,δ) 在 $[0,\infty) \times [0,\infty)$ 中, 要求 $c + 1/2 > 0$. ∎

命题 9.3 在全局比对中至多有 $n + 1$ 个区域.

证明 注意, 只要 $\mu > 2\delta$, 在最优比对中就没有失配, 并且最优比对固定在线 $\{(\mu,\delta): \mu > 2\delta\}$ 上, 所以 $y_i\delta$ 没有最优比对边界与 μ 轴相交. 因此所有边界交在正 δ 轴. 当 $\mu = 0$ 时, 由我们将 δ 轴从 $\delta = 0$ 向上移动, 直线方程是 $w_i - y_i\delta$. 当 $\delta_i < \delta_{i+1}$ 时,

$$w_i - y_i\delta_i > w_{i+1} - y_{i+1}\delta_i,$$

$$w_i - y_i\delta_{i+1} < w_{i+1} - y_{i+1}\delta_{i+1}.$$

容易证明 $w_i > w_{i+1}$ 和 $y_i > y_{i+1}$.

显然, w_i 只能取 $\min\{n, m\} + 1$ 个不同的值, $0, 1, \cdots, \min\{n, m\}$. 更仔细地研究证明区域数是 $O(n^{2/3})$. 对局部比对有相应的结果. ■

命题 9.4　在局部比对中, 至多有 $O(n^2)$ 个区域.

证明　设局部比对有 w 个等同, x 个失配和 y 个插入删除, 则 $2w + 2x + y \leqslant n + m$. 如果两个局部比对分别有 (w, x, y_1) 和 (w, x, y_2) 且 $y_1 < y_2$, 则对所有 $(\mu, \delta) \in [0, \infty)^2$, 比对 1 控制比对 2. 所以, 没有两个最优区间有 $(w_i, x_i) = (w_j, x_j)$, 从而有 $O(n^2)$ 个区域. ■

9.11.1　一维参数集合

首先, 我们介绍局部比对算法的一个初等情况. 设 $\boldsymbol{a} = a_1 a_2 \cdots a_n$ 和 $\boldsymbol{b} = b_1 b_2 \cdots b_m$ 是我们要比较的序列, 字母 a 和 b 比对打分是: 如果 $a = b, s(a, b) = 1$; 如果 $a \neq b, s(a, b) = -\mu$. 由 $w(k) = \delta k$ 给出删除或插入 k 个字母的惩罚 $w(k)$. 这是 $w(k) = \alpha + \beta k$ 的特殊情况.

寻找在 a_i 和 b_j 结束的最好打分 $H_{i,j}$ 时, 这个局部算法用方程

$$H_{i,j} = \max\{H_{i-1,j-1} + s(a_i, b_j); H_{i-1,j} - \delta; H_{i,j-1} - \delta; 0\} \tag{9.5}$$

递归地进行.

对于 $0 \leqslant i \leqslant n, 0 \leqslant j \leqslant m$, 算法由 $H_{0,j} = H_{i,0}$ 开始. 当然, $\boldsymbol{a}$ 与 $\boldsymbol{b}$ 的比对打分是

$$H = H(\boldsymbol{a}, \boldsymbol{b}) = \max_{i,j} H_{i,j} \tag{9.6}$$

为进一步简化这个算法, 取 $\mu = 2\delta$, 使比对打分是一个参数的函数, $\lambda = \delta$. 通过把 H 写成 $H(\lambda)$, 强调对参数的依赖性. 回顾命题 9.2:

命题 9.5　$H(\lambda)$ 是递减的逐段线性的凹函数, $H(\lambda)$ 的最右边的线性段是常数.

回想方程 (9.5) 允许我们对任何固定的 δ 求 $H(\delta)$, 下面给出这个算法的简短的描述. 容易求 $H(0)$ 和 $H(\infty)$. 因为 $H(\infty) = \boldsymbol{a}$ 和 $\boldsymbol{b}$ 之间最长的准确匹配长度, 容易找到通过 $(\infty, H(\infty))$ 的线段. 由于许多比对线通常满足 $H(0) = H(0) - s \cdot 0$, 必须选择最小打分 s 的比对, 最小打分确定了这个最优比对恰在 0 的右边. 求最小 s 的算法在下面给出. 于是, 我们求 $H(\delta)$ 的最左和最右片段, $0 \leqslant \delta \leqslant \infty$. 如果它们的交点 (x, y) 满足 $H(x) = y$, 我们知道整个函数 $H(\delta)$, 否则, $H(x) > y$. 计算 $H(x)$ 允许我们找到通过 $(x, H(x))$ 的所有的线. 下面我们指出怎样找控制它左边所有线的线. 这是最终解 $H(\delta)$ 的一部分. 我们继续求与包含 $(0, H(0))$ 的线的交点, 直到找到 H 的线段 L_1, 它与包含 $(0, H(0))$ 的线交于 $(x_1, H(x_1))$. 然后, 取 $(x_1, H(x_1))$ 和在 L_1 之前刚刚找到的 H 的线段 L_2, 继续进行这个步骤.

那么, 参数算法取决于求 x 左边 (或右边) 的通过 $(x, H(x))$ 是最优的比对线的能力. 为了说明这个问题, 图 9.8 指出对一个或多个 $\lambda \in [0, \infty)$ 是最优的所有比对线, 这里有 $H(0) = 6$ 及 $H(1) = 3$ 的几条线. 为了选择控制 $\lambda > 0$ 的线. 我们引进无穷小 ε 的概念, 这里, 把 $\varepsilon > 0$ 想像成一个小数使得任何有限倍数后仍然比在前面描述的算法中出现的数都要小. 我们的新数有形式 $\mu + v\varepsilon$, 此处 $\mu, v \in \mathbf{R}$. 这个算法是对于 $\lambda = \varepsilon$ 运行这个算法, 并找到这条线使通过 $(0, H(0))$ 所有线中最大化.

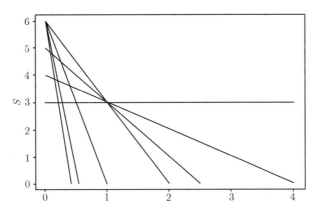

图 9.8　λ 比对线

在明确地描述局部算法无穷小版本之前, 必须在数 $\mu + v\varepsilon$ 上定义词典线性序. 设 $x_1 = u_1 + v_1\varepsilon$ 和 $y_2 = u_2 + v_2\varepsilon$; 如果 $u_1 > u_2$ 则 $x_1 > y_2$; 如果 $u_1 = u_2$ 且 $v_1 > v_2$, 则 $x_1 > y_2$; 如果 $u_1 = u_2, v_1 = v_2$, 则 $x_1 = y_1$. 于是, 这些新数被线性排序. 也容易定义加法 $x_1 + y_1 = (u_1 + u_2) + (v_1 + v_2)\varepsilon$. 当然, $-x_1 = (-u_1) + (-v_1)\varepsilon$.

对于 $\delta = u + v\varepsilon$, 方程 (9.5) 和 (9.6) 的算法能够用于计算 $H = H(\delta)$. 显然, 这个算法是确定的: 仅仅包含加法、减法和取极大值. 这个算法将称为无穷小算法. 注意, ε 绝不特指某个数, 是计算符号. 由于在无穷小上的序与在实数上的序一致, 容易证明, 如果 $H(u + v\varepsilon) = a + b\varepsilon$ 则 $H(u) = a$. 在这种意义下, 通常算法是无穷小算法的特例.

对于 $\boldsymbol{a}$=TGCCGTG 和 $\boldsymbol{b}$=CTGTCGCTGCACG, 图 9.8 显示了通过 $(0, H(0))$ 的若干比对线. 注意, 如果我们恰好移到 $\delta = 0$ 的右边 $\delta = \varepsilon = 0 + 1 \cdot \varepsilon$, 就能找到最优线, 想法是对 H 带有稍微大于 0 的惩罚, 即在 $\delta = \varepsilon$ 处执行这个算法. $H_{i,j}(\delta)$ 的值为 $u + v\varepsilon$, 并且在 $\delta = 0, H_{i,j} = u$. 执行这个新算法和例行算法一样, 容易计算

$$H(\delta) = H(\varepsilon) = \max_{\substack{1 \leqslant j \leqslant m \\ 1 \leqslant i \leqslant n}} H_{i,j}(\delta).$$

对于图 9.8 的序列, $H(\varepsilon) = 6 - 3\varepsilon$, 通过用尺度算法计算 $H(0) = 6$, 容易看出对于

H 的无穷小算法和尺度算法是一致的.

对于 $(1, H(1))$ 我们看到 4 个竞争线, 为选择左边的控制线, 我们计算 $H(1-\varepsilon)$. 像表 9.8 所表示的那样, 用对 (a, b) 表示 $H(1-\varepsilon) = a + b\varepsilon$. 于是, 4 个有 $(3, b)$ 的方块对应 4 条线. 最大的线是 $(3, 3) = 3r + 3\varepsilon$ 控制 $(3, 1) = 3 + \varepsilon, (3, 0) = 3$ 和 $(3, 2) = 3 + 2\varepsilon$.

表 9.8 $H(1-\varepsilon)$

	C	T	G	T	C	G	C	T	G	C	A	C	G
T	0.0	1.0	0.0	1.0	0.0	0.0	0.0	1.0	0.0	0.0	0.0	0.0	0.0
G	0.0	0.0	2.0	0.2	0.1	1.0	0.0	0.0	2.0	0.2	0.0	0.0	1.0
C	1.0	0.0	0.2	1.1	1.2	0.0	2.0	0.2	0.2	3.0	1.2	1.0	0.0
C	1.0	0.1	0.0	0.0	2.1	0.3	1.0	1.1	0.0	1.2	2.1	2.2	0.4
G	0.0	0.1	1.1	0.0	0.3	3.1	1.3	0.1	2.1	0.3	0.3	1.2	3.2
T	0.0	1.0	0.0	2.1	0.3	1.3	2.2	2.3	0.5	1.2	0.0	0.0	1.4
G	0.0	0.0	2.0	0.3	1.2	1.3	0.4	1.3	3.3	1.5	0.3	0.0	1.0

9.11.2 进入二维

下面我们面临在二维参数 (μ, δ) 空间寻找所有比对打分的任务. 在一维参数空间, $(\mu, \delta, H(\delta))$ 是逐段线性、凸函数. 而在二维参数空间中, $H(\mu, \delta)$ 是三维空间中的凸表面. 回想, 比对打分满足

$$S(\boldsymbol{A}) = r - s\mu - t\delta, \tag{9.7}$$

此处 $r =$ 等同数, $s =$ 失配数, $t =$ 插入删除数. 函数 $f(\mu, \delta) = r - s\mu - t\delta$ 看成比对超平面, 因为维数增加, 一维算法的简单性没有带过来. 必须给无穷小引进另一种序, 在这些新数加上一个线性序, 然后, 推导出一种技术求与给定点 (μ, δ) 出发的任何无穷小矢量相邻 (左边或右边) 唯一最优比对超平面. 这个算法是求 (μ, δ) 空间所有凸多面体方法的基础, 在这凸多面体内有唯一最优比对超平面.

首先, 推广我们的数, 使其包含两个无穷小 ε_1 和 ε_2 的序. 设 $x = u_1 + v_1\varepsilon_1 + w_2\varepsilon_2$ 和 $y = u_2 + v_2\varepsilon_1 + w_2\varepsilon_2$. 如果 $u_1 > u_2$, 则 $x > y$; 如果 $u_1 = u_2$ 且 $v_1 > v_2$, 则 $x > y$; 如果 $u_1 = u_2, v_1 = v_2$ 且 $w_1 = w_2$, 则 $x = y$. 和前面一样, ε_1 的任何有限倍数不能超过 1, 并且 ε_2 的任何有限倍不能超过 ε_1. 用显然的方法定义加法和减法.

这个基本算法求从 (μ, δ) 出发沿 (a, b) 方向的唯一最优比对超平面. 虽然, 曲面在三维空间中, 我们却在二维参数空间. 允许用一个点表现从 $(0, 0)$ 到该点的矢量. 有可能 (a, b) 方向与最优比对超平面的交线重合. 为保证唯一性, 我们必须垂直 (a, b) 移动一个小距离, 即沿 $(-b, a)$ 或 $(b, -a)$ 方向移动一小距离. 方向 (a, b) 长 $\varepsilon_1 \sqrt{a^2 + b^2}$, 而方向 $(-b, a)$ 或 $(b, -a)$ 长是 $\varepsilon_2 \sqrt{a^2 + b^2}$. 所以, 参数是

$$(\mu^*, \delta^*) = (\mu, \delta) + \varepsilon_1(a, b) + \varepsilon_2(-b, a) \tag{9.8}$$

或

$$(\mu^*, \delta^*) = (\mu, \delta) + \varepsilon_1(a, b) + \varepsilon_2(b, -a).$$

这些参数的图形表示如图 9.9 所示.

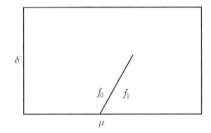 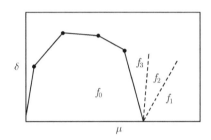

图 9.9 确定凸多边形: $f = r - s\mu - t\delta$

为了求 $[0, \infty] \times [0, \infty]$ 中常数比对超平面的凸多边形, 将参数空间看成有 4 条边和 4 个顶点的矩形. 例如, 在顶点 $V_0, (0, 0)$ 或 (∞, ∞) 开始. 从 V_0 开始, 沿线 L 逆时针方向使用基本二维算法. L 是从 $(0, 0)$ 到 $(\infty, 0)$ 的直线. 这个算法能求出沿这个方向与 V_0 直接相邻的比对超平面 $f_0(\mu, \delta) = r_0 - s_0\mu - t_0\delta$. 目标是画出与这个超平面相关的 (μ, δ) 中的凸多面体, 具有顶点, 边标号 $(V_0, e_0, V_1, e_1, \cdots V_n = V_0)$. 用类似一维算法, 容易找到线 L 上第一个拐角点的顶点 V_1. 为求边 e_1, 确定 L 上超过 V_1 的线相邻的比对超平面 f_1. 交 $l = f_0 \cap f_1$ 是一条线, 它有直接相邻逆时针方向的最优比对超平面 f_2. 如果 $f_2 = f_0$, 则 l 是包含边 e_1 的方程. 否则, 求 f_0 和 f_2 的交, 重复这个过程直到交包含 e_1. 对于 e_2 也重复这个过程, 继续到 $V_n = V_0$. 图 9.9 说明了这个过程.

画出常数比对超平面的凸多面体之一的顶点和边之后, 可将其从 $[0, \infty]^2$ 中移掉. 这个过程在剩余图形边界上的一个点重复, 直到所有凸多边形已经刻画.

当然, 这个方法可以推广到高维参数空间. 对 k 维参数空间, 我们需要 $\varepsilon = (\varepsilon_1, \varepsilon_2, \cdots, \varepsilon_k)$, 此处 $\varepsilon_k < \varepsilon_{k-1} < \cdots < \varepsilon_1$. 描述推广了方程 (9.8) 的相关矢量是一个例行工作. 手头必须有 $1, 2, \cdots, (k-1)$ 维算法, 才能得到 k 维算法.

在图 9.10 中, 对于两个序列给出局部比对区间, 在图 9.11 中给出全局比对区间.

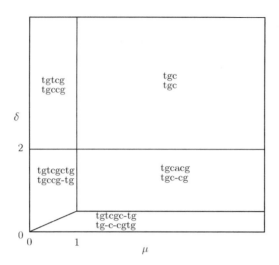

图 9.10   CTGTCGCTGCACG 对 TGCCGTG 的局部比对区间

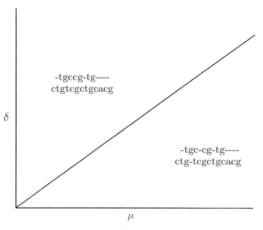

图 9.11   全局比对区域

问   题

问题 **9.1**   设 $a = a_1a_2\cdots a_n$ 和 $b = b_1b_2\cdots b_m, 1 < n \leqslant m$, 计算所有长 m 的比对数.

问题 **9.2**   设 $a = a_1a_2\cdots a_n$ 和 $b = b_1b_2\cdots b_m, 1 < n \leqslant m$, 计算长 $m + 2$ 的比对数.

问题 **9.3**   证明

$$\sum_{k \geqslant 0} \binom{n}{k}\binom{m}{k} = \binom{n+m}{n}.$$

问题 9.4　求 a =CAGTATCGCA 和 b=AAGTTAGCAG, 如果 $x = y, s(x,y) = +1$, 如果 $x \neq y, s(x,y) = -1$ 及 $\delta = 1$ 的全局相似比对.

问题 9.5　在全局相似比对打分中, 用函数 $h(k) = n + \xi k$ 奖励 k 个匹配的一段 (除匹配权重 $s(a,b)$ 之外) 推广定理 9.8 的算法.

问题 9.6　求所有全局比对, 它的打分在上一个问题中序列的最优比对的 1 之内.

问题 9.7　设 $p = (p_1, p_2)$ 是平面上一点, $\mathcal{L}$ 是这平面上一线. 定义 p 和 $\mathcal{L}$ 间的距离为 $D(p, \mathcal{L}) = \min\{\sqrt{(p_1-x)^2 + (p_2-y)^2} : (x,y) \in \mathcal{L}\}$. 设 A 是 $a = a_1 \cdots a_n$ 和 $b = b_1 \cdots b_n$ 的由一组比对的对 $(i_k, j_k), 1 \leqslant k \leqslant K$ 定义的比对. 对于对角线 $\mathcal{D} = \{(i,i) : 1 \leqslant i \leqslant n\}$ 给出一个 $d_A = \max\{D(i_k, j_k), \mathcal{D} : 1 \leqslant k \leqslant K\}$ 的有效算法.

问题 9.8　求 $a = a_1 a_2 \cdots a_n$ 和 $b = b_1 b_2 \cdots b_m$ 的所有比对的相似性打分之和, 此处 $s(a,b)$ 是相似函数且插入删除给予权重 $g(k) = \delta k$.

问题 9.9　设

$$h(k) = \min\left\{\left(\sum_i (g(l_i))^p\right)^{1/p} : \sum_i l_i = k, 0 \leqslant l_i \leqslant k\right\},$$

此处 $p \geqslant 1$ 和 $g \geqslant 0$. 证明 h 是次可加的.

问题 9.10　定义 $f_k(l) = f(l+k) - f(k)$, 证明 f_k 对所有 k 是次可加的当且仅当 f 是凹的.

问题 9.11　当 g 由 9.3.1 小节 $\hat{g}$ 形成, 我们可把它看成是一个映射 $\psi(g) = \hat{g}$. 证明 $\psi^2(g) = \psi(g)$ (即 $\hat{\hat{g}} = \hat{g}$).

问题 9.12　将 a=ATTGAC 去吻合 b=CAGTATCGCA, 如果 $x = y, s(x,y) = 1$, 如果 $x \neq y, s(x,y) = -1$ 且 $\delta = 1$.

问题 9.13　将一个序列吻合另一个序列的算法推广到 $g(k) = \alpha + \beta(k-1)$ 的情况中.

问题 9.14　求 a=CAGTATCGCA 和 b =AAGTTAGCAG 的最好局部比对. 如果 $x = y, s(x,y) = 1$; 如果 $x \neq y, s(x,y) = -1$ 且 $\delta = 1$. 去丛并求出第二个最好的局部比对.

问题 9.15　推广算法 9.4(重复) 到 $g(k) = \alpha + \beta(k-1)$ 的场合.

问题 9.16　算法 9.4(重复) 在一个序列中寻找重复. 如果串联重复存在, 描述一个算法能够将一个 "重复单位" 与自身的所有其他匹配解丛.

问题 9.17　推广线性空间算法 9.9(SL) 到插入删除函数为 $g(k) = \alpha + \beta(k-1)$ 的情况. 证明你的计算是正确的.

问题 9.18　推广算法 9.12(图谱) 到局部图谱比对.

问题 9.19   对具有 $s(x,x) = 1, s(x,y) = -\mu, (x \neq y)$ 和 $g(k) = \alpha + \beta k$ 的全局比对, 形成三个或更多区域边界线具有形式 $c + (c + 1/2)\mu, \alpha = d + d\mu$. 提示, 考虑 $(\mu, \alpha, \beta) = (-1, 0, -1/2)$.

问题 9.20   对于单个字母插入删除惩罚为 δ 的全局比对, 推广这个算法使之允许自由插入 "T" 到序列 a. 例如, 如果 a=AGA 和 b= ATTGTA, 则 $S(a,b)$=3 (如果 $s(x,x)$=1).

问题 9.21   求 DNA 序列 $a = a_1 a_2 \cdots a_n$ 和蛋白序列 $b = b_1 b_2 \cdots b_m$ 的最好局部比对, 此处 δ_p 是从 a 删掉一个字母的成本, δ_N 是从 b 删掉一个字母的成本, a 的三联子 xyz 与 b 的单个字母 q 对齐, 打分为 $s(g(xyz), q)$, 此处 g 是遗传代码. 除非 $|i_3 - i_1| \leqslant 3, s(g(a_{i_1}, a_{i_2}, a_{i_3}), q) = -\infty$.

第10章 多重序列比对

序列关系通常不局限于两个序列关系. 而是把它们推广到一族序列的关系. 这很自然导致我们研究 r 个序列的比对, $r > 2$. 为了了解这类问题的动机, 我们讨论儿童囊性纤维化克隆基因缺欠. 然后, 在 10.2 节研究动态规划算法到 r 个序列的自然推广. 在 10.3 节将逐段比对信息用于减小 10.2 节中必要的计算. 在 10.3 节给出用逐段比对解决多重比对的方法. 广泛使用的寻找轮廓的方法与这些思想密切相关. 在 10.2 节介绍一种不是基于动态规划的解决多重比对的一种方法.

10.1 囊性纤维化基因

囊性纤维化 (CF) 是高加索人中最常见的遗传疾病. 2000 个新生儿中就有一个出现这种疾病, 估计大约 20 个高加索人中就有一个带有缺欠基因. 这种病是隐性的, 也就是说, 两个染色体必须都是缺欠时才导致这种病. 囊性纤维化的主要症状包括慢性肺病和含电解质的增加. 这个病影响呼吸道、胰脏和汗腺, 没有有效的处理方法, 因此多数 CF 儿童在 20 岁内死掉.

20 世纪 80 年代中期, 制作遗传连锁图谱将囊性纤维化基因座确定在 7 号染色体的长臂上. 制作物理和遗传图谱两者都进一步确定了的 CF 基因座位置. 1989 年宣布了囊性纤维化缺欠基因序列, 在此之前, 已在制作图谱、克隆和排序方面作了许多年的实验工作. 寻找疾病基因的科学家称为猎手. 1989 年的发现是这个领域的领袖之一, 是由 Francis Collins 领导的小组完成的. 应该提到 CF 是一个复杂疾病, 并且这个基因缺欠不是 CF 的唯一原因.

随后的情况是实验人员产生了大约 6500bp 长的基因序例, 对应于 1480 个残基的氨基酸序列. 缺欠基因有 3 个基对的删除, 它是氨基酸序列中 Phe 残基删除. 只使用这个序列, 不用额外的蛋白知识, 实验人员就能将蛋白分类并形成导致重要实验的有用的生物学假设. 这里, 我们应用第 9 章建立的几个工具到囊性纤维化序列, 这将启发我们进行多重序列比对.

根据我们很快就会发现的理由, 囊性纤维化序列称为 CFTR. CFTR 不寻常的长度引起我们寻找长的重复, 因为这是蛋白进化的经常性的模式. 由于我们研究蛋白序列, 在第 8 章使用的简单 $s(x,y)$ 已不再适合. 流行的蛋白比对的打分模式 $s(x,y)$ 是著名的 Dayhoff PAM 矩阵. 我们将使用 PAM 120 矩阵和 $g(k) = 13k$. 使用这些参数, 我们应用重复算法到 CFTR 并找到两个重复区域, R_N 表示在 N 端点附近位置开始的区域, R_C 表示在 C 端点附近位置开始的区域. 当检验数据库搜索结果时, 这个重复对我们来说是非常有用的.

其次, 以上面的参数, 用局部算法搜索蛋白数据库, 找到一些打分非常高的匹配片段. 表 10.1 给出了前 25 个打分序列的名字. 从不同生物体得到的复件. 当然, Collis 小组没有 CFTR 的三个序列, 可是他们的研究得到相似的结果. 这种搜索得到一族与 ATP 有关的结合蛋白高度相似性, 这种蛋白已经发现并研究过. 回想, ATP 为细胞的许多反应提供能量. 这族蛋白与在原核生物和真核生物两者中的各种各样的生物学活性有关. 它们中大多数涉及小的水分子通过细胞膜的传输. 这个族由大约 200 个氨基酸包含 ATP 结合位点的保守区域确定. 在图 10.1 显示重

表 10.1 前 25 个打分序列

CYSTIC FIBROSIS TRANSMEMBRANE(3)
MULTIDRUG RESISTANCE PROTEIN
HETEROCYST DIFFERENTIATION PROTEIN
MULTIDRUG RESISTANCE PROTEIN
MATING FACTOR A SECRETION PROTEIN
CYAB PROTEIN
PROBABLE ATP-BINDING TRANSPORT
MULTIDGRUG RESISTANCE PROTEIN(5)
HAEMOLYSIN SECRETION PROTEIN(2)
MULTIDRUG RESISTANCE PROTEIN(2)
LEUKOTOXIN SECRETION PROTEIN(2)
HAEMOLYSIN SECRETION PROTEIN(2)
PROTEASES SECRETION PROTEIN PROTEIN
BETA-(1←2)GLUCAN EXPORT PROTEIN
COLICIN V SECRETION PROTEIN

复序列比对和所选的其他高度相似序列的比对, 这些其他序列与 R_N 或 R_C 比对的最好. 这告诉我们, R_N 和 R_C 包含 CFTR 中两个 ATP 结合位点. 现在弄清楚了为什么 CFTR 有囊性纤维化跨膜传导调节子名字.

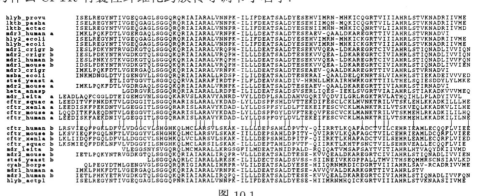

图 10.1

我们已经通过从未知序列开始进行数据库搜索了解到相当多生物学. 如果 CFTR 不是仅与这一族的一个成员相似或这个相似性不是 ATP 的结合点, 那么这些强有力的结论不会这么容易得到. 对我们的比对仍然可以提出一些麻烦的分析问题. 本质上, 用一个序列与 r 个序列执行 $r-1$ 次局部比对, 如果这些局部比对沿初始序列散开会怎样? 即使用当前的比对, 如果我们从这个族的另一个成员开始, 还会得到同样的比对吗? 在更好的 "全面" 比对中一些东西会改变这个结果吗? 这些困难的问题是这一章的动因.

10.2 r 维的动态规划

假设我们有 r 个序列

$$
\begin{aligned}
\boldsymbol{a}_1 &= a_{11}a_{12}\cdots a_{1n_1}, \\
\boldsymbol{a}_2 &= a_{21}a_{22}\cdots a_{1n_2}, \\
&\ \vdots \\
\boldsymbol{a}_r &= a_{r1}a_{r2}\cdots a_{1n_r}.
\end{aligned}
$$

在下面三节中研究距离比对, 必须有函数 $\rho : \{\mathcal{A}\cup\{-\}\}^r \to R$.

前面的动态规划算法的简单推广用来寻找 r 个序列间的最小距离就足够了. 通过插入 "–" 序列得到比对 $\boldsymbol{A}$, 并得到构形

$$
\begin{array}{ccc}
a_{11}^* a_{12}^* \cdots a_{1L}^* \\
\vdots \quad \vdots \qquad \vdots \\
a_{r1}^* a_{r2}^* \cdots a_{rL}^*,
\end{array}
$$

并且

$$
D(\boldsymbol{a}_1, \boldsymbol{a}_2, \cdots, \boldsymbol{a}_r) = \min_{\boldsymbol{A}} \sum_{i=1}^{L} \rho(a_{1i}^*, a_{2i}^*, \cdots, a_{ri}^*).
$$

定义 $D_{i,j,\cdots,l} = D(a_{11}\cdots a_{1i}, a_{21}\cdots a_{2j}, \cdots, a_{r1}\cdots a_{rl})$. 与两个序列情况下完全同样的逻辑给出

$$
D_{i,j,\cdots,l} = \min_{\varepsilon \neq 0}\{D_{i-\varepsilon_1, j-\varepsilon_2, \cdots, l-\varepsilon_r} + \rho(\varepsilon_1 a_{1i}, \varepsilon_2 a_{2j}, \cdots, \varepsilon_r a_{rl})\},
$$

此处 $\varepsilon_i \in \{0,1\}$ 且

$$
\varepsilon \cdot a = \begin{cases} a, & \varepsilon = 1, \\ -, & \varepsilon = 0. \end{cases}
$$

注意, 这个算法要求过多的时间 $O\left(2^r \prod_{i=1}^{r} n_i\right) = O(n^r 2^r)$ 和空间 $O\left(\prod_{i=1}^{r} n_i\right) =$

$O(n^r)$. 在合理的时间和空间内解决实际问题的考虑是这一章的动机.

有几种方法构造 ρ. 假设在 $\mathcal{A}$ 上给出逐对距离 d, 一个有吸引力的想法是选择与现有字母最近的一个,

$$\rho(a_1, a_2, \cdots, a_r) = \min_{\alpha \in \mathcal{A}} \sum_{i=1}^{r} d(a_i, \alpha),$$

最小化 α 类似于 "重心" 字母.

10.2.1 减小容积

10.2 节中的目标函数是对已比对的字母使 $\rho(a_1, a_2 \cdots a_r)$ 的和最小化. 曾建议函数 ρ 能够由 $d(\cdot, \cdot)$ 形式构造, 根据

$$\rho(a_1, a_2, \cdots, a_r) = \min_{\alpha \in \mathcal{A}} \sum_{i=1}^{r} d(a_i, \alpha).$$

这本质上是选择每个字母, 使之与公共祖先突变距离之和最小. 计算最优比对的方法远不只一个, 下面介绍另一个打分模式.

对于比对 $\boldsymbol{A}$, 定义

$$\begin{aligned}
a_1^* &= a_{1,1}^* a_{1,2}^* \cdots a_{1,L}^*, \\
a_2^* &= a_{2,1}^* a_{2,2}^* \cdots a_{2,L}^*, \\
&\vdots \\
a_r^* &= a_{r,1}^* a_{r,2}^* \cdots a_{r,L}^*.
\end{aligned}$$

比对 $\boldsymbol{A}$ 成对打分 (SP) 和是

$$C(\boldsymbol{A}) = \sum_{i<j} \left(\sum_{l=1}^{L} d(a_{i,l}^*, a_{j,l}^*) \right) = \sum_{i<j} C(\boldsymbol{A}_{i,j}).$$

$C(\boldsymbol{A})$ 定义为 $\boldsymbol{A}$ 的成对比对打分之和, 而 $C(\boldsymbol{A}_{i,j})$ 是单个 $i-j$ 比对的打分. 假设 $\boldsymbol{B}$ 是最优 SP 比对, 则有 $C(\boldsymbol{B}) = \min_{A} C(\boldsymbol{A})$. 我们要求数 C' 满足 $C' \geqslant C(\boldsymbol{B})$, 则

$$\begin{aligned}
C' \geqslant C(\boldsymbol{B}) &= \sum_{i<j} C(\boldsymbol{B}_{i,j}) = C(\boldsymbol{B}_{x,y}) + \sum_{\substack{i<j \\ ij \neq xy}} C(\boldsymbol{B}_{i,j}) \\
&\geqslant \sum_{\substack{i<j \\ ij \neq xy}} D(\boldsymbol{a}_i, \boldsymbol{a}_j) + C(\boldsymbol{B}_{x,y}) \\
&= \sum_{i<j} D(\boldsymbol{a}_i, \boldsymbol{a}_j) + (C(\boldsymbol{B}_{x,y}) - D(\boldsymbol{a}_x, \boldsymbol{a}_y)),
\end{aligned}$$

所以

$$\left(C' - \sum_{i<j} D(\boldsymbol{a}_i, \boldsymbol{a}_j)\right) \geqslant C(\boldsymbol{B}_{x,y}) - D(\boldsymbol{a}_x, \boldsymbol{a}_y). \tag{10.1}$$

这个方程提供了关于成对打分 $C(\boldsymbol{B}_{x,y})$ 的界.

通过贪婪算法由成对比对构造多重比对能够找到常数 C'. 这种最简单的算法固定有最小距离序列 $i-j$ 对的比对. 剩下的对 (不是 $i-j$) 中, 最小距离成对比对是固定的. 如果这个对的每个成员已经在一个固定的比对中, 则这个新的固定比对加入到这两个已比对的组中. 这很少产生最优的比对, 可是所得的多重比对打分 C' 是一个上界.

这给 SP 比对到 $x-y$ 序列投影的路的打分的一个上界. 怎样利用方程 (10.1) 的界? 我们的算法能够容易地计算通过 $(a_{x,i}, a_{y,j})$ 的任何比对的最好打分,

$$\text{Best}(x, i; y, j) = D(a_{x,1} \cdots a_{x,i-1}, a_{y,1} \cdots a_{y,j-1}) + d(a_{x,i}; a_{y,j})$$
$$+ D(a_{x,n_x} \cdots a_{x,i+1}, a_{y,n_y} \cdots a_{y,j+1}).$$

对这个矩阵的 $\binom{r}{2}$ 个面的每一个, 如 $x-y$ 面, 求所有 (i,j)(即 (x,i) 和 (y,j)), 使

$$C' - \sum_{i<j} D(\boldsymbol{a}_i, \boldsymbol{a}_j) \geqslant \text{Best}(x, i; y, j) - D(a_{x,1} \cdots a_{x,i}, a_{y,1} \cdots a_{y,j}).$$

这将给出在那个面内的 $(x,i), (y,j)$ 的界. 当考虑到所有 $\binom{r}{2}$ 个面的限制时, 通过 r 维矩阵的路必位于这个交上, 这使要算的 r 维容积的显著减小.

10.3　加权平均序列

现在我们看一下多重序列比较的几何. 这些几何看作线几何, 因为任意两个点 (序列) 在度量空间中用一条直线连接. 这个几何有非常不同于欧几里得几何的性质. 现在还没有很好的理解. 在测地几何中, 像我们研究的空间看成直线. 我们利用这些技术讨论几个序列比对问题. 一个有用的应用是两个序列集合比对的方法, 这两个集合中的每一个都已经比对过. 虽然, 对未知关系的 r 个序列的最优比对没有多大希望, 如果这 r 个序列通过二元树彼此相关, 那么可以用几何提示的启发性的方法用 $O(rn^2)$ 步将它们比对.

为此目的, 要求序列的新的又简单的概念以及序列的字母上的一组特殊的度量. 首先, 如果原来的序列是字符集 $\mathcal{A}$ 上的有限词, 定义平均权重序列是有限序列 $\boldsymbol{a} = a_1 a_2 \cdots a_n$, 此处每个 a_i 有形式 $a_i = (p_0, p_1, \cdots,)$, $p_i \geqslant 0$ 且 $\sum_{i \geqslant 0} p_i = 1$. 如果 p_i

对应 A 的第 i 个字母的比率, p_0 对应 "–" 的比率, 求出在给定位置上已比对字母的统计, 那么容易将通常的序列翻译成加权平均序列. 字符 "–" 想象为一空档, 若它在一个序列中出现, 表明它是所在序列的一个删除, 或者它被比对的另一个序列中的一个插入. 处理多个间隔是非常困难的, 我们只能逐个位置查看.

这里有许多可能的方法去比较两个字符 $a = (p_0, p_1, \cdots,)$ 和 $b = (q_0, q_1, \cdots,)$. 在此, 我们只计算

$$d(a, b) = \left(\sum w_i |p_i - q_i|^\alpha \right)^{1/\alpha},$$

此处 w_i 是权重因子, 而 $\alpha \geqslant 1$ 是一个常数. 众所周知, d 是字符集合上的一种度量.

为了计算两个加权平均序列之间的全局距离 $D(\boldsymbol{a}, \boldsymbol{b})$, 使用通常的动态规划算法, 此处 $\boldsymbol{a} = a_1 a_2 \cdots a_n$, $\boldsymbol{b} = b_1 b_2 \cdots b_m$. 如果

$$D_{i,j} = D(a_1 \cdots a_i, b_1 \cdots b_j), \quad D_{0,j} = D(-, b_1 \cdots b_j),$$
$$D_{i,0} = D(a_1 \cdots a_i, -), \quad D_{0,0} = 0,$$

则

$$D_{i,j} = \min\{D_{i-1,j} + d(a_i, -), D_{i-1,j-1} + d(a_i, b_j), D_{i,j-1} + d(-, b_j)\}.$$

整个过程中, 当用作字符时, $-= (1, 0, \cdots)$, 当用作序列时, $-=- -\cdots$. 当然 $D_{m,n} = D(\boldsymbol{a}, \boldsymbol{b})$.

对于 $\boldsymbol{a}$ 和 $\boldsymbol{b}$ 的最优比对, 定义 $c(\lambda) = \lambda \boldsymbol{a} \oplus (1-\lambda)\boldsymbol{b}$, 此处 $c_i(\lambda) = \lambda a_i^* + (1-\lambda)b_i^*$, 而且最后一个 "+" 号是矢量加法. 在 $\lambda = 1/2$ 场合, $c(1/2)$ 是 $\boldsymbol{a}$ 和 $\boldsymbol{b}$ 最优比对中 a_i^* 和 b_i^* 相等的权, 并且沿这一方面可以展示更多的东西. 定理 10.1 叙述所得的度量空间是线几何.

定理 10.1　设 $c(\lambda) = \lambda \, \boldsymbol{a} \oplus (1-\lambda)\boldsymbol{b}$, 则

$$D(\boldsymbol{a}, \boldsymbol{b}) = D[\boldsymbol{a}, \boldsymbol{c}(\lambda)] + D[\boldsymbol{b}, \boldsymbol{c}(\lambda)], \quad D[\boldsymbol{a}, \boldsymbol{c}(\lambda)] = (1-\lambda)D(\boldsymbol{a}, \boldsymbol{b}).$$

证明　回忆 a_i^* 和 b_i^* 是 $\boldsymbol{a}$ 和 $\boldsymbol{b}$ 最优比对中比对的字符

$$D[\boldsymbol{a}, \boldsymbol{c}(\lambda)] \leqslant \sum_{i=1}^{L} d[a_i^*, c_i(\lambda)]$$
$$= \sum_{i=1}^{L} \left[\sum_j w_j |p_j - [\lambda p_j + (1-\lambda)q_j]|^\alpha \right]^{1/\alpha}$$
$$= (1-\lambda) \sum_{i=1}^{L} d(a_i^*, b_i^*) = (1-\lambda)D(\boldsymbol{a}, \boldsymbol{b}).$$

用同样方法, $D[\boldsymbol{c}(\lambda), \boldsymbol{b}] \leqslant D(\boldsymbol{a}, \boldsymbol{b})$ 和 $D[\boldsymbol{a}, \boldsymbol{c}(\lambda)] + D[\boldsymbol{c}(\lambda), \boldsymbol{b}] \leqslant D(\boldsymbol{a}, \boldsymbol{b})$. 这个三角不等式推出不等式中每一个都是等式.　　■

系 10.1 设 $c(\lambda)$ 是对所有 λ 由 a 和 b 的同样最优比对定义的, 则

$$D[c(\lambda_1), c(\lambda_2)] = |\lambda_1 - \lambda_2| D(a, b).$$

证明 首先注意到如果 $\lambda_1 \geqslant \lambda_2$,

$$D[c(\lambda_1), b] = \lambda_1 D(a, b), \quad D[c(\lambda_2), b] = \lambda_2 D(a, b)$$

和

$$D(c(\lambda_1), \ c(\lambda_2)) + D(c(\lambda_2), b) \geqslant D(c(\lambda_1), b),$$

所以 $D(c(\lambda_1), \ c(\lambda_2)) \geqslant D(c(\lambda_2), b) - D(c(\lambda_1), b) = (\lambda_1 - \lambda_2) D(a, b)$. 又因为 $c(\lambda_1)$ 和 $c(\lambda_2)$ 由同样的最优 $a - b$ 比对定义, 所以

$$D(c(\lambda_1), c(\lambda_2)) \leqslant \sum_{i=1}^{L} d(c_i(\lambda_1), c_i(\lambda_2)) = (\lambda_1 - \lambda_2) D(a, b). \quad \blacksquare$$

这个定理蕴含能够找到加权平均序列代表两个序列间线段上任一点. 虽然这个定理的逆不成立, 但它有一个坐标乘坐标的版本.

定理 10.2 如果 c 满足 $D(a, c) + D(c, b) = D(a, b)$, 则对每个 a 和 b 的最优比对有

$$c_i = \lambda_i a_i^* + (1 - \lambda_i) b_i^*.$$

证明 通过插入 $\dfrac{\varnothing}{\varnothing}$ 到最优的 a, c 和 c, b 比对中, 可假定这些比对长度相等,

$$a_1^* a_2^* \cdots a_L^*,$$
$$c_1^* c_2^* \cdots c_L^*,$$
$$c_1^* c_2^* \cdots c_L^*,$$
$$b_1^* b_2^* \cdots b_L^*.$$

因为 $D(a, b) = D(a, c) + D(c, b)$ 所蕴含的 a, b 比对是最优的, 而且 $d(a_i^*, b_i^*) = d(a_i^*, c_i^*) + d(c_i^*, b_i^*)$, 由此可得结论. $\quad \blacksquare$

此时, 可以猜想立即得到多于两个序列的几何. 不幸的是, 即使三个序列的几何性质也远不简单. 设 a_1, a_2 和 a_3 是给定的序列, 对于 $\lambda \in [0, 1]$, 定义 $b(\lambda) = \lambda a_1 \oplus (1 - \lambda) a_2$, 和 $c(\lambda) = \lambda a_1 \oplus (1 - \lambda) a_3$. 此时 $D(b(1), \ c(1)) = 0$, 并且 $D(b(0), c(0)) = D(a_2, a_3)$. 如果 a_1, a_2, a_3 在平面上形成一个三角形, $D(b(\lambda), c(\lambda)) = (1 - \lambda) D(a_2, a_3)$ 将成立. 这个方程仅在 $\lambda = 0, 1$ 时成立 (图 10.2).

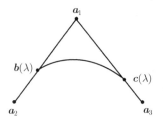

图 10.2 $D(b(\lambda), c(\lambda)) > (1 - \lambda)D(a_2, a_3)$

如果所有序列等长, 并且删除的权重足够大, 那么在任何比对中第 i 列由原序列的第 i 成员构成. 在这个极端场合下, 所得的线几何是欧几里得的.

现在, 我们转到考虑 r 个序列的算法, 此处 $r \geqslant 3$. 这些想法对于 r 个未知其关系的序列比对似乎没给出实用的方法的建议. 然而, 当假定这些序列与二元树相关, 比对 r 个序列问题确实有一个实用启发性解. 我们首先处理一个简单又重要的问题.

10.3.1   比对的比对

假设用某种方法已经将两组序列 $a_1, a_2, \cdots, a_k$ 和 $b_1, b_2, \cdots, b_l$ 进行了比对. 每一个这种比对可容易做成加权平均序列 a_* 和 b_*. 度量 $D(\cdot, \cdot)$ 可被用来比对这些比对. 注意, 由任何比对可以形成 $\lambda a_* \oplus (1 - \lambda) b_*$ 序列给出 $D(a_*, b_*)$, 但是所包含的序列数, k, l 对计算 $D(a_*, b_*)$ 的复杂性没有影响.

10.3.2   序列的重心

考虑三个序列 a_1, a_2 和 a_3. 设它们之间由图 10.3(a) 的树相关联, 此处 a_1 和 a_2 是最近的邻居. 于是, $e_2 = 1/2\, a_1 \oplus 1/2 a_2$ 占据 a_1 和 a_2 之间线段中点. 如果所有距离有欧几里得几何性质. 重心是在中点 e_2 和 a_3 连线的中间点, 距 a_3 三分之二长, 距 e_2 三分之一长, 所以, 所求序列是 $e_3 = 1/3 a_3 \oplus 2/3[e_2]$. 这个算法推广到 r 个序列, 也可使用其他权重.

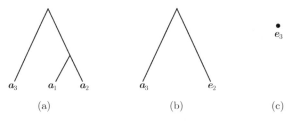

图 10.3   (a) 三个序列; (b) $e_2 = \dfrac{1}{2a_1} \oplus \dfrac{1}{2a_2}$ 代替 a_1, a_2; (c) $e_3 = \dfrac{1}{3a_3} \oplus \dfrac{2}{3e_2}$

10.4 轮 廓 分 析

10.3 节包含三个非常实用的思想. 首先, 这个方案的想法是取多重比对位置中的所有数据和综合概率矢量序列的信息. 为明显起见, 取多重序列 $\boldsymbol{A}$,

$$
\begin{aligned}
\boldsymbol{a}_1 &= a_{11}^* a_{12}^* a_{1L}^*, \\
\boldsymbol{a}_2 &= a_{21}^* a_{22}^* a_{2L}^*, \\
&\vdots \\
\boldsymbol{a}_r &= a_{r1}^* a_{r2}^* a_{rL}^*,
\end{aligned}
$$

并对 $l \in \mathcal{A}$ 和 $l \leqslant j \leqslant L$, 设

$$
\rho_{jl} = \sum_{i=1}^r \frac{\boldsymbol{I}\{a_{i,j}^* = l\}}{r} = \frac{n_{jl}}{r},
$$

像 10.3.2 小节那样对于这个定义中的单个序列加权是可能的. 如果 $\boldsymbol{p}_j = (p_{j0}, p_{j1}, \cdots)$, 则比对 $\boldsymbol{A}$ 产生加权平均序列 $\boldsymbol{p}_1 \boldsymbol{p}_2 \cdots \boldsymbol{p}_L$. 此处, 稍微滥用记号, 取 $\mathcal{A} = \{0, 1, \cdots\}$, $0 \equiv$ "–". 前一节的第二个思想是如果在 $\boldsymbol{a} = (p_0, p_1, \cdots)$ 和 $\boldsymbol{b} = (q_0, q_1, \cdots)$ 上有距离或相似函数 $d(\boldsymbol{a}, \boldsymbol{b})$ 和 $s(\boldsymbol{a}, \boldsymbol{b})$, 则对两个序列的各种动态规划算法可用于多重序列比对. 最后, 如果序列间关系是树, 成对比对算法可用来产生一个多重比对.

在这一节, 我们描述这种思想的最富有成果的实现方法, 称之为轮廓分析. 在轮廓分析中, 目标是使用一组相关序列的多重比对在数据库中搜索这个族的更多的例子. 为了成功, 这个方法应该搜索这个族的更多的例子比用这个比对的任何单个成员的搜索有较少的假正. 虽然, 这些简单方法有明显的丢失比对中的某些信息的缺点, 然而被证明是相当有效的.

其次, 我们描述怎样比对轮廓 $P = \boldsymbol{p}_1 \boldsymbol{p}_2 \cdots \boldsymbol{p}_L$ 和序列 $\boldsymbol{b} = b_1 b_2 \cdots b_m$, 此处, $\boldsymbol{p}_j = (p_{j0}, p_{j1}, \cdots)$. 假定相似性 s 定义在 $\mathcal{A}^2$ 上. 在位置 j 上的字母 b 的相似性 $\hat{s}$ 定义为

$$
\hat{s}(\boldsymbol{p}_j, \boldsymbol{b}) = \sum_{l \in \mathcal{A}} s(l, b) p_{i,j},
$$

它恰是 $s(A, \boldsymbol{b})$ 在 $\boldsymbol{p}_j$ 下的期望. 对数似然赋权也很普通, 此处

$$
\hat{s}(\boldsymbol{p}_j, \boldsymbol{b}) = -\sum_{l \in \mathcal{A}} s(l, \boldsymbol{b}) \log(\max\{p_{i,j}, \Delta\}),
$$

此处 $\Delta > 0$ 可被选定为 $1/r$ 以避免 $\log(0)$. 显然, 没有什么能避免关于这个简单主题的更大范围的变化.

$\hat{s}(\boldsymbol{p}_j, \boldsymbol{b})$ 的讨论不包含删除和插入. 轮廓的某些位置可能比其他位置更本质, 所以我们自然考虑依赖位置的插入删除权重, 至少对这个轮廓序列如此. 定义序列插入删除函数为 $g_{\mathrm{seq}}(k) = \alpha + \beta(k-1)$, 并且轮廓插入删除函数定义为, 对在 $\boldsymbol{p}_i$ 处初始插入删除惩罚 $-\gamma_i$, 通过 $\boldsymbol{p}_i$ 扩展一个插入删除惩罚 δ_i(见 9.3.2 小节).

为特殊起见, 我们选择求轮廓 P 与序列 $\boldsymbol{b} = b_1 b_2 \cdots b_m$ 最好 (相似性) 吻合的动态规划算法. 在 9.5 节我们叙述这个算法的改造, 用来求解这个问题. 我们从 $T_{0,j} = 0, 0 \leqslant j \leqslant m$ 和 $T_{i,0} = g_{\mathrm{pro}}(i) = \gamma_i + \sum_{k=2}^{i} \delta_k$ 开始, 然后

$$E_{i,j} = \max\{T_{i,j-1} - \alpha, E_{i,j-1} - \beta\},$$

$$F_{i,j} = \max\{T_{i-1,j} - \gamma_i, F_{i-1,j-1} - \delta_i\}$$

及

$$T_{i,j} = \max\{T_{i-1,j-1} + \hat{s}(\boldsymbol{p}_i, b_j), E_{i,j}, F_{i,j}\}.$$

对于在轮廓和序列中与位置相关的间隔, 这给出具有打分 $T(p, \boldsymbol{b}) = \max\{T'_{L,j} : 1 \leqslant j \leqslant m\}$ 的最好比对. 如果要求局部和整体比对, 对第 9 章进行适当的改变给出所要求的算法.

10.4.1　统计意义

轮廓分析用于搜索数据库, 统计意义论点的出现是自然的. 当使用序列和轮廓作成一个局部比对, 那么第 11 章的结果是适用的. 可用 Poisson 近似给出统计数字的出色的估计. 很有趣的其他情况是轮廓吻合序列, 这可用 10.4 节中 $T(p, \boldsymbol{b})$ 算法计算.

为了数学上的原因, 同时也为了便于阐述, 我们不允许插入删除. 在有插入删除情况下, 必须使用模拟估计极限分布. 在这种情况下, 打分 $T(p, \boldsymbol{b})$ 作为重叠和的极大值容易计算. 取 $\boldsymbol{b} = b_1 b_2 \cdots b_{L+n-1}$,

$$T(p, \boldsymbol{b}) = \max\left\{\sum_{k=1}^{L} \hat{s}(\boldsymbol{p}_k, b_{j+k-1}) : 1 \leqslant j \leqslant n\right\}.$$

对于具有独立同分布字母的随机序列 $\boldsymbol{B} = B_1 B_2 \cdots B_{L+n-1}$, 我们对打分 $T(P, \boldsymbol{B})$ 的分布感兴趣. 有一个容易的启发. 每一个打分 $X_j = \sum_{k=1}^{L} \hat{s}(\boldsymbol{p}_k, B_{j+k+1})$ 是 L 个独立随即变量之和. 如果 $\boldsymbol{p}_k$ 行为良好, 如是等同的, 根据中心极限定理, 每个 X_k 将有近似正态分布 (μ, δ^2). 这要求 L 适度得大. 此外, 如果 $|j - k| \geqslant L$, X_j 和 X_k 是

独立的. 这称为 L 相关. n 个 L 相关正态分布的极大值, 适当正态化, 具有分布函数 $\mathrm{e}^{-\mathrm{e}^{-x}}$ 的渐近极值分布. 这个过程是 $Y_i = (X_i - \mu)/\sigma, i = 1, 2, \cdots, n$, 则

$$M_n = \max\{Y_i : 1 \leqslant i \leqslant n\}.$$

令 $a_n = (2\log n)^{1/2}$ 和 $b_n = (2\log n)^{1/2} - 1/2(2\log n)^{-1/2}(\log\log n + \log 4\pi)$. 下面是标准的定理:

定理 10.3(极值)　设 $X_1 X_2 \cdots X_n$ 是独立同正态分布 (μ, σ^2), 并定义 $Y_1, \cdots, Y_n, M_n, a_n$ 和 b_n 如上, 则

$$\lim_{n \to \infty} \boldsymbol{P}(a_n(M_n - b_n)) = \mathrm{e}^{-\mathrm{e}^{-x}}.$$

这给出一个快速和实用的给 $T(P, \boldsymbol{B})$ 值的一个统计意义的方法.

10.5　通过隐 Markov 模型比对

加权平均序列, 特别是轮廓分析从给定的多重比对开始产生一个抓住这多重比对的统计细节的序列, 然后, 能够利用加权平均序列去发现属于这个多重比对的更多的序列, 代替使用加权平均序列和轮廓分析去发现新序列. 在这一节中, 我们将这个想法转过来, 并问是否能用加权平均序列改进多重比对, 而这些加权平均序列是由这个多重比对得出. 朴素的做法如下:

取比对的 $\boldsymbol{a}_1, \boldsymbol{a}_2, \cdots, \boldsymbol{a}_r$ 作为 $\boldsymbol{A}_1$, 然后由 $\boldsymbol{A}_1$ 产生广义序列 $\boldsymbol{p}_1 \boldsymbol{p}_2 \cdots \boldsymbol{p}_L$. 如果每个序列 $\boldsymbol{a}_1 \boldsymbol{a}_2 \cdots \boldsymbol{a}_r$ 与 $\boldsymbol{p}_1 \boldsymbol{p}_2 \cdots \boldsymbol{p}_L$ 比对, 得到一个新的多重比对 $\boldsymbol{A}_2$. 然后能推出一个新的加权平均序列. 这个过程继续直到这个比对稳定.

更成熟的处理证明是有效的. 假定每个序列 $\boldsymbol{a}_1 \boldsymbol{a}_2 \cdots \boldsymbol{a}_r$ 是由称为隐 Markov 模型 (HMM) 的统计模型产生. 这是意味着有一个 "隐"Markov 过程产生这个序列. 这个比对方法的轮廓由下面算法给出:

1. Choose an initial model (i.e., HMM).
2. Align each sequence $\mathbf{a}_i, 1 \leqslant i \leqslant r$, to the model.
3. Reestimate the parameters of the model.
4. Repeat steps 2 and 3.

应该强调指出, 对于涉及到树结构进化产生的序列 Markov 模型很少给出正确的模型. 对于这些题目的讨论见第 14 章. 虽然如此, 对多重比对的启发, HMM 比对常常是有用的.

现在, 详细地描述 HMM. HMM 是具有开始状态 0(BEGIN) 和终止状态 (END) 的有限 Markov 链. 称为匹配状态 $m_k, k = 1$ 到 L 的 L 个状态对应于多重比对的

位置. BEGIN 状态是 m_0, END 状态是 m_{L+1}. 在匹配状态 m_k, 以概率 $\boldsymbol{P}(a|m_k)$ 生成字母 $a \in \mathcal{A}$. 也有插入状态 i_k, 以概率 $\boldsymbol{P}(a|i_k)$ 插入额外的字母. 最后, 有删除状态 d_k, 它意味着在位置 k 处删除氨基酸. 在这种场合, HMM 在位置 k 处不产生字母. 当然, 在这个观察序列中那一个位置产生给定字母的信息被隐蔽. 两个状态间的转移总结如下:

对于 $k = 0, 1, \cdots,$

$$m_k \to d_{k+1}, i_k, m_{k+1}, \quad d_k \to d_{k+1}, i_k, m_{k+1}, \quad i_k \to d_{k+1}, i_k, m_{k+1}.$$

这些转移由转移概率, 如 $\boldsymbol{P}(i_k|m_k)$ 来概括. 当状态序列是 $y_0, y_1, \cdots, y_N, y_{N+1}$ 及 $y_0 = m_0 =$ BEGIN 和 $y_{N+1} = m_{L+1} =$ END 时, 特殊情况在结束状态发生. 因为状态 $m_{L+1} =$ END 是吸收状态, 如图 10.4 所示.

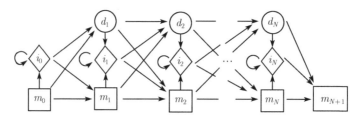

图 10.4　隐 Markov 模型

状态序列 $m_0 = y_0, y_1, \cdots, y_N, y_{N+1} = m_{L+1}$ 产生字母序列 $x_1 x_2 \cdots x_M$, 当然, 这里 $M \leqslant N$. 当 y_i 是一个匹配或插入状态, 并且有相对应的字母, 设 $l(i)$ 是由状态 y_i 产生字母的在 $x_1 x_2 \cdots x_M$ 中的下标. 状态序列 $\boldsymbol{y} = y_0, y_1, \cdots, y_N, y_{N+1}$ 和字母 $\boldsymbol{x} = x_1 x_2 \cdots x_M$ 的概率是

$$\boldsymbol{P}(\boldsymbol{x}, \boldsymbol{y}) = \boldsymbol{P}(m_{L+1}|y_N) \prod_{k=0}^{N-1} \boldsymbol{P}(y_{k+1}|y_k) \boldsymbol{P}(x_{l(k)}|y_k), \tag{10.2}$$

此处 $\boldsymbol{P}(x_{l(k)}|y_k = d_k) \equiv 1$. 序列 $\boldsymbol{x} = x_1 x_2 \cdots x_M$ 的概率是在能产生这个序列的所有状态序列上的和,

$$\boldsymbol{P}(\boldsymbol{x}) = \sum_{\boldsymbol{y}} \boldsymbol{P}(\boldsymbol{y}, \boldsymbol{x}) \tag{10.3}$$

在我们所描述的模型中, 大约有 $(9 + 2|\mathcal{A}|)(L + 1)$ 个参数. 对氨基酸序列 $|\mathcal{A}| = 20$ 和 $L = 50$ 大约有 2500 个参数. 由于我们的目标是通过估计 HMM 来估计比对, 这有令人生畏的参数个数. 我们仍然进行寻找使 $\boldsymbol{P}$(序列 | 模型) 最大化的模型. 如果我们对模型加上优先级, 利用 Bayes 定理得到

$$\boldsymbol{P}\,(模型 \mid 序列) = \frac{\boldsymbol{P}\,(模型 \mid 序列)\,\boldsymbol{P}\,(模型)}{\boldsymbol{P}\,(序列)}.$$

可是, 这里我们不继续讨论它, 而去寻求最大似然模型.

回顾方程 (10.3) 给出由给定模型产生序列 $\boldsymbol{x}$ 的概率,

$$\boldsymbol{P}(\boldsymbol{x}) = \sum_{\boldsymbol{y}} \boldsymbol{P}(\boldsymbol{y}, \boldsymbol{x}) \quad \text{或} \quad \boldsymbol{P}(\boldsymbol{x}|\text{模型}) = \sum_{\boldsymbol{y}} (\boldsymbol{P})(\boldsymbol{y}, \boldsymbol{x}|\text{模型}).$$

假定 $\boldsymbol{a}_1, \boldsymbol{a}_2, \cdots, \boldsymbol{a}_r$ 都是独立的, 则

$$\boldsymbol{P}(\boldsymbol{a}_1, \boldsymbol{a}_2, \cdots, \boldsymbol{a}_r|\text{模型}) = \prod_{i=1}^{r} \boldsymbol{P}(\boldsymbol{a}_i|\text{模型}).$$

由于 $\boldsymbol{P}(\boldsymbol{a}|$ 模型$)$ 是在所有路上求和, 我们只选取有最大概率的路去近似它,

$$\boldsymbol{P}(\boldsymbol{a}|\text{模型}) \approx \max\{\boldsymbol{P}(\boldsymbol{a}, \boldsymbol{y}|\text{模型}) : \text{所有路 } \boldsymbol{y}\}.$$

求解这个新问题本质上是一个比对问题, 由下式求解:

$$\max_{\boldsymbol{y}} \log \boldsymbol{P}(\boldsymbol{a}|\text{模型}) = \max_{\boldsymbol{y}} \sum_{k=0}^{N} \{\log \boldsymbol{P}(y_{k+1}|y_k) + \log \boldsymbol{P}(x_{l(k)}|y_k)\}.$$

这正是依赖位置的比对问题, 用 9.3.2 小节中动态规划方法容易解决.

现在, 详细地描述我们已构画的比对方法.

算法 10.1(HMM 比对)

1. Choose an initial model. If no prior information is available, make all transition equally likely.

2. Use dynamic programming to find the maximum likelihood path for each sequence $\boldsymbol{a}_1, \boldsymbol{a}_2, \cdots, \boldsymbol{a}_r$.

2′. Collect the count statistics:
$$n(y) = \#\text{paths through state } y,$$
$$n(y'|y) = \#\text{paths that have } y \to y',$$
$$m(a|y) = \#\text{times letter a was produced at state } y.$$

3. Reestimate the parameters of the model
$$\hat{\boldsymbol{P}}(y'|y) = \frac{n(y'|y)}{n(y)}, \quad \hat{\boldsymbol{P}}(a|y) = \frac{m(a|y)}{n(y)}.$$

4. Repeat steps 2′ and 3 until parameter estimates converge.

10.6　一致词分析

序列的动态规划分析是我们称为位置分析的一个例子. 在位置分析中, 我们关心是否将位置 i_j 匹配, $j = 1, \cdots, r$. 显然, 对于大的 r. 关于这个方法有几个局限

性. 例如, 如果 $r = 100$, 我们知道这些序列每个在正确位置上, 或通过向右位移一位而得到正确的位置, 那么有 $2^{100} \cong 10^{30}$ 种可能的构形. 通过模式分析去解决多重序列分析是可能的. 例如, 问是否某个 k 元组或它的最近邻域在所有序列出现. 这一节建立用模式分析的某些概念.

10.6.1   词分析

基本想法是关于模式或词 w 和词的邻域 $N(w)$. 在这一节中, 认为 w 是一个 k 元组, 虽然这不是必需的限制, 邻域由距离 (N_1) 相似性 (N_2) 或组合 (N_3) 来定义,

$$N_1(w) = \{w' : D(w, w') \leqslant e\},$$
$$N_2(w) = \{w' : S(w, w') \geqslant E\},$$
$$N_3(w) = \{w' : w' \text{ 和 } w \text{ 至多有 } d \text{ 个差异}\}.$$

在定义 N_3 中, "差异" 可定义为失配, 所以我们有

$$|N_3(w)| = \sum_{l=0}^{d} \binom{k}{l} 3^l,$$

此处字符集是 {A,C,G,T}. 如果差异包括插入删除, 但要稍微复杂一些. 对于 DNA 字符集, $|N(w)| \leqslant 4^k$ 总成立.

想法是鉴于 w 不带误差的出现可能不大经常, 它可能在很近的邻域出现. 定义目标函数, 令

$$S(w) = \sum_{i=1}^{r} \max\{S(w, w') : w' \subset \boldsymbol{a}_i\},$$

那么, 最好词的打分是

$$S = \max\{S(w) : \text{对所有 } w\}.$$

求 S 的代价似乎过高. 如果 $S(w, w')$ 成本是时间 c, 那么用 $4^k \sum_{i=1}^{r} (n_i - k + 1)c = 4^k r(n - k + 1)c$ 时间可以找到 S. 这比用任何用时间正比于 $\prod_{i=1}^{r} n_i = n^r$ 的方法用的时间少得多, 但是可以改进. 在研究这些序列之前, 可用不多于 $4^{2k}c$(经常用更少的时间) 的时间计算所有可能的 $S(w, w')$. 然后, 沿序列每一个词, 产生邻域 N, 当沿序列移动时, 我们能保持 4^k 个词的每一个的最好打分的记录. 序列分析之后, 累计的打分 $S(w)$ 可以被更新. 这个过程使用时间 $|N| \sum_{i=1}^{N} (n_i - k + 1) + 4^{2k}c$.

图 10.5 作为明显的例子, 我们给出了来自大肠杆菌的 8 个启动子序列. 在这些序列中在两个位置上有模式, 所谓 −10 和 −35 模式. 在图 10.6 中 $k = 6$, 并且

由 $1 - d/k$ 给匹配模式打分, 此处 $d = \#$ 失配数. 在我们的分析中, 称限制 $\mathcal{W}$, 一次被搜索的相邻的列数为窗宽. 在所有的位置上, 放置 $\mathcal{W}$. 这种搜索的复杂性是 $(n - \mathcal{W} + 1) \times r(\mathcal{W} - k + 1)N$, 此处 n 是公共序列长.

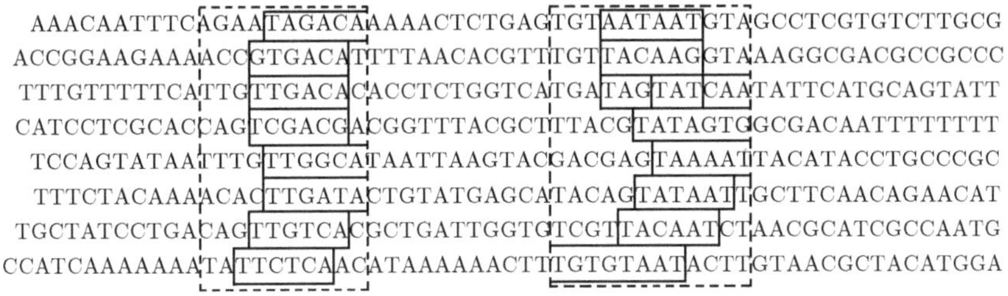

```
AAACAATTTCAGAATAGACAAAAACTCTGAGTGTAATAATGTAGCCTCGTGTCTTGCG
ACCGGAAGAAAACCGTGACATTTAACACGTTTGTTACAAGTAAAGGCGACGCCGCCC
TTTGTTTTTCATTGTTGACACACCTCTGGTCATGATAGTATCATATTCATGCAGTATT
CATCCTCGCACCAGTCGACGACGGTTTACGCTTTACGTATAGTGGCGACAATTTTTTTT
TCCAGTATAATTTGTTGGCATAATTAAGTACGACGAGTAAAATTACATACCTGCCCGC
TTTCTACAAACACAGTTGATACTGTATGAGCATACAGTATAATTGCTTCAACAGAACAT
TGCTATCCTGACAGTTGTCACGCTGATTGGTGTCGTTACAATCTAACGCATCGCCAATG
CCATCAAAAAAATATTCTCAACATAAAAAACTTTGTGTAATACTTGTAACGCTACATGGA
```

图 10.5 8 个大肠杆菌启动子序列

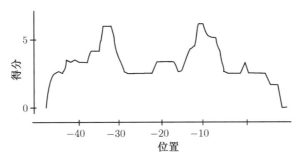

图 10.6 大肠杆菌启动子序列的一致分析

10.6.2 一致比对

一致词的思想可用于比对. 通过一致词在序列中的位置可定义它们之间的偏序如下: $w^{(1)} \prec w^{(2)}$, 如果词 $w^{(1)}$ 在序列中的出现 i, 在词 $w^{(2)}$ 出现的左边并且与 $w^{(2)}$ 不重叠, $i = 1, \cdots, r$. 最优比对 $\boldsymbol{A}$ 定义为满足

$$S(\boldsymbol{A}) = \max\left\{ \sum_i S(w_i) : w_1 \prec w_2 \prec w_3 \prec \cdots \right\}.$$

这个问题只有一种形式有直接的答案. 设 $w_1|w_2$ 表示在不重叠的窗口中找到的一致词,

$$R = \max\left\{ \sum_i S(w_i) : w_1|w_2|w_3|\cdots \right\}.$$

这可用动态规划方法求解, 设 W 是窗宽 (它最大可能是 $W = n$). 如果 R_i 是从第 1 列到第 i 列的打分,

$$R_i = \max\{R_j + S(w_{j,i}) : i - W + 1 \leqslant j \leqslant i\},$$

此处 $w_{j,i}$ 是从第 j 列到第 i 列的一致词.

10.6.3　更复杂的打分

蛋白序列的一致分析也是有意义的. 设 $s(i,j)$ 是 $\mathcal{A}$ 的打分矩阵, 则邻域

$$N(w) = \{w' : S(w,w') \geqslant E\},$$

即使简单打分 $w = w_1 w_2 \cdots w_k$ 和 $w' = w_1' w_2' \cdots w_k'$ 也是复杂的,

$$S(w,w') = \sum_{i=1}^{k} s(w_i, w_i').$$

这里计算这个序列的每个邻域是有用的, 因为 20^k 迅速增加以致 20^{2k} 的计算费用太大.

对每一个字母 $a \in \mathcal{A}$, 按 a 的递减打分给字符集排序, 那么在 20^k 种可能性的搜索中, 使用分支定界去限制要检验的词.

这些思想的变形原来在流行的搜索程序 BLAST 中是非常有用的. 定理 11.30 告诉我们, 蛋白序列的统计上有意义的局部匹配 (没有插入删除) 的最小打分 T, 然后, 这个序列用于产生所有打分为 T 或更多的词 W, 并且在数据库中搜索所有的恰好与 W 匹配的成员.

问　　题

问题 10.1　计算在每一列中只有一个不为 "–" 字母的多重比对的数目.

问题 10.2　定义 $N_3(w) = \{w' : w'$ 和 w 至多有 d 个一个字母插入删除的区别$\}$, 求 $|N_3(w)|$, 此处 w 是 $\{A,C,G,T\}$ 上的 k 元组.

问题 10.3　给定 $(\mathcal{A} \cup \{-\})^r$ 上的相似函数 $s(\cdot, \cdot, \cdots, \cdot)$, 给出局部动态规划算法的 r 序列推广. 时间和空间的复杂性如何?

问题 10.4　当 $c(\lambda_1)$ 和 $c(\lambda_2)$ 用不同最优比对定义, 给出系 10.1 的反例.

问题 10.5　对于 $1 > \lambda_1 \geqslant \lambda_2 > 0$. 设 $c(\lambda_i) = \lambda_i a \oplus (1 - \lambda_i) b_k$ $(i = 1, 2)$, 求 λ 使得

$$d(\lambda) = \lambda c(\lambda_1) \oplus (1 - \lambda) b, \quad D(c(\lambda_1), d(\lambda)) = (\lambda_1 - \lambda_2) D(a, b).$$

问题 10.6　在关于轮廓分析的 10.4 节中, 假定轮廓的头 i 个字母的最好删除有成本 $g_{\text{pro}}(i) = \gamma_1 + \sum_{k=2}^{i} \delta_k$, 这是由第一个字母开始的单个删除. 对最优 $g_{\text{pro}}(i)$ 的递归方程.

问题 10.7(基序 1)　对序列 $a = a_1 \cdots a_n$ 和序列集合 $\{b_1, \cdots, b_r\}$, 求计算

$$SM_1 = \max \left\{ \sum_k S(a_{i_k} \cdots a_{j_k}, b_{l_k}) : i_1 \leqslant j_1 \leqslant i_2 \leqslant j_2 < \cdots, l_k \in \{1, \cdots, r\} \right\}$$

的算法 (注意, 可能重复使用任何序列 b_i).

问题 10.8(基序 2)　我们要把序列拼接排到一起. 有若干序列集合 (下标 $k = 1, \cdots, m$) 每个集合有 r 个序列 (下标 $i = 1, \cdots, r$). 每个序到 b_{i_k} 有 l 个字母 (下标为 j). 通过每个集合选择一个序列, 有长为 lm 的 r^m 个序列. 关于 $SM_2 = \max\{S(a, b) : b$ 是 r^m 个序列之一$\}$的动态规划算法, 此处 $a = a_1 \cdots a_n$. 时间复杂性应是 $O(rnlm)$.

第11章 序列比对用到的概率和统计

本章我们研究序列和序列比较的概率方面的内容. 自从第一个序列确定之后, 关于大分子序列数据我们已经知道得很多. 由于进化保持这些分子的本质特征, 两个大分子间的重要的序列相似性显示出相关的功能和起源. 为此, 已经设计出第 9 章和第 10 章中所描述的计算机算法去确定相似序列或相似序列的位置. 相似性的计算机搜索可分为两类: 搜索已知的模式, 如血红蛋白族的模式或搜索与新近确定的序列间的未知关系.

这样提出统计问题是自然的. 科学家想寻找这些序列间的生物学上有意义的关系. 虽然, 统计意义对生物学意义来讲既非必要也非充分, 它却是一个很好的指示. 如果数据库中共有 5 万个序列, 我们必须有一个自动的方法从这些序列的搜索结果中排除所有序列, 而只保留有意义的结果. 搜索已知模式涉及到 5 万个比较. 搜索所有序列对包含 $\binom{50000}{2} \approx 1.3 \times 10^9$ 个比较. 无论哪种情况科学家都不想察看所有比较结果. 用统计意义或 p 值屏蔽是将结果分类的合理方法. 有许多情况, 朴素意义的统计计算会引入歧途, 所以重要的是要有一个 "严格的直观". 在学习这一章所包含的结果时, 希望读者能建立这种直观.

本章是围绕生物学问题来组织的: 全局序列比较、局部序列比较和由比对惩罚参数得到的统计行为. 本章中用到概率论中几个重要结果, 并且这些结果在后面几节中得到强调. 本章我们采用下列标准约定: 大写字母, 如 A_i 表示随机变量, 如来自 $\mathcal{A}$ 中的随机字母, 而 a_i 表示这个随机变量的值, 如一个特定的字母 $a_i \in \mathcal{A}$.

11.1 全 局 比 对

本节我们研究两个序列全局比较的概率方面问题. 为简单起见, 除非另有声明两个序列 $\boldsymbol{A} = A_1 A_2 \cdots A_n$ 和 $\boldsymbol{B} = B_1 B_2 \cdots B_m$ 由公共字符集独立同分布 (i.i.d.) 地抽取字母的组成.

回忆, 比对可由序列插入间隔 ("—") 得到, 所以

$$A_1 A_2 \cdots A_n \to A_1^* A_2^* \cdots A_L^*,$$

$$B_1 B_2 \cdots B_n \to B_1^* B_2^* \cdots B_L^*,$$

所以 $A_i^* \neq$ "—" 的子序列与 $A_1 A_2 \cdots A_n$ 一样. 那么, 带 $*$ 的序列有相同的长度, A_i^* 与 B_i^* 已比对. 在第 9 章讨论了达到最优比对的算法. 这里, 我们对打分的统计分布感兴趣, 而不关心怎样得到. 全局比对指在比对中每个序列的所有字母都必须考虑到的情况. 有两种类型的全局比对: 预先给定的比对和由最优性确定的比对.

11.1.1 给定的比对

在这一节, 假定给出具有序列

$$A_1 A_2 \cdots A_n,$$

$$B_1 B_2 \cdots B_n$$

的比对. 当然, 在这种情况下比对预先给定, 没有插入和删除. 尽管是一个例行公事, 没有多大生物学意义, 为了完整性, 我们给出这种比对打分的统计分布. 设 $s(A, B)$ 是实数值, 用

$$S = \sum_{i=1}^{n} s(A_i, B_i)$$

定义打分 S. 假定字符集 $\mathcal{A}$ 是有限的, 虽然这不是必要的限制.

定理 11.1 假设 $\boldsymbol{A} = A_1 A_2 \cdots A_n$ 和 $\boldsymbol{B} = B_1 B_2 \cdots B_n$, 其中, 字母 A_j 和 B_j 是独立同分布的. 定义 $S = \sum_{i=1}^{n} s(A_i, B_i)$, 则

(1) $\boldsymbol{E}(S) = n\boldsymbol{E}(s(A, B)) = n\mu$;

(2) $\mathrm{Var}(S) = n\mathrm{Var}(s(A, B)) = n\sigma^2$;

(3) $\lim\limits_{n \to \infty} \boldsymbol{P}\left(\dfrac{S - n\mu}{\sqrt{n}\sigma} \leqslant x\right) = \Phi(x) = \dfrac{1}{\sqrt{2\pi}} \int_{-\infty}^{x} \mathrm{e}^{-t^2/2} \mathrm{d}t,$

此处, $\Phi(x)$ 是标准正态分布的累积分布函数 (cdf).

证明 这是独立同分布随机变量和的一般结论. ∎

我们指出当 $s(a, b) \in \{0, 1\}$ 时, 则 S 是具有 $p = \boldsymbol{P}(s(A, B) = 1)$ 的二项式分布 $\mathcal{B}(n, p)$. 这个定理中独立同分布假设可以放宽, 可是这里我们不坚持这一点, 而是转到由最优性确定比对的更有意义的情况.

11.1.2 未知比对

上一节假设 $\boldsymbol{A} = A_1 A_2 \cdots A_n$ 和 $\boldsymbol{B} = B_1 B_2 \cdots B_m$ 是由独立同分布字母组成, 并且 $s(a, b)$ 是字母对上的实值函数. 将 $s(\cdot, \cdot)$ 推广到 $s(a, -)$ 和 $s(-, b)$, 使之包含删除. 现在比对的打分 S 是在所有可能比对上使其最大,

$$S = \max\left\{\sum_{i=1}^{L} s(A_i^*, B_i^*) : \text{所有比对}\right\}.$$

在大量的比对上最优化破坏了比对打分的经典的正态分布, 可是应用 Kingman 的次可加遍历定理和 Azuma-Hoeffding 引理将给出有趣的结果. 虽然可以给出 S 分布更多的分析, 但是距离开始完全理解还差得很远.

Kingman 定理

为了便于参考, 给出第 3 章中曾作为定理 3.1 出现的 Kingman 定理的叙述.

定理 11.2 (Kingman) 对非负整数 s 和 t, $0 \leqslant s \leqslant t$, 设 $X_{s,t}$ 是满足下列条件的随机变量的集合:

(1) 只要 $s < t < u$, $X_{s,u} \leqslant X_{s,t} + X_{t,u}$;

(2) $\{X_{s,t}\}$ 的联合分布与 $\{X_{s+1,t+1}\}$ 的分布一样;

(3) 期望 $h_t = \boldsymbol{E}[X_{0,t}]$ 存在, 并且对某个常数 K 和所有 $t \geqslant 1$ 满足 $h_1 \geqslant -Kt$,

则以概率 1 存在有限均值形式极限 $\lim\limits_{t \to \infty} X_{o,t}/t = \rho$.

11.1.3 比对打分的线性增长

回到比对打分, 再次回忆比对打分 S 是在所有可能比对上取最大:

$$S = \max \left\{ \sum_{i=1}^{L} s(A_i^*, B_i^*) : \text{所有比对} \right\}.$$

这里我们处理一般情况, 对于一般的非负的次可加函数 g, 长为 k 的删除由 $-g(k)$ 惩罚. 用 $-X_{s,t} = A_{s+1} \cdots A_t$ 对 $B_{s+1} \cdots B_t$ 的打分定义 $X_{s,t}$, 那么, 显然

$$-X_{s,u} \geqslant (-X_{s,t}) + (-X_{t,u}), \quad X_{s,u} \leqslant X_{s,t} + X_{t,u},$$

我们有 $h_t = \boldsymbol{E}(X_{0,t})$ 存在, 因为单个比对的期望存在, 并且 $-X_{0,t}$ 是有限个比对打分的极大值. 最后要核对的假设是对某个常数 K 和所有 $t > 1$ 有 $h_t \geqslant -Kt$. 令 $s^* = \max\{s(a,b) : a,b \in \mathcal{A}\}$. 显然

$$\boldsymbol{E}(-X_{0,t}) \leqslant \max\{ts^*, -2g(t)\} = t \max \left\{ s^*, \frac{-2g(t)}{t} \right\}.$$

如果 $s^* < -2g(t)/t$, 根据次可加性, $\lim(g(t)/t)$ 存在. 所以存在 K 满足 $h_t \geqslant -Kt$.

结论是 $\lim\limits_{t \to \infty}(-X_{0,t}/t) = \rho$, 这种均值形式收敛以概率 1 成立. 由 ρ 是与 A_i 和 B_i 的前 k 个值无关的这一事实得到 ρ 是一个常数. 所以, 最优比对打分随序列长度线性的增长. 显然, $\rho \geqslant \boldsymbol{E}(s(A, B))$. 我们已证明了下面的定理.

定理 11.3 假设 $\boldsymbol{A} = A_1 A_2 \cdots A_n$ 和 $\boldsymbol{B} = B_1 B_2 \cdots B_n$ 以及 A_i 和 B_i 独立同分布. 定义 $S_n = S(\boldsymbol{A}, \boldsymbol{B}) = \max \left\{ \sum s(A_i^*, B_j^*) : \text{所有比对} \right\}$, 则存在一个常数 $\rho \geqslant \boldsymbol{E}(s(A, B))$,

$$\lim_{n \to \infty} \frac{S_n}{n} = \rho$$

是以概率 1 成立并且是以均值收敛.

因此 $\lim\limits_{n\to\infty} S_n/n = \rho$ 几乎肯定成立, $\boldsymbol{E}(S_n)/n \to \rho$ 也同样.

在最简单的有意义的情况中, 字符集有两个一致分布的字母, 并且如果 $a \neq b$, $s(a,b) = 0, s(a,a) = s(b,b) = 1$ 插入删除惩罚函数 $g(k) = 0$. 具有最大打分的比对称为最长公共子序列, 并且 Chvatal 和 Sankoff 在 1975 年关于这个问题写过一篇讨论班文章. 尽管之后做过许多努力, ρ 仍然没有确定. 关于 S_n 的方差也知之甚少 (见下面定理 11.6). ρ 有界, $0.7615 \leqslant \rho \leqslant 0.8575$. 根据强大数定律, 无需比对, 匹配字母的比例是 $0.5 = \boldsymbol{E}(s(A,B))$.

11.1.4 Azuma-Hoeffding 引理

这个有用的结果也称为 Azuma-Hoeffding 不等式, 它给出大偏差的界或随机变量超出它平均值的指定量的概率. 它的证明虽然包含鞅, 可是是初等的. 设 $\mathcal{F}_0 \subseteq \mathcal{F}_1 \subseteq \cdots$ 是子 σ 代数的递增族, 以及 X_n 是关于 $\mathcal{F}_n$ 可测的随机变量. 如果①对所有 $n, \boldsymbol{E}|X_n| < \infty$, 以及② $\boldsymbol{E}(X_n|\mathcal{F}_{n-1}) = X_{n-1}, n \geqslant 1$, 则 $\{X_n\}_{n\geqslant 0}$ 称为鞅 (相对于 $\{\mathcal{F}_n\}$).

因为是有限集, 这些概念相当容易, 一个 σ 代数只不过是包含全集的集合的全体, 它在补和并运算下封闭. 条件期望 $\boldsymbol{E}(f|\mathcal{F})$ 是 $\mathcal{F}$ 上的可测函数 (在 $\mathcal{F}$ 的原子上是常数), 所以 $F \in \mathcal{F}$ 推出 $\boldsymbol{E}(\boldsymbol{I}_F f|\mathcal{F}) = \boldsymbol{I}_F(\boldsymbol{E}(f|\mathcal{F}))$. 下面引理要求有界递增的鞅.

引理 11.1 设 $X_0 = 0, X_1, X_2, \cdots$ 是关于 $\{\mathcal{F}_n\}$ 的鞅, 所以 $n \geqslant 1, X_{n-1} = \boldsymbol{E}(Y|\mathcal{F}_{n-1})$. 如果对某个正常数序列 $c_n, |X_n - X_{n-1}| \leqslant c_n$, 对于 $n \geqslant 1$, 则

$$\boldsymbol{E}(\mathrm{e}^{\beta X_n}) \leqslant \mathrm{e}^{\beta^2/2 \sum\limits_{k=1}^{n} c_k^2}.$$

证明 我们需要两个不等式, 第一个不等式是

$$\mathrm{e}^{\beta x} \leqslant \frac{c-x}{2c}\mathrm{e}^{-\beta c} + \frac{c+x}{2c}\mathrm{e}^{\beta c} \quad \text{对所有 } x \in [-c,c]. \tag{11.1}$$

回想 φ 凸的定义 $\varphi(\gamma x_1 + (1-\gamma)x_2) \leqslant \gamma\varphi(x_1) + (1-\gamma)\varphi(x_2)$, 此处 $\gamma \in [0,1]$. 注意 $\varphi(t) = \mathrm{e}^{\beta t}$ 是凸的. 设 $x_1 = -c, x_2 = c$,

$$\gamma = \frac{c-x}{2c}, \quad 1-\gamma = \frac{c+x}{2c},$$

那么方程 (11.1) 由凸性的定义得到.

第二个不等式是对所有 x,

$$\frac{\mathrm{e}^{-x} + \mathrm{e}^x}{2} = \cosh x \leqslant \mathrm{e}^{x^2/2}, \tag{11.2}$$

由比较不等式两边的 Taylor 展开式得到.

这样容易得到引理

$$\boldsymbol{E}\{\mathrm{e}^{\beta X_n}\} = \boldsymbol{E}\{\boldsymbol{E}(\mathrm{e}^{\beta X_n}|\mathcal{F}_{n-1})\} = \boldsymbol{E}\{\mathrm{e}^{\beta X_{n-1}}\boldsymbol{E}(\mathrm{e}^{\beta(X_n - X_{n-1})}|\mathcal{F}_{n-1})\},$$

因此 $|X_n - X_{n-1}| \leqslant c_n$, 对 $\mathrm{e}^{\beta(X_n - X_{n-1})}$ 应用方程 (11.1), 并利用鞅的性质得到 $\boldsymbol{E}(\mathrm{e}^{\beta(X_n - X_{n-1})}|\mathcal{F}_{n-1}) \leqslant \cosh \beta c_n$. 所以

$$\begin{aligned} \boldsymbol{E}\{\mathrm{e}^{\beta X_n}\} &\leqslant \boldsymbol{E}\{\mathrm{e}^{\beta X_{n-1}}\cosh(\beta c_n)\} \leqslant \cdots \\ &\leqslant \left(\prod_{k=1}^{n}\cosh(\beta c_k)\right)\boldsymbol{E}(\mathrm{e}^{\beta X_0}) = \prod_{k=1}^{n}\cosh(\beta c_k) \\ &\leqslant \prod_{k=1}^{n}\mathrm{e}^{(\beta^2/2)c_k^2} = \mathrm{e}^{(\beta^2/2)\sum\limits_{k=1}^{n}c_k^2}. \end{aligned}$$ ∎

下一个结果由引理 11.1 得到, 并可用于全局比对.

引理 11.2 在和引理 11.1 同样的假设下, 对 $\lambda > 0$, 则

$$\boldsymbol{P}(X_n \geqslant \lambda) \leqslant \mathrm{e}^{-\lambda^2 \big/ \left(2\sum\limits_{k=1}^{n}c_k^2\right)}.$$

证明 Markov 不等式说对非递减的 $g: R \to [0, \infty)$ 有 $\boldsymbol{E}(g(Y)) \geqslant g(c)P(Y \geqslant c)$. 所以, $g(t) = \mathrm{e}^{\beta t}$, $\beta > 0$ 有 $\boldsymbol{P}(X_n \geqslant \lambda) \leqslant \boldsymbol{E}(\mathrm{e}^{\beta X_n})/\mathrm{e}^{\beta \lambda}$. 故由引理 11.1,

$$\boldsymbol{P}(X_n \geqslant \lambda) \leqslant \exp\left\{\frac{\beta^2}{2}\sum_{k=1}^{n}c_k^2 - \beta\lambda\right\}.$$

使指数最小的 β 值是 $\beta = \lambda \Big/ \sum\limits_{k=1}^{n}c_k^2$, 故

$$\boldsymbol{P}(X_n \geqslant \lambda) \leqslant \exp\left\{-\lambda^2 \Big/ \left(2\sum_{k=1}^{n}c_k^2\right)\right\}.$$

11.1.5 对平均值的大偏差

回想 $\boldsymbol{E}(S_n)/n \to \beta$, 即使最简单的非平凡场合也是未知的. 尽管如此, Azuma-Hoeffding 引理可用来证明离开均值和离开 λ 的大偏差有指数小的概率. 为使用 Azuma-Hoeffding 引理, 需要使鞅递增有界. 这又要求关于比对打分的简单的确定性的引理. 通常, 用 $s(a, b)$ 和插入删除函数 $g(k)$ 给比对打分, $g(k)$ 是次可加的 $(g(k + l) \leqslant g(k) + g(l))$.

引理 11.3 设 $S = S(a_1 a_2 \cdots a_k, b_1 b_2 \cdots b_k) = S(c_1 c_2 \cdots c_k)$ 是 k 对字母, $c_i = (a_i, b_i)$ 的比对打分. 设 $S' = S(c_1 \cdots c_{i-1}, c_i', c_{i+1} \cdots c_k)$ 是仅仅第 i 对字母改变的 k 对字母的打分. 设 $s^* = \max\{s(a, b) : a, b \in \mathcal{A}\}$, $s_* = \min(s(a, b) : a, b \in \mathcal{A})$, 则

$$S - S' \leqslant \max\{\min\{2s^* + 4g(1),\ 2s^* - 2s_*\}, 0\} = c.$$

证明 在 S 中第 i 对是 $c_i(a_i, b_i)$，并且成 S' 中第 i 对是 $c_i' = (a_i', b_i')$. 为得到最大差 $S - S'$ 的界，考虑几种情况. 假设 a_i 与 b_i 匹配，b_i 和 a_l 匹配，打分至多是 $2s^*$. 将 a_i 变为 a_i' 和 b_i 变为 b_i' 打分和 $2s_*$ 一样小，或能将 4 个字母全部删掉. 根据次可加性，能够扩张现有删除的额外删除的惩罚，至多是 $4g(1)$. 对这种情况的界是 $S - S' \leqslant \min\{2s^* + 4g(1), 2s^* - 2s_*\}$. a_i 或 b_i 被删除的情况，被上面的界覆盖. 最后，如果 a_i 与 b_i 匹配，则较高打分的匹配可用较低打分的匹配替换，或者用删除两个字母替换，这个界是 $S - S' \leqslant \min\{s^* + 2g(1), s^* - s_*\}$.

还有一个细节，如果 $s^* + 2g(1) \leqslant 0$，则 $S_k = 2g(k)$ 与序列无关，并且 $S - S' = 0$. 于是

$$S - S' \leqslant \max\{\min\{2s^* + 4g(1), 2s^* - 2s_*\}, 0\} = c. \qquad \blacksquare$$

定理 11.4 假设 $\boldsymbol{A} = A_1 A_2 \cdots A_n$ 和 $\boldsymbol{B} = B_1 B_2 \cdots B_n$ 有独立同分布字母 A_i 和 B_j. 定义 $S = S(\boldsymbol{A}, \boldsymbol{B})$ 是全局比对打分. 如果 c 是引理 11.3 中定义的常数，则

$$\boldsymbol{P}(S - \boldsymbol{E}S \geqslant \gamma n) \leqslant \mathrm{e}^{-\gamma^2 n / 2c^2}.$$

证明 我们的鞅是 $X_i = \boldsymbol{E}(Y|\mathcal{F}_i)$，此处 $Y = S(C_1 C_2 \cdots C_n) - \boldsymbol{E}(S(C_1 C_2 \cdots C_n))$，并且 $\mathcal{F}_i = \sigma(C_1 C_2 \cdots C_n)$ 是由前 i 对随机变量 $C_i = (A_i, B_i)$ 生成的 σ 代数. 由于 Y 是 $\mathcal{F}_n$ 可测的，$X_n = \boldsymbol{E}(Y|\mathcal{F}_n) = Y = S - \boldsymbol{E}(S)$. 因为 $\mathcal{F}_0$ 是平凡 σ 代数，$X_0 = \boldsymbol{E}(S) - \boldsymbol{E}(S) = 0$. 鞅的关键部分是

$$\boldsymbol{E}(S|\mathcal{F}_i) = \sum_{c_{i+1}, \cdots, c_n} S(C_1, \cdots, C_i, c_{i+1}, \cdots, c_n) \boldsymbol{P}(C_{i+1} = c_{i+1}, \cdots, C_n = c_n).$$

这式子成立，因为使 $S(C_1 \cdots C_n)$ 在 $\mathcal{F}_i = \sigma(C_1, \cdots, C_i)$ 上可测需要平均 $C_{i+1} \cdots C_n$ 的值. 事实上，

$$
\begin{aligned}
X_i - X_{i-1} &= \sum_{c_{i+1}, \cdots, c_n} S(C_1, \cdots, C_i, c_{i+1}, \cdots, c_n) \times \boldsymbol{P}(C_{i+1} = c_{i+1}, \cdots, C_n = c_n) \\
&\quad - \sum_{c_i' c_{i+1}, \cdots, c_n} S(C_1, \cdots, C_{i-1}, c_i', c_{i+1}, \cdots, c_n) \\
&\quad \times \boldsymbol{P}(C_i = c_i', C_{i+1} = c_{i+1}, \cdots, C_n = c_n),
\end{aligned}
$$

所以

$$
\begin{aligned}
|X_i - X_{i-1}| &\leqslant \sum_{c_i' c_{i+1}, \cdots, c_n} |S(C_1, \cdots, C_i, c_{i+1}, \cdots, c_n) \\
&\quad - S(C_1, \cdots, C_{i-1}, c_i', c_{i+1}, \cdots, c_n)| \\
&\quad \boldsymbol{P}(C_i = c_i', C_{i+1} = c_{i+1}, \cdots, C_n = c_n).
\end{aligned}
$$

由引理 11.3, 则有 $|X_i - X_{i-1}| \leqslant \max |S - S'| \leqslant c$. 最后, 利用引理 11.2,

$$P(S - E(S) \geqslant \gamma n) \leqslant \mathrm{e}^{-(\gamma^2 n^2)/2nc^2} = \mathrm{e}^{-\gamma^2 n/2c^2}.$$ ∎

系 11.1 在定理 11.4 的假设下, $P(S_n/n - \rho \geqslant \gamma) \leqslant \mathrm{e}^{-\gamma^2 n/2c^2}$.

证明 来自次可加性的结果是 $\rho = \lim\limits_{n \to \infty} E(S_n)/n = \sup\limits_{n} E(S_n)/n$, 我们有 $E(S_n) \leqslant n\rho$, 故

$$P(S_n \geqslant (\gamma + \rho)n) \leqslant P(S_n - E(S_n) \geqslant \gamma n).$$ ∎

关于 S 偏差的已知的最著名结果由 Steele 一般定理得到.

定理 11.5(Steele) 假设 $f(X_1, X_2, \cdots, X_n)$ 是任意函数, 并且 $X_i, X_i', 1 \leqslant i \leqslant n$ 是 $2n$ 个独立同分布变量, 则

$$\mathrm{Var}(f) \leqslant \frac{1}{2} \left\{ E \sum_{i=1}^{n} (f - f_{(i)})^2 \right\},$$

此处 $f(X_1, X_2, \cdots, X_n)$, 并且 $f_{(i)} = f(X_1, X_2, \cdots, X_i', \cdots, X_n)$ 是用 X_i' 替换 X_i 得到.

定理 11.5 可以直接用于全局比对.

定理 11.6 假设 $\boldsymbol{A} = A_1 \cdots A_n$ 和 $\boldsymbol{B} = B_1 \cdots B_n$ 有独立同分布字母 A_i 和 B_i. 定义 $S_n = S(\boldsymbol{A}, \boldsymbol{B})$ 是全局比对打分. 那么, 如果 $c^* = \max\{s^* + 2g(1), s^* - s_*\}$, 并且 $p = P(A_1 = B_1)$, 则

$$\mathrm{Var}(S_n) \leqslant n(1-p)(c^*)^2.$$

证明 这个证明与上面的证明稍微不同, 那里认为 $C_i = (A_i, B_i)$. 对 $2n$ 个随机变量的每一个, 我们一次改变一个, 所以, 界 $|S - S'| \leqslant \max\{0, \min\{s^* + 2g(1), s^* - s_*\}\} = c^*$ 成立 ($2c^*$ 等于引理 11.3 中的 c). 注意到以概率 $P(A_i = B_i)$ 差是 0. 所以

$$E(S - S_{(i)}) \leqslant (1 - P(A_1 = B_1))c^*.$$

最后, 有 $2n$ 个项所以 $1/2 \times 2n = n$. ∎

11.1.6 关于二项式分布的大偏差

在这一节, 我们研究

$$s(a, b) = \begin{cases} 1, & a = b, \\ 0, & a \neq b \end{cases}$$

及 $\delta = \infty$ 简单情况. 对固定的比对, 比对打分 $S(\boldsymbol{A}, \boldsymbol{B}), \boldsymbol{A} = A_1 \cdots A_n$ 和 $\boldsymbol{B} = B_1 \cdots B_n$ 是二项随机变量 $\mathcal{B}(n, p)$, 此处 $p = P(A_i = B_j)$. 在生物学中有许多其

他情况出现二项随机变量. 标号为成功或 1 的性质可以是疏水性或蛋白中氨基酸的正电荷, 或 "A", 或 DNA 序列中的嘌呤. 成功可能是序列中一致词或螺旋的存在. 所以科学家希望估计所观察到的二项随机变量的 p 值, 这些随机变量远离它的均值. 大偏差给出容易处理的估计, 它比中心极限定理给出的要精确得多. 设 $Y_n \sim \mathcal{B}(n, p)$, 并令 n 个中 k 个成功的比例为 α, $\alpha = k/n$. 此处 $p < \alpha < 1$, 成功的比例大于期望比例中.

设 $\mathcal{H}(\alpha, p)$ 是相对熵

$$\mathcal{H} \equiv \mathcal{H}(\alpha, p) \equiv (\alpha) \log \left(\frac{\alpha}{p} \right) + (1 - \alpha) \log \left(\frac{1 - \alpha}{1 - p} \right). \tag{11.3}$$

我们观察到随着 α 从 p 增加到 1, $\mathcal{H}(\alpha, p)$ 从 0 增加到 $\log(1/p)$. 这个值 $\mathcal{H}$ 又称为 Kullback-Liebler 距离, 它是度量从 $\mathcal{B}(n, p)$ 分布到另一个分布 $\mathcal{B}(n, \alpha)$ 的距离, 数据是在 $\mathcal{B}(n, p)$ 分布下生成的. 理解大偏差的关键概念和困难是在同一个可能的结果空间中同时处理两个概率测度. 下面的定理给出对所有 n, p, α 都成立的有用的上界.

定理 11.7　对于 $p < \alpha < 1, n = 1, 2, 3, \cdots$, 以及 $\mathcal{H} = \mathcal{H}(\alpha, p)$ 是在方程 11.3 中定义的相对熵和 $Y_n \sim B(n, p)$, 则

$$\boldsymbol{P}(Y_n \geqslant \alpha n) \leqslant \mathrm{e}^{-n\mathcal{H}}.$$

证明　对所有 $\beta > 0$,

$$\begin{aligned} \boldsymbol{P}(Y_n \geqslant \alpha n) = \boldsymbol{P}(\mathrm{e}^{\beta Y_n} \geqslant \mathrm{e}^{\beta \alpha n}) &\leqslant \frac{\boldsymbol{E}(\mathrm{e}^{\beta Y_n})}{\mathrm{e}^{\beta \alpha n}} \\ &= \frac{(1 - p + p\mathrm{e}^\beta)^n}{\mathrm{e}^{\beta \alpha n}} \\ &= \{\mathrm{e}^{-\alpha\beta}(1 - p + p\mathrm{e}^\beta)\}^n, \end{aligned}$$

此处不等式由 Markov 不等式得到, 将括号中的量极小化给出 $\mathrm{e}^{-\mathcal{H}}$ 的值.　∎

我们用

$$r \equiv \frac{p}{1 - p} \bigg/ \frac{\alpha}{1 - \alpha} = \frac{p}{\alpha} \frac{1 - \alpha}{1 - p} \tag{11.4}$$

表示 p 硬币和 α 硬币间的 "比率". 注意到由于 $p < \alpha < 1, 0 < r < 1$, 并且允许所有量 $\alpha, \mathcal{H}$ 和 r 随 k 和 n 而改变. 又注意到 r 和 $\mathcal{H}$ 有关, $\mathcal{H}'(\delta, p) = -\log(r)$, 此处是固定 p 对 α 求导数. 通常总是用 $\sim$ 表示渐近量, 即两个之比趋于极限 1.

方程 (11.5) 是将方程 (11.7) 分成方程 (11.8) 的结果, 说成功数至少是 $k = \alpha n$ 这个条件, k 的超出渐进地有一个具有参数 $1 - r$ 的几何分布, 这个几何分布是抛 r 个硬币对在第一个背面出现之前出现正面数的分布, 并有均值 $r/(1 - r)$,

$$\boldsymbol{P}(Y_n = \alpha n + i | Y_n \geqslant \alpha n) \to r^i(1 - r) \text{ 对于 } i = 0, 1, 2, \cdots, \quad n \to \infty. \tag{11.5}$$

关于大偏差的一些有用的事实放在下面定理中.

定理 11.8   对于 $Y_n \sim \mathcal{B}(n,p)$, $p < \alpha < 1$ 和 r 是上面方程 11.4 定义的比率, 当 $n \to \infty$ 时,

$$\log \boldsymbol{P}(Y_n \geqslant n\alpha) \sim -n\mathcal{H}, \tag{11.6}$$

$$\boldsymbol{P}(Y_n \geqslant n\alpha) \sim \frac{1}{1-r} \frac{1}{\sqrt{2\pi\alpha(1-\alpha)n}} \mathrm{e}^{-n\mathcal{H}}, \tag{11.7}$$

$$\boldsymbol{P}(Y_n = \alpha n + i) \sim \frac{1}{\sqrt{2\pi\alpha(1-\alpha)n}} r^i \mathrm{e}^{-n\mathcal{H}}, \quad i = 0, 1, 2, \cdots. \tag{11.8}$$

11.2   局 部 比 对

现在, 转到局部比较, 为此设计了算法 H, 局部比对问题是在长遗传序列比较中寻找最好匹配的序列片断或区间, 回想

$$H(\boldsymbol{A}, \boldsymbol{B}) = \max\{S(I, J) : I \subset \boldsymbol{A}, J \subset \boldsymbol{B}\},$$

此处 S 是由替代函数 $s(\cdot, \cdot)$ 和插入删除函数 $g(\cdot)$ 度量的相似性. 对于比对是未知的场合 $H(\boldsymbol{A}, \boldsymbol{B})$ 是一个合适的随机变量. 有时比对是已知的或给定的, 那么序列在固定的比对中, 局部比对算法问题是确定最好打分区间的位置. 在每种情况下, 当序列 $\boldsymbol{A}$ 和 $\boldsymbol{B}$ 是随机序列时, 统计问题是寻找比对打分的概率分布. 我们希望能够检测到统计上有意义的随机变量的值.

解决这些问题方法有几种层次. 在这一节, 我们研究确定打分增长渐近行为的强大数定律.

11.2.1   大数定律

在这一节, 我们介绍研究两个随机序列间最长匹配的渐近行为的大数定律. 这里随机或者指独立分布的或者是 Markov 的. 虽然, 可以得到 m 相关过程的类似的定律, 而大数定律给出结果仅仅是数值大小的阶. 这些估计却是出人意料得好, 并且对随机序列间匹配的期望数给出出色的大拇指定律. 下面将给出精确得多的结果, 可同这一节中更容易得到的结果比较.

准确匹配

这里考虑的第一个问题是在固定比对中, 长为 n 的具有独立同分布字母的两个序列间最长匹配的长度 R_n. 设

$$p = \boldsymbol{P} \, (\text{匹配}) = \sum_{i \in \mathcal{A}} \xi_i^2,$$

此处 ξ_i 是字母 i 的概率. 随机变量 R_n 仅仅对 $p \in (0,1)$ 的情况有意义. 这里提出的问题可以重新叙述为在 n 次投币中正面连续出现的最长长度, 此处 $p = \boldsymbol{P}(\text{正面})$. Erdös 和 Rényi (1970) 给出了包含下面定理的一些结果. 直观上如下: 长为 m 的连续正面事件有概率 p^m. 有大约 n 个可能的连续正面, 所以

$$\boldsymbol{E}(\#\text{长为 } m \text{ 的连续正面事件}) \cong np^m.$$

如果最长的连续正面事件是唯一的, 它的长度 R_n 应该满足 $1 = np^{R_n}$, 它有解 $R_n = \log_{1/p}(n)$. 这个启发式的结果是整个这一节和这一章其余的多数内容的向导. 在使这个启发式结果严格化之前, 给出定理 11.10 证明必须的 Borel-Cantelli 定理.

定理 11.9 (Borel-Cantelli)

(1) 如果 $\displaystyle\sum_n \boldsymbol{P}(C_n) < \infty$, 则 $\boldsymbol{P}(C_n$ 无穷频繁次发生$)=0$;

(2) 假设 C_n 是独立的, 并且 $\displaystyle\sum_n \boldsymbol{P}(C_n) = \infty$, 则 $\boldsymbol{P}(C_n$ 无穷频繁次发生$)=1$.

虽然我们用固定比对术语建立下面定理, 它实质上是具有成功概率 p 的 n 次独立投币.

定理 11.10 设 $A_1, A_2, \cdots, B_1, B_2, \cdots$ 是独立同分布的, 并设 $0 < p \equiv \boldsymbol{P}(A_1 = B_1) < 1$. 定义 $R_n = \max\{m : A_{i+k} = B_{i+k},$ 对于 $k = 1$ 到 m, $0 \leqslant i \leqslant n - m\}$, 则

$$\boldsymbol{P}\left(\lim_{n\to\infty} \frac{R_n}{\log_{1/p}(n) = 1}\right) = 1.$$

证明 证明的思想是利用启发式的结果 $np^m = 1$ 推出 $m = \log_{1/p}(n)$. 如果 $m = (1 + \varepsilon)\log_{1/p}(n)$, 利用 Borel-Cantelli 定理, 能证明长为 m 的连续正面出现仅仅是有限频繁. 这要求令 n_k 的 "骨架" 当 $n_k \to \infty$ 时容易计算. 下界指出 $(1 - \varepsilon)\log_{1/p}(n)$ 无限频繁发生. 为了对这个问题利用 Borel-Cantelli 定理, 这些集合必须是独立的, 使得到的下界更严格一些.

从上界开始, 设 $D_i = \{A_{i+k} = B_{i+k},$ 对于 $k = 1$ 到 $m\}$, 此处 $0 \leqslant i \leqslant n - m$. 现在, 对于 $\varepsilon > 0$, 设 $m = |(1 + \varepsilon)\log_{1/p}(n)|$. 由于 $\boldsymbol{P}(D_i) = p^m$ 有

$$n^{-(1+\varepsilon)} \leqslant \boldsymbol{P}(D_i) = p^m \leqslant \frac{1}{p}n^{-(1+\varepsilon)}.$$

对于 $n = n_k = \lceil (1/p)^k \rceil$, 定义

$$\boldsymbol{E}(n_k) = \bigcup_{i=1}^{n_k - m_k} \{A_{i+k} = B_{i+k}, \text{ 对于 } k = 1 \text{ 到 } m\} = \bigcup_{i=1}^{n_k - m_k} D_i(n_k),$$

此处 $\lceil (1 + \varepsilon)\log_{1/p}(n_k) \rceil = mk$, 并且使得 D_i 对 n_k 的依赖性明显.

$$\boldsymbol{P}\left(\bigcup_k \boldsymbol{E}(n_k)\right) \leqslant \sum_{k=1}^{\infty} \sum_{i=0}^{n_k - m_k} \boldsymbol{P}(D_i(n_k))$$

$$\leqslant \sum_{k=1}^{\infty} n_k n_k^{-(1+\varepsilon)} < \sum_{k=1}^{\infty} p^{\varepsilon k} < \infty,$$

所以, 由定理 11.9, $\boldsymbol{P}(E(n_k)$ 无限频繁发生)=0. 因为最长匹配长度随 n 增加, 则有

$$\boldsymbol{P}\left(\overline{\lim_n} \frac{R_n}{\log_1 /p(n)} \leqslant 1\right) = 1.$$

这证明了结果的一半.

可用稍微不同的形式重新叙述定理 11.9. 设 $X_n = \boldsymbol{I}(C_n)$, 则 $\boldsymbol{P}(C_n) = \boldsymbol{E}(X_n)$, 并且定理涉及到和 $\displaystyle\sum_n \boldsymbol{E}(X_n)$.

为了得到对应的下界, 注意到如果这些事件是独立的, 定理 11.9 有逆定理. 为了产生非重叠的连续正面, 设

$$D_{m,i} = \{A_{mi+k} = B_{mi+k}, \text{ 对于 } k = 1, \cdots, m\} = E_i, \quad T_{m_n} = \sum_i \boldsymbol{I}(E_i).$$

这次, 用 $m = \lceil (1-\varepsilon) \log_{1/p}(n) \rceil$,

$$\boldsymbol{E}(T_{m_n}) \geqslant \left(\frac{n}{m} - 1\right) p^m \geqslant \left(\frac{n}{m} - 1\right) pn^{-(1-\varepsilon)} = \frac{p}{m} n^{\varepsilon} - pn^{-(1-\varepsilon)}, \tag{11.9}$$

所以

$$\lim_n \boldsymbol{E}(T_{m_n}) = \infty, \quad \boldsymbol{P}(D_{m_n,i} \text{ 无限频繁发生}) = 1,$$

从而

$$\boldsymbol{P}\left(\lim_{n \to \infty} \frac{R_n}{\log_{1/p}(n)} \geqslant 1\right) = 1. \qquad \blacksquare$$

其次, 研究对分子生物学有更直接意义的问题, 研究当允许移动时, 两个序列间最长匹配的长度 H_n. 为明显起见, 当 $\mu = -\delta = -\infty$ 并且不允许插入删除和失配时, 这是局部比对打分 H_n. 允许移动, 大致给出 n^2 个对于 (i,j) 选择, 匹配区间的开始位置. 上面仅有 n 个开始位置. 朴素的方法揭示 H_n 的增长像 $\log_{1/p}(n^2) = 2\log_{1/p}(n)$ 那么快. 启发方法再一次证明是正确的并表述为下面的定理.

定理 11.11　设 $A_1, A_2, \cdots, B_1, B_2, \cdots$ 是独立同分布的, 并且 $0 < p \equiv \boldsymbol{P}(A_1 = B_1) < 1$, 定义 $H_n = \max\{m : A_{i+k} = B_{j+k}, \text{ 对于 } k = 1 \text{ 到 } m, 0 \leqslant i, j \leqslant n - m\}$, 则

$$\boldsymbol{P}\left(\lim_{n \to \infty} \frac{H_n}{\log_{1/p}(n)} = 2\right) = 1.$$

证明　上界正像定理 11.9 那样, 以 n^2 代替 n 得到. 像预料的那样, 由于更复杂的相关联结构使下界更困难. 我们将每个序列分成长为 m 的非重叠块, 并考

虑块间的匹配, 如图 11.1 所示. 定义 $D_{i,j} = \{A_{i+k} = B_{j+k},$ 对于 $k = 1$ 到 $m\}$, 并设 $m = \lceil (2 - \varepsilon) \log_{1/p}(n) \rceil$. 设 $E_{i,j} = D_{mi,mj}$ 和 $T_n = \sum\limits_{i,j} \boldsymbol{I}(E_{i,j})$, 像定理 11.9 那样, $\boldsymbol{E}(T_n) \cong m^{-2} n^{\varepsilon} \to \infty$. 为处理由移动引起的相关性, 为了确定 $\boldsymbol{P}(T_n$ 无限频繁发生)=1, 只要证明

$$\frac{\mathrm{Var}(T_n)}{(\boldsymbol{E}(T_n))^2} \to 0$$

就足够了 (见问题 11.6).

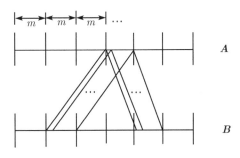

图 11.1　由块和移动产生相关性

利用上面 T_n 的定义,

$$\mathrm{Var}(T_n) = \sum_{\substack{i,j \\ k,l}} \mathrm{cov}(\boldsymbol{I}(E_{i,j}), \boldsymbol{I}(E_{k,l}))$$

$$= \sum_{\substack{i=k \\ j=l}} + \sum_{\substack{i \neq k \\ j \neq l}} + 2 \sum_{\substack{i=k \\ j \neq l}} \mathrm{cov}(\boldsymbol{I}(E_{i,j}), \boldsymbol{I}(E_{k,l})).$$

在这个展开式中, 大约有 $(n/m)^2$ 个对角项 $i = k, j = l$,

$$\sum_{i,j} \mathrm{cov}(\boldsymbol{I}(E_{i,j}), \boldsymbol{I}(E_{k,l})) = \sum_{i,j} \boldsymbol{E}(\boldsymbol{I}(E_{i,j}) - \boldsymbol{P}(E_{i,j}))^2$$

$$= \sum_{i,j} \boldsymbol{P}(E_{i,j})(1 - \boldsymbol{P}(E_{i,j}))$$

$$\leqslant \sum_{i,j} \boldsymbol{P}(E_{i,j}) = \boldsymbol{E}(T_n).$$

在大约 $(n/m)^4$ 个项的第二个和中, $E_{i,j}$ 和 $E_{k,l}$ 是独立的, 所以总贡献是 0. 最后, 第三个和大约有 $2(n/m)^3$ 个项, 其中, 每一项有图 11.1 中指出的形式. 设 $p = \sum\limits_{a}(\boldsymbol{P}(A = a))^2 = \sum\limits_{\alpha} \xi_a^2$, 即 ξ_a 是关于 A 的原子的概率分布. 现在, 我们需要一种形式的 Hölder 不等式.

引理 11.4 (Hölder)　对于分布 $\xi_a = \boldsymbol{P}(A = a)$, 设 $p_r = \boldsymbol{P}(r$ 个独立字母相等), 则 $p_r = \sum\limits_{a \in \mathcal{A}} (\xi_a)^r$ 且对于 $0 < r < s$,

$$(p_s)^{1/s} < p_r^{1/r}.$$

现在

$$\sum_{i,j} \mathrm{cov}(\boldsymbol{I}(E_{i,j}), \boldsymbol{I}(E_{i,l})) = \boldsymbol{P}(E_{i,j} \cap E_{i,l}) - \boldsymbol{P}(E_{i,j})\boldsymbol{P}(E_{i,l}) \leqslant \boldsymbol{P}(E_{i,j} \cap E_{i,l})$$

$$= \left[\sum_a (\xi_a)^3 \right]^m \leqslant \left[\sum_a \xi_a^2 \right]^{3m/2} = (\boldsymbol{P}(E_{i,j}))^{3/2}.$$

对于 i, j 求和, 注意到对所有 i, j, $\boldsymbol{P}(E_{i,j}) = \boldsymbol{P}(E_{1,1})$,

$$2\sum_{\substack{i = k \\ j \neq 1}} \boldsymbol{P}(E_{i,j})^{3/2} = 2\left(\frac{n}{m}\right)^3 (\boldsymbol{P}(E_{1,1}))^{3/2} = 2\left(\left(\frac{n}{m}\right)^2 \boldsymbol{P}(E_{1,1})\right)^{3/2} = 2(\boldsymbol{E}(T_n))^{3/2}.$$

将这些估计合起来得到

$$\mathrm{Var}(T_n) < \boldsymbol{E}(T_n) + 2(\boldsymbol{E}(T_n))^{3/2}$$

和

$$\frac{\mathrm{Var}(T_n)}{(\boldsymbol{E}(T_n))^2} < \frac{1}{\boldsymbol{E}(T_n)} + \frac{2}{(\boldsymbol{E}(T_n))^{1/2}} \cong m^2 n^{-\varepsilon} + 2mn^{-\varepsilon/2} \to 0.$$

这就完成了定理的证明.　■

　　注意引入移动的影响使定理证明更难. 这一节的余下部分将给出一些相关的推广这些结果太长就不证了. 首先, 给出 Markov 链的结果. 定理的逻辑是基于这种思想, 对于要匹配的链, 它们必须在每个链采用同样的步骤或转移, 还需要另一个数学结果.

　　命题 11.1 (Perron-Frobenius)　设 $Q = (q_{ij})$ 是子随机矩阵, 即 $q_{ij} \geqslant 0, \sum\limits_{j} q_{ij} \leqslant 1$ 是不可约的和非周期的. 如果 Q 是随机的, 最大特征值 $|\lambda|$ 是实数并且 $\lambda = 1$, 否则 $0 < \lambda < 1$. 对应的特征矢量 $\alpha Q = \lambda \alpha$ 和 $Q\beta = \lambda\beta$ 是正规化的, 所以 $\sum \alpha_i = 1$ 和 $\sum \alpha_i \beta_i = 1$, 则

$$q_{ij}^{(n)} \sim \lambda^{(n)} \beta_i \alpha_j, \quad n \to \infty.$$

　　这告诉我们在 Q 的状态中剩余部分像以 $\boldsymbol{P}(H) = \lambda$ 的投币试验. 如果我们把 Q 看成 Markov 链的子集 S 中状态间的转移, 那么如果 X_i 是 Markov 链的状态, 并且 π 是平稳分布,

$$\boldsymbol{P}(X_1 X_2 \cdots X_n \in S) = \sum_{j \in S} \sum_{i \in S} \boldsymbol{P}(X_n = j | \text{在 } S \text{ 中从 } i \text{ 开始})\pi_i$$

$$\sim \sum_{j \in S} \sum_{i \in S} \lambda^{n-1} \beta_i \alpha_j \pi_i = \left(\sum_{i \in S} \pi_i \beta_i \right) \lambda^{n-1}.$$

如果序列 $A_1, A_2, \cdots$ 和 $B_1, B_2, \cdots$ 都是 Markov 链, 当转移相同时它们匹配. 形成 "乘积" Markov 链 (A_i, B_i), 然后考虑对角线 (p_{ij}^2). 使链行为相同, 像以概率 λ 投币那样, 在对角线上运行. λ 是子随机矩阵 (p_{ij}^2) 的最大特征值. 我们确立下面定理的意义在于 DNA 和蛋白序列中的最近邻居的影响在统计意义上经常是显著的.

定理 11.12 设 $A_1, A_2, \cdots$ 和 $B_1, B_2, \cdots$ 是两个在有限字符集 $\mathcal{A}$ 上的独立 Markov 链, 它们是不可约的、非周期的, 并且有转移概率 $(p_{ij}), i, j \in \mathcal{A}$. 设 $\lambda \in (0,1)$ 是子随机矩阵 $((p_{ij})^2), i, j \in \mathcal{A}$ 的最大特征值, 则

$$P \left(\lim_n \frac{H_n}{\log_{1/\lambda}(n)} = 2 \right) = 1.$$

生物序列的另一个特点是所有序列都没有相同分布. 有一些关于 Markov 以及独立同分布序列的结果, 令人惊奇的发现是即使边缘分布相当不同, H_n 仍然具有 $2\log_{1/\lambda}(n)$ 的行为.

定理 11.13 设 $A_1, A_2, \cdots$ 按 ξ 分布, $B_1, B_2, \cdots$ 按 ν 分布, 所有字母独立并且 $p = P(A_1 = B_1) \in (0,1)$, 则存在一个常数 $C \in (\xi, \nu) \in [1,2]$, 使

$$P \left(\lim_{n \to \infty} \frac{H_n}{\log_{1/p}(n)} = C(\xi, \nu) \right) = 1,$$

此处

$$C(\xi, \nu) = \sup_{\gamma \in P_r(\mathcal{A})} \min \left\{ \frac{\log(1/p)}{\mathcal{A}(\gamma, \xi)}, \frac{\log(1/p)}{\mathcal{A}(\gamma, \nu)}, \frac{2\log(1/p)}{\log(1/p) + \mathcal{A}(\gamma, \beta)} \right\},$$

此处 $\beta_a \equiv \xi_a \nu_a / p$, $\mathcal{H}(\beta, \nu) = \sum_a \beta_a \log(\beta_a / \nu_a)$ 和 γ 在字符集 $\mathcal{A}$ 上的概率分布变化. 此处, $\log$ 可为任何基. $C(\xi, \gamma) = 2$ 当且仅当 $\max\{\mathcal{H}(\beta, \nu), \mathcal{H}(\beta, \xi)\} \leqslant (1/2)\log(1/p)$.

对固定的 ν, 使 $C(\xi, \nu) = 2$ 的 ξ 的集合有正的直径. 当然, 根据定理 11.11 $C(\nu, \nu) = 2$. 满足 $C(\xi, \nu) = 2$ 的 ξ 的一个大集合是 "$2\log(n)$" 律强度的另一个指标.

为了说明这个现象, 当移动最长匹配两倍长度时, 给出我们能明显确定的一个参数例子. 设 $A_1, A_2, \cdots$ 有 $P(A_i = H) = P(A_i = T) = 1/2$ 和 $B_1, B_2, \cdots, P(B_i = H) = \theta = 1 - P(B_i = T)$, 此处 $\theta \in [0,1]$, 那么

$$p = P(A_i = B_i) = \frac{1}{2\theta} + \frac{1}{2(1-\theta)} = \frac{1}{2}.$$

故仅由 p 控制的 R_n 有增长率 $R_n \sim \log_2(n)$. 在 $\theta = 1$ 的场合, H_n 的值 = 在 $A_1 A_2 \cdots A_n$ 中连续正面最长的长度. 所以, H_n 和 R_n 有同样的分布 $R_n \sim \log_2(n)$. 对 $\theta = 0$, 同样成立, 此处 H_n 的值 = 在 $A_1 A_2 \cdots A_n$ 中背面连续出现最长的长度. 然而, 如果 $\theta = 1/2$, A_i 和 B_i 有同样的分布且 $H_n \sim 2 \log_2(n)$. 定理告诉我们当且仅当 $\max\{\mathcal{H}(\beta, \nu), \mathcal{H}(\beta, \xi)\} \leqslant (1/2) \log(2)$ 时, $H_n \sim C \log_2(n)$, $C \in [1, 2]$ 且 $C = 2$. 因为 $\nu = (1/2, 1/2)$ 和

$$\xi = (\theta, 1 - \theta), \quad \beta = \left(\frac{1/2\theta}{1/2}, \frac{1/2(1 - \theta)}{1/2} \right) = \xi,$$

$\mathcal{H}(\beta, \xi) = 0$ 和 $C = 2$ 当且仅当 $\theta \log \theta + (1 - \theta) \log(1 - \theta) \leqslant 1/2 \log(2)$. 不等式在区间 $[0.11002786 \cdots, 0.88997214 \cdots]$ 成立, 如图 11.2 所示.

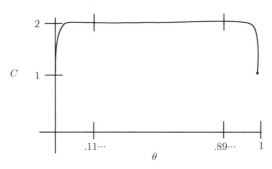

图 11.2　C 和 θ 的关系的一个例子

近似匹配

我们关心的序列进化的另一种特点是字母的替换、插入、删除以及倒序. 问从给定的序列中删除多少个字母使匹配变长, 并保持 $2 \log_{1/p}(n)$ 行为? 这个结果令人吃惊得强.

定理 11.14　设 $A_1, A_2, \cdots, B_1, B_2, \cdots$ 和 p 如同定理 11.11 或定理 11.12. 设 $H_n^*(l)$ 是 $X_1 \cdots X_n$ 和 $Y_1 \cdots Y_n$ 间允许移动和去掉 l 个单个字母的最长匹配, 即

$$H_n^*(l) \equiv \max\{m : A_{i+k} = B_{j+k}, \text{对 } k = 1 \text{ 到 } m \text{ 至多 } l \text{ 个字母除外}\},$$

那么, 对任何常数 l 或任何确定序列 $l = l(n)$, 此处 $l = o(\log(n)/\log\log(n))$, 依概率有

$$\lim_n \frac{H(l)}{\log_{1/p}(n)} = 2.$$

现在, 转到具有一定比例失配的匹配. 对固定的比对, 令

$$R_n^\alpha = \max\left\{ t : \alpha t \leqslant \sum_{1 \leqslant k \leqslant t} C_{i+k}, \, 0 \leqslant i \leqslant n - t \right\},$$

此处 $C_i = I(X_i = Y_i)$. Erdös-Rényi 的结果是

定理 11.15 对于 $C_1, C_2, \cdots$ 独立的 Bernoulli 分布 $p \in (0,1)$ 和 $1 \geqslant \alpha > p$,

$$P\left(\frac{R_n^\alpha}{\log(n)} \to \frac{1}{\mathcal{H}(\alpha, p)}\right) = 1.$$

这个对结果的启发与纯连续正面投币的简单情况的一致. 定理 11.10 中的大偏差结果说, 长为 t 的连续正面以近似概率 $e^{-t\mathcal{H}(\alpha, p)}$ 发生. 由于一个连续正面的出现大约有 n 个开始位置. 为得到

$$R_n^\alpha \equiv t = \frac{\log(n)}{\mathcal{H}(\alpha, p)},$$

解 $1 = ne^{-t\mathcal{H}(\alpha, p)}$. 用完全同样的方法, 这个启发给出序列匹配的正确结果:

$$H_n^\alpha \equiv \max_{\substack{0 \leqslant i \leqslant n-t \\ 0 \leqslant j \leqslant m-t}} \left\{ t : \alpha t \leqslant \sum_{1 \leqslant k \leqslant t} I(A_{i+k} = B_{j+k}) \right\}.$$

虽然, 使纯连续正面投币定理 11.10 严格化, 并且提供定理 11.15 一个证明是例行工作. 从两个序列间准确匹配的定理 11.11 到下一个定理的推广不是容易的.

定理 11.16 设 $A_1, A_2, \cdots, B_1, B_2, \cdots$ 是独立同分布, $0 < p \equiv P(A_1 = B_1) < 1$, 则

$$P\left(\frac{H_n^\alpha}{\log(n)} \to \frac{2}{\mathcal{H}(\alpha, p)}\right) = 1.$$

具有打分的匹配

我们给出一个更重要的推广, 鉴于我们的比对算法对 $a, b \in \mathcal{A}$ 使用一般的打分 $s(a, b)$, 上面这些结果限制了打分. 为了放宽这些限制, 我们要求 $E(s(A, B)) < 0$, $s^* = \max s(a, b) > 0$, 并且不允许删除. 这是为了保证预期区间匹配有负的打分, 可是正的打分是可能的. 虽然对大偏差结论很清楚, 这个结果是吃惊得好.

进一步, 在极大匹配中字符的内容有一个分布, 它们常常不同于初始分布 $\xi_a, a \in \mathcal{A}$. 为了解这一点, 设字母 l 有 $s(l, l) = 1$, 否则 $s(a, b) = -\infty$, 那么, 任何打分为正的匹配有 100%l. 值得注意的是, 对这种分布有一个公式.

定理 11.17 设 $A = A_1 A_2 \cdots$ 和 $B = B_1 B_2 \cdots$ 有独立同分布字母, 分布是 ξ, 假设 $s(a, b)$ 是打分函数, $E(s(A, B)) < 0$, $s^* = \max\{s(a, b) : a, b \in \mathcal{A}$ 且 $\xi_a \xi_b > 0\} > 0$. 设 ρ 是

$$f(\lambda) = 1 - E\lfloor \lambda^{-s(A,B)} \rfloor = 0 \tag{11.10}$$

唯一的不等于 1 的正根, 则

$$P\left(\lim_{n \to \infty} \frac{H_n}{\log_{1/p}(n)} = 2\right) = 1,$$

并且在最好的匹配区间中字母 a 与字母 b 比对的比例趋于

$$\xi_a\xi_b p^{-s(a,b)}. \tag{11.11}$$

证明的启发 回想我们正研究的没有插入删除的比对区间, 为记号的方便起见, 设 $C_i = (A_i, B_i)$ 是具有分布 $\xi \times \xi = \mu$ 的独立同分布的.

我们的兴趣是对于 $A_1, A_2, \cdots, A_n$ 对 $B_1, B_2, \cdots, B_n$ 的打分设法使用 Erdös-Rényi 类型的结果. 以打分 $\sum_{j=1}^{k} s(c_j)$ 有 n^2 种方法开始 $c_1 c_2 \cdots c_k$ 的比对. 这些长为 k 的具有合成 γ (在 $\mathcal{A} \times \mathcal{A} = \mathcal{A}^2$ 上的概率测度) 的片段有下列性质:

(1) 对每一个字母, 打分 $\sum_{c \in \mathcal{A}} s(c)\gamma_c$

和

(2) 它们以近似 $\mathrm{e}^{-k\mathcal{H}(\gamma, \mu)}$ 的概率发生.

Erdös-Rényi 的启发告诉我们去解 $n^2 \mathrm{e}^{-k\mathcal{H}(\gamma, \mu)} = 1$, 它产生

$$k = \frac{\log(n^2)}{\mathcal{H}(\gamma, \mu)}.$$

所以我们有每个字母的平均打分和平均长度. 这意味着最好 γ 合成片段打分

$$\frac{\sum \gamma_c s(c)}{\mathcal{H}(\gamma, \mu)} \log(n^2) = r(\gamma) \log(n^2).$$

最后, 在所有合成 γ 上取极大值

$$\mathcal{H}_n \sim \log(n^2) \cdot \max\{r(\gamma) : \text{在 } \mathcal{A}^2 \text{ 上 } \gamma \text{ 概率分布}\}.$$

下面, 我们刻画使 $r(\gamma)$ 最大的分布 γ. 由于 $\sum \gamma_c = 1$, 我们使用 Lagrange 乘子. 定义

$$\varphi(\gamma) = \frac{\sum \gamma_c s(c)}{\mathcal{H}(\gamma, \mu)} + \lambda\left(1 - \sum \gamma_c\right),$$

然后取 $\partial\varphi(\gamma)/\partial\gamma_c = 0$,

$$\mathcal{H}(\gamma, \mu)s(c) - \left(\sum \gamma_i s(i)\right)\left(1 + \log\frac{\gamma_c}{\mu_c}\right) = \lambda\mathcal{H}^2(\gamma, \mu).$$

解 γ_c,

$$\log\frac{\gamma_c}{\mu_c} = \delta s(c) + \delta_1, \quad \gamma_c = \frac{\mathrm{e}^{\delta s(c)}}{\delta^*}\mu_c = \frac{\mu_c \mathrm{e}^{\delta s(c)}}{\sum_c \mu_c \mathrm{e}^{\delta s(c)}}.$$

为完成这个推导, 我们证明当 $r(r_c(\delta))$ 是最大时, $M(\delta) = 1$, 此处 $M(\delta) = \sum \mu_c e^{\delta s(c)}$. 令 $\gamma_c = \gamma_c(\delta)$,

$$\sum \gamma_c(\delta) s(c) = \frac{\sum \mu_c e^{\delta s(c)} s(c)}{M(\delta)} = \frac{M'(\delta)}{M(\delta)} = K'(\delta),$$

此处 $K(\delta) = \log M(\delta)$. 又有

$$\mathcal{H}(\gamma(\delta), \mu) = \sum \gamma_c \log \frac{\gamma_c}{\mu_c} = \sum \gamma_c(\delta s(c) - K(\delta)).$$

由 $r(\gamma)$ 的定义,

$$r(\gamma(\delta)) = \frac{K'(\delta)}{\delta K'(\delta) - K(\delta)},$$

又通过解 $\mathrm{d}r(\gamma(\delta))/\mathrm{d}\delta = 0$, 求出 $K(\delta)K''(\delta) = 0$. Cauchy-Schwartz 不等式告诉我们 $K''M^2 = MM'' - (M')^2 \geqslant 0$, 当且仅当 $s(c)$ 是常数时等号成立. 所以 $K'' > 0$ 和 $K(\delta) = 0$, 从而 $M(\delta) = 1$.

现在, 能够对 $s(a,a) = +1$ 及当 $a \neq b$ 时, $s(a,b) = -\infty$ 检验我们的直观, 而且 $f(\lambda) = 1 - \xi_a^2 \lambda^{-1}$ 有根 $f(p) = 0$ 以及 $p = \xi_a^2$, a 与 a 比对的概率是

$$\mu_{a,a} = \xi_a \xi_b (\xi_a^2)^{-1} = 1.$$

这个定理又能给我们指定打分的合理方法. 假设我们知道希望寻找的比对的统计描述. 这些统计量可以从研究已知的序列关系中得到, 总结一下这种描述, $\mu_{a,b}$ 是 a 和 b 比对的概率. 当然, $\sum\limits_{a,b} \mu_{a,b} = 1$. 自然要用方程 (11.11) 并求解 $s(a,b)$.

$$\mu_{a,b} = \xi_a \xi_b p^{-s(a,b)},$$

这意味着

$$s(a,b) = \log_{1/p}\left(\frac{\mu_{a,b}}{\xi_a \xi_b}\right). \tag{11.12}$$

肯定, $s(a,b)$ 的这种指定是直观的, 现在给出一个似然比解释. 设 $A_1, \cdots, A_k$ 和 $B_1, \cdots, B_k$ 是随机的, 那么比对

$$A = \frac{A_1 A_2 \cdots A_k}{B_1 B_2 \cdots B_k}$$

在分布 $\mu_{a,b}$ 下有概率 $\prod\limits_{i=1}^{k} \mu_{A_i, B_i}$, 并且在分布 $\xi_a \xi_b$ 下, 它有概率 $\prod\limits_{i=1}^{k} \xi_{A_i} \xi_{B_i}$. 为确定

这个比对是否来自 $\mu_{a,b}$ 对 $\xi_a\xi_b$ 之比, Neyman-Pearson 似然率是

$$\left(\prod_{i=1}^{k}\mu_{A_i,B_i}\right)\Big/\left(\prod_{i=1}^{k}\xi_{A_i}\xi_{B_i}\right)=\prod_{i=1}^{k}\frac{\mu_{A_i,B_i}}{\xi_{A_i}\xi_{B_i}}.$$

这是分布 $\{\mu_{a,b}\}$ 对 $\{\xi_a\xi_b\}$ 假设的最好假设检验的统计量, 当比率比较大时, 我们决定偏向 $\mu_{a,b}$. 当然, 以方程 (11.12) 定义的 $s(a,b)$,

$$s(A)=\sum_{i=1}^{k}s(A_i,B_i)=\log_{1/p}\prod_{i=1}^{k}\frac{\mu_{A_i,B_i}}{\xi_{A_i}\xi_{B_i}}.$$

所以, 在方程 (11.12) 确定的 s 下, 大的打分 $s(\boldsymbol{A})$ 对应这个比对合成的最好假设检验. 当所在 $\binom{n}{2}$ 个区间取最大之后, 在我们选择所有可能似然率中最大的似然时保留了直观.

11.3　极值分布

如果有以强度 $\lambda>0$ 到达的 Poisson 分布, 就是说我们有以概率

$$\boldsymbol{P}(k\text{ 在 }[s,s+t)\text{ 到达})=\frac{\mathrm{e}^{-\lambda t}(\lambda t)^k}{k!}$$

到达的分布. 在 $[0,t)$ 内没有到达的概率为 $\mathrm{e}^{-\lambda t}$, 并且如果 $W=$ 直到第一个到达的时间, 则 $\boldsymbol{P}(W\geqslant t)=\mathrm{e}^{-\lambda t}$ 或

$$\boldsymbol{P}(W\in A)=\int_A\lambda\mathrm{e}^{-\lambda t}\mathrm{d}t,$$

直到到达时的平均时间是 $\boldsymbol{E}(W)=1/\lambda$. 分布 W 称为具有均值 $1/\lambda$ 的指数分布.

在最长的连续正面和最长的匹配区间的研究中, 我们的兴趣是随机变量集合的最大值. 对这个问题有一个经典的定理.

定理 11.18　设 $X_1,X_2,\cdots,X_n,\cdots$ 是具有分布函数 F 的独立同分布随机变量序列, $Y_n=\max\{X_1,X_2,\cdots,X_n\}$. 假设有序列 $a_n>0,b_n>0$, 使得对所有 y,

$$\lim_{n\to\infty}n\{1-F(a_n+b_ny)\}=u(y)$$

存在, 则

$$\lim_{n\to\infty}\boldsymbol{P}(Y_n<a_n+b_ny)=\mathrm{e}^{-u(y)}.$$

在我们的问题中, $F(t)=1-\boldsymbol{P}(W\geqslant t)=1-\mathrm{e}^{-\lambda t}$ 和 $n\{1-F(a_n+b_ny)\}=n\mathrm{e}^{-\lambda a_n}\mathrm{e}^{-\lambda b_n y}$, 故若 $a_n=\log(n)/\lambda$ 和 $b_n=1/\lambda$,

$$n\{1-F(a_n+b_ny)\}=\mathrm{e}^{-y}\text{ 和 }\lim_{n\to\infty}\boldsymbol{P}\left(Y_n<\frac{\log(n)}{\lambda}+\frac{y}{\lambda}\right)=\mathrm{e}^{-\mathrm{e}^{-y}}.$$

这是所谓类型 I 极值分布, 并且 Y_n 有和 $\log(n)/\lambda + V/\lambda$ 同样的分布, 此处 $P(V \leqslant t) = \mathrm{e}^{-\mathrm{e}^{-t}}$. 请注意, 均值

$$E(Y_n) = \frac{\log(n)}{\lambda} + \frac{E(V)}{\lambda} = \frac{\log(n)}{\lambda} + \frac{\gamma}{\lambda},$$

此处 $r = 0.5722$ 是 Euler-Macheroni 常数. 另一方面,

$$\mathrm{Var}\left(\max_{1 \leqslant i \leqslant n} W_i\right) = \frac{\mathrm{Var}(W)}{\lambda^2} = \left(\frac{\pi^2}{6}\right)\lambda^2$$

与 n 无关. 这与中心极限定理非常不同, 那里有 $\sum\limits_{i=1}^{n} W_i$ 有均值 $nE(W)$ 和方差 $n\mathrm{Var}(W)$.

回到最长连续区间问题, R_n 是最长连续正面的长度, 此处 $p = P$ (正面). 每个长度为 m 的连续正面之前是一个反面, 并有概率 qp^m, $q = 1 - p$. 在 n 次试验中大约有 nq 个反面. 所以 $R_n \approx \max\limits_{1 \leqslant i \leqslant nq} Z_i$, 此处 Z_i 有几何分布, 并且 $P(Z_i = m) = qp^m$. W_i 是具有均值 $1/\lambda$, $\lambda = \log(1/p)$ 的独立同分布指数随机变量, $Z_i = \lfloor W_i \rfloor$, 这是一个练习. 从而有

$$R_n \approx \left\lfloor \max_{1 \leqslant i \leqslant nq} W_i \right\rfloor.$$

像上面指出的那样, 独立同分布指数随机变量的极大值是极值随机变量. 设 V 表示使 $P(V \leqslant t) = \exp(-\mathrm{e}^{-t})$ 的随机变量, R_n 应该满足 $R_n \approx \lfloor \log(nq)/\lambda + V/\lambda \rfloor$. 因此

$$E(R_n) \approx \frac{\log(nq)}{\lambda} + \frac{E(V)}{\lambda} - \frac{1}{2} = \frac{\log(nq)}{\lambda} + \frac{\gamma}{\lambda} - \frac{1}{2}$$
$$= \log_{1/p}(n) + \log_{1/p}(q) + \frac{\gamma}{\lambda} - \frac{1}{2},$$

此处 $1/2$ 是 Sheppard 连续性校正. 整体化连续随机变量减少这个均值, 对于 $P = q = 1/2$, 这个近似是 $(\log(n)+\gamma)/\lambda - 3/2$. 对方差应用同样方法, $\mathrm{Var}(R_n) \approx \pi^2/6\lambda^2 + 1/12$. 这里, $1/12$ 是方差的 Sheppard 校正, 并且 $\mathrm{Var}(V) = \pi^2/6$. 整体化连续随机变量使方差增加.

虽然严格建立这些启发结果不是一件简单工作, 但可对更一般情况进行.

定理 11.19 设 $A_1, A_2, \cdots, B_1, B_2, \cdots$ 有独立同分布字母, 并设 $0 < p = P(A_1 = B_1) < 1$. 设 $R_n(k) = \max\{m : A_{i+l} = B_{i+l}$ 对 $l = 1, \cdots, m$, 至多有 k 个不成立, $0 \leqslant i \leqslant n - m\}$, 则对 $\lambda = \ln(1/p)$,

$$E(R_n(k)) = \log_{1/p}(qn) + k \log_{1/p} \log_{1/p}(qn) + (k) \log_{1/p}(q)$$
$$- \log_{1/p}(k!) + k + \frac{\gamma}{\lambda} - \frac{1}{2} + r_1(n) + o(1),$$

并且
$$\text{Var}(R_n(k)) = \frac{\pi^2}{6\lambda^2} + \frac{1}{12} + r_2(n) + o(1).$$

此处, 对 $\theta = \pi^2/\lambda$,
$$|r_1(n)| < (2\pi)^{-1}\theta^{1/2}e^{-\theta}(1 - e^{-\theta})^{-2},$$

$$|r_2(n)| < (1.1 + 0.7\theta)(\theta^{1/2}e^{-\theta}(1 - e^{-\theta})^{-3}).$$

注意对于均值, 这个界大约等于 1.6×10^{-6} (或 3.45×10^{-4}), 当 $p = 1/2$ (或 $1/4$) 时, 对于方差界为 6×10^{-5} (或 2.64×10^{-2}). 方差近似地与 n 无关这以令人震惊的特点是由极值分布导出的.

对 DNA 序列分析的下一个有意义的问题是这些结果对于带移位的匹配是否成立. 下一个定理给出肯定的答案.

定理 11.20　设 $A_1, A_2, \cdots, B_1, B_2, \cdots$ 有独立同分布字母, 并设 $0 < p = P(A_1 = B_1) < 1$. 设 $H_n(k) = \max\{m : A_{i+l} = B_{j+l}$ 对 $l = 1, \cdots, m$, 至多有 k 次失败, $0 \leqslant i, j \leqslant n - m\}$, 则有

$$E(H_n(k)) = \log_{1/p}(qn^2) + k\log_{1/p}\log_{1/p}(qn^2) + (k)\log_{1/p}(q)$$
$$- \log_{1/p}(k!) + k + \frac{\gamma}{\lambda} - \frac{1}{2} + r_1(n) + o(1)$$

和
$$\text{Var}(H_n(k)) = \frac{\pi^2}{6\lambda^2} + \frac{1}{12} + r_2(n) + o(1).$$

函数 $r_1(n)$ 和 $r_2(n)$ 的界由定理 11.18 中叙述的 θ 的对应函数确定. DNA 序列不总是有相同的长度, 有用 n_1n_2 序列长度的乘积代替 n^2 的更一般的定理. 必要条件是 $\log(n_1)/\log(n_2) \to 1$, 在 Markov 链或甚之 m 相关场合下也可以介绍这些结果.

11.4　Poisson 近似的 Chen-Stein 方法

Poisson 分布和最后一节的指数分布间存在着一种联系. 事实上, 极值分布 V 有尾概率 $P(V > t) = 1 - e^{-e^{-t}} \approx 1 - (1 - e^{-t}) = e^{-t}$, 它是均值为 1 的 Z 的 Poisson 分布的概率 $P(Z = 0)$. 我们将会看到这不是偶然的事件. 以后将详细说明 Poisson 分布究竟是怎样与长连续正面事件相联系的. 应该清楚虽然大家都知道中心极限定理和它的推广, 可是对 Poisson 分布仅知道简单的极限定理. 有趣的随机变量是 Bernoulli 随机变量之和.

定理 11.21　设 $D_{1,n}, D_{2,n}, \cdots, D_{n,n}$ 是独立随机变量且 $P(D_{i,n} = 1) = 1 - P(D_{i,n} = 0) = p_{i,n}$, 如果

(i)
$$\lim_{n \to \infty} \max\{p_{i,n} : 1 \leqslant i \leqslant \infty\} = 0,$$

并且

(ii)
$$\lim_{n \to \infty} \sum_{i=1}^{n} p_{i,n} = \lambda > 0,$$

则 $W_n = \sum_{i=1}^{n} D_{i,n}$, 依分布收敛到 Z, 此处 Z 是具有均值 λ 的 Poisson 分布.

这是所谓稀少事件定律, 局限于指标事件之和. 放松独立性假设是富有成果的推广方向. 我们要介绍的这个定理原形在 Stein 的著作中, Stein 基于泛函微分方程给出的中心极限定理. 后来 Chen 将 Stein 的思想用于 Poisson 近似. 差分方程用下列方法刻画了 Poisson 分布, 在函数 f 上用 $(Lf)(x) = \lambda f(x+1) - xf(x)$ 定义算子 L, 那么对所有使 $\boldsymbol{E}(Zf(Z)) < \infty$ 成立的 $f, \boldsymbol{E}(Lf)(W) = 0$ 当且仅当 W 是 Poisson 分布. 这个方法的美妙之处是允许明显的误差界.

设 I 是指标集, 并且对每个 $i \in I$, 设 X_i 是示性随机变量. 因为设 X_i 表示某个事件是否发生, 事件发生的总数是 $W = \sum_{i \in I} X_i$. 如果 $\boldsymbol{E}(X_i) = P(X_i = 1)$ 是小的而指标集 $|I|$, 的大小是大的, 当所有 $X_i, i \in I$ 是独立时 W 应该有一个近似的 Poisson 分布, 这似乎是直观的. 在相关的情况下, 似乎似是而非, 当相关性受到某些限制时, 同样的近似应该成立. 对每个 i, 设 J_i 是对 i 相关的集合, 即对每个 $i \in I$ 假定有一个集合 $J_i \subset I$, 使得

$$X_i \text{ 独立于 } \{X_j\}, \quad j \notin J_i. \qquad (\text{条件 I})$$

这个假设称为条件 I, 定义

$$b_1 \equiv \sum_{i \in I} \sum_{j \in J_i} E(X_i)E(X_j),$$

$$b_2 \equiv \sum_{i \in I} \sum_{i \neq j \in J_i} E(X_i X_j).$$

设 Z 表示具有均值 λ 的 Poisson 随机变量, 所以对 $k = 0, 1, 2, \cdots$,

$$\boldsymbol{P}(Z = k) = \mathrm{e}^{-\lambda} \frac{\lambda^k}{k!}.$$

设 $h : Z^+ \to R$, 此处 $Z^+ = \{0, 1, 2, \cdots\}$, 并且记 $\|h\| = \sup_{k \geqslant 0} |h(k)|$, 我们用下式表示 W 和 Z 分布之间距离的总变差:

$$\|W - Z\| = \sup_{\|h\|=1} |\boldsymbol{E}(h(W)) - \boldsymbol{E}(h(Z))| = 2 \sup_{A \subset Z^+} |\boldsymbol{P}(W \in A) - \boldsymbol{P}(Z \in A)|.$$

能够证明下面的定理的更一般的形式, 一般的方法称为 Chen-Stein 方法.

定理 11.22　设 W 是相关事件的发生数, 并且设 Z 是具有 $\boldsymbol{E}(Z) = \boldsymbol{E}(W) = \lambda$ 的 Poisson 随机变量, 则在条件 I 下,

$$\|W - Z\| \leqslant \frac{2(b_1 + b_2)(1 - \mathrm{e}^{-\lambda})}{\lambda} \leqslant 2(b_1 + b_2),$$

而且, 特别地有

$$|\boldsymbol{P}(W = 0) - \mathrm{e}^{-\lambda}| \leqslant \frac{(b_1 + b_2)(1 - \mathrm{e}^{\lambda})}{\lambda}.$$

第二个定理是 Poisson 近似的过程版本, 当我们必须使用示性 $\{X_\alpha\}_{\alpha \in I}$ 的整个过程时, 它是有用的.

定理 11.23　对于 $\{Z_\alpha\}_{\alpha \in I}, Z_\alpha$ 是具有均值 $P_\alpha = \boldsymbol{E}(X_\alpha)$ 的独立的 Poisson 随机变量, 假定条件 I 成立, $\boldsymbol{X} = \{X_\alpha\}_{\alpha \in I}$ 和 $\boldsymbol{Z} = \{Z_\alpha\}_{\alpha \in I}$ 之间的总变差距里满足

$$\frac{1}{2}\|\boldsymbol{X} - \boldsymbol{Z}\| \leqslant 2b_1 + 2b_2.$$

这个材料是围绕严格的定理 11.22 和定理 11.23 组织的, 这些定理由 Poisson 丛启发引导出来的. 丛启发的思想是极值事件, 如大的比对打分常常成丛地近似按 Poisson 过程随机地发生. 在比对的情况下, 丛增加比对, 我们能够用具有按 Poisson 过程占有位置的丛的随机数来模拟它. 丛的大小用另一个独立随机变量模拟. 下面给出的纯连续正面投币的分析将说明这些思想.

11.5　Poisson 近似和长匹配

11.5.1　连续正面的投币

已经在 11.2.1 小节和 11.3 节给出两个长的连续正面投币的分析, 已经证明最长的连续正面的长度 R_n 以概率 1 满足

$$\lim_{n \to \infty} \frac{R_n}{\log_{1/p}(n)} = 1,$$

并且在没有证明的定理中给出

$$\boldsymbol{E}(R_n) \approx \log_{1/p}(n) + \log_{1/p}(q) + \frac{\gamma}{\lambda} - \frac{1}{2}.$$

我们还想得到更多. 例如, 如果观察到一个长的连续正面事件, 其长度超过 $\boldsymbol{E}(R_n)$, 对于序列分析知道 p 值是本质的. 换句话说, 我们需要 $\boldsymbol{P}(R_n \geqslant t)$, 观察到长为 t 或更长的连续正面的概率的可靠估计.

现在用 Poisson 近似方法解决这个问题. 长的连续正面投币, 在这种情况下, 长为 t 的那些是稀少事件, 即有小的概率. 当然, 这种连续正面事件可在 $n - t + 1$ 个位置开始, $t \ll n$ 有大量的位置发生稀少事件.

对 "长为 t 在 i 处开始的连续正面" 事件应用 Poisson 近似失败, 因为这样的事件发生在丛中. 如果长为 t 的连续正面投币在 i 处开始, 那么, 以概率 p, 另一个长为 t 连续正的投币在 $i+1$ 处开始等. 用公平的硬币平均来说, 每 2^t 个位置发生这种连续正面事件, 因为它们成丛, 在两个丛之间有平均值大于 2^t 的间隔. 由于我们对 $\boldsymbol{P}(R_n \geqslant t)$ 感兴趣, 调整计数, 在一个丛中仅统计第一个这种连续正面的区间, 并用这种方法 "去丛". 由 Aldous 形成的丛启发方法说, 丛的数在极限情况是 Poisson 分布, 想法是丛的位置是 Poisson 的, 它们的大小用另一个关于丛大小的随机变量指定. 在连续正面的情况下, 丛的大小是几何分布, 并且大小为 k 的丛的概率为 $p^{k-1}(1-p)$. 这样一来, Chen-Stein 定理能够用来给出具有误差界的极限. 如果要应用启发方法或建立条件 I, 我们选择太大的相关集, 而这个严格的定理会给出正确却无用的结果.

对固定的比对或投币问题, $D_i = \boldsymbol{I}(A_i = B_i)$ 和 $\boldsymbol{P}(D_i = 1) = 1 - \boldsymbol{P}(D_i = 0) = p$. 定义 X_i 是丛在 i 处开始的事件, 则 $X_i = \prod\limits_{i=1}^{t} D_i$ 及

$$X_i = (1 - D_{i-1}) \prod_{j=0}^{t-1} D_{i+j}, \quad i \geqslant 2,$$

那么指标集是 $I = \{1, 2, \cdots, n-t+1\}$ 和相关集是 $J_i = \{j \in I : |i-j| \leqslant t\}$. 这给出

$$\lambda = \boldsymbol{E}(W) = \sum_{i \in I} \boldsymbol{E}(X_i) = p^t + (n-t)(1-p)p^t.$$

由于丛的 $(1 - D_{i-1})$ 的因子, X_i 和 X_j 对于 $i \neq j$, $i, j \in J_i$ 不能同时为 1, 所以

$$b_2 = \sum_{i \in I} \sum_{i \neq j \in J_i} \boldsymbol{E}(X_i X_j) = 0.$$

剩下要计算 b_1 的界.

$$\begin{aligned}
b_1 &= \sum_{i \in I} \sum_{j \in J_i} \boldsymbol{E}(X_i)\boldsymbol{E}(X_j) \\
&= p^t \sum_{j \in J_1} \boldsymbol{E}(X_j) + \sum_{i=2}^{n-t+1} (1-p)p^t \sum_{j \in J_i} \boldsymbol{E}(X_j) \\
&< p^t(2t(1-p)p^t + p^t) + (n-t)(2t+1)((1-p)p^t)^2 \\
&< (2t+1)((1-p)p^t)^2 \{n-t+(1-p)^{-1} + p\{(1-p)^2(2t+1)\}^{-1}\}.
\end{aligned}$$

Chen-Stein 定理说

$$\left| \boldsymbol{P}(W=0) - \mathrm{e}^{-\lambda} \right| \leqslant b_1 \min\left\{ 1, \frac{1}{\lambda} \right\},$$

这样, $W = 0$ 当且仅当没有连续正面 $R_n \geqslant t$ 或 $\{W = 0\} = \{R_n < t\}$ 及

$$|\boldsymbol{P}(R_n < t) - \mathrm{e}^{-\lambda}| \leqslant b_1 \min\left\{1, \frac{1}{\lambda}\right\},$$

这个方程还可重新叙述为

$$|\boldsymbol{P}(R_n \geqslant t) - (1 - \mathrm{e}^{-\lambda})| \leqslant b_1 \min\left\{1, \frac{1}{\lambda}\right\}.$$

并且用这种形式相关 p 值计算是最明显的. 对于有意义的概率, 我们想 $\lambda = \lambda(t)$ 有远离 0 和 ∞ 的界. 担心的均值 λ 项是 np^t, 故要求 $t - \log_{1/p}(n)$ 有界. 对于 $t = \log_{1/p}(n(1-p)) + c$, 我们得到

$$\lambda = p^t + (n-t)(1-p)p^t = \frac{p^c}{n(1-p)} + \left(1 - \frac{t}{n}\right)p^c \approx p^c$$

以及

$$\begin{aligned}
&|\boldsymbol{P}(R_n < \log_{1/p}(n(1-p) + c) - \mathrm{e}^{-\lambda})| \\
&< \frac{2t+1}{n}p^{2c}\left(1 - \frac{t}{n} + \frac{1}{n(1-p)} + \frac{p}{n(1-p)^2(2t+1)}\right) \\
&= O(\log(n)/n).
\end{aligned} \tag{11.13}$$

11.5.2　序列间的准确匹配

对两个序列 $\boldsymbol{A} = A_1 A_2 \cdots A_n$ 与 $\boldsymbol{B} = B_1 B_2 \cdots B_m$ 间的最长的纯匹配, 我们设检验值为 t, 则

$$I = \{(i,j) : 1 \leqslant i \leqslant n - t + 1,\ 1 \leqslant j \leqslant m - t + 1\},$$

这个匹配指标是 $C_{i,j} = \boldsymbol{I}(A_i = B_j)$, 所以 $Y_{i,j} = C_{i,j}C_{i+1,j+1}\cdots C_{i+t-1,j+t-1}$, 并且去丛, 如果 $i = 1$ 或 $j = 1$,

$$X_{i,j} = Y_{i,j},$$

否则

$$X_{i,j} = (1 - C_{i-1,j-1})Y_{i,j}.$$

通常的定义是 $W = \sum\limits_{\nu \in I} X_\nu$, 所以

$$\boldsymbol{E}(W) = [(n + m - 2t + 1) + (n - t)(m - t)(1 - p)]p^t.$$

对 $\nu = (i, j)$ 的相关集是

$$J_\nu = \{\tau = (i', j') \in I : |i - i'| \leqslant t \text{ 或 } |j - j'| \leqslant t\},$$

显然, 当 $\tau \notin J_\nu$ 时, X_ν 和 X_τ 是独立的. 下面命题给出当分布是均匀时的一个容易的结果. 对这种情况, 由于独立性 $b_2 = 0$.

命题 11.2 当事件 $\{A_i = B_j\}$ 和 $\{A_i = B_k\}$, $j \neq k$ 是独立时, 它们正相关, 除非它们独立时 $\xi_a = 1/|\mathcal{A}|$.

证明 我们有

$$\boldsymbol{P}(A_i = B_j \text{ 和 } A_i = B_k) = \boldsymbol{P}(A_i = B_j = B_k) = \sum_{a \in \mathcal{A}} \xi_a^3 = p_3$$

且

$$\boldsymbol{P}(A_i = B_j) = \sum_{a \in \mathcal{A}} \xi_a^2 = p_2.$$

由定义, 如果 $p_3 - p_2^2 > 0$, 则相关是正的.

下面的技术非常有用. 定义 $f(x) = \xi_x, x \in \mathcal{A}$, 则

$$\boldsymbol{E}(f(x)) = \sum_{a \in \mathcal{A}} \xi_a^2 = p_2$$

及

$$\boldsymbol{E}(f^2(x)) = \sum_{a \in \mathcal{A}} \xi_a^3 = p_3.$$

利用 Cauchy-Schwartz 不等式,

$$p_2^2 = (\boldsymbol{E}(f(x)))^2 \leqslant \boldsymbol{E}(f^2(x)) = p_3$$

当且仅当 $f(x)$ 是常数或 $\xi_a = 1/|\mathcal{A}|$ 时等式成立.

通常, b_1 直接界定. 我们研究当 $\beta \in J_\alpha$ 时, X_β 和 X_α 之间的相关性. 为表示 Y_α, X_α 无去丛失配的等式, 画出 A_i 和 B_j, A_{i+1} 和 $B_{j+1}, \cdots, A_{i+t-1}$ 和 B_{j+t-1} 之间的 t 条平行线. 对 Y_β 同样做. 最终的图分成连通分量. 定义分量的大小是该分量中顶点数. 当 $\beta \notin J_\alpha$ 时有 $2t$ 个将 A_x 和 B_y 相接的分量. 否则, A_x 或 B_y 可能在 Y_α 和 Y_β 间相交. 有两种情况, 一个是图 11.3 的 4 个臂, 另一个是中心.

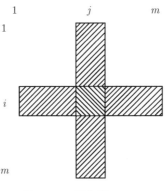

图 11.3 相关集 $J_{(i,j)}$

这些情况容易描述, 可用 $|i - i'| \leqslant t$ 及 $|j - j'| > t$ 或 $|i - i'| > t$ 及 $|j - j'| \leqslant t$ 来描述图 11.3 中的臂. 由于它产生的比对图, 这种情况称为螃蟹草. 下图给出螃蟹草的两个例子.

第一个例子有大小为 3 的 5 个分量, 而第二个有大小等于 2 的 6 个分量和大小为 3 的 2 个分量.

可用 $|i - i'| < t$ 及 $|j - j'| < t$ 来描述图 11.3 的中心. 由于图中的拆叠, 这种情况称为手风琴. 为了清楚起见, 我们用实线代表 Y_α, 用虚线表示 Y_β. 最紧凑的例子是

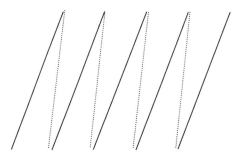

这个图有大小为 $2t + 1 = 11$ 的一个分量. 更复杂的图是可能的. 下面图有大小为 2 的 4 个分量, 大小为 3 的 1 个分量及大小为 5 的 1 个分量.

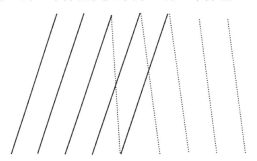

虽然一个分量中有相关性, 这些分量, 更确切地说, 分量的顶点间相等的事件是互相独立的. 这就是说, 我们能对分量中得到等式的概率 p_k 相乘. 为准备得到 b_2 的界, 先推导 $E(X_\nu X_\tau) \leqslant E(Y_\nu Y_\tau)$ 的界.

在推导界之前, 需要另一个引理. 在 11.2.1 小节中我们使用过 Hölder 不等式: $0 < r < s$ 推出 $p_s^{1/s} < p_r^{1/r}$. 现在要求得到更精确的信息.

引理 11.5　　对于 $r \geqslant 3$ 和 $p = p_2$ 有

$$p_r^{1/r} = p^{\delta(r)}p^{1/2},$$

此处 $\delta(r) \in (0, 1/2 - 1/r]$.

证明 因为 $p_1^{1/r} < p_2^{1/2} = p^{1/2}$, 用 $p_r^{1/r} = p^{\delta}p^{1/2}$ 定义 $\delta(r) = \delta$. 用以前的方法

$$p^{r-1} = \left(\sum_a \xi_a^2\right)^{r-1} = (\boldsymbol{E}(\xi_X))^{r-1} \leqslant \boldsymbol{E}(\xi_X^{r-1}) = p_r,$$

所以 $p^{(r-1)/r} \leqslant p_r^{1/r} < p^{1/2}$ 及 $1/2 < 1/2 + \delta \leqslant 1 - 1/r$ 或 $\delta \in (0, 1/2 - 1/r]$. ∎

首先, 考虑螃蟹草. 有从 1 到 t 个大小为 3 的分量. 如果有大小为 3 的 x 个分量和大小为 2 的 y 个分量, 则我们有 $(3+1)x + 2y = 4t$, 因为在每个 Y_ν, Y_τ 中有 $2t$ 个字母. 这就是说 $y = 2t - 2x$. 最后, 当 $1 \leqslant x \leqslant t$ 时, $\boldsymbol{E}(Y_\nu Y_\tau) = p_2^{2t-2x}p_3^x$. 使用引理 11.5 及 $\delta(3) = \delta \in (0, 1/6]$,

$$\boldsymbol{E}(Y_\nu Y_\tau) = p_2^{2t-2x}p^{(3/2+3\delta)x} = p^{2t}p^{(3\delta-1/2)x}.$$

注意到 $3\delta - 1/2 < 1/2 - 1/2 = 0$, 为得到界 $\boldsymbol{E}(Y_\nu Y_\tau)$, 用最小值 $(3\delta - 1/2)t$ 代替 $(3\delta - 1/2)x$,

$$\boldsymbol{E}(Y_\nu Y_\tau) \leqslant p^{3/2t}p^{3\delta t} = (\boldsymbol{E}Y_\nu)^{3/2}p^{3\delta t}. \tag{11.14}$$

下面, 考虑手风琴. 有大小为 i 的 x_i 个分量, 此处 $2 \leqslant i \leqslant 2t+1$. 和前面一样, 有守恒方程 $\sum_{i=2}^{2t+1} x_i(2(i-1)) = 4t$. 和前面一样, 这个方程及一个额外的不等式 $p_s \leqslant p^{s/2}p^{s\delta(3)}$ 可用于产生一个界. 在引理 11.5 中使用 $s = 2t+1$ 能得到一个更好的界

$$\boldsymbol{E}(Y_\nu Y_\tau) = p_{k_1}^{x_{k_1}}p_{k_2}^{x_{k_2}} \cdots p_{k_l}^{x_{k_l}},$$

有 l 个分量. 定义 $q_k = \boldsymbol{P}(A_{k+1} = A_k | A_1 = \cdots = A_k)$. 如果设 $p_1 = 1$, 则 $q_k = p_{k+1}/p_k$. 观察到 q_k 是递增的,

$$\frac{q_{k+1}}{q_k} = \frac{p_k p_{k+2}}{(p_{k+1})^2} \geqslant 1$$

等价于

$$\boldsymbol{E}(\xi_X^{k-1})\boldsymbol{E}(\xi_X^{k+1}) \geqslant (\boldsymbol{E}(\xi_X^k))^2.$$

为建立这个不等式, 使用 $\boldsymbol{E}(Z^2)\boldsymbol{E}(Y^2) \geqslant (\boldsymbol{E}(ZY))^2$ 及 $Z = \xi_X^{(k-1)/2}$ 和 $Y = \xi_X^{(k+1)/2}$. 回到

$$\boldsymbol{E}(Y_\nu Y_\tau) = p_{k_1}^{x_{k_1}}p_{k_2}^{x_{k_2}} \cdots p_{k_l}^{x_{k_l}} = (q_1 q_2 \cdots q_{k_1-1})^{x_{k_1}}(q_1 q_2 \cdots q_{k_2-1})^{x_{k_2}} \cdots$$

$$\leqslant q_1 q_2 \cdots q_{\sum x_i(i-1)} = q_1 q_2 \cdots q_{2t} = p_{2t+1}.$$

应用引理 11.5 及 $\delta(2t+1) = \gamma \in (0, 1/2 - 1/(2t+1)]$,

$$\boldsymbol{E}(Y_\nu Y_\tau) \leqslant p_{2t+1} \leqslant p^{\gamma(2t+1)} p^{t+1/2}. \tag{11.15}$$

现在, 计算 Chen-Stein 界. 首先处理 $b_1(\nu = (i,j), \tau = (i',j'))$,

$$b_1 = \sum_{\nu \in I} \sum_{\tau \in J_\nu} \boldsymbol{E}(X_\nu) \boldsymbol{E}(X_\tau).$$

首先 $\displaystyle\sum_{\tau \in J_\nu} \boldsymbol{E}(X_\tau) < 2(2t+1)(n \vee m)p^t$, 所以

$$b_1 < 2\lambda(2t+1)(n \vee m)p^t, \tag{11.16}$$

其次, 将和分成螃蟹草和手风琴两组, 然后应用方程 (11.14) 和方程 (11.15) 给出界 b_2,

$$b_2 = \sum_{\nu \in I} \sum_{\nu \neq \tau \in J_\nu} \boldsymbol{E}(X_\nu X_\tau) = \sum_{(i,j) \in I} \left(\sum_{\substack{|i-i'| \leqslant t \\ |j-j'| \leqslant t}} + 2 \sum_{\substack{|i-i'| \leqslant t \\ |j-j'| > t}} \right) \boldsymbol{E}(X_{(i,j)} X_{(i,j')})$$

$$\leqslant (n-t+1)(m-t+1)\{(2t+1)^2 p^{(t+1)/2} p^{\gamma(2t+1)}$$

$$+ 2(2t+1)(n \vee m)p^{3t/2} p^{3\delta t}\}. \tag{11.17}$$

回忆 $\lambda = \boldsymbol{E}(W)$ 满足

$$\lambda = p^t[(n+m-2t+1) + (n-t)(m-t)(1-p)].$$

为了控制 λ, 设 $t = \log_{1/p}(nm(1-p)) + c$, 所以

$$\lambda = \left(\frac{n+m-2t+1}{nm(1-p)} + \left(1 - \frac{t}{n}\right)\left(1 - \frac{t}{m}\right) \right) p^c,$$

当 $n = m$ 时, 它近似地等于 p^c. 由方程 (11.16) 和方程 (11.17),

$$b_1 + b_2 < nm \left\{ \frac{2\lambda(2t+1)(n \vee m)p^t}{nm} + (2t+1)^2 p^{t(1+2\gamma)} p^{r+1/2} \right.$$

$$\left. + 2(2t+1)(n \vee m)p^{t(3/2+3\delta)} \right\}$$

$$= nm \left\{ \frac{2\lambda(2t+1)(n \vee m)p^t}{nm} + \frac{(2t+1)^2 p^{c(1+2\gamma)+\gamma+1/2}}{(nm(1-p))^{1+2\gamma}} \right.$$

$$+ \frac{2(2t+1)(n \vee m)P^{c(3/2+3\delta)}}{(nm(1-p))^{3/2+3\delta}} \bigg\}.$$

如果 $n = m$, 则

$$b_1 + b_2 = O\left(\frac{\log(n)}{n}\right) + O\left(\left(\frac{\log(n)}{n^{2\gamma}}\right)^2\right) + O\left(\frac{\log(n)}{n^{6\delta}}\right).$$

11.5.3 近似匹配

在第 8 章我们研究了序列间的 k 元匹配. 对于扩展 Poisson 的应用, 这些 k 元组匹配做了很好的准备. 我们将涉及几个有趣的随机变量: 丛数、丛大小和最大的丛的大小. 此外, 对所有 k, 涉及纯 k 元组匹配以及对 $k = O(\log(n))$ 提供了近似匹配的结果.

为了便于阐述, 讨论限制在比较的对角线 $1 \leqslant i = j \leqslant n$ 上进行. 一些有趣的情况如下:

(1) 匹配 k 元组 $\{A_1 A_2 \cdots A_k = B_1 B_2 \cdots B_k\}$;

(2) 近似匹配 k 元组, 此处 $A_i = B_i, i = 1, \cdots, k$ 中至少有 q 个成立 (对较小的 k);

(3) 近似匹配 k 元组, 此处 $A_i = B_i, i = 1, \cdots, k$ 中至少有 q 个成立, 并且 $q/k > p = \boldsymbol{P}(A_1 = B_1)$ (对较大的 k).

设 $D_i = \boldsymbol{I}(A_i = B_i)$, 在 i 处开始的 k 元组有打分

$$V_i = D_i + D_{i+1} + \cdots + D_{i+k-1}.$$

如果 $Y_i = \boldsymbol{I}(V_i \geqslant q) = 1$ 有性质 q/k 匹配在 i 处开始. 像在前面的问题一样, $Y_i = 1$ 的 i 通常出现在丛中. 为了去丛, 定义 $X_i = Y_i(1 - Y_{i-1}) \cdots (1 - Y_{i-s})$, 这里 s 取决于 q 和 k. 当然, 对于 $q = k, s = 1$ 是恰当的. 对于大的 k 和 $q/k > p, s = k$ 是正确的选择. 在任何 $s > 1$ 的情况下分析是比上面的例子更复杂. 例如, 丛的大小不是简单相继 $Y_\alpha = 1$ 的个数. 从 i 开始在 j 结束的丛定义为

$$j = \min\{l \geqslant i : Y_l = 1, Y_{l+1} = Y_{l+2} = \cdots = Y_{l+s} = 0\},$$

所以, 对 $X_i = 1$ 的丛的大小定义为 $C = \sum_{l=i}^{j} Y_l$ 和 $\boldsymbol{P}(c = m) = \boldsymbol{P}\left(\sum_{l=i}^{j} Y_l = m | X_i = 1\right).$

丛数

在对角线上的丛数是 $W = \sum_{i=1}^{n-k+1} X_i$, $J_i = \{j : |j - i| \leqslant k + s - 1\}$ 满足 Chen-Stein 定理中的独立性假设.

定理 11.24   设 Z 是具有均值 $\lambda = E(W)$ 的 Possion 分布, 则

$$\frac{1}{2}\|W - Z\| \leqslant \frac{(b_1 + b_2)(1 - e^{-\lambda})}{\lambda}.$$

和通常一样, 任务是提供这个近似的一个界. 忽略边界效应, $\lambda = (n - k + 1)E(X_i)$, 这样

$$E(X_i) = E(X_i = 1|Y_i = 1)P(Y_i = 1).$$

由 Y_i 的定义,

$$P(Y_i = 1) = P(\mathcal{B}(k,p) \overset{d}{=} U \geqslant q),$$

当 k 是大的且 $1 \geqslant q/k > p$ 时, 利用大偏差能够精确的近似这个量. 一个小的检验产生 $P(X_i = 1|Y_i = 1)$ 的公式, 它是 q/k 匹配开始一个丛的时间平均比例. 所以, 这个量等于每个匹配的平均丛数或 $P(X_i = 1|Y_i = 1) = 1/E(C)$. 故

$$\lambda = (n - k + 1)E(X_i) = \frac{(n - k + 1)P(\mathcal{B}(k,p)) \geqslant q}{E(C)}.$$

继续取 $s = k$ 对于 $q = k$ 这不是好的选择, 可是当 $n \to \infty$ 时这里误差界 $(b_1 + b_2) \to 0$.

在很多场合, $q/k - p$ 是 $P(X_i = 1|Y_i = 1)$ 很好的近似. 对于 $s = k$, 利用投票定理能够证明

$$\alpha - p \leqslant P(X_i = 1|Y_i = 1) \leqslant \alpha - p + 2(1 - \alpha)e^{-k\mathcal{H}(\alpha,p)},$$

此处 $\alpha = q/k$. 对较小的 k 或 α 接近 p, $\alpha - p$ 可能不是 $P(X_i = 1|Y_i = 1) = 1/E(C)$ 好的近似.

现在给出关于 b_1 和 b_2 的界,

$$b_1 = \sum_{i \in I} \sum_{j \in J_i} E(X_i)E(X_j) = |I||J_i|(E(X_i))^2 = \lambda^2 |J_i|/|I|.$$

对于 b_2, 首先注意到 $X_i = 0$ 推出 $X_iX_j = 0$. 否则, 对于 $j = i + 1$ 到 $i + k$, $X_i = 1$ 和 $X_j = 0$. 否则, 对于 $j = i - k, \cdots, i - 1$ 有 $X_iX_j \leqslant X_iX_j = 0$. 对剩下的 J_i 中的 $2k$ 个元素,

$$E(X_iX_j) \leqslant E(X_iY_j)$$
$$= E(X_i)E(Y_j) = E(X_i)P(Y_j = 1) = (E(X_i))^2 E(C),$$

所以

$$b_1 + b_2 < |I||J_i|(1 + E(C))(E(X_i))^2 = b_1(1 + E(C)).$$

丛大小的和

回忆, 8.3 节关于近似匹配的算法给出 k 元组匹配在对角线上的和. 在这一节, $\alpha = q/k$ 个匹配的想法仍然有用. 用 S 表示和, $S = \sum_{i=1}^{n-k+1} Y_i$. 容易预见我们的方法. 丛数近似 Poisson 分布 $(\lambda = \boldsymbol{E}(W))$. 如果在每个丛上, 丛的分布 C 是独立分布的, 并且 $C_1, C_2, \cdots$ 和 C 一样是独立分布, 那么卷积

$$C^{*j} = C_1 + C_2 + \cdots + C_j, \quad j = 1, 2, \cdots$$

将给出在对角线上 j 个丛之和的分布. 如果 j 是 Poisson (λ), 那么随机变量的随机数之和应该近似于 S. 首先卷积

$$\boldsymbol{P}(C^{*j} = m) \begin{cases} \boldsymbol{P}(C = m), & j = 1, \\ \sum_{i=1}^{m-1} \boldsymbol{P}(C^{*(j-1)} = m - i)\boldsymbol{P}(C = i), & j \neq 1, \end{cases}$$

在处理中我们使用了 $\boldsymbol{P}(C = 0) = 0$ 的事实.

回到我们的近似, 在 j 处使用 Z 应近似 $S : \hat{S} = \sum_{i=1}^{Z} C_i$, 称为复合 Poisson 分布, 并且注意到 $\boldsymbol{P}(Z = 0) > 0$, 故 $\hat{S} = 0$ 是可能的. 对 $m > 0$,

$$\boldsymbol{P}(\hat{S} = m) = \sum_{j=1}^{m} \boldsymbol{P}(\hat{S} = m | Z = j)\boldsymbol{P}(Z = j) = \sum_{j=1}^{m} \boldsymbol{P}(C^{*j} = m)\boldsymbol{P}(Z = j).$$

在本章第一次我们需要丛分布的全 Poisson 过程, 并应用 Chen-Stein 定理 11.23 的过程版本. 下面定理检验上面的近似, 在此之前我们构画出供这个近似使用的一般思想.

这个思想是从指标集 I, 事件 X_ν 和条件 I 成立, 并且 b_1 和 b_2 较小的邻域结构 J_ν 开始. 然后, 每一个事件 X_ν 进一步用 "类型" $i \in T$ 标识. 新的过程有指标集 $I^* = I \times T$, 并且对每个 $(\nu, i) \in I^*, X_{\nu,i} = X_\nu \cdot I$ {发生是类型 i}, 故 $X_\nu = \sum_{i \in T} X_{\nu,i}$. 新的邻域结构是 $J_{\nu,i} = J_\nu \times T$. 分解允许我们得出

$$b_1^* = b_1 \text{ 和 } b_2^* = b_2. \tag{11.18}$$

如果 $\{X_{\nu,i}\}_{\nu \in I, i \in T} = \boldsymbol{X}^*$ 和 $\boldsymbol{Y}^* = \{Y_{\nu,i}\}_{\nu \in I, i \in T}$ 是具有均值的 $\lambda_{\nu,i} = \boldsymbol{E}(X_{\nu,i})$ Poisson 过程, 那么过程 Chen-Stein 定理说

$$\|\boldsymbol{X}^* - \boldsymbol{Y}^*\| \leqslant 4(b_1 + b_2).$$

定理 11.25　S 和 $\hat{S}$ 间全偏差距离满足

$$\frac{1}{2}\|S-\hat{S}\| \leqslant 2(b_1+b_2)+2\lambda \boldsymbol{P}(C>k),$$

此处邻域结构是 $J_\nu = \{j : |j-i| \leqslant ks-1\}$.

证明　如果大小 $i < k$ 类型定义为丛的大小 (丛中 1 的个数), 如果丛的大小至少是 k, 类型定义为 k. 显然 $X_\nu = \sum\limits_{i=1}^{k} X_{\nu,i}$, 让我们检验条件 I. 为去丛, $X_{\nu,i}$ 是 $Y_{\nu-s} \cdots Y_{\nu-1}$ 的函数. 当构形 $10_{s-1}1 \cdots 0_{s-1}10_s$ 中得到 i 个 1 时得到最广的相关性, 这个构形涉及 $D_\nu \cdots D_{\nu+s} \cdots D_{\nu+(i-1)s} \cdots D_{\nu+is}$. 要 X_ν 是独立的, X_τ 必须使 $\tau = \nu+(i+1)s+1$, 由于对 τ 有 s 个去丛指标. 换言之, $|\tau-\nu| \geqslant (i+1)s+2$ 保证独立性, 故为了相关性, 我们需要 $|\tau-\nu| \leqslant (i+1)s+1$, $i = 1, 2, \cdots, k-1$. 注意, 我们要寻找许多大小为 $k, k+1, \cdots$ 的 X_ν, 可是我们不能保证全部找到它们.

像前面断言的那样, 没划分的 $\{X_\nu\}_{\nu \in I}$ 的 b_1 和 b_2 给出划分的随机变量 $\{X_{\nu,i}\}_{(\nu,i) \in I}$ 的 b_1 和 b_2. 为抓住丛和, 注意

$$\sum_{\nu=1}^{n-k+1} C_\nu \boldsymbol{I}\{C_\nu < k\} = \sum_{\nu=1}^{n-k+1} \sum_{i=1}^{k-1} i X_{\nu,i}$$

统计了小于 k 的所有丛. 现在

$$\boldsymbol{P}\left(\bigcup_{\nu=1}^{n-k+1} \{X_\nu = 1, C_\nu \geqslant k\}\right) \geqslant \sum_{\nu=1}^{n-k+1} \boldsymbol{P}\{X_\nu = 1, C_\nu \geqslant k\}$$

$$= \sum_{\nu=1}^{n-k+1} \boldsymbol{P}(C_\nu \geqslant k | X_\nu = 1)\boldsymbol{P}(X_\nu = 1)$$

$$= \boldsymbol{P}(C \geqslant k) \sum_{\nu=1}^{n-k+1} \boldsymbol{P}\{X_\nu = 1\} = \lambda \boldsymbol{P}(C \geqslant k).$$

对 Z 类似的论证完成这个证明.　■

丛大小的顺序统计量

回到最大丛的大小, 并自然地会问: 第二大丛的大小是多大? 这里处理这个过程是自然的事, 综合这个过程, $W = \sum\limits_i X_i$, 并对每个 $X_i = 1$, 当 $j = \min\{l : Y_l = 1, Y_{l+1} = Y_{l+2} = \cdots = Y_{l+s} = 0\}$ 时, $C_i = \sum\limits_{l=i}^{j} Y_l$.

对所有使 $X_i = 1$ 的 i, 用 $C_{(1)} \geqslant C_{(2)} \geqslant \cdots \geqslant C_{(W)}$, 记 C_i 的顺序统计量, 如

$$C_{(1)} = \max\{C_i : X_i = 1\}.$$

近似是说 W 是近似的 Poisson 分布 $(\lambda = \boldsymbol{E}(W))$, 所以用 $\tilde{C}_{(1)} \geqslant \tilde{C}_{(2)} \geqslant \cdots \geqslant \tilde{C}_{(Z)}$, 近似独立同分布随机变量 $C_1, C_2, \cdots, C_Z$ 的顺序统计量 $C_{(1)}, C_{(2)}, \cdots,$ $C_{(W)}$. 如果通过要 $C_i > x$ 把 $C_1, C_2, \cdots, C_Z$ 弄 "细", 则 $U = \sum_{j=1}^{Z} \boldsymbol{I}(C_j > x)$ 是 Poisson 分布 $(\lambda \boldsymbol{P}(C > x))$ (见问题 11.15). 注意, $\{\tilde{C}_{(j)} \leqslant x\} = \{U \leqslant j - 1\}$, 由于 $x \geqslant \tilde{C}_{(j)} \geqslant \tilde{C}_{(j+1)} \geqslant \cdots \geqslant \tilde{C}_{(Z)}$ 指明不多于 $j - 1$ 个 C 大于 x. 这给出值得称道的公式

$$\boldsymbol{P}(\tilde{C}_{(j)} \leqslant x) = \mathrm{e}^{-\lambda \boldsymbol{P}(C > x)} \sum_{i=0}^{j-1} \frac{(\lambda \boldsymbol{P}(C > x))^i}{i!}. \tag{11.19}$$

像上一节一样, 将 X_ν 划分成类型 $X_{\nu,i}$ 能够得到误差界. 对 $x < k$, 我们有

$$\{C(j) \leqslant x\} = \left\{ \sum_{\nu \in I, i > x} X_{\nu,i} \leqslant j - 1 \right\},$$

并且使用 $Z_{\nu,i}$, Poisson 均值 $\boldsymbol{E}(X_{\nu,i})$ 近似 $X_{\nu,i}$. 对应的定理如下,

定理 11.26 $C_{(j)}$ 和 $\tilde{C}_{(j)}$ 间总偏差距离满足

$$\frac{1}{2} \|C_{(j)} - \tilde{C}_{(j)}\| \leqslant 2(b_1 + b_2) + 2\lambda \boldsymbol{P}(C \geqslant k),$$

此处 b_1, b_2 由 $J_\nu = \{\tau : |\nu - \tau| \leqslant ks + 1\}$ 确定.

11.6 带有打分的序列比对

多数序列比较的结果不是长的完美匹配或长的没有插入删除的匹配. 实际情况是我们有定义在 $\mathcal{A}^2$ 上的 $s(a, b)$ 和次可加删除函数 $g(k), k \geqslant 1$. 在 11.1 节有关于全局比对打分的一些结果, 它包括打分的线性增长及大偏差不等式定理 11.4. 如果对 $a \neq b, s(a, b) = -\infty$ 和所有 $k, g(k) = \infty$, 那么对 H_n 有 $2 \log_{1/p}(n)$ 中心项, 局部比对打分. 原来打分的线性增长/对数增长是一般现象, 并且当 $g(k) = \alpha + \beta k$ 时在这两种制式之间又一个明显的相位转移. 在我们构画出这个惊人结果的证明之后, 将提出一个方案, 它能对整个对数区域成功地提供一个 Poisson 近似. 对于线性区域, 最好的结果是 Azuma-Hoeffding 大偏差结果定理 11.4, 对于 n 通常在 200~600 内的蛋白质序列比较, 它没有提供有用的界. 也许当 $n \to \infty$ 时, 这个界渐近的有用或这个界与真实的衰变率不接近. 实际上, 这两种情况哪一种成立并不重要. 理论上, 知道这个答案是非常有意义的.

在 11.6.1 小节中, 我们构画出线性和对数增长间相位转移的证明. 在 11.1 节中已经给出部分证明. 然后, 在 11.6.2 小节指出在对数区域怎样给出有用的 Poisson 近似.

11.6.1　相位转移

这一节研究局部比对打分

$$H(A_1 \cdots A_n, B_1 \cdots B_n) \equiv H(\boldsymbol{A}, \boldsymbol{B}) \equiv H_n = \max\{S(I, J) : I \subset \boldsymbol{A}, J \subset \boldsymbol{B}\}.$$

这个定理对于更一般的打分成立. 可是为了简单起见, 我们研究

$$s(a, b) = \begin{cases} +1, & a = b, \\ -\mu, & a \neq b, \end{cases}$$

并且 $g(k) = \delta k$, 此处 $(\mu, \delta) \in [0, \infty]^2$.

由 11.1 节 (以及次可加性) 知道下列极限存在:

$$\rho = \rho(\mu, \delta) = \lim_{k \to \infty} \frac{\boldsymbol{E}(S_k)}{k} = \sup_{k \geqslant 1} \frac{\boldsymbol{E}(S_k)}{k},$$

此处 $S_k = S(A_1 \cdots A_k, B_1 \cdots B_k)$.

当 $n \to \infty$ 时, $\rho > 0$ 时 (μ, δ) 显然有 S_n 的线性增长. 直观上, H_n 也应有像 (μ, δ) 那样的线性增长. 如果我们能够证明 $\{(\mu, \delta) : \rho < 0\}$ 蕴含当 $n \to \infty$ 时 H_n 有对数增长, 这就几乎建立起相位转移. 下面定理处理 $\rho = 0$ 的集合.

定理 11.27　集合 $\{(\mu, \delta) : \rho(\mu, \delta) = 0\}$ 定义了在参数空间 $[0, \infty]^2$ 中将负区域 $\{\rho < 0\}$ 和正区域 $\{\rho > 0\}$ 分开的线.

证明　首先, 在每一个参数中 ρ 明显的是非增长的, 并且我们有全局不等式 $\rho(\mu + \varepsilon, \delta + \varepsilon/2) \geqslant \rho(\mu, \delta) - \varepsilon$, 因为对应的不等式被两个长为 n 的序列的每个可能的比对所满足, 并取极大, 取期望, 而且极限保持这个不等式. 这就表明 ρ 是连续的. 详细地说, 以 $Q = (\mu, \delta)$ 和 $Q' = (\mu', \delta')$ 有 $|\rho(Q) - \rho(Q')| \leqslant \varepsilon \equiv |\mu - \mu'| + 2|\delta - \delta'|$, 因为用 $R = (\mu_0, \delta_0) = (\mu \wedge \mu', \delta \wedge \delta')$ 和 $S = (\mu_0 + \varepsilon, \delta_0 + \varepsilon/2)$ 单调性和全局不等式给出 $\rho(R) \geqslant \rho(Q) \geqslant \rho(S) \geqslant \rho(K) - \varepsilon$, 对 $\rho(Q')$ 也类似. 其次, 虽然在参数空间中对每个参数 ρ 不是严格单调的, 但是在 $(1, 1)$ 方向上, 在直线 $\rho = 0$ 的邻域是严格单调的. 为看出这一点, 设 $\gamma \equiv \max(\mu, 2\delta)$, 并观察在每对字母打分 g 或更少的比对, 没有匹配的比例 x 满足 $-\gamma x + (1 - x) \leqslant g$, 所以 $x \geqslant (1 - g)/(\gamma + 1)$. 对于这种比对, 每个惩罚参数增加 $\varepsilon > 0$ 打分必定至少减少 εx. 对于所有 $\varepsilon, \mu, \delta > 0$, $\rho(\mu + \varepsilon, \delta + \varepsilon) \leqslant \rho(\mu, \delta) - \varepsilon(1 - \rho(\mu, \delta))/(1 + \mu + 2\delta)$, $\mu = \infty$ 或 $\delta = \infty$ 情况要求一个独立的类似的证明. ■

接下来, 定义一个 S_n 的超过 $qn, q \geqslant 0$ 的衰变率,

$$r(q) = \lim_{n \to \infty} \frac{-\log \boldsymbol{P}(S_n \geqslant qn)}{n} = \inf \left(\frac{-\log \boldsymbol{P}(S_n \geqslant qn)}{n} \right).$$

由于次可加性 $P(S_{n+m} \geqslant q(n+m)) \geqslant P(S_n \geqslant qn)P(S_m \geqslant qm)$, 这个极限存在, 并且等于这个 inf. 下个结论是 Azuma-Hoeffding 引理的推论.

命题 11.3 如果 $\rho(\mu, \delta) < 0$ 且 $q \geqslant 0$, 则 $r(q) > 0$.

证明 推论 11.1 显示

$$P(S_n \geqslant (\gamma + \rho)n) \leqslant e^{(-\gamma^2 n)/2c^2},$$

这样

$$P(S_n \geqslant qn) = P(S_n - \rho n \geqslant (q - \rho)n) \leqslant e^{-(q-\rho)^2 n/2c^2},$$

故

$$r(q) = \frac{-\log P(S_n \geqslant qn)}{n} \geqslant \frac{(q-\rho)^2}{2c^2} > 0. \qquad \blacksquare$$

当 $\rho(\mu, \delta) < 0$ 时, 定义 $b = b(\mu, \delta) = \max_{q \geqslant 0}[q/r(q)]$. 因为 $r(1) = -\log P(A_1 = B_1) < \infty$, $b > 0$. 当 $\rho < 0$ 时, 常数 b 是 $\log(n)$ 的乘数, 它是下一个定理的内容. 虽然它仅指明 $H_n/\log(n)$ 在 $[b, 2b]$ 之中, 猜测它的极限是 $2b$, b 的动机与定理 11.17 启发有关, 长为 t 和打分 $S_t \geqslant qt$ 的比对用 $1 = n^2 e^{-tr(q)}$ 或 $t = \log(n^2)/r(q)$ 可以扩张. 最大打分应该是

$$\max_{q \geqslant 0} qt = \max \frac{q}{r(q)} \log(n^2) = 2n \log(n),$$

将这个启发严格化.

定理 11.28 对所有 $(\mu, \delta) \in [0, \infty]^2$ 及 $\rho(\mu, \delta) < 0$, 对所有 $\varepsilon > 0$,

$$P\left((1-\varepsilon)b < \frac{H_n}{\log(n)} < (2+\varepsilon)b\right) \to 1.$$

证明 证明分两部分, 上界和下界. 上界证明不太难可是太长, 省略.

下界是当 $n \to \infty$ 时, $P((1-\varepsilon)b \log(n) < H_n) \to 1$. 给定 $\varepsilon > 0$, 取小的 $\gamma > 0$ 和 $q > 0$, 使 $q/r(q)$ 近似 b, 并且

$$(1-\varepsilon)b\left(\frac{r(q)+\gamma}{q}\right) < 1 - \frac{\varepsilon}{2}.$$

通常, 取 $t = (1-\varepsilon)b \log(n)$, $k = \lfloor t/q \rfloor$ 是与 $\log(n)$ 同阶的, $k \approx c \log(n)$. 对于 n 足够大, k 满足 $-1/k \log P(S_k \geqslant qk) \leqslant r(q) + \gamma$ 且

$$P(S_k \geqslant qk) \geqslant \exp\{-k(r(q)+\gamma)\} \geqslant \exp\left\{-t\left(\frac{r(q)+\gamma}{q}\right)\right\}$$

$$\geqslant \exp\left\{-\left(1-\frac{\varepsilon}{2}\right)\log(n)\right\} = n^{-1+\varepsilon/2}.$$

取长为 k 的非重叠块, 大约有 $n/k \sim n/(c \log(n))$ 个独立机会得到大的打分, 完成定理证明. 每个块至少有概率 $n^{-1+\varepsilon/2}$ 去得到大打分, 所以大打分的期望数像 $n^{\varepsilon/2}/(c \log(n))$ 那样趋于无限. 根据 Borel-Cantelli 引理, 下界成立. $\qquad \blacksquare$

下面证明当 $\rho > 0$ 时打分增长是线性的.

定理 11.29　如果 $\rho = \rho(\mu, \delta) > 0$, 则依概率 $S_n/n \to \rho$, 并且依概率

$$H_n/n \to \rho.$$

证明　注意 $H_n \geqslant S_n$, 所以要求 $\boldsymbol{P}(H_n > (1+\varepsilon)n\rho) \to 0$ 及 $\boldsymbol{P}(S_n < (1+\varepsilon)n\rho) \to 0$. 第二部分由次可加性及以概率 1, $S_n/n \to \rho$ 得到.

需要一个引理, 动机是 $S_k = S(A_1 \cdots A_k, B_1 \cdots B_k)$ 使用长 k 的序列, 而 H_n 对这个论证使用任意长序列.

引理 11.6　定义 $S_{i,j} = S(A_1 \cdots A_i, B_1 \cdots B_j)$ 和

$$r'(q) = \lim \left(-\frac{1}{k} \right) \log \max_{i+j=2k} \boldsymbol{P}(S_{i,j} \geqslant qk),$$

则 $r(q) = r'(q)$.

证明　次可加性指出 $r'(q)$ 存在. 显然, $r' \leqslant r$ 作为 r' 的最大值超过一个大集, 我们将证明对所有 $\varepsilon > 0, r' \geqslant r - \varepsilon$. 取 i, j 和 $k = (i+j)/2$ 足够大, 使

$$-\frac{1}{k} \log \boldsymbol{P}(S_{i,j} \geqslant qk) < r' + \varepsilon.$$

这样

$$\begin{aligned}
\boldsymbol{P}(S_{2k} = S_{k,k} \geqslant q(2k)) &\geqslant \boldsymbol{P}(S_{i,j} \geqslant qk, S(A_{i+1}, \cdots, A_{i+j}, B_{j+1}, \cdots, B_{i+j}) \geqslant qk) \\
&= (\boldsymbol{P}(S_{i,j} \geqslant qk))^2.
\end{aligned}$$

等式取决于 A_i 和 B_i 有相同分布, 所以 $S_{i,j}$ 和 $S_{j,i}$ 有相同分布. 故

$$\begin{aligned}
r = r(q) &\leqslant -\frac{1}{2k} \log \boldsymbol{P}(S_{2k} \geqslant 2qk) \\
&\leqslant -\frac{1}{2k} \log(\boldsymbol{P}(S_{i,j} \geqslant qk))^2 < r' + \varepsilon. \qquad \blacksquare
\end{aligned}$$

应用引理 11.6,

$$\begin{aligned}
r = r((1+\varepsilon)\rho) &= \lim \left(-\frac{1}{k} \log \boldsymbol{P}(S_k \geqslant (1+\varepsilon)\rho k) \right) \\
&= \inf \left(-\frac{1}{k} \max_{i+j=2k} \log \boldsymbol{P}(S_{i,j} \geqslant (1+\varepsilon)\rho k) \right).
\end{aligned}$$

应用 Azuma-Hoeffding 引理得 $r > 0$. 所以, 对所有 $i, j, k = (i+j)/2$ 有

$$\boldsymbol{P}(S_{i,j} \geqslant (1+\varepsilon)\rho k) \leqslant \mathrm{e}^{-rk}.$$

对于 $i, j \leqslant n, k = (i+j)/2 \leqslant n$, 从而

$$\boldsymbol{P}(S_{i,j} \geqslant (1+\varepsilon)n\rho) \leqslant \boldsymbol{P}(S_{i,j} \geqslant (1+\varepsilon)k\rho) \leqslant \mathrm{e}^{-rk}.$$

现在, $S_{i,j} \geqslant (1+\varepsilon)n\rho$ 要求 $k = (i+j)/2 \geqslant (1+\varepsilon)n\rho$, 由于等同打分为 $+1$, 从而

$$\boldsymbol{P}(S_{i,j} \geqslant (1+\varepsilon)n\rho) \leqslant \mathrm{e}^{-rk} \leqslant \mathrm{e}^{-r(1+\varepsilon)n\rho}.$$

最后

$$\boldsymbol{P}(H_n \geqslant (1+\varepsilon)n\rho) = \boldsymbol{P}\bigg(\bigcup_{\substack{i,j \\ k,l}} \{S(A_{i+1}, \cdots, A_{i+k}, B_{j+1}, \cdots, B_{j+l}) \geqslant (1+\varepsilon)n\rho\}\bigg)$$

$$\leqslant n^4 \mathrm{e}^{-r(1+\varepsilon)n\rho} \to 0.$$

这就完成了证明. ■

现在, 我们阐明在 $(\mu, \delta) \in [0, \infty]^2$ 中曲线 $\rho = 0$ 的形状 (图 11.4). 首先注意到

$$H_n(2\delta, \delta) = H_n(\mu, \delta), 2\delta \leqslant \mu,$$

因为当 $\mu > 2\delta$ 时比对中没有非等同的或失配. 曲线 $\rho = 0$ 将在 μ 处命中 (μ, ∞) 边界, 在此处每个字平均打分是零, $\rho \cdot 1 + (1-\rho)(1-\mu) = 0$ 或 $\mu = \rho/(1-\rho)$. 由于在 DNA 上的均匀分布, 这个值是 $\mu = 1/3$. 类似地, 设 Chvatalatal-Sankoff 最大公共子序列常数是 ρ_{c-s}. 在边界 (∞, δ) 上方程是 $\rho_{c-s} \cdot 1 + (1 - \rho_{c-s})(-\delta) = 0$ 或 $\delta = \rho_{c-s}/(1-\rho_{c-s})$. 当用两字母的均匀字符集时, $\rho_{c-s} \approx 0.82, \delta \approx 4.6$.

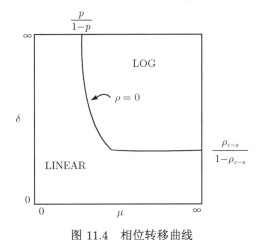

图 11.4 相位转移曲线

11.6.2 实用的 p 值

最终目标是对于 $H(\boldsymbol{A}, \boldsymbol{B})$ 值提供一个快速的准确的 p 值估计. 正如在引言中指出的那样, 对于线性区间 (μ, δ) 还没实用的结果. 对于各种各样长度和合成的序

列比较, 模拟太花时间. 但是, 可用于有意义的特定比较. 然而, 理论与模拟的结合对于对数区域即使对一般打分模式也给出了解.

为建立这个基础, 回想我们对没有删除 ($g(k) = \infty$, 对所有 k) 的强打分律. 这要求 $\boldsymbol{E}(s(A, B)) < 0$ 和 $s^* = \max s(a, b) > 0$, 这将使我们在对数区域处理问题. 对于 $1 = \boldsymbol{E}(\lambda^{-s(A,B)})$ 的最大的根 p, $\boldsymbol{P}\left(\lim\limits_{n \to \infty} H_n / \log_{1/p}(n^2) = 1\right)$. 所以, 对于没有插入删除的情况, 我们知道打分的中心是 $\log_{1/p}(nm)$. 可以证明 Chen-Stein 类型的定理.

定理 11.30　在上面的假设下, 存在一常数 $\gamma > 0$, 使

$$\boldsymbol{P}(H(\boldsymbol{A}, \boldsymbol{B})) > \log_{1/p}(nm) + c \approx 1 - \mathrm{e}^{-\gamma p^c}.$$

虽然, 这个定理对于带有插入删除的通常比对问题还没有证明, 但它是 Poisson 近似有效区间的另一个指标.

其次, 我们构画 Poisson 近似在序列匹配中的一般处置. 回想 $H(\boldsymbol{A}, \boldsymbol{B})$ 的局部算法有一个去丛的可计算的算法. 丛中具有最大打分的比对用于去丛, 故能找到第二大的丛等. 设 $H_{(1)} \geqslant H_{(2)} \geqslant \cdots$ 代表这些丛的大小. 随机变量 $Y_\nu = Y_{(i,j)}$ 是某个比对在 (i, j) 处结束打分至少是 t 的事件的示性函数,

$$Y_{(i,j)} = \boldsymbol{I}\{\max\{S(A_k \cdots A_i, B_l \cdots B_j) : k \leqslant i, l \leqslant j\} \geqslant t\},$$

$X_\nu = X_{(i,j)}$ 是去丛随机变量. 对这个过程建立的模型是 Poisson 丛启发. 在这个模型中, 比对丛按 Poisson 过程放置在 $[1, n] \times [1, m]$ 之上, 并且对每一个比对丛, 有一个独立的丛大小. 这些丛有打分 $H_{i,j}$. 我们用具有均值 $\lambda = \lambda_{n,m}(t)$ 的 Poisson 分布模拟打分大于检验值 $t = $ 中心 $+c$ 的丛数 $W(t)$. 这用于形式 $\boldsymbol{P}$ (至少一个打分超过 t) $= 1 - \boldsymbol{P}$ (打分超过 t) $= 1 - \mathrm{e}^{-\lambda}$ 或

$$\boldsymbol{P}(W = 0) = \boldsymbol{P}(H(\boldsymbol{A}, \boldsymbol{B}) < t) \approx 1 - \mathrm{e}^{-\lambda}.$$

当 $t = \log_{1/\xi}(nm) + c$ 时,

$$\boldsymbol{P}(W = 0) \approx 1 - \mathrm{e}^{-\gamma \xi^c}.$$

有几个假设使这个模型可用数值检验. 首先, 我们可检验 $W(t)$ 是否是近似具有均值 $\lambda = \boldsymbol{E}(W(t))$ 的 Poisson 分布. 第二能检验 λ 对 $\boldsymbol{E}(W(t)) = \hat{\gamma} p^t$ 是否有指数分布. 最后, 可检验 $\hat{\gamma}$ 有形式 $\hat{\gamma} = \gamma mn$ 与 $mn = $ 序列长度成比例. 幸运的是, 虽然我们没有建立这个结果的定理, 数值检验指出这些假设对整个对数区域成立.

估计 γ 和 ξ 的问题还没有解决. H 的分布函数是

$$\boldsymbol{P}(H \leqslant t) = \boldsymbol{P}(W(t) = 0) = \mathrm{e}^{-\gamma mn \xi'},$$

所以我们能够用模拟抽样 H 的样本, 并且取对数 $\log(-\log$ (经验 cdf)) 可由简单的回归符合它. 理论曲线是 $\log(\gamma nm) + t\log(\xi)$, 故 γ 和 ξ 的估计存在. 这是得到 γ 和 ξ 的可靠的方法, 虽然计算机上很费时.

另一个方法, 去丛估计说明 Poisson 近似的效力. 许多序列比较的模拟, 由于每个成本是 $O(mn)$ 时间, 所以很费时. 然而, 在关于近似匹配的 11.5.3 小节, 我们分解在 ν 处的丛 X_ν 的指标为在 ν 处大小为 i 的丛的指标. 我们建立的处理复合 Poisson 过程的过程近似断言指标 $X_{\nu,i}$ 给出丛大小为 H 的随机样本, 截尾仅仅能看到 $H_i > t$, 即我们有 $H_{(1)} \geqslant H_{(2)} \geqslant \cdots \geqslant H_{(N)}$, 此处 $H_{(N+1)} \leqslant t$. 可以数值上分析这个样本, 找到 ξ 的好的估计.

问　　题

问题 11.1　将 Azuma-Hoeffding 引理用于 $Y_n = C_1 + C_2 + \cdots + C_n$, 此处 C_i 是具有 $\boldsymbol{P}(C_i = 1) = 1 - \boldsymbol{P}(C_i = 0) = p$ 的独立的 Bernoulli 分布.

问题 11.2　证明 $\min\limits_{\beta>0}\{\mathrm{e}^{-\alpha\beta}(1 - p + p\mathrm{e}^\beta)\} = \mathrm{e}^{-\mathcal{H}(\alpha,p)}$, $0 < \alpha < 1$.

问题 11.3　证明 $\boldsymbol{P}(|S_n - E(S_n)| > \gamma n) \leqslant 2\mathrm{e}^{-\gamma^2 n/2c^2}$.

问题 11.4　使用系 11.1 证明 $\mathrm{Var}(S_n) \leqslant 4nc^2$.

问题 11.5　证明对所有 $k \geqslant 1$, $\boldsymbol{E}|S_n|^k < \infty$.

问题 11.6 (Chung)　如果 $\sum\limits_n \boldsymbol{P}(C_n) = \infty$ 且

$$\lim_n \frac{\sum\limits_{i=1}^n \sum\limits_{i=1}^n \boldsymbol{P}(C_i C_j)}{\left(\sum\limits_{i=1}^n \boldsymbol{P}(C_i)\right)^2} = 1,$$

证明 $\boldsymbol{P}(C_n$ 出现无限频繁$)=1$.

问题 11.7　对于定理 11.20 中 Bernoulli 随机变量, 求 $g_n(t)$, $X_{1,n} + \cdots + X_{n,n}$ 的发生函数. 证明 $\log g_n(t) \to -\lambda(1-s)$ (均值 λ 的 Poisson 发生函数是 $\mathrm{e}^{-\lambda(1-s)}$).

问题 11.8　开阅读框. 回想遗传编码以不重叠三元组或密码子形式阅读 mRNA. 有三个停止密码子 UAA, UGA 和 UAG. 阅读框是指定密码子 6 种方法之一. 开阅读框是在没有停止密码子的阅读框中的一段序列.

(i) 对于在 n 个独立分布字母序列中的固定的阅读框 F_1, 估计有长度 $L_1 > t$ 的最长的开阅读框的概率;

(ii) 使用 (i) 给出 $\boldsymbol{P}(\max\{L_i : i = 1, 2, \cdots, 6\} \geqslant t)$ 的界;

(iii) 在细菌基因中, 这个基因是没有干扰, 并且通常以 AUG 开始。开阅读框

F_1 是 AUG 和停止密码子间最大长度. 估计最长的开阅读框 F_1 有长度 $L_1 \geqslant t$ 的概率.

问题 11.9　设如果 $a = b, s(a,b) = 1$, 如果 $a \neq b, s(a,b) = -\infty$ 和对所有 $k \geqslant 1, g(k) = -\infty$. 设 $\boldsymbol{A} = A_1 A_2 \cdots, \boldsymbol{B} = B_1 B_2 \cdots$ 具有分布 $\{\xi_a : a \in \mathcal{A}\}$ 的独立同分布字母. 假设 $\mu_{a,b}$ 是在最优局部比对中 a 与 b 比对的概率.

(i) 如果 $\xi_a = 1/|\mathcal{A}|$ 对所有 $a \in \mathcal{A}$, 求 $\mu_{a,a}$;

(ii) 导出 $s(a,b)$, 使 $\mu_{a,a} = 1/|\mathcal{A}|$.

问题 11.10　在这个问题中, 研究一个长连续正面投币. $D_1, D_2, \cdots, D_n$ 是独立同分布的, 如 $\boldsymbol{P}(D_i = 1) = 1 - \boldsymbol{P}(D_i = 0) = p \in (0,1)$. 对于 $i = 1, 2, \cdots, n-t+1$, 定义无去丛 X_i,

$$X_i = \prod_{j=i}^{i+t-1} D_j \text{ 和 } W = \sum_{i \in I} X_i,$$

通常 $I = \{1, 2, \cdots, n-t+1\}$ 和 $J_i = \{j \in I : |i-j| < t\}$.

(i) 计算 $\lambda = \boldsymbol{E}(W)$;

(ii) 求 t 使 $\lambda = \lambda(n)$ 在 $n \to \infty$ 时仍位于 $(0, \infty)$ 之中;

(ii) 计算

$$b_1 = \sum_{i \in I} \sum_{j \in J_i} \boldsymbol{E}(X_i) \boldsymbol{E}(X_j), \quad b_2 = \sum_{i \in I} \sum_{i \neq j \in J_i} \boldsymbol{E}(X_i Y_j);$$

(iv) 关于 (ii) 中的 t, 当 $n \to \infty$ 时, b_1 和 b_2 的行为如何?

问题 11.11　取 N 个长为 n 的序列, 这里每个字母是独立同均匀分布 (概率为 $1/|\mathcal{A}| = 1/a$), 使用启发式方法求值 $t = t(n, N)$, 此处 $H = H(n, N)$, 对所有 N 个序列公共的最长序列长度, 满足 $\boldsymbol{P}(\lim_{n \to \infty} H/t = 1)$. 对于 $N = 2, H(n,2) \sim 2 \log_a(n) = t(n,2)$. 当 $n \to \infty$ 时, t 会发生什么情况?

问题 11.12　这个问题是检验直观性和对概念的理解, 没有数学计算技巧. 假设 $n \times n$ 格 $L_n = \{(i,j) : 1 \leqslant i, j \leqslant n\}$ 用红 (R) 和黑 (B), 独立同分布地在每一个格上染色

$$\boldsymbol{P}(Z(i,j) = R) = 1 - \boldsymbol{P}(Z(i,j) = B) = p \in (0,1).$$

我们的兴趣是红方块, 此处在 (k,l) 处的 $d \times d$ 方块是

$$S = S(k,l) = \{(i,j) : 1 \leqslant k \leqslant i \leqslant k+d-1 \leqslant n, 1 \leqslant l \leqslant j \leqslant l+d-1 \leqslant n\}.$$

如果 $\nu \in S$ 推出 $Z(\nu) = R$, 这个方块是红的. 定义 $X_n = $ 是最大红方块的边长.

(i) 作为 n 的函数, 求 $d(n), L_n$ 中最大红方块的渐近边长, 即求 $d(n)$ (无证明, 只是启发的), 所以

$$\boldsymbol{P}\left(\lim_{n \to \infty} \frac{X_n}{d(n)} = 1\right) = 1;$$

(ii) 对 d_n^α 重复 (i), d_n^α 具有比例 $\alpha > p$ 个染红格点的最大红方块的边长.

问题 11.13　　证明对满足 $\boldsymbol{E}(Zf(Z)) < \infty$ 的所有 f 当且仅当 Z 是 Poisson (λ) 分布时, $\boldsymbol{E}((Lf)Z) = 0$.

问题 11.14　　设 X_α 是独立同 Bernoulli 分布, $0 < p < 1, I = \{1, 2, \cdots, n\}$. 对于 $W = \sum_{\alpha \in I} X_\alpha$ 和均值是 $\boldsymbol{E}(W)$ 的 Poisson 分布 Z, 求 $\|W - Z\|$ 的界.

问题 11.15　　设 Y 是在 $[0, \infty)$ 上具有密度 λ 的 Poisson 过程. 设 X 由 Y 中以概率 $1 - p$ 移去 Y 个点 (到达) 得到. 证明 X 在 $[0, \infty)$ 上具有密度 λp 的 Poisson 过程.

问题 11.16　　对于将 X_ν 分解成 $X_{\nu, i}, i \in T$ 的一般过程构造中, 证明 $b_1^* = b_1$ (方程 (11.17)).

第12章 有关序列模式的概率与统计

第 11 章是关于比对打分的统计分布. 由于比对打分是从大量的蛋白比对的优化中得到, 打分的分布包含了大偏差. 这一章应包含在极值统计的标题之中. 并非序列的所有统计特征都涉及到极值. 序列的第一个统计研究包含了 k 元组频率的统计. 这个统计分析是朴素的而且是很自然的. 如果 p_w 是 k 元组 w 的概率, 并且 N_w 是它在长为 n 的序列中的频数, 那么我们预期 $(n-k+1)p_w$ 是 N_w 的均值, 并且对于大的 n, $(N_w - (n-k+1)p_w)/\sqrt{(n-k+1)p_w(1-p_w)}$ 应该近似正态分布. 最简单情况是 DNA 序列中字母均匀分布, $p_w = 4^{-k}$. 虽然上面的期望是正确的, 可是当对所有 k 元组 w, $p_w \equiv 4^{-k}$ 时, 统计分布很强地依赖于词 w. 如果这 $(n-k+1)$ 个 k 元组不是来自序列而是独立同分布生成的, 情况就不一样. 这一章的目的之一是介绍产生序列 k 元组计数的令人吃惊的特点的原因, 我们也讨论这些思想对 Markov 链的推广. 进行这些统计研究的一个原因是刻画基因组或生物体的特征.

为确立这一章的基础, 考虑 $\mathcal{A} = \{R, Y\}$ 中独立同分布序列 $\boldsymbol{A} = A_1 A_2 \cdots$, $\boldsymbol{P}(R) = 1 - \boldsymbol{P}(Y) = 1/2$. 设 $\boldsymbol{w} = w_1 w_2 \cdots w_k$ 是字母 $w_i \in \mathcal{A}$ 的任意的词, 则对所有 $\boldsymbol{w}$ 有 $\boldsymbol{P}(A_{i+1} A_{i+2} \cdots A_{i+k} = \boldsymbol{w}) = 2^{-k}$. 事实上, 有强大数定律

$$f(\boldsymbol{w}, n) = \frac{1}{n-k+1} \sum_{i=1}^{n-k+1} \boldsymbol{I}(A_i A_{i+1} \cdots A_{i+k-1} = \boldsymbol{w}) \to 2^{-k},$$

$$\boldsymbol{E}(f(\boldsymbol{w}, n)) = \frac{1}{n-k+1} \sum_{i=1}^{n-k+1} \boldsymbol{E}(\boldsymbol{I}(A_i A_{i+1} \cdots A_{i+k-1} = \boldsymbol{w})) = 2^{-k}$$

也成立. 所以, 所有 k 元组 $\boldsymbol{w}$ 在长为 n 的序列中大约出现 $(n-k+1)2^{-k}$ 次. k 元组间的差别来自何处?

现在, 设 $\boldsymbol{w}_R = RR \cdots R = R^k$ 的词 $w_i \equiv R$, 那么词 $\boldsymbol{w}_R$ 在 $i+1$ 位置开始条件下, 找到 $\boldsymbol{w}_R$ 在 $i+2, \cdots, i+k+1$ 的概率是 $1/2$, 在 $i+3, \cdots, i+k+2$ 的概率是 $(1/2)^2$ 等, 即

$$\boldsymbol{P}(A_{i+1} \cdots A_{i+k+1} = R^{k+1} | A_{i+1} \cdots A_{i+k} = \boldsymbol{w}_R) = \boldsymbol{P}(A_{i+k+1} = R) = \frac{1}{2},$$

$$\boldsymbol{P}(A_{i+1} \cdots A_{i+k+2} = R^{k+2} | A_{i+1} \cdots A_{i+k} = \boldsymbol{w}_R) = \boldsymbol{P}(A_{i+k+1} = A_{i+k+2} = R) = \left(\frac{1}{2}\right)^2,$$

$$\boldsymbol{P}(A_{i+1} \cdots A_{i+k+j-1} = R^{k+j-1} | A_{i+1} \cdots A_{i+k} = \boldsymbol{w}_R) = \left(\frac{1}{2}\right)^{j-1}, \quad j \geqslant 2.$$

如果要求在 $i+1$ 开始 $\boldsymbol{w}_R$ 的最左边出现, 则 $A_i = Y$. 所以, 在 $i+1$ 处开始重叠 k 元组的数目是以 2 为均值的几何级数,

$$\underbrace{YRR\cdots R}_{k}\underbrace{R\cdots RY}_{j-1}.$$

所以, 模式 $RR\cdots R = \boldsymbol{w}_R$ 在丛中出现, 丛的大小 J 有几何分布 $\boldsymbol{P}(J=j) = (1/2)^j$, $j \geqslant 1$. 每个丛中 $\boldsymbol{w}_R$ 平均出现两次. 由第 11 章 Poisson 近似的理论, 丛数近似有均值 $\lambda = (n-k+1)(1/2)^{k+1}$ 的 Poisson 分布, 此处 $n = $ 序列长度.

当我们移动没有自重叠的模式时, 情况戏剧性地改变. 设 $\boldsymbol{w}_1 = RR\cdots RY$. 现在 $\boldsymbol{w}_1$ 没有重叠, 在每个 "丛" 中出现一次. 它必定比 $\boldsymbol{w}_R$ 更均匀地沿序列分布, $\boldsymbol{w}_R$ 在这样的丛中出现, 每个丛平均有两个模式. $\boldsymbol{w}_1$ 和 $\boldsymbol{w}_R$ 两个都有同样的平均出现数激发我们做这些观察.

至少两种统计词个数的方法与生物学有关. 通常将某集合 $\mathcal{W}$ 中的 $\boldsymbol{w}$ 在序列中频率 $N_{\boldsymbol{w}}$(按上面的记法 $N_{\boldsymbol{w}} = nf(w,n)$) 制成表. 统计分布取决于在 $\mathcal{W}$ 中词的自重叠和两两重叠. 在 12.1 节中基于 Markov 链分析我们导出了这些计数的中心极限定理. 这些分布的结果可用于基因组和序列比较.

在其他情况下, $\boldsymbol{w} \in \mathcal{W}$ 的非重叠出现是有意义的课题. 这里我们沿序列进行下去, 当遇到 $\boldsymbol{w} \in \mathcal{W}$ 时我们向前跳过到 $\boldsymbol{w}$ 的结尾并开始搜索新的 $\boldsymbol{w}$. 这样, 在这两个字母独立同均匀分布的情况下, 所有长为 k 的模式的平均频率不相同. 应该用这种方法计算限制位点频率. 用更新理论和 Li 方法给出 12.2 节中的统计分析. 在本章的后面使用第 11 章的 Poisson 近似作为模式统计分析的另一途径.

经常出现的另一个问题是将一个序列或基因组按一定间隔布置某些模式. 这些模式可以是一些限制位点或基因位置. 生物学家常常对这些位点是否是 (均匀地) 随机分布有兴趣. 要求统计分布和统计检验回答这些问题.

12.1 中心极限定理

这一节的目的是对 $(N_{\boldsymbol{w}_1}, N_{\boldsymbol{w}_2}, \cdots), \boldsymbol{w}_i \in \mathcal{W}$ 的联合分布推导出中心极限定理. 通常, 要求极限方差/协方差矩阵. 为此我们研究两个词 $\boldsymbol{u}$ 和 $\boldsymbol{v}$ 的 $\mathrm{cov}(N_{\boldsymbol{u}}, N_{\boldsymbol{v}})$.

词的统计的一种方法是, 即使序列 $A_1 A_2 \cdots A_n$ 是独立同分布生成的, 也要注意到由 $\boldsymbol{w}, A_i A_{i+1} \cdots A_{i+k-1} = w_1 w_2 \cdots w_k$ 到 $\boldsymbol{v}, A_{i+1} A_{i+2} \cdots A_{i+k} = v_1 v_2 \cdots v_k$ 的转移是 Markov 链. 那么, 对一个长序列, 长度为 k 的词的统计服从 Markov 链的中心极限定理. 允许序列 $A_1 A_2 \cdots$ 本身是由 Markov 链生成并不引起多大困难. 为了简化所要求的记号, 我们取这个链的阶是 1.

假定这个序列由状态空间 $\mathcal{A}$ 的 Markov 链 $\{A_i\}$ 生成. 这个链有阶 1,

$$p_{a,b} = \boldsymbol{P}(A_m = b | A_1 = a_1, \cdots, A_{m-2} = a_{m-2}, A_{m-1} = a)$$
$$= \boldsymbol{P}(A_m = b | A_{m-1} = a).$$

通常

$$p_{a,b}^{(k)} = \boldsymbol{P}(A_{m+k} = b | A_m = a)$$

是从 a 移动到 b 用 k 步完成的概率. 我们假定这个链是不可约的和非周期的 (见 4.4 节). 由于 $|\mathcal{A}| < \infty$, 存在一个独立于初始分布 $p^{(0)}$ 的平稳分布 π.

引理 12.1　在上面的假设下, 存在唯一的平稳分布和常数 $0 \leqslant K$, $0 \leqslant \rho < 1$, 使

$$|p_{a,b}^{(n)} - \pi_b| \leqslant K\rho^n.$$

设 $\boldsymbol{u} = u_1 \cdots u_k$ 和 $\boldsymbol{v} = v_1 \cdots v_l$ 是两个词, 一般地, $\boldsymbol{I_u}(i) = \boldsymbol{I}(A_i A_{i+1} \cdots A_{i+k-1} = \boldsymbol{u})$ 是有限词 $\boldsymbol{u}$ 在序列 $A_1 \cdots A_u \cdots$ 中从位置 i 开始出现的示性函数, 那么

$$N_{\boldsymbol{u}} = N_{\boldsymbol{u}}(n) = \sum_{i=1}^{n-k+1} \boldsymbol{I_u}(i).$$

下面将推导出对有限词集合的中心极限定理. 本质上, 对每一对词 $(\boldsymbol{u}, \boldsymbol{v})$ 要求 $(N_{\boldsymbol{u}}, N_{\boldsymbol{v}})$ 的前两个矩. 第一个矩容易导出

$$\boldsymbol{E}(\boldsymbol{I_u}(i)) = \sum_a p_a^{(0)} p_{a,u_1}^{(i-1)} p_{\boldsymbol{u}}(k-1), \tag{12.1}$$

这里我们定义 $P_{\boldsymbol{u}}(l)$ 是假定 $u_1 \cdots u_{k-l}$ 出现, 看到 $u_{k-l+1} \cdots u_k$ 的概率, 即

$$P_{\boldsymbol{u}}(l) = p_{u_{k-l}, u_{k-l+1}} p_{u_{k-l+1}, u_{k-l+2}} \cdots p_{u_{k-1}, u_k}$$

和

$$P_{\boldsymbol{u}}(k-1) = p_{u_1, u_2} p_{u_2, u_3} \cdots p_{u_{k-1}, u_k},$$

此处如果 $l \leqslant 0$, $P_{\boldsymbol{u}}(l) = 1$. 设 $\pi_{\boldsymbol{u}}$ 是 $\boldsymbol{u}$ 的均衡概率, $\pi_{\boldsymbol{u}} = \pi_{u_1} p_{u_1, u_2} \cdots p_{u_{k-1}, u_k}$, 虽然 $\boldsymbol{E}(N_{\boldsymbol{u}}(n))$ 是 n 的复杂函数, 在极限过程中, 它的增长象 $n\pi_{\boldsymbol{u}}$.

定理 12.1

$$\lim_{n \to \infty} \frac{1}{n} \boldsymbol{E}(N_{\boldsymbol{u}}(n)) = \pi_{\boldsymbol{u}}.$$

证明　使用引理

$$|\boldsymbol{E}(\boldsymbol{I_u}(i)) - \pi_{\boldsymbol{u}}| \leqslant \sum_a p_a^{(0)} P_{\boldsymbol{u}}(k-1) |p_{a,u_1}^{(i-1)} - \pi_{u_1}|$$

$$\leqslant K\rho^{i-1} \sum_a p_a^{(0)} P_{\boldsymbol{u}}(k-1) \leqslant K\rho^{i-1},$$

则

$$n^{-1}|\boldsymbol{E}(N_{\boldsymbol{u}}(n)) - n\pi_{\boldsymbol{u}}| \leqslant n^{-1} \sum_i |\boldsymbol{E}(\boldsymbol{I}_{\boldsymbol{u}}(i)) - \pi_{\boldsymbol{u}}|$$

$$\leqslant n^{-1} \sum_{i=1}^{n-k+1} K\rho^{i-1} \leqslant n^{-1} \frac{K}{1-\rho}.$$

■

确立中心极限定理的下一步是计算 $(N_{\boldsymbol{u}}(n), N_{\boldsymbol{v}}(n))$ 的协方差. 下面我们将推导出 $1/n\mathrm{cov}(N_{\boldsymbol{u}}(n), N_{\boldsymbol{v}}(n))$ 的极限值. 由于 $\boldsymbol{u}$ 和 $\boldsymbol{v}$ 的重叠也由于序列 $A_1 A_2 \cdots$ 的 Markov 结构引起的非重叠出现间的相关性, 这个计算是复杂的.

首先, 考虑 $\mathrm{cov}(N_{\boldsymbol{u}}, N_{\boldsymbol{v}})$. 我们必须考虑当词 $\boldsymbol{u}$ 和 $\boldsymbol{v}$ 重叠时所引入的相关性. 将 $\boldsymbol{v}$ 沿 $\boldsymbol{u}$ 移动一距离 $j \geqslant 0$, 如果这个移动的词允许这个重叠 (即如果 $u_{j+1} = v_1, \cdots, u_k = v_{k-j}$), 我们定义重叠数字位 $\beta_{\boldsymbol{u}, \boldsymbol{v}}(j) = 1$. 否则 $\beta_{\boldsymbol{u}, \boldsymbol{v}}(j) = 0$. 现在使用重叠数字位计算 $\mathrm{cov}(N_{\boldsymbol{u}}(n), N_{\boldsymbol{v}}(n))$. 对于 $i \leqslant j, j - i < k$,

$$\boldsymbol{E}(\boldsymbol{I}_{\boldsymbol{u}}(i)\boldsymbol{I}_{\boldsymbol{v}}(j)) = \boldsymbol{E}(\boldsymbol{I}_{\boldsymbol{u}}(j))\beta_{\boldsymbol{u}, \boldsymbol{v}}(j-i)P_{\boldsymbol{v}}(j-i+l-k). \tag{12.2}$$

对于 $k \leqslant j-i$ 的情况, 词 $\boldsymbol{u}$ 和 $\boldsymbol{v}$ 不重叠, 并且在 $\boldsymbol{v}$ 出现之前, $\boldsymbol{u}$ 后面有 $j-i-k$ 个字母. 我们需要收集 v_1 以开始 $\boldsymbol{v}$, 故

$$\boldsymbol{E}(\boldsymbol{I}_{\boldsymbol{u}}(i)\boldsymbol{I}_{\boldsymbol{v}}(j)) = \boldsymbol{E}(\boldsymbol{I}_{\boldsymbol{u}}(i))p_{u_k, v_1}^{(j-i-k+1)}P_{\boldsymbol{v}}(l-1). \tag{12.3}$$

为以后几节的使用, 定义重叠多项式 $G_{\boldsymbol{u}, \boldsymbol{v}}(s)$,

$$G_{\boldsymbol{u}, \boldsymbol{v}}(s) = \sum_{j=0}^{|\boldsymbol{u}|-1} s^j \beta_{\boldsymbol{u}, \boldsymbol{v}}(i)P_{\boldsymbol{v}}(j + |\boldsymbol{v}| - |\boldsymbol{u}|). \tag{12.4}$$

在下一个命题中由一些直接的具体的计算产生 $\mathrm{cov}(N_{\boldsymbol{u}}, N_{\boldsymbol{v}})$ 的值. 证明留作练习.

命题 12.1 对于序列 $A_1 A_2 \cdots A_n$ 和词 $\boldsymbol{u}, \boldsymbol{v}$, $|\boldsymbol{u}| = k < |\boldsymbol{v}| = l$,

$$\mathrm{cov}(N_{\boldsymbol{u}}(n), N_{\boldsymbol{v}}(n)) = \sum_{j=0}^{k-1} \sum_{i=1}^{n-l-j+1} \boldsymbol{E}(\boldsymbol{I}_{\boldsymbol{u}}(i))\{\beta_{\boldsymbol{u}, \boldsymbol{v}}(i)P_{\boldsymbol{v}}(l-k+j) - \boldsymbol{E}(\boldsymbol{I}_{\boldsymbol{v}}(i+j))\}$$

$$+ \sum_{j=0}^{n-l-k} \sum_{i=1}^{n-l-j-k+1} \boldsymbol{E}(\boldsymbol{I}_{\boldsymbol{u}}(i))\{p_{u_k, v_1}^{(j+1)}P_{\boldsymbol{v}}(l-1) - \boldsymbol{E}(\boldsymbol{I}_{\boldsymbol{v}}(i+j+k))\}$$

$$+ \sum_{j=0}^{l-1} \sum_{i=1}^{n-l-j+1} \boldsymbol{E}(\boldsymbol{I}_{\boldsymbol{u}}(i))\{\beta_{\boldsymbol{u}, \boldsymbol{v}}(j)P_{\boldsymbol{v}}(k-l+j) - \boldsymbol{E}(\boldsymbol{I}_{\boldsymbol{v}}(i+j))\}$$

$$+ \sum_{j=0}^{n-l-k} \sum_{i=1}^{n-l-j-k+1} \boldsymbol{E}(\boldsymbol{I_u}(i)) \{p_{u_l,v_1}^{(j+1)} P_{\boldsymbol{u}}(k-1) - \boldsymbol{E}(\boldsymbol{I_u}(i+j+l))\}$$

$$- \sum_{i=1}^{n-l+1} \mathrm{cov}(\boldsymbol{I_u}(i), \boldsymbol{I_v}(i)) + \sum_{i=n-l+2}^{n-k+1} \sum_{j=1}^{n-l+1} \mathrm{cov}(\boldsymbol{I_u}(i), \boldsymbol{I_v}(j)).$$

使用这些公式和关于 Cesaro 和的初等结果, 可以推出这些模式统计的渐近协方差.

定理 12.2　假设 $|\boldsymbol{u}| = k \leqslant l = |\boldsymbol{v}|$, 则

$$\lim_{n \to \infty} n^{-1} \mathrm{cov}(N_{\boldsymbol{u}}(n), N_{\boldsymbol{v}}(n)) = \pi_{\boldsymbol{u}} \sum_{i=0}^{k-1} \{\beta_{\boldsymbol{u},\boldsymbol{v}}(i) P_{\boldsymbol{v}}(l-k+i) - \pi_{\boldsymbol{v}}\}$$

$$+ \pi_{\boldsymbol{u}} P_{\boldsymbol{v}}(l-1) \sum_{j=0}^{\infty} \{p_{u_k,v_1}^{(j+1)} - \pi_{v_1}\}$$

$$+ \pi_{\boldsymbol{v}} \sum_{i=0}^{l-1} \{\beta_{\boldsymbol{v},\boldsymbol{u}}(i) P_{\boldsymbol{u}}(k-l+i) - \pi_{\boldsymbol{u}}\}$$

$$+ \pi_{\boldsymbol{v}} P_{\boldsymbol{u}}(k-1) \sum_{j=0}^{\infty} \{p_{v_l,u_1}^{(j+1)}$$

$$- \pi_{u_1}\} - \pi_{\boldsymbol{u}} \{\beta_{\boldsymbol{u},\boldsymbol{v}}(0) P_{\boldsymbol{v}}(l-k) - \pi_{\boldsymbol{v}}\}.$$

证明　由命题 12.1 逐项找到 $n^{-1} \mathrm{cov}(N_{\boldsymbol{u}}(n), N_{\boldsymbol{v}}(n))$ 的极限. 根据定理 12.1 的证明, $\lim_{n \to \infty} \boldsymbol{E}(\boldsymbol{I_u}(i)) = \pi_{\boldsymbol{u}}$, 我们有

$$\lim_{n \to \infty} \sum_{j=0}^{k-1} n^{-1} \sum_{i=1}^{n-l-j+1} \boldsymbol{E}(\boldsymbol{I_u}(i)) \{\beta_{\boldsymbol{u},\boldsymbol{v}}(i) P_{\boldsymbol{v}}(l-k+j) + \boldsymbol{E}(\boldsymbol{I_v}(i+j))\}$$

$$= \pi_{\boldsymbol{u}} \sum_{j=0}^{k-1} \{\beta_{\boldsymbol{u},\boldsymbol{v}}(j) P_{\boldsymbol{v}}(l-k+j) - \pi_{\boldsymbol{v}}\}.$$

交换 $\boldsymbol{u}$ 和 $\boldsymbol{v}$ 的角色, 第三项有类似的极限. 下面考虑第二项. 通过加和减 $\pi_{\boldsymbol{v}}$ 并应用引理 12.1,

$$\boldsymbol{E}(\boldsymbol{I_u}(i)) |\{p_{u_k,u_1}^{(j+1)} P_{\boldsymbol{v}}(l-1) - \boldsymbol{E}(\boldsymbol{I_v}(i+j+k))\}| \leqslant 2K\rho^j$$

和

$$n^{-1} \sum_{i=1}^{n-l-j-k+1} \boldsymbol{E}(\boldsymbol{I_u}(i)) |\{p_{u_k,v_1}^{(j+1)} P_{\boldsymbol{v}}(l-1) - \boldsymbol{E}(\boldsymbol{I_v}(i+j+k))\}| \leqslant 2K\rho^j.$$

因为当 $i \to \infty$ 时被加项有极限, 所以, 用控制收敛定理有

$$\lim_{n \to \infty} n^{-1} \sum_{j=1}^{n-l-k} \sum_{i=1}^{n-l-j-k+1} \boldsymbol{E}(\boldsymbol{I_u}(i)) \{p_{u_k,v_1}^{(j+1)} P_{\boldsymbol{v}}(l-1) - \boldsymbol{E}(\boldsymbol{I_v}(i+j+k))\}$$

$$= \sum_{j=0}^{\infty} \pi_{\boldsymbol{u}} \{ p_{u_k,v_1}^{(j+1)} P_{\boldsymbol{v}}(l-1) - \pi_{\boldsymbol{v}} \} = \pi_{\boldsymbol{u}} P_{\boldsymbol{v}}(l-1) \sum_{j=0}^{\infty} \{ p_{u_k,v_1}^{(j+1)} - \pi_{v_1} \}.$$

注意, 由引理 12.1 这个级数几何的收敛. 第 4 项有类似的极限.

命题 12.1 中的第 5 项是上面导出的第一个无穷和的第一项的负值, 所以

$$\lim_{n \to \infty} n^{-1} \sum_{i=1}^{n-l-j+1} \text{cov}(\boldsymbol{I_u}(i), \boldsymbol{I_v}(l)) = \pi_{\boldsymbol{u}} \{ \beta_{\boldsymbol{u},\boldsymbol{v}}(0) P_{\boldsymbol{v}}(l-k) - \pi_{\boldsymbol{v}} \}.$$

最后

$$n^{-1} \left| \sum_{i=n-l+2}^{n-k+1} \sum_{j=1}^{n-l+1} \text{cov}(\boldsymbol{I_u}(i), \boldsymbol{I_v}(j)) \right| \leqslant n^{-1} \sum_{i=n-l+2}^{n-k+1} \sum_{j=1}^{\infty} |\text{cov}(\boldsymbol{I_u}(i), \boldsymbol{I_v}(j))|.$$

可是

$$\sum_{j=1}^{\infty} |\text{cov}(\boldsymbol{I_u}(i), \boldsymbol{I_v}(j))| \leqslant k + l,$$

所以, 最后极限是 0. ∎

定理 12.2 右边的第 2, 4 项是关于相关性, 对独立的序列定理可以简化.

系 12.1 假设 $|\boldsymbol{u}| = k \leqslant l = |\boldsymbol{v}|$ 和 $\{A_i\}_{i \geqslant 1}$ 有独立同分布字母, 则

$$\lim_{n \to \infty} n^{-1} \text{cov}(N_{\boldsymbol{u}}(n), N_{\boldsymbol{v}}(n)) = \pi_{\boldsymbol{u}} G_{\boldsymbol{u},\boldsymbol{v}}(1) - k \pi_{\boldsymbol{u}} \pi_{\boldsymbol{v}} + \pi_{\boldsymbol{v}} G_{\boldsymbol{v},\boldsymbol{u}}(1)$$
$$- l \pi_{\boldsymbol{v}} \pi_{\boldsymbol{u}} - \pi_{\boldsymbol{u}} \{ \beta_{\boldsymbol{u},\boldsymbol{v}}(0) P_{\boldsymbol{v}}(l-k) - \pi_{\boldsymbol{v}} \},$$

如果 $\boldsymbol{u} = RR \cdots R$ 和 $\boldsymbol{v} = RR \cdots RY$ 以及 $|\boldsymbol{u}| = |\boldsymbol{v}| = k$ 和 $p = \boldsymbol{P}(R) = 1 - \boldsymbol{P}(Y) = q$, 则 $\pi_{\boldsymbol{u}} = p^k$ 和 $\pi_{\boldsymbol{v}} = p^{k-1} q$. 当 $p = q = 1/2$ 时, $\pi_{\boldsymbol{u}} = \pi_{\boldsymbol{v}}$, $N_{\boldsymbol{u}}(n)$ 和 $N_{\boldsymbol{v}}(n)$ 的方差差别很大.

$$\frac{1}{n} \text{Var}(N_{\boldsymbol{u}}(n)) \approx \left(\frac{1 + p - 2p^k}{q} \right) p^k - (2k-1) p^{2k}$$

及

$$\frac{1}{n} \text{Var}(N_{\boldsymbol{v}}(n)) \approx \left(\frac{q}{p} \right) p^k - \left(\frac{q}{p} \right)^2 (2k-1) p^{2k},$$

当 $p = q = 1/2$ 时, $\text{Var} N_{\boldsymbol{u}}(n) \approx (3 \cdot 2^{-k} - (2k+3) 2^{-2k}) n$, 而 $\text{Var} N_{\boldsymbol{v}}(n) \approx (2^{-k} - (2k-1) 2^{-2k}) n$.

为推导中心极限定理需要两个一般定理. 第一个处理实数随机变量的和.

定理 12.3(Ibragimov) 假设 $\{Z_i\}$, $-\infty < i < \infty$ 是对某个 $\delta > 0$, $\boldsymbol{E}(Z_i) = 0$ 和 $\boldsymbol{E}(|Z_i|^{2+\delta}) < \infty$ 随机变量的稳定序列. 对于 f 和 $g \in L^2$, 此处 f 关于 $\{Z_i, i \leqslant 0\}$ 是可测的, 而 g 是关于 $\{Z_i, n \leqslant i\}$ 是可测的, 设

$$\rho_n = \sup_{f,g} \text{cov}(f, g).$$

定义 $S_n = \sum_{i=1}^{n} Z_i$ 和 $\sigma_n^2 = \text{Var}(S_n)$. 如果当 $n \to \infty$ 时, $\rho_n \to 0$ 和 $\sigma_n \to \infty$, 则

$$\frac{S_n}{\sigma_n} \overset{d}{\Rightarrow} \mathcal{N}(0, 1).$$

下面的定理通过研究这个统计的和, 使我们能够得到多变量中心极限定理.

定理 12.4(Billingsley)   设 $\boldsymbol{X}_n$ 和 $\boldsymbol{Y}$ 是 $\mathbf{R}^m$ 中的随机矢量, 则 $\boldsymbol{X}_n \overset{d}{\Rightarrow} \boldsymbol{Y}$ 当且仅当对每一个矢量 $\boldsymbol{t}$,

$$\boldsymbol{X}_n \boldsymbol{t}^{\mathrm{T}} \overset{d}{\Rightarrow} \boldsymbol{Y} \boldsymbol{t}^{\mathrm{T}}.$$

现在, 设 $\mathcal{W}$ 是 m 个词的集合, 并且 $\sum = (\sigma_{ij})$ 是极限协方差矩阵

$$\sigma_{ij} = \lim_{n \to \infty} n^{-1} \text{cov}(N_i, N_j),$$

此处 N_i 和 N_j 是对第 i 个和第 j 个词的词统计. 再定义

$$\mu = \lim_{n \to \infty} n^{-1}(\boldsymbol{E}(N_1), \boldsymbol{E}(N_2), \cdots, \boldsymbol{E}(N_m))$$

(由定理 12.1, 这个矢量存在).

定理 12.5   设 $\{A_i\}_{i \geqslant 1}$ 是稳定的, 不可约非周期的一阶 Markov 链. 设 $\mathcal{W} = \{\boldsymbol{w}_1, \cdots, \boldsymbol{w}_m\}$ 是词的集合, 并设 $\boldsymbol{N} = (N_1(n), \cdots, N_m(n))$ 是统计矢量, 则 $n^{-1}\boldsymbol{N}$ 是具有均值 μ 和协方差矩阵 $n^{-1}\sum$ 的渐近正态的, 如果 $\det\left(\sum\right) \neq 0$, 则

$$n^{1/2} \sum^{-1/2} \left(\frac{\boldsymbol{N}}{n} - \mu\right) \overset{d}{\Rightarrow} \mathcal{N}(0, 1).$$

证明   为使用定理 12.3, 设 t 是 $\mathbf{R}^m$ 中的向量及

$$\boldsymbol{N} \boldsymbol{t}^{\mathrm{T}} = \sum_{i=1}^{m} t_i N_i = \sum_{i=1}^{m} t_i \sum_{j=1}^{n} \boldsymbol{I}_{\boldsymbol{w}_i}(j) = \sum_{j=1}^{n} \sum_{i=1}^{m} t_i \boldsymbol{I}_{\boldsymbol{w}_i}(j) = \sum_{j=1}^{n} Z_j.$$

这定义了 Z_j, 它有全部有限矩并且是稳定的. 当 $\{A_i\}_{i \geqslant 1}$ 是 Markov 链, $n \to \infty$ 时, $\rho_n \to 0$. 定理 12.3 蕴含

$$\boldsymbol{N} \boldsymbol{t}^{\mathrm{T}} \overset{d}{\Rightarrow} \mathcal{N}(\mu \boldsymbol{t}^{\mathrm{T}}, \boldsymbol{t} \sum \boldsymbol{t}^{\mathrm{T}}),$$

并且定理 12.4 给出这个定理.   ∎

定理 12.5 可以作各种假设检验的基础, 如

系 12.2 $n(\boldsymbol{N}/n - \mu) \sum^{-1} (\boldsymbol{N}/n - \mu)^{\mathrm{T}} \overset{d}{\Rightarrow} \mathcal{X}^2$ 具有自由度 $k = \text{rank}\left(\sum\right)$.

12.1.1 广义词

有时很复杂的模式是特殊的. 例如, 如果 {A, G}, {C, T}, T{A, G}8 个词中的任意一个发生, 将会遇到 RYTR. 设 s 和 t 代表这个广义词. 如果我们计算 $\text{cov}(N_s(n), N_t(n))$ 时, 上面介绍的定理成立. 通过对所有词 $u \in s$, $v \in t$ 求和, 这很容易完成.

$$\text{cov}(N_s(n), N_t(n)) = \sum_{u \in s} \sum_{v \in t} \text{cov}(N_u(n), N_v(n)).$$

12.1.2 估计概率

用参数估计代替有关分布的结果中对应的参数是通常的做法, 有时这改变了所研究的分布. 为了说明在我们例子中的这种影响, 取具有独立同分布字母 A, 此处 $p = P(R) = 1 - P(Y)$. 设 $N_1(n)$ 是 $w_1 = RR$ 在 $A_1 \cdots A_n$ 中出现的次数, 则 $\mu_1 = E(N_1(n)) = (n-1)p^2$ 和 $N_1(n)$ 的渐近方差由系 12.2 给出. 定义 $\hat{q} = N_1(n)/n$, 那么定理 12.5 推出

$$\sqrt{n}(\hat{q} - p^2) \overset{d}{\Rightarrow} \mathcal{N}(0, p^2 + 2p^3 - 3p^4).$$

如果 $p = P(R)$ 未知, 自然用 $(\hat{p})^2$ 代替 p^2, 此处 $w_2 = R$ 和 $\hat{p} = N_2(n)/n$. 当然, $\hat{p}$ 是 p 的估计. 下面, 看一下 $\sqrt{n}(\hat{q} - \hat{p}^2)$ 的渐近分布. 首先, 用系 12.2 证明 $(\hat{q}, \hat{p})$ 联合分布是渐近正态的, 协方差矩阵为

$$\frac{1}{n} \begin{pmatrix} p^2 + 2p^3 - 3p^4 & 2p^2 - 2p^3 \\ 2p^2 - 2p^3 & p - p^2 \end{pmatrix}.$$

这作为一个练习. 下面定理用于得到 $g(\hat{q}, \hat{p}) = \sqrt{n}(\hat{q} - \hat{p}^2)$ 分布.

定理 12.6(δ 方法) 设 $X_n = (X_{n1}, X_{n2}, \cdots, X_{nk})$ 是满足条件

$$b_n \to \infty, \quad b_n(X_n - \mu) \overset{d}{\Rightarrow} \mathcal{N}\left(0, \sum\right)$$

的随机的矢量序列, 矢量值函数 $g(x) = (g_1(x), \cdots, g_l(x))$ 有实值 $g_i(x)$ 及非零微分

$$\frac{\partial g_i}{\partial g_{\mathbf{x}}} = \left(\frac{\partial g_i}{\partial g_{x_1}}, \cdots, \frac{\partial g_i}{\partial g_{x_k}}\right).$$

定义 $D = (d_{i,j})$, 此处 $d_{i,j} = \dfrac{\partial g_i}{\partial x_j}(\mu)$, 则

$$b_n(g(X_n)) - g(\mu) \overset{d}{\Rightarrow} N\left(0, D \sum D^T\right).$$

换句话说, δ 方法说明怎样调整中心极限定理中的方差, 利用 δ 方法到我们的问题表明

$$\sqrt{n}(\hat{q} - \hat{p}^2) \overset{d}{\Rightarrow} \mathcal{N}(0, p^2 - 2p^3 + p^4).$$

所以, 用 $\hat{p}$ 代替 p, 将渐近方差由 $p^2 + 2p^3 - 3p^4$ 变成 $p^2 - 2p^3 + p^4$. 当我们研究序列中模式的统计量时, 这些微妙的变化会产生重要的差别.

12.2　非重叠模式统计

在前一节, 我们研究了 $A_1 A_2 \cdots A_n$ 中 $\boldsymbol{w}$ 所有出现的计数. 当 $\boldsymbol{w} = w_1 \cdots w_k, N_{\boldsymbol{w}}$ 的均值是 $(n - k + 1)p_{\boldsymbol{w}}$ 时, 方差依赖于 $\boldsymbol{w}$ 的重叠性质. 现在, 修改我们的计数统计, 只统计模式中的非重叠出现. 为明显起见, 我们沿模式移动 A_1 直到在 $A_i A_{i+1} \cdots A_{i+k-1} = \boldsymbol{w}$ 处第一次遇到 $\boldsymbol{w}$. 然后将计数 $M_{\boldsymbol{w}}(n)$ 加 1, 移到 A_{i+k} 重新开始. 用这种方法没有重叠模式统计在 $M_{\boldsymbol{w}}(n)$ 中, 这些统计由限制酶的切割所启发. 为明显起见, 如果 $\boldsymbol{w} = RRR$,

$$\boldsymbol{A} = \underline{RRR}RY\,\underline{RRR}\;\underline{RRR}Y$$

$\boldsymbol{w}$ 有三个出现 (见 $\boldsymbol{A}$ 带下划线的 RRR), 而不是在 12.1 节中的 6 个出现.

一个模式的这种情况属于更新理论. 下面对独立同分布序列的情况, 我们依照 Feller 第 1 卷第 8 章 (1971) 的方法处理, 我们给出中心极限定理. 对于 $|\mathcal{W}| \geqslant 1$ 的更一般的问题和 Markov 序列, 称为 Li 方法的著名的论证给出 $\mathcal{W}$ 各次出现间的平均时间. 虽然这里没有介绍, 这些问题的一般处理是 Markov 更新过程.

12.2.1　一个模式的更新理论

在这一节, 我们局限于 $\boldsymbol{w} = w_1 \cdots w_k$, 此处 $A_1 A_2 \cdots$ 是具有独立同分布字母的序列. 与 12.1 节不同, 在 $\boldsymbol{w}$ 出现的右端标出计数是方便的. 设

$$u_i = \boldsymbol{P}(A_{i-k+1} \cdots A_i = \boldsymbol{w} \text{且更新在} i \text{处出现}),$$

并且

$$f_i = \boldsymbol{P}(\min\{l : A_{l-k+1} \cdots A_l = \boldsymbol{w}\} = i),$$

此处设 $u_0 = 1$ 和 $f_0 = 0$. 相关的发生函数非常有用, $U(s) = \sum_{i=0}^{\infty} u_i s^i$ 及 $F(s) = \sum_{i=0}^{\infty} f_i s^i$. 而 $U(1) = \infty$, $F(1) = \sum_{i=0}^{\infty} f_i = 1$. 这些发生函数密切相关. 在 i 处更新的概率以及 $\boldsymbol{w}$ 首次在 j 处出现有概率 $f_j u_{i-j}$, 从而

$$u_i = f_1 u_{i-1} + f_2 u_{i-2} + \cdots + f_i u_0, i \geqslant 1.$$

于是, $\{u_i\}$ 本质上是 $\{u_i\}$ 和 $\{f_i\}$ 的卷积. 用 s^i 乘两边在求和, 在左边得到 $U(s) - 1$, 而右边是 $F(s)U(s)$.

定理 12.7　上面发生函数满足

$$U(s) = (1 - F(s))^{-1},$$

在更一般的处理中, Feller 证明了更新定理, 一个非平凡的结果.

定理 12.8(更新定理)　设 $\mu = \sum_{i \geqslant 1} i f_i = F'(1)$, 则

$$\lim_{n \to \infty} u_n = \mu^{-1}.$$

这个定理与当 $\boldsymbol{P}(H) = p$ 时, 第一次出现正面期望等待时间 $1/p$ 类似.

现在, 对我们的模式 $\boldsymbol{w}$ 推出 U 和 F. 想法很直接. 如果 $\boldsymbol{w}$ 出现在位置 i 结束. 它是一个更新或更早的更新, 与这个出现重叠.

$$\boldsymbol{P}(\boldsymbol{w}) = \boldsymbol{P}(A_{i-k+1} \cdots A_i = \boldsymbol{w}) = \sum_{j=0}^{k-1} u_{i-j} \beta_{\boldsymbol{w}, \boldsymbol{w}}(j) P_{\boldsymbol{w}}(j),$$

对 $i \geqslant |\boldsymbol{w}| = k$, 两边乘以 s^i,

$$\boldsymbol{P}(\boldsymbol{w}) s^i = \sum_{j=0}^{k-1} u_{i-j} s^{i-j} s^j \beta_{\boldsymbol{w}, \boldsymbol{w}}(j) P_{\boldsymbol{w}}(j). \tag{12.5}$$

对于 $i \geqslant k$ 求和,

$$\frac{\boldsymbol{P}(\boldsymbol{w}) s^k}{1 - s} = \sum_{i=k}^{\infty} \boldsymbol{P}(\boldsymbol{w}) s^i = \sum_{j=0}^{k-1} \left(\sum_{i=k}^{\infty} u_{i-j} s^{i-j} \right) s^j \beta_{\boldsymbol{w}, \boldsymbol{w}}(j) P_{\boldsymbol{w}}(j)$$

$$= (U(s) - 1) \sum_{j=0}^{k-1} s^j \beta_{\boldsymbol{w}, \boldsymbol{w}}(j) P_{\boldsymbol{w}}(j).$$

回忆重叠多项式的定义,

$$G_{\boldsymbol{w}, \boldsymbol{w}}(s) = \sum_{j=0}^{k-1} s^j \beta_{\boldsymbol{w}, \boldsymbol{w}}(j) P_{\boldsymbol{w}}(j), \tag{12.6}$$

则

$$U(s) = \frac{\boldsymbol{P}(\boldsymbol{w}) s^k + (1-s) G_{\boldsymbol{w}, \boldsymbol{w}}(s)}{(1-s) G_{\boldsymbol{w}, \boldsymbol{w}}(s)},$$

再由定理 12.7 我们证明了下面的定理.

定理 12.9　对于独立同分布字母序列 $A_1 A_2 \cdots$, 由 $\boldsymbol{w} = w_1 \cdots w_k$ 定义的 $\{f_i\}$ 的发生函数是

$$F(s) = \frac{\boldsymbol{P}(\boldsymbol{w}) s^k}{\boldsymbol{P}(\boldsymbol{w}) s^k (1-s) G_{\boldsymbol{w}, \boldsymbol{w}}(s)}.$$

系 12.3　对于独立同分布字母序列 $A_1 A_2 \cdots$,

$$\mu = F'(1) = \frac{G_{\boldsymbol{w}, \boldsymbol{w}}(1)}{\boldsymbol{P}(\boldsymbol{w})}$$

及

$$\sigma^2 = F^{(2)}(1) + F'(1) - (F'(1))^2$$
$$= \left(\frac{G_{\boldsymbol{w}, \boldsymbol{w}(1)}}{\boldsymbol{P}(\boldsymbol{w})} \right)^2 + \frac{2G'_{\boldsymbol{w}, \boldsymbol{w}}(1) - (2k-1)G_{\boldsymbol{w}, \boldsymbol{w}}(1)}{\boldsymbol{P}(\boldsymbol{w})}.$$

μ 的值直接从方程 (12.5) 得出, 发生函数刻画了这个分布. 为看出对模式的依赖, 设 $\boldsymbol{u} = RR \cdots RR$ 和 $\boldsymbol{v} = RR \cdots RY$ 是长为 k 的词, 则如果 $p = \boldsymbol{P}(R) = 1 - q$,

$$\mu_{\boldsymbol{u}} = \frac{1 - p^k}{qp^k}, \quad \sigma_{\boldsymbol{u}}^2 = \frac{1}{(qp^k)^2} - \frac{(2k-1)q + 2}{q^2 p^k} - \frac{p}{q^2},$$

而

$$u_{\boldsymbol{v}} = \frac{1}{qp^{k-1}}, \quad \sigma_{\boldsymbol{v}}^2 = \frac{1}{(qp^{k-1})^2} - \frac{(2k-1)}{qp^{k-1}}.$$

设 $M_{\boldsymbol{w}}(n)$ 是 $\boldsymbol{w}$ 在 $\boldsymbol{A} = A_1 A_2 \cdots A_n$ 中的更新数, $T_{\boldsymbol{w}}^{(r)}$ 是直到并包含第 r 个更新的字母数, 则

$$\boldsymbol{P}(M_{\boldsymbol{w}}(n) \geqslant r) = \boldsymbol{P}(T_{\boldsymbol{w}}^{(r)} \leqslant n), \tag{12.7}$$

如果 T_i 是第 i 次更新相关的试验数, $T_{\boldsymbol{w}}^{(r)} = T_1 + T_2 + \cdots + T_r$, 并且 T_i 是独立同分布的, $\boldsymbol{E}(T_i) = \mu$, $\mathrm{Var}(T_i) = \sigma^2$. 这立即对 $T_{\boldsymbol{w}}^{(r)}$ 推出中心极限定理, 而对 $M_{\mathbf{w}}(n)$ 的相关结果不大明显.

定理 12.10(中心极限定理)　对独立同分布字母序列 $A_1 A_2 \cdots$, 并且具有像系 12.3 中的均值 μ 和方差 σ^2, 我们有

(a) $\displaystyle \lim_{n \to \infty} \boldsymbol{P} \left(\frac{T_{\boldsymbol{w}}^{(r)} - r\mu}{\sigma \sqrt{r}} < x \right) = \frac{1}{\sqrt{2\pi}} \int_{-\infty}^{x} \mathrm{e}^{-t^2/2} \mathrm{d}t$

和

(b) $\displaystyle \lim_{n \to \infty} \boldsymbol{P} \left(\frac{M_{\boldsymbol{w}}(n) - n/\mu}{\sqrt{(\sigma^2/\mu^3)n}} < x \right) = \frac{1}{\sqrt{2\pi}} \int_{-\infty}^{x} \mathrm{e}^{-t^2/2} \mathrm{d}t.$

证明　显然, 对固定的 x 和 $r \to \infty$,

$$\boldsymbol{P} \left(\frac{T_{\boldsymbol{w}}^{(r)} - r\mu}{\sigma \sqrt{r}} < x \right) \to \frac{1}{\sqrt{2\pi}} \int_{-\infty}^{x} \mathrm{e}^{-t^2/2} \mathrm{d}t = \Phi(x).$$

现在, 当 $r \to \infty$ 时, 令 $n \to \infty$, 使得

$$\frac{n - r\mu}{\sigma \sqrt{r}} \to x. \tag{12.8}$$

利用方程 (12.7) 和方程 (12.8) 有

$$P(M_{\boldsymbol{w}}(n) \geqslant r) \to \varPhi(x).$$

这样

$$\frac{M_{\boldsymbol{w}}(n) - n\mu}{\sqrt{(\sigma^3/\mu^3)n}} \geqslant \frac{r - n/\mu}{\sqrt{(\sigma^3/\mu^3)n}} = \frac{r\mu - n}{\sqrt{\sigma^2 r}}\sqrt{\frac{r\mu}{n}}.$$

如果用 $\sqrt{r}$ 除方程 (12.8), 我们看到 $n/r \to \mu$ 使最后一个方程的右边趋于 $-x$ 或

$$\boldsymbol{P}\left(\frac{T_{\boldsymbol{w}}(n) - n/\mu}{\sqrt{(\sigma^2/\mu^3)n}} \geqslant -x\right) \to \varPhi(x)$$

或

$$\boldsymbol{P}\left(\frac{T_{\boldsymbol{w}}(n) - n/\mu}{\sqrt{(\sigma^2/\mu^3)n}} < -x\right) \to 1 - \varPhi(x) = \varPhi(-x). \quad \blacksquare$$

回到我们的例子, 由定理 12.10 看到当 $n \to \infty$ 时,

$$\frac{1}{n}\boldsymbol{E}(M_{\boldsymbol{u}}(n)) \to \frac{1}{\mu_{\boldsymbol{u}}} = \frac{qp^k}{1 - p^k},$$

$$\frac{1}{n}\mathrm{Var}M_{\boldsymbol{u}}(n) \to \frac{\sigma^2}{\mu^3} = (1 - p^k)^{-3}(qp^k - q^2(2k+1)p^{2k} - pqp^{3k}),$$

$$\frac{1}{n}\boldsymbol{E}(M_{\boldsymbol{v}}(n)) \to \frac{1}{\mu_{\boldsymbol{v}}} = \frac{qp^k}{p},$$

$$\frac{1}{n}\mathrm{Var}M_{\boldsymbol{v}}(n) \to \frac{\sigma^2}{\mu^3} = \left(\frac{q}{p}\right)^3(p^k - (2k-1)p^{2k}).$$

请将这些结果与 $N_{\boldsymbol{u}}$ 和 $N_{\boldsymbol{v}}$ 对应的结果对比.

12.2.2 Li 方法与多重模式

词对应限制位点的思想促使我们考虑当 $|\mathcal{W}| \geqslant 1$ 时词的集合 $\mathcal{W}$. 12.2.1 小节中, 在独立同分布序列情况下发生函数方法可以推广 (见问题 12.10 和 12.11). Markov 更新过程可用来推导 Markov 序列的相关结果. 在这一节, 我们使用著名的 Li 方法的技巧去分析 Markov 序列和独立序列情况下两次更新之间的平均时间. 首先, 重新推导系 12.3 中的 $\mu_{\boldsymbol{w}}$ 的公式.

用于 $\boldsymbol{w}$ 的 Li 方法

基于公平游戏概念的 Li 方法. 设 $\boldsymbol{A} = A_1A_2\cdots$ 是独立同分布字母的序列. 假设我们想要求 $\mu_{\boldsymbol{w}}$, 直到第一次出现的平均时间, 此处 $\boldsymbol{w} = \mathrm{CTC}$, $\boldsymbol{P}(\mathrm{C}) = 1/3$ 及 $\boldsymbol{P}(\mathrm{T}) = 1/4$. 当每个字母出现, 赌徒加入这场游戏并下赌注 \$1 赌 CTC 的出现, 以及随后两个字母. 如果 C 不出现, 赌徒失败并撤出. 如果 C 出现, 他收到 \$(x). 为

使游戏公平要求 $x\boldsymbol{P}(\mathrm{C}) + 0(1 - \boldsymbol{P}(\mathrm{C})) = 1$ 或 $x = 1/\boldsymbol{P}(\mathrm{C}) = 3$. 他将 \$3 赌注放在下一个字母, 如果失败失掉 \$3, 按同样的规则, 如果 T 出现, 他受到 \$3 × 4 = \$12. 他再次把整个希望赌在下一个字母, 如果第三个字母 C 出现完成 CTC, 他收到 \$12 × 3 = \$36. 在试验中 CTC 第一次出现平均为 $\mu_{\boldsymbol{w}}$. 由于新的赌徒在每次试验中赌 \$1, $\mu_{\boldsymbol{w}}$ 个赌徒已经付出 $-\$\mu_{\boldsymbol{w}}$ 去赌. 一个赌徒为 CTC 赢 \$36, 而最后一个赌徒为最后一个 C 赢 \$3. 这就是说, 对于 $\mu_{\boldsymbol{w}} = \mu_{\mathrm{CTC}} = \mu$, $-\mu + 36 + 3 = 0$, 或 $\mu = 39$. 为使这个分析更透彻,

$$\mu_{\mathrm{CTC}} = \frac{1}{\boldsymbol{P}(\mathrm{CTC})} + \frac{1}{\boldsymbol{P}(\mathrm{C})} = \frac{G_{\mathrm{CTC,CTC}}(1)}{\boldsymbol{P}(\mathrm{CTC})}.$$

事实上, 这个简单论证推出

$$\mu_{\boldsymbol{w}} = \frac{G_{\boldsymbol{w},\boldsymbol{w}}(1)}{\boldsymbol{P}(w)},$$

像在 12.3 节中给出的那样, 这个著名的技术不用求和及求导就给出 $\mu_{\boldsymbol{w}}$.

下面, 我们推广这个方法到稳定的具有平稳分布 π 的 Markov 序列. 回忆, 由方程 (12.1), $P_{\boldsymbol{w}}(l)$ 是在 $w_1 \cdots w_{k-l}$ 刚刚出现之后, 见到 $w_{k-l+1} \cdots w_k$ 的概率, 当 $l \leqslant 0$ 时, $P_{\boldsymbol{w}}(l) = 1$. 如果修改我们的例子 $\boldsymbol{w} = \mathrm{CTC}$, 那么唯一的变化是认识到第一个 C 以概率 π_C 出现, 并且后继字母按照转移概率出现. 根据上面的规则,

$$\mu_{\mathrm{CTC}} = \frac{1}{\pi_C p_{\mathrm{CT}} p_{\mathrm{TC}}} + \frac{1}{\pi_C} = \frac{G_{\mathrm{CTC,CTC}}(1)}{\boldsymbol{P}(\mathrm{CTC})},$$

此处 $\boldsymbol{P}(\mathrm{CTC}) = \pi_C p_{\mathrm{CT}} p_{\mathrm{TC}}$, $G_{\boldsymbol{w},\boldsymbol{w}}(1)$ 准确的按方程 (12.4) 定义. 这个论证蕴含下一个定理.

定理 12.11　设 $\{A_i\}_{i \geqslant 1}$ 是平稳的不可约的非周期 Markov 链, 平稳测度为 π, 则 $\boldsymbol{w}$ 的两次更新的平均时间 $\mu_{\boldsymbol{w}}$ 由下式给出:

$$\mu_{\boldsymbol{w}} = \frac{G_{\boldsymbol{w},\boldsymbol{w}}(1)}{\boldsymbol{P}(\boldsymbol{w})},$$

此处 $\boldsymbol{P}(\boldsymbol{w}) = \boldsymbol{P}(w_1 \cdots w_k = A_1 A_2 \cdots A_k) = \pi_{w_1} \prod_{i=1}^{k-1} p_{w_1, w_{i+1}}$.

多重模式

上面论证推广到多重模式 $\mathcal{W} = \{\boldsymbol{w}_1, \cdots, \boldsymbol{w}_m\}$, 此处当 $j \neq i$ 时, 没有 $\boldsymbol{w}_i$ 是 $\boldsymbol{w}_j$ 的子词. 假设 $\{A_i\}_{i \geqslant 1}$ 是平稳的 Markov 链. 那么更新序列本身是 Markov 链, 因此有一个稳定的矢量 $\boldsymbol{\tau} = (\tau_1, \cdots, \tau_m)$. 此处 τ_i 是被词 $\boldsymbol{w}_i$ 更新的概率. (问题 12.10~问题 12.12 处理多重模式和独立字母序列的发生函数方法.)

对每个字母, 想像有 m 个赌徒进入这场游戏, 第 i 个赌注是下在词 $\boldsymbol{w}_i$ 上. 所以, 当 $\boldsymbol{w}_i$ 出现创造一个更新时, 我们必须付赌徒关于 $\boldsymbol{w}_j$ 的赌注, $j = 1, 2, \cdots, m$. 定义 μ_{ij} 是为使这些赌徒为 $\boldsymbol{w}_i$ 出现下赌注 j 的游戏公平所必须的付出. 定义 $G_{\boldsymbol{w}_i, \boldsymbol{w}_j}(s) = G_{i,j}(s)$. 和前面一样,

$$\mu_{i,i} = \frac{G_{i,i}(1)}{\boldsymbol{P}(\boldsymbol{w}_i)}.$$

同样的论证产生 $\mu_{i,j} = G_{i,j}(1)/\boldsymbol{P}(\boldsymbol{w}_j)$.

让我们考虑具有独立同分布字母的例子 $\mathcal{W} = \{\mathrm{CTC}, \mathrm{TCT}\}$, 则

$$(G_{i,j}(1)) = \left(\begin{array}{cc} 1 + p_{\mathrm{T}} p_{\mathrm{C}} & p_{\mathrm{T}} \\ p_{\mathrm{C}} & 1 + p_{\mathrm{C}} p_{\mathrm{T}} \end{array} \right),$$

并且用

$$\boldsymbol{M}^{\mathrm{T}} = (\mu_{i,j}) = \left(\begin{array}{cc} \dfrac{1}{p_{\mathrm{C}}^2 p_{\mathrm{T}}} + \dfrac{1}{p_{\mathrm{C}}} & \dfrac{1}{p_{\mathrm{C}} p_{\mathrm{T}}} \\[3mm] \dfrac{1}{p_{\mathrm{C}} p_{\mathrm{T}}} & \dfrac{1}{p_{\mathrm{T}}^2 p_{\mathrm{C}}} + \dfrac{1}{p_{\mathrm{T}}} \end{array} \right)$$

定义 $\boldsymbol{M}$.

回到 Li 方法. 设 μ 是两次更新间期望距离, 为使对 j 下赌的人在游戏中公平, 我们有 $\mu = \tau_1 \mu_{1,j} + \tau_2 \mu_{2,j} + \cdots + \tau_m \mu_{m,j}$. 这对所有 j 都成立, 所以

$$\left(\begin{array}{cccc} \mu_{11} & \mu_{21} & \cdots & \mu_{m1} \\ \vdots & \vdots & & \vdots \\ \mu_{1m} & \mu_{2m} & \cdots & \mu_{mm} \end{array} \right) \left(\begin{array}{c} \tau_1 \\ \tau_2 \\ \vdots \\ \tau_m \end{array} \right) = \left(\begin{array}{c} \mu \\ \mu \\ \vdots \\ \mu \end{array} \right)$$

或 $\boldsymbol{M}\boldsymbol{\tau}^{\mathrm{T}} = \boldsymbol{\mu}^{\mathrm{T}}$, 从而 $\boldsymbol{\tau}^{\mathrm{T}} = \mu \boldsymbol{M}^{-1} \boldsymbol{1}^{\mathrm{T}}$. 由于 $\boldsymbol{\tau} \boldsymbol{1}^{\mathrm{T}} = \boldsymbol{1}$ 和 $\boldsymbol{1}\boldsymbol{\tau}^{\mathrm{T}} = \boldsymbol{1}$, 所以, $\boldsymbol{1} = \mu \boldsymbol{1} \boldsymbol{M}^{-1} \boldsymbol{1}^{\mathrm{T}}$ 以及

$$\mu = \frac{1}{\boldsymbol{1} \boldsymbol{M}^{-1} \boldsymbol{1}^{\mathrm{T}}}, \tag{12.9}$$

$$\boldsymbol{\tau}^{\mathrm{T}} = \frac{\boldsymbol{M}^{-1} \boldsymbol{1}^{\mathrm{T}}}{\boldsymbol{1} \boldsymbol{M}^{-1} \boldsymbol{1}^{\mathrm{T}}}. \tag{12.10}$$

12.3 Poisson 近似

到目前为止, 我们将 Markov 链、更新理论和 Li 方法用于模式的计数. 当词 $\boldsymbol{w}$ 有小的出现概率时, 也使用 Poisson 近似方法. 回想, 即使 6 个字母的模式有概率 4^{-6}, 我们看到将经常使用 Poisson 近似. 在这一节, $\{A_i\}_{i \geqslant 1}$ 有独立同分布字母.

　　这个方法容易构画, 词 $\boldsymbol{w}$ 的重叠丛数是近似 Poisson 分布, 自重叠确定一个具有概率 p 的周期, 丛由具有概率 $1-p$ 的 "去" 丛事件继续. 如果我们像 12.1 节那样统计词 $\boldsymbol{w}$ 重叠出现数, 那么每个丛的出现数是以均值为 $1/p$ 的几何分布. 如果统计非重叠出现数, 那么每个丛的出现数是以 $1/\boldsymbol{P}(\boldsymbol{w})$ 为均值的几何分布. 无论哪种情况, 在 $A_1 \cdots A_n$ 中词数, $N(n)$ 或 $M(n)$ 有近似的复合 Poisson 分布. 第 11 章的 Chen-Stein 方法允许计算这个近似的界.

　　用 k 字母的词 $\boldsymbol{w} = RR \cdots R$ 来复习 11.4 节中的材料. 即使我们打算统计词 $\boldsymbol{w}$ 的重叠出现数 $N_{\boldsymbol{w}}(n)$, 在 Poisson 近似中的第一步是统计丛的出现数. 例如, 对于在 $A_1 \cdots A_n$ 中 $\boldsymbol{w} = RR \cdots R$ 出现, 这是容易的. 定义 $D_i = \boldsymbol{I}(A_i = R)$ 和

$$X_1 = \prod_{i=1}^{k} D_i,$$
$$X_i = (1 - D_i) \prod_{i=1}^{k-1} D_{i+j}, \quad i \geqslant 2,$$
$$W = \sum_{i=1}^{n-k+1} X_i.$$

为使用 Chen-Stein 方法, 应用定理 11.22, 指标集 $I = \{1, 2, \cdots, n-k+1\}$ 和相关集 $J_i = \{j \in I : |i - j| \leqslant k\}$. Poisson 近似是

$$\lambda = \boldsymbol{E}(W) = p^k + (n-k)(1-p)p^k,$$

此处 $\boldsymbol{P}(A_i = R) = p \in (0, 1)$. 对于 $i \neq j$ 和 $j \in J_i$, 随机变量 X_i, X_j 两者不能同时为 1. 所以

$$b_2 = \sum_{i \in I} \sum_{i \neq j \in J_i} \boldsymbol{E}(X_i X_j) = 0.$$

常数 b_1 的界为

$$b_1 < (2k+1)((1-p)p^k)^2 \{n - k + (1-p)^{-1} + p\{(1-p)^2(2k+1)\}^{-1}\}.$$

　　参照 11.5.3 小节关于近似匹配. 设 Y_i 表示词 $\boldsymbol{w} = RR \cdots R$ 在 $A_1 \cdots A_n$ 中在位置 i 处的出现, 那么, $N_{\boldsymbol{w}}(n) = \sum_{i=1}^{n-k+1} Y_i$. 丛数近似是 $\mathcal{P}(\lambda), \lambda = \boldsymbol{E}(W)$. 如果在每个丛中 $\boldsymbol{w}$ 的个数是 C, 则如果 C_i 是独立同分布的 C,

$$C^{*j} = C_1 + C_2 + \cdots + C_j, \quad j \geqslant 1$$

是给出 $\boldsymbol{w}$ 在 j 个丛中个数的随机变量. 由于有一个丛的近似 Poisson 数 Z, $\hat{N}_{\boldsymbol{w}}(n) = \sum_{i=1}^{Z} C_i$ 应近似 $N_{\boldsymbol{w}}(n)$.

现在, C 是一个几何分布, $\boldsymbol{P}(C = l) = (1-p)p^{l-1}, l \geqslant 1$, 并且事实上,

$$\boldsymbol{P}(C^{*j} = l) = \binom{l-1}{j-1}(1-p)^j p^{l-j}, \quad l \geqslant j.$$

使用

$$\boldsymbol{P}(\hat{N}_{\boldsymbol{w}}(n) = l) = \begin{cases} \boldsymbol{P}(Z = l), & l = 0, \\ \displaystyle\sum_{j=1}^{l} \boldsymbol{P}(C^{*j} = l)\boldsymbol{P}(Z = j), & l \geqslant 1, \end{cases}$$

我们得到

$$\boldsymbol{P}(\hat{N}_{\boldsymbol{w}}(n) = l) = \begin{cases} \mathrm{e}^{-\lambda}, & l = 0, \\ \displaystyle\mathrm{e}^{-\lambda}\sum_{j=1}^{l} \binom{l-1}{j-1}\frac{(\lambda(1-p))^j}{j!}p^{l-j}, & \text{否则}. \end{cases}$$

定理 11.25 说明

$$\frac{1}{2}\|N_{\boldsymbol{w}}(n) - \hat{N}_{\boldsymbol{w}}(n)\| \leqslant 2b_1 + 2\lambda\boldsymbol{P}(C > k).$$

现在, 对 $\boldsymbol{w} = RR\cdots R$, 我们研究 $M_{\boldsymbol{w}}(n)$. 丛数与 $N_{\boldsymbol{w}}(n)$ 相同, 然而, 由于 $\boldsymbol{w}$ 的出现必须不重叠, 几何分布有参数 p^k(而不是 p). 这样 $\boldsymbol{P}(C > k) = 1 - (1 - p^k) = p^k$, 故当 p^k 小时, $M_{\boldsymbol{w}}(n) \approx Z$, 而前面的论证可以重复产生

$$\boldsymbol{P}(\hat{M}_{\boldsymbol{w}}(n) = l) = \begin{cases} \mathrm{e}^{-\lambda}, & l = 0, \\ \displaystyle\mathrm{e}^{-\lambda}\sum_{j=1}^{\mathrm{t}} \binom{l-1}{j-1}\frac{(\lambda(1-p))^j}{j!}p^{k(l-j)}, & \text{否则}. \end{cases}$$

最后, 回到一般词 $\boldsymbol{w}$. $\boldsymbol{w}$ 的周期是使 $\beta_{\boldsymbol{w},\boldsymbol{w}}(s) = 1$ 的最小位移 $s > 0$. 对词 $\boldsymbol{w} = RR\cdots R$, $s = 1$, 而对 $\boldsymbol{w} = HTT\cdots TH$, $s = k-1$. 在 $\boldsymbol{w}$ 没有自重叠情况, 如 $\boldsymbol{w} = HH\cdots HT$, 需要稍微不同的分析, 后面将给出. 设 $p = \boldsymbol{P}(w_1 w_2 \cdots w_s = A_1 \cdots A_s)$, 那么, 去丛事件是 $w_1 w_2 \cdots w_s$ 不能在 $w_1 w_2 \cdots w_k$ 之前, 故 Poisson 均值是

$$\lambda = \boldsymbol{P}(\boldsymbol{w}) + (n-k)(1-p)\boldsymbol{P}(\boldsymbol{w})$$
$$= \boldsymbol{P}(\boldsymbol{w}) + (n-k)(1 - \boldsymbol{P}(w_1 \cdots w_s))\boldsymbol{P}(\boldsymbol{w}).$$

对于 $N(n)$ 几何分布 C 均值是 $1/p = 1/\boldsymbol{P}(w_1 \cdots w_s)$, 而对于 $M(n)$ 均值仍然是 $1/\boldsymbol{P}(\boldsymbol{w})$. 当 $\boldsymbol{w}$ 不自重叠, 没有去丛的必要, 故

$$\lambda = (n-k+1)\boldsymbol{P}(\boldsymbol{w}),$$

并且对 $N(n)$ 和 $M(n)$ 两者几何分布 C 的均值是 $1/\boldsymbol{P}(\boldsymbol{w})$.

12.4　位点分布

生物学中, 经常有基因、限制位点或其他特征在 DNA 的一个区间或序列上占据位置. 与 DNA 序列相关的这些特征尺度变化很大. 可是, 在这一节, 我们认为假设这些位置是区间上的点是合适的. 当情况不是这样时, 如基因占据了 DNA 相当大的比例, 我们介绍的连续性方法就不适用.

这样, 我们假定有 n 个位点 $s_1, s_2, \cdots, s_n$, 都位于 $[0, G]$ 中. 为了简化讨论, 我们考虑比例位置 $u_i = s_i/G \in (0, 1)$.

Poisson 检验

最经常提的一个问题是点 $\{u_i\}$ 是否均匀分布在 $(0,1)$ 之中. 如果这些点按 Poisson 过程分布, 那么容易证明关于 n 个点在 $(0, 1)$ 中的条件下, $U_1, U_2, \cdots, U_n$ 的位置是独立同均匀分布, 有几种检验方法. 对大的 n, 设 $S_n^{(1)} = \sum_{i=1}^{n} U_i$. 中心极限定理断言

$$S_n \approx \mathcal{N}\left(\frac{n}{2}, \frac{n}{12}\right), \tag{12.11}$$

因为 $\boldsymbol{E}(U) = 1/2$, $\mathrm{Var}(U) = 1/12$.

另一种经常使用的检验是将区间分成 k 个等长的小区间. 建议 $n/k \geqslant 5$. 设 $N_i =$ 区间 i 中 u 的个数, 然后作 χ^2 检验, 此处

$$S_n^{(2)} = \sum_{i=1}^{k} \frac{(N_i - n/k)^2}{n/k}. \tag{12.12}$$

在零假设下, 统计量 $S_n^{(2)}$ 有渐近的自由度是 $k - 1$ 的 χ^2 分布. 这种检验的一个困难是这些区间的任意位置.

另一种检验可建立在 Kolmogorov-Smirnov 检验基础上, 它度量试验分布函数与均匀分布函数 $F(x) = x, x \in (0, 1)$ 之间的最大偏差. 统计量是

$$S_n^{(3)} = \max\left\{\max_{1 \leqslant i \leqslant n}\left\{\frac{i}{n} - u_i\right\}, \max_{1 \leqslant i \leqslant n}\left\{u_i - \frac{i-1}{n}\right\}\right\}. \tag{12.13}$$

在许多地方, 如 Kolmogorov-Smirnov 统计上都有 $\sqrt{n}S_n^{(3)}$ 的分布表.

12.4.1　内部位点距离

我们保留这些点按 Poisson 过程分布的假设, 内部位点距离是 $x_i = s_i - s_{i-1}$, 此处 $s_0 = 0$. 在 Poisson 假设下, X_i 是具有均值 μ 的独立同分布的指数随机变量. 密度函数是

$$f(x) = \frac{1}{\mu}\mathrm{e}^{-x/u}, \quad x > 0.$$

为了用值 X_i 估计 μ, 使用 $\hat{\mu} = 1/n \sum\limits_{i=1}^{n} X_i$. $\hat{\mu}$ 是 μ 的最大似然估计. 这些值 X_1, $X_2, \cdots, X_n$ 经常被检验看它们是否 "太小" 或 "太大". 为了使这种观察严格, 设

$$X_{(1)} = \min_{1 \leqslant i \leqslant n} X_i, \quad X_{(n)} = \max_{1 \leqslant i \leqslant n} X_i.$$

通常都要证明 $X_{(1)}$ 是具有均值 μ/n 的指数分布, 这样能够容易地导出 $X_{(1)}$ 的概率描述. 在第 11 章中讨论了 $X_{(n)}$, 它有极值分布

$$\boldsymbol{P}(X_{(n)} \leqslant \log(n) + t) = \mathrm{e}^{\mathrm{e}^{-t}}, \quad -\infty < t < \infty,$$
$$\boldsymbol{E}(X_{(n)}) = \mu(\gamma + \log(n)),$$

此处 $\gamma = 0.5772 \cdots$ 为 Euler 常数.

问　题

问题 12.1　对于 $\boldsymbol{u} = HHH$ 和 $\boldsymbol{v} \in \{HT, HH\}$, 计算 $\beta_{\boldsymbol{u},\boldsymbol{v}}(i), i \geqslant 1$.

问题 12.2　确立命题 12.1.

问题 12.3　将定理 12.2 推广到具有记忆 $\nu \geqslant 1$ 的 Markov 链的情况.

问题 12.4　在 12.2.1 小节中, 证 $F(1) = 1$.

问题 12.5　在定理 12.2 的证明中, 证

$$\sum_{j=1}^{\infty} |\mathrm{cov}(\boldsymbol{I}_u(i), \boldsymbol{I}_v(j))| \leqslant k + l.$$

问题 12.6　按系 12.1 检验方差 $N_{\boldsymbol{u}}(n)$ 和 $N_{\boldsymbol{v}}(n)$, 并推导 $1/n\mathrm{cov}(N_{\boldsymbol{v}}(n), N_{\boldsymbol{v}}(n))$ 渐近值.

问题 12.7　推导 12.1.2 节中 $(\hat{q}, \hat{p})$ 的渐近协方差矩阵, 应用 δ 方法检验这个结果.

问题 12.8　验证系 12.3 以及系后面的这些值 $\mu_{\boldsymbol{u}}, \sigma_{\boldsymbol{u}}^2, \mu_{\boldsymbol{v}}, \sigma_{\boldsymbol{v}}^2$.

问题 12.9　证 $M_{\boldsymbol{w}}(n) \sim n/\mu$.

问题 12.10　用 $W = \{\boldsymbol{w}_1, \cdots, \boldsymbol{w}_m\}$ 的任何成员的出现定义一个更新, 此处没有一个词是另一个词的子词. 设 $G_{i,j}(s) = G_{\boldsymbol{w}_i, \boldsymbol{w}_j}(s)$ 和 $U_i(s) = U_{\boldsymbol{w}_i}(s)$. 证明对于独立同分布字母的序列有

$$\begin{pmatrix} G_{1,1}(s) \cdots G_{m,1}(s) \\ \vdots \qquad\qquad \vdots \\ G_{1,m}(s) \cdots G_{m,m}(s) \end{pmatrix} \begin{pmatrix} U_1(s) - 1 \\ \vdots \\ U_m(s) - 1 \end{pmatrix} = \frac{1}{s-1} \begin{pmatrix} s^{|\boldsymbol{w}_1|}\boldsymbol{P}(\boldsymbol{w}_1) \\ \vdots \\ s^{|\boldsymbol{w}_m|}\boldsymbol{P}(\boldsymbol{w}_m) \end{pmatrix}.$$

问题 12.11　在问题 12.10 中, 用 $G(s)$ 表示第一个矩阵, 并假定 $G^{-1}(1)$ 存在, 证明也有下式成立:

$$
\begin{pmatrix}
\dfrac{1}{\mu_1} \\
\vdots \\
\dfrac{1}{\mu_m}
\end{pmatrix}
= G^{-1}(1)
\begin{pmatrix}
P(w_1) \\
\vdots \\
P(w_m)
\end{pmatrix},
$$

此处 μ_i 是 w_i 更新间的平均距离.

问题 12.12　在问题 12.10 和 12.11 中证 $\mu = (1/\mu_1 + 1/\mu_2 + \cdots + 1/\mu_m)^{-1}$.

问题 12.13　设 $X_1, X_2, \cdots, X_n$ 是具有均值 λ/n 的独立同指数分布. 证明 $X_{(1)} = \min\limits_{1 \leqslant i \leqslant n} X_i$ 是具有均值 λ/n 的指数分布.

问题 12.14　考虑独立抛币, $P(H) = p = 1 - P(T)$. 设 X 是直到出现正面的试验数, 用 Li 方法证明 $E(X) = 1/p$.

第13章　RNA 二级结构

在第 1 章中, 我们强调生物学中结构与功能之间的密切关系. 大分子和大分子复合体的形状决定允许的相互作用, 从而决定生命过程. 在这一节中, 我们研究 RNA 分子单链的可能形成的形状, 回顾在引言中介绍的 tRNA 的形状. 这些问题中的一些问题容易描述: 给定一个 RNA 线性序列, 预测它在二维三维空间的结构. DNA 的三维结构也是重要的, 可是在这一章中不作研究.

单链 RNA 被看成核糖核苷酸的线性序列 $\boldsymbol{a} = a_1 a_2 \cdots a_n$, 这个序列 $\boldsymbol{a}$ 称为初级结构. 每个 a_i 等同于 4 个基或核苷酸: A(腺嘌呤), C(胞嘧啶), G(鸟嘌呤) 和 U(尿嘧啶) 之一. 这些基能够形成基对, 约定 A 与 U 配对, C 与 G 配对, 称为 Watson-Grick 基对. 此外, 通常允许 G 和 U 配对. 二级结构是平面图, 它满足下面的说法: 如果 a_i 与 a_j 配对, a_k 与 a_l 配对, 并且 $i < k < j$, 则 $i < l < j$ 也成立. 糖磷酸骨架用实线表示, 基用点表示, 氢键或基对表示为两个非相邻点间的连线, 在二级结构的通常的生物学表示中基对线不与基连接. 对于 $\boldsymbol{a} =$ CAGCGUCACACCCGCGGGGUAAACGCU 的所谓三叶草结构的一个例子, 如图 13.1(a) 所示. 在图 13.1(b) 中示出同样序列和同样的二级结构. 初级结构沿水平轴

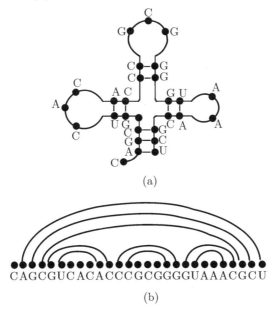

(a)

(b)

图 13.1　二级结构的两种表示

画出, 基对用弧表示.

13.1　组 合 数 学

这一节, 我们忽略了一个 RNA 分子的特定的基序列, 并允许任意 a_i 与 a_j 配对. 在生物学的例子中, 这个基序列在确定二级结构时是本质的, 在 13.2 节我们再回到这个问题. 这里我们对计算可能的拓扑感兴趣. 如是两个基对集合不等, 两个二级结构是不同的. 对于 $a_1a_2a_3a_4a_5a_6$ 有 17 个可能的二级结构, 如图 13.2 所示. 因为我们忽略基序列, 所以把这个序列写作 1—2—3—4—5—6 或 [1,6].

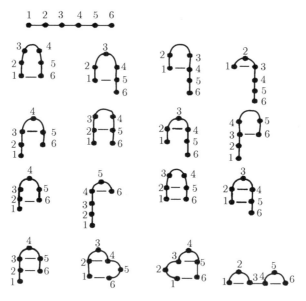

图 13.2　[1, 6] 的 17 个二级结构

定理 13.1　设 $S(n)$ 是序列 [1,n] 的二级结构数, 则 $S(0) = 0, S(1) = 1$ 且对 $n \geqslant 2$ 有

$$S(n + 1) = S(n) + S(n - 1) + \sum_{k=1}^{n-2} S(k)S(n - k - 1).$$

证明　对于 $n = 1$, 唯一的二级结构是 1, 而对于 $n = 2$ 唯一的结构是 1 2, 所以 $S(1) = S(2) = 1$.

假定对于 $1 \leqslant k \leqslant n$, 已知 $S(k)$. 考虑序列 $[1, n+1]$, $n+1$ 或者没有配对, 或者与 j 配对, $1 \leqslant j \leqslant n-1$. 当 $n+1$ 没有配对时有 $S(n)$ 个结构, 因为 $[1,n]$ 能形成二级结构.

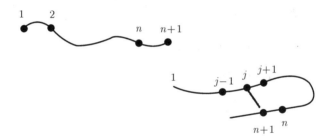

当 $n+1$ 与 j 配对时, $[1, j-1]$ 和 $[j+1, n]$ 每一个都可形成二级结构, 分别为 $S(j-1)$ 和 $S(n-j)$. 所以

$$S(n+1) = S(n) + S(n-1) + S(1)S(n-2) + \cdots + S(n-2)S(1)$$
$$= S(n) + S(n-1) + \sum_{j=2}^{n-2} S(j-1)S(n-j).$$

引理 13.1 如果 $\varphi(x) = \sum_{k \geqslant 0} S(k)x^k$, 则 $\varphi(x)$ 满足

$$\varphi^2(x)x^2 - \varphi(x)(1 - x - x^2) + x = 0.$$

证明 设 $\varphi(x) = y$, 则

$$y^2 = \sum_{n=1}^{\infty} \left(\sum_{k-1}^{n-1} S(n-k)S(k) \right) x^n.$$

上面的递归方程说明 $S(n+2) - S(n+1) - S(n) = \sum_{k=1}^{n-1} S(n-k)S(k)$, 所以

$$y^2 = \sum_{n \geqslant 1} (S(n+2) - S(n+1) - S(n))x^n$$
$$= \sum_{n \geqslant 1} S(n+2)x^n - \sum_{n \geqslant 1} S(n+1)x^n - \sum_{n \geqslant 1} S(n)x^n$$
$$= \frac{(y - x^2 - x)}{x^2} - \frac{y - x}{x} - y,$$

从而得出结论.

定理 13.2 当 $n \to \infty$ 时,

$$S(n) \sim \sqrt{\frac{15 + 7\sqrt{5}}{8\pi}} n^{-3/2} \left(\frac{3 + \sqrt{5}}{2} \right)^n.$$

证明　如上, 设 $\varphi(x) = y$, 我们导出

$$F(x, y) = x^2 y^2 - (1 - x - x^2)y + 2 = 0.$$

有一个定理断言, 当 $F(x, y) = 0$ 时, $r > 0$, $s > S(0)$ 是 $F(r, s) = 0$, $F_y(r, s) = 0$ 的唯一解. $\varphi(x)$ 的第 n 个系数 $S(n)$ 满足

$$S(n) \sim \sqrt{\frac{r^2 F_x(r, s)}{2\pi F_{yy}(r, s)}} n^{-\frac{3}{2}} r^{-n}.$$

方程组变为

$$r^2 s^2 - (1 - r - r^2)s + r = 0,$$
$$2sr^2 - (1 - r - r^2) = 0$$

或

$$s^2 = \frac{1}{r}, \quad 2r^{3/2} + r + r^2 = 1$$

且 $s^4 - s^3 - 2s - 1 = 0 = (s^2 - s - 1)(s^2 + s + 1)$, 则

$$s = \frac{1 + \sqrt{5}}{2}, \quad \frac{1}{r} = \frac{3 + \sqrt{5}}{2}.$$

代入渐近公式给出结果.

　　二级结构的结构分量是基对、突起、内环、端环和多分支环. 发卡是具有基对 (至少一个)、突起、内环和恰好一个端环的结构, 如图 13.3 所示. 多分支环是连接体, 像在三叶草中, 那里不只一个发卡, 或还附着更复杂的二级结构. 图 13.1(a) 有一个多分支环.

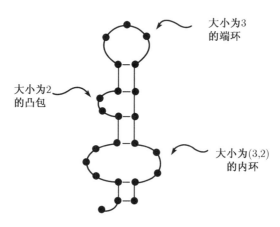

大小为3
的端环

大小为2
的凸包

大小为(3,2)
的内环

图 13.3　发卡分量

定理 13.3　$[1, n]$ 有 $2^{n-2} - 1$ 个发卡.

证明　设 $L(n)$ 是至多有一个端环的二级结构数, $L(1) = L(2) = 1$. 考虑 $[1, n+1]$. 如果 $n+1$ 没有配对, 有 $L(n)$ 个结构. 否则 $n+1$ 与某个 j 配对, $1 \leqslant j \leqslant n-1$, $[1, j-1]$ 不能有配对的. 因为至多有一个端环, 所以有 $L(n-(j+1)+1) = L(n-j)$ 个二级结构有一个环,

$$L(n+1) = L(n) + L(n-1) + \cdots L(1) = 2L(n), \quad n \geqslant 2.$$

所以 $L(n) = 2^{n-2}, n \geqslant 2$. 因为所有由 $L(n)$ 计算的结构, 除了这个没有基对的结构外都是发卡. 由此得出结果.

13.1.1　计算更多的形状

进一步将二级结构分类是有意义的. 设 $S_{n,k}$ 是 $[1, n]$ 上恰有 k 个基对的二级结构的集合, 并设 $S(n, k) = |S_{n,k}|$. 下面定理的证明当作练习.

定理 13.4　对所有 n, 设 $S(n, 0) = 1$ 和对 $k \geqslant n/2, S(n, k) = 0$, 则对于 $n \geqslant 2$ 有

$$S(n+1, k+1) = S(n, k+1) + \sum_{j=1}^{n-1} \left[\sum_{i=0}^{k} S(j-1, i)S(n-j, k-i) \right].$$

系 13.1　$S(n) = \sum_{k=0}^{\lfloor n/2 \rfloor} S(n, k)$.

值得注意的是, $S(n, k)$ 比 $S(n)$ 容易计算, 并且我们将找到 $S(n, k)$ 的简单的显式公式. 通过构造 $S_{n,k}$ 到树的某个集合的双射完成组合证明.

线性树是有根树在树的每个顶点的儿子集合上有线性序. 定义 $\mathcal{T}_{n,k}$ 是 n 个顶点的没有标号的线性树, 其中, k 个顶点不是端点, 即 1 度点. 设 $T(n, k) = |\mathcal{T}_{n,k}|$, 图 13.4 给出 $\mathcal{T}_{5,2}$, 根在树的顶部.

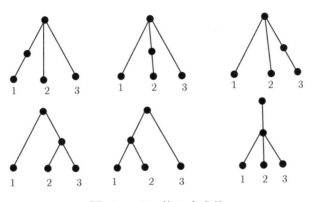

图 13.4　$\mathcal{T}_{52}$ 的 6 个成员

下一个命题给出二级结构和线性树之间的双射.

命题 13.1　对所有 $n, k \geqslant 1$, 存在一个双射 $\varphi : S_{n+k-2,k-1} \rightarrow \mathcal{T}_{n,k}$.

证明　用图 13.5 中的例子来说明这个双射. 对 $S_{n+k-2,k-1}$ 的写成环形式的一个成员. 在这图形上方所有环之外放 $\mathcal{T}_{n,k}$ 的一个顶点, 并且从这个顶点能看到的所有内环加一顶点, 并且连接到这个顶点. 把所有能看到的没配对的基也连接起来. 重复这个步骤直到没有环在这个顶点 "之下". 会有一个根点加上 $k-1$ 个内点 (每个点代表一个基对). 此外, 有 $n+k-2-2(k-1) = n-k$ 个端点. 我们已构造的线性树是 $\mathcal{T}_{n,k}$ 的成员. 显然, 这个构造可反过来进行.

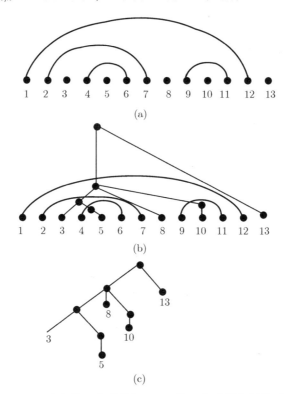

图 13.5　$\mathcal{S}_{13,4}(\boldsymbol{a})$ 的一个成员与 $\mathcal{T}_{10,5}$ 的一个成员之间的对应 (b)

定理 13.5　对 $n, k \geqslant 0$,
$$S(n,k) = \frac{1}{k} \binom{n-k}{k+1} \binom{n-k-1}{k-1}.$$

证明　计算 $T(n,k) = |\mathcal{T}_{n,k}|$ 的数目可得到结果, 解是
$$T(n,k) = \frac{1}{k-1} \binom{n-1}{k} \binom{n-2}{k-2},$$

这可作为练习用发生函数或参考关于树组合的更一般的结果, 因为 $|S_{n,k}| = |T_{n-k+1,k+1}|$.

系 13.2 $\sum_{k=1}^{n} \frac{1}{k} \binom{n-k}{k+1} \binom{n-k-1}{k-1} \sim \sqrt{\frac{15+7\sqrt{5}}{8\pi}} n^{-3/2} \left(\frac{3+\sqrt{5}}{2}\right)^n.$

系 13.3 $S(n+k,k) = S(2n-k-1,n-k-1).$

这些未料想到的结果证明了不直接看待数学对象的意义, 我们使用的映射 φ 在其他方面也是有用的, 如 Poincaré 对偶性.

13.2 最小自由能结构

在前一节, 研究了 RNA 分子的形状, 那里允许所有可能的基对. RNA 序列在 $\{A, U, G, C\}$ 字符集上有特定的基序列. 基对 A·U 和 G·C 称为 Watson-Crick 基对. 在许多结构 RNA 分子中, 也允许 G·U 基对出现. 定义

$$\rho(a,b) = \begin{cases} 1, & a\text{和}b\text{能配对}, \\ 0, & \text{否则}. \end{cases}$$

首先, 我们寻找使基对数最大的结构. 定义 $X(i,j) =$ 序列 $a_i a_{i+1} \cdots a_j, i \leqslant j$ 中的最大的基对数.

定理 13.6 下面的递归方程成立, 其中, 如果 $|j-i| \leqslant 1, X(i,j) = 0,$

$$X(i,j+1) = \max\{X(i,j), \max\{[X(i,l-1)+1+X(l+1,j)]\rho(a_l, a_{j+1}) :$$
$$1 \leqslant l \leqslant j-1\}\}.$$

证明 和通常一样, 这个动态规划递归方程正确性的证明由组合学定理 13.1 得出. ■

上面算法的复杂性是

$$\sum_{i<j} (j-i) = O(n^3).$$

在实际上, 这个问题非常困难, 因为所有分量影响最终结果的稳定性. 稳定性用自由能来度量.

本章中 $h_{i,j}$ 是 $a_i a_{i+1} \cdots a_j, i < j$ 上最小自由能二级结构 (单发卡), 此处 a_i 和 a_j 形成一个基对且只有一个端环, 如图 13.6 所示. 如果 a_i 和 a_j 不是基对,

$h_{i,j} = +\infty$. 自由能函数假定是下面的形式:

$$\alpha(a,b) = a,b\text{基对的自由能},$$
$$\xi(k) = k\text{个基端环的不稳定自由能},$$
$$\eta = \text{相邻基对累积的能量},$$
$$\beta(k) = k\text{个基的凸起的不稳定自由能},$$
$$\gamma(k) = k\text{个基内环的不稳定自由能}.$$

定义更一般的能量函数是可能的. 例如, ξ 和 η 可能依赖相邻的基对. 下面推导的有同样复杂性的结果成立. 没有配对的分子自由能是 0, 如当 $\xi(k) > 0$ 时, 对 $A \cdot U$ 有 $\alpha(A, U) < 0$.

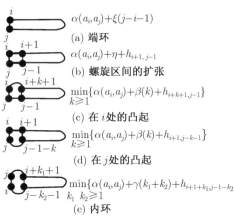

图 13.6   具有对应公式的 5 个最小化状态

恰有 5 种方法由基对构造 $h_{i,j}$, 连同定理 13.7 中计算值的公式表示在图 13.6 中.

定理 13.7   在 $a_i a_{i+1} \cdots a_j$ 上且 $a_i a_j$ 是基对的发卡二级结构的最小自由能 $h_{i,j}$ 是下面之中最小的:

(a) 环: $\alpha(a_i, a_j) + \xi(j - i - 1)$;

(b) 螺旋扩张: $\alpha(a_i, a_j) + \eta + h_{i+1,j-1}$;

(c) 凸起: $\min\limits_{k \geqslant 1}\{\alpha(a_i, a_j) + \beta(k) + h_{i+1+k,j-1}\}$;

(d) 凸起: $\min\limits_{k \geqslant 1}\{\alpha(a_i, a_j) + \beta(k) + h_{i+1,j-k-1}\}$;

(e) 内环: $\min\limits_{k_1, k_2 \geqslant 1}\{\alpha(a_i, a_j) + \gamma(k_1 + k_2) + h_{i+1+k_1, j-1-k_2}\}$.

证明   如图 13.6 所示.

为了估计计算复杂性, 处理图 13.6 中的每一步. 对于计算增长率, 最终只对 n 的幂感兴趣. 为了估计计算复杂性的目的, 各个公式用的时间正比于

(a), (b) $\displaystyle\sum_{1\leqslant i\leqslant j\leqslant n}1=\sum_{i=1}^{n}\sum_{j=1}^{n}1=O(n^2);$

(c), (d) $\displaystyle\sum_{1\leqslant i\leqslant j\leqslant n}(j-i)=\sum_{i=1}^{n}\sum_{j=i}^{n}(j-i)=\sum_{i=1}^{n}\frac{(n-i)(n-i+1)}{2}=O(n^3);$

(e) $\displaystyle\sum_{1\leqslant i\leqslant j\leqslant n}\left(\sum_{1\leqslant i'\leqslant j'\leqslant j}1\right)=\sum_{1\leqslant i\leqslant j\leqslant n}C\cdot(j-i)^2=O(n^4).$

显然, 前面关于发卡的最好算法基本上有时间复杂性 $O(n^4)$. 下一节的目的是将这些算法的时间复杂性减少到 $O(n^3)$.

13.2.1 减少发卡计算时间

本节将讨论一些计算的细节. 能够做到的计算的主要化简在这个过程中会变清楚. 动态规划计算存于矩阵中, 事实上, 有时称之为 "矩阵方法". 用一种方法组织这些计算使得能看到相关的 RNA 结构是有用的方法.

如上, $h_{i,j}$ 是 $a_i a_{i+1}\cdots a_j$, $i<j$ 上满足 a_i 和 a_j 形成基对的发卡的最小自由能. 如果 a_i 和 a_j 不能形成基对, 设 $h_{i,j}=+\infty$. 这个矩阵 $(h_{i,j})$, $i=1,2,\cdots,n$, $j=n,n-1,\cdots(i\leqslant j)$ 以及将基序列沿列用反序排列表示如下:

	a_n	a_{n-1}	$\cdots$	a_2	a_1
a_1	$h_{1,n}$	$h_{1,n-1}$		$h_{1,2}$	h_{11}
a_2	$h_{2,n}$	$h_{2,n-1}$		$h_{2,2}$	
$\vdots$			$\ddots$		
a_{n-1}	$h_{n-1,n}$	$h_{n-1,n-1}$			
a_n	$h_{n,n}$				

其次取 $h_{i,j}$, 此处 $h_{i,j}<+\infty$, 即 a_i 和 a_j 能形成基对且 $j-i-1\geqslant m$(最小端环的大小). 当然, h_{ij} 导致在 13.2 节中讨论的状态之一, 我们将更详细的研究它.

如果这个基对在端环的底, 则 $h_{i,j}$ 等于 $\alpha(a_i,a_j)+\xi(j-i-1)$. 这是在图 13.7 中, 关于矩阵最小化没有指明的唯一一步.

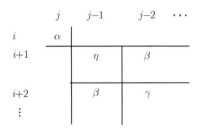

图 13.7 最小化图示

如果这基对是螺旋区间的一部分, 则 $h_{i,j}$ 等于 $\alpha(a_i, a_j) + h_{i+1,j-1} + \eta$, 这是在图 13.7 中用字母 η 指出的矩阵的 $(i+1, j-1)$ 位置.

如果 $h_{i,j}$ 是导致凸起, 则 $h_{i,j}$ 等于

$$\alpha(a_i, a_j) + \beta(k) + h_{i+k+1,j-1} \quad \text{或} \quad \alpha(a_i, a_j) + \beta(k) + h_{i+1,j-k-1},$$

此处 $1 \leqslant k \leqslant j-i-2-m$. 在第一种状态, 最小化在第 $(j-1)$ 列上进行. 垂直区域用符号 β 指明, 如第 $(i+1)$ 行中水平区域.

剩下的可能只是内环, 此处

$$h_{i,j} = \alpha(a_i, a_j) + \gamma(k_1 + k_2) + h_{i+1+k_1,j-1-k_2},$$

此处 $j-i-2-m \geqslant k_1 + k_2 \geqslant 2$(因为 $k_1 \geqslant 1$ 和 $k_2 \geqslant 1$). 这个区域在图 13.7 中由 γ 指出. 像定理 13.7 中指出的那样, 螺旋和端环形成的计算复杂性是 $O(n^2)$, 凸起形成的复杂性是 $O(n^3)$ 以及内环形成的复杂性是 $O(n^4)$. 本节的余下部分将证明一般的内环计算可能减少到 $O(n^3)$.

为了计算由一个 $(i-j)$ 对形成的内环, 可能的可选位置是 (k,l), 此处 $h_{k,l} < +\infty$ 且 (k,l) 属于

$$\Gamma(i,j) = \{(k,l) : l-k-1 \geqslant m, k \geqslant i+2, j-2 \geqslant l\}.$$

内环的大小是 $s = (j-i-1) - (l-k+1) = (j-i) - (l-k) - 2$. 这个方程意味着沿 $l-k = $ 常数的线, 内环不稳定函数 $\gamma(s)$ 是常数. 现在, 可利用这个观察组织计算.

想法是对每个 (i,j) 存储值

$$h_{i,j}^*(s) = \min\{h_{k,l} : (k,l) \in \Gamma(i,j), s = (j-i) - (l-k) - 2\}, \quad s \geqslant 1.$$

然后, 当我们从 $j-i = c$ 移动到 $j-i = c+1$, 每个矢量可用 $O(n)$ 时间更新, 而且通过

$$\min\{\alpha(a_i, a_j) + \gamma((j-i) - (k-l)) + h_{i,j}^*(s)\}$$

找到最好的内环自由能.

上面的做法表明内环全部计算时间等价于凸起计算时间 $O(n^3)$, 而且通过证明内环的数据结构等价于凸起的数据结构, 从而证明了这个等价性. 此外, 存储是 $n^2/2$, 而计算时间的界是 $O(n^3)$.

13.2.2 线性不稳定函数

像前面提到的, 对线性不稳定函数可达到明显的效率 $O(n^3)$. 序列比对算法对线性删除函数可减化到 $O(n^2)$. 这里对凸起和内环两者给出证明, 并用指明怎样进行这些计算的方式给出这个证明的框架. 用下式

$$\text{hdo}(i,j) = \min_{k \geqslant 1} \{\beta(k) + h_{i+k+1,j-1}\}$$

定义最好的在列"下"的凸起, 此处 $\beta(k) = \delta_1 + \delta_2(k-1)$, 则

$$\text{hdo}(i,j) = \min\{\delta_1 + h_{i+2,j-1}, \min_{k \geqslant 2}\{\beta(k) + h_{i+k+1,j-i}\}\}$$
$$= \min\{\delta_1 + h_{i+2,j-1}, \min_{l \geqslant 1}\{\beta(l+1) + h_{i+l+2,j-1}\}\}$$
$$= \min\{\delta_1 + h_{i+2,j-1}, \min_{l \geqslant 1}\{\beta(l) + h_{i+l+2,j-1}\} + \delta_2\}$$
$$= \min\{\delta_1 + h_{i+2,j-1}, \text{hdo}(i+1,j) + \delta_2\}.$$

类似地, 如果考虑到这些凸起在一个行"上",

$$\text{hov}(i,j) = \min_{k \geqslant 1}\{\beta(k) + h_{i+1,j-k-1}\},$$

此处 $\beta(k) = \delta_1 + \delta_2(k-1)$, 我们得到

$$\text{hov}(i,j) = \min\{\delta_1 + h_{i+1,j-2}, \text{hov}(i,j-1) + \delta_2\}.$$

如果这个计算是在 $j - i = c$ 的线上进行 $c = m, m+1, \cdots$, 容易看到长 n 的单个矢量对每个 $\text{hdo}(i,j)$ 和 $\text{hov}(i,j)$ 就够了.

其次, 对于内环和 $\gamma(k) = \lambda_1 + \lambda_2(k-2)$, 定义

$$\text{hil}(i,j) = \min_{1 \leqslant k_1,k_2} \{\gamma(k_1,k_2) + h_{i+1+k_1,j-1-k_2}\}.$$

现在

$$\min_{1 < k_1, 1 \leqslant k_2} \{\gamma(k_1 + k_2) + h_{i+1+k_1,j-1-k_2}\}$$
$$= \min_{1 \leqslant l, 1 \leqslant k_2} \{\gamma(1+l+k+2) + h_{i+2+l,j-1,-k_2}\} = \lambda_2 + \text{hil}(i+1,j).$$

对于

$$\min_{k_1 = 1, k_2 \geqslant 1} \{\gamma(1+k_2) + h_{i+2,j-1-k_2}\}$$

问题完全等价于上面处理的凸起问题.

于是, 当能量函数 $\beta(k)$ 和 $\gamma(k)$ 是线性时, 最好的发卡计算能用 $O(n^2)$ 时间和空间完成.

13.2.3 多分支环

在这一节, 我们考虑由它们产生的不只一个发卡的环. 上面的不稳定函数 $\gamma(\cdot)$ 假定由这个环只生出一个发卡. 由于关于多支环的能量性质知之甚少, 我们假定 $\rho(\cdot)$ 是对所有多支环都成立的单个不稳定函数.

定理 13.8   用 $O(n^4)$ 时间和 $O(n^3)$ 存储能找到最小自由能的多支结构.

证明   定义 $g(i,j)$ 是在 $a_i a_{i+1} \cdots a_j$ 上最小自由能多支环结构. 这个多支环是在 i 和 j 处开始或结束, 我们约定当确定环的大小时, 不计算螺旋开始处基对中基的个数. 设 $g(i,j;k)$ 是在 $a_i a_{i+1} \cdots a_j$ 上多支环结构的最小自由能, 在这个多支环上有 k 个没配对. 最后, 设 $e(i,j)$ 是在 $a_i a_{i+1} \cdots a_j$ 且 a_i, a_j 形成基对的二级结构的最小自由能.

对应 $g(i,j+1;k)$ 的结构, a_{j+1} 或者配对或者没有配对. 如果 a_{j+1} 没有配对, 则

$$g(i,j+1;k) = \rho(k) - \rho(k-1) + g(i,j;k-1);$$

如果 a_{j+1} 配对, 则

$$g(i,j+1;k) = \min_{1 \leqslant j^* \leqslant j-1} \{g(i,j^*;k) + e(j^*+1,j+1)\}.$$

现在, $g(i,j) = \min_k g(i,j;k)$, 并且通过在多支环、端环、内环和螺旋构成物上最小化得到 $e(i,j)$.

对于这里描述的多支环算法的存储量正比于

$$\sum_{i=1}^{n} \sum_{j=i}^{n} (j-i) = O(n^3),$$

而时间正比于

$$\sum_{i=1}^{n} \sum_{j=i}^{n} (j-i)^2 = O(n^4).$$

不希望将存储量增加到 n^3, 可是较早的严格算法用时间 $O(n^{2L})$, 这里 $L =$ 有多支环生出的最大的臂螺旋数, 即使三叶草结构也用时间 $O(n^6)$.

13.3   一致折叠

最后一节对 $a = a_1 a_2 \cdots a_n$ 上最小自由能折叠的动态规划算法给出一个轮廓. 这些方法在实践中不总是可靠, 多半是由于近似的能量函数或者与其他分子高阶的相互作用. 另一方法在一些重要的例子中已经非常成功. 这里我们称它为一致折叠, 这个名字是指对 RNA 集合公共的折叠这个对象. 这个想法与 10.6 节中多重序列分析的一致词分析十分相似.

序列被放到初始比对. 与在多重序列一致词分析的一个窗口不同, 我们在这些序列上放两个不重叠的窗口. 必须规定螺旋大小 (k) 和窗宽 W. 然后, 每个序列 (或多个序列) 的左右窗中是否有 k 元组是相补的, 即形成螺旋. 图 13.8 展示了这

个想法的最小的例子, 其中, $k = 5$, $W = 9$ 和 4 个序列. 注意, 没有一个螺旋有任何序列等同.

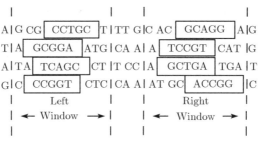

图 13.8 一致螺旋

这种搜索用时间 $rO(n^2)$ 并提供可见的结果, 是用一种交互方式实现的. 一旦找到一个螺旋, 二义性就解决了, 可将它锁定在一个地方并继续搜索. 二义性包含在序列中螺旋的一些不同选择.

为了说明这个方法的结果, 我们给出 32 个大肠杆菌 tRNA 序列的一致折叠. 除 GTTCGA 所谓 TψC 环外, 它们有有限的序列相似性. 图 13.9 可看到折叠, 用 $(xyz)|\cdots|z^c y^c x^c$ 或 $(\cdots|\cdots|\cdots)$ 表示螺旋.

```
ALA1A (gggggca|ta(gctc|agctgggga |gagc)g(cctgc|tttgcac|gcagg)          aggtc(tgcgg|ttcgatc|ccgcg)|cgctccc)acca
ALA1B (gggggcta|ta(gctc|agctgggga |gagc)g(cctgc|tttgcac|gcagg)          aggtc(tgcgg|ttcgatc|ccgca)|tagctcc)acca
CYS   (ggcgcgt|ta(acaa|agcggtt |atgt)a(gcgga|ttgcaaa|tccgt)              ctag(tccgg|ttcgact|ccgga)|acgcgcc)tcca
ASP   (ggacggg|ta(gttc|agctcggt|ta|gaat)a(cctgc|ctgtcac|gcagg)          gggtc(gcggg|ttcgagt|ccgt)|ccgttcc)acca
GLUE1 (gtcccct|ttc(gtct|agaggccca|ggac)a(ccgcc|ctttcac|ggcgg)           taac(agggg|ttcgaat|ccct)|gggggac)gcca
GLUE2 (gtcccct|ttc(gtct|agaggcccat|ggac)a(ccgcc|ctttcac|ggcgg)          taac(agggg|ttcgaat|ccct)|gggggac)gcca
FHE   (gcccgga|ta(gctc|agtcggta |gagc)a(gggga|ttgaaaa|tcccc)            gtgtc(cttgg|ttcgatt|ccgag)|ttccgggc)acca
GLY   (gcgggcg|ta(gctc|aatggta |gagc)(agagc|ttcccaa|gctct)             atac(gaggg|ttcgatt|ccctt)|cgccgc)acca
GLY   (gcgggca|tc(gtat|aatgbcta |ttac)c(tcagc|cttccaa|gctga)            tgat(gcggg|ttcccgc|ttgcccgc)tcca
GLY   (gcgggaa|ta(gctc|agtgtggta |gagc)a(cgacc|ttgccaa|ggtcg)          gggtc(gcgag|ttcgat|ctcgt)|ttccgc)acca
HIS   g(gtggca|ta(gctc|agttgtga|ttccag)(gcttc|acct|attccat)|tagccac)acca   ttgtc(gcggg|ttcgaat|tccat)|tagccac)acca
ILE   (aggctt|gl|ta(gctc|agggtggt|ta|gagc)g(caccc|ctgataaa|gggtg)       aggtc(ggtgg|ttcaagt|ccact)|caggcct)acca
TRI2  (ggcccct|ta(gctc|agtggtta |ta|gagc)a(gggga|ttgataaa|tcgct)        tggtc(gct|tgg|ttcaagt|ccagc)|aggggcc)acca
LYS   (gggt|cgt|ta(gctc|agtggtta |gaga)c(gttga|cttttaa|tcaat)           aggtc(gcagg|ttcgaat|cctgc)|acgaccc)acca
LEU   (gccgagg|tg(gcgg|aattggtag|acgc)g(ctagc|ttcaggt|gttag)            tgtcct|tacggacgt(ggggg|ttcaagt|ccccc)|ccctcgc)acca
LEU   (gccgagg|tg(gtgg|aattggtag|acac)g(ctacc|ttgaggt|ggtag)           tgcccaata|ggggctt(acggg|ttcaagt|cccgt)|cctcggt)acca
LEU   (gcccgga|tg(gtgg|aatcggtag|acac)a(agggga|ttaaaaa|tccct)           cggcgtt(cgcgctgt(gcgggg|ttcaagt|cccgc)|tccgggt)acca
IMET  (cgcgggg|ta(gagc|agctcggt|gctc)g(agcaat|tcataa|cccga)            aggtc(gtcgg|ttcaaat|ccggc)|cccgca)acca
MET   (ggctacg|ta(gctc|agttggt|ta|gagc)a(catca|ctcataa|tgatg)           gggtc(acagg|ttcccgt|ccgt)|cgtagcc)acca
ASN   (tcctctg|ta(gttc|agtcggta |gaac)g(gcgga|ctgttaa|tccgt)            atgtc(act|gg|ttcgagt|ccagt)|cgagagg)gcca
GLN   (tggggta|tc(gcca|agcggta |aggc)a(ccggt|tttgat|accgg)              cattc(cctgg|ttcgaat|ccagg)|taccca)acca
GLN   (tgggta|tc(gcca|agcggta |aggc)a(ccggt|tctgat|accgg)               cattc(cctgg|ttcgaat|cctgg)|taccca)acca
AFG   (gcatccg|ta(gctc|agctggta |gagt)a(ctcggt|ctgcgaa|ccgag)          cggtc(ggagg|ttcgaat|cctcc)|cggatgc)acca
AFG   (gcatccg|ta(gctc|agctggata |gagt)a(ctcggt|ctgcgaa|ccgag)         cggtc(ggagg|ttcgaat|cctcc)|cggatgc)acca
SER   (ggaagtg|tg(gccg|agagg|ttga|aggc)g(cag|cttgaaa|accg)            cgacccgaaaggt(cagag|ttcaat|ctctg)|cgcttcc)acca
SER   (ggtgagg|tg(gccg|agagaggctga|aggc)g(ctccc|tctgctaa|gggag)|tatgcggt(caaaagct)|gcatc(ggggg|ttcaagt|ccccg)|cctcacc)acca
THR   (gctgatal|ta(gctc|agtgtggta |gagc)g(caccc|ttgtaa|gggtg)           aggtc(ggcag|ttcgaat|ctgcc)|tatcagc)acca
VAL   (gggt|gat|ta(gctc|agttggta |gagc)a(cctcc|ctacaa|tgagg)            gggt(gtcgg|ttcgatc|ccgtc)|atcaccc)acca
VAL   (gcgtccg|ta(gctc|agt|tggt|ta|gagc)a(ccacc|ttgacat|ggtgg)          gggtc(ggtgg|ttcgac|ccact)|cggacgc)acca
VAL   (gcgttca|ta(gctc|agt|tggt|ta|gagc)a(ccacc|ttgacat|ggtgg)          gggtc(gttgg|ttcgagt|ccaat)|ttgaacgc)acca
TRP   (aggggcg|ta(gttc|agttggta |gaac)a(ccggt|ctccaaa|accgg)            gtgtt(gggag|ttcgagt|ctctc)|cgccccct)acca
TYR   (ggtgggg|tt(cccg|agcggccaa|aggg)a(gcaga|ctgtaaa|tctgc)            cgtcatc(gactt|tc(gaagg|ttcgaat|cctt|tc)|ccccacc)acca
TYR   (ggtgggg|tt(cccg|agcggccaa|aggg)a(gcaga|ctgtaaa|tctgc)            cgtcacagactt|tc(gaagg|ttcgaat|cctt|tc)|ccccacc)acca
```

图 13.9 大肠杆菌中的 tRNA

问　题

问题 13.1　对 $n = 1, 2, \cdots, 8$, 求 $S(n)$.

问题 13.2　推广定理 13.1, 使之能计算像 13.2 节中序列 $\boldsymbol{a} = a_1 a_2 \cdots a_n$ 上具有配对函数 $\rho(a, b) \in \{0, 1\}$ 的结构.

问题 13.3　茎是一个配对的区域, a 基在一边, b 基在一边, 在每一边, 第一个基和最后的基配对. 证明有 $\begin{pmatrix} a + b - 4 \\ a - 2 \end{pmatrix}$ 个茎.

问题 13.4　要求发卡有至少 m 个基的端环, 此处 $m \geqslant 1$ 是固定的. 求 $[1, n]$ 的发卡数 $L(n)$.

问题 13.5　要求端环至少有 m 个基, $m \geqslant 1$ 是固定的. 推广定理 13.1 能计算具有这种限制的二级结构数.

问题 13.6　保持没有交叉臂的要求, 在定理 13.1 的推广中对于 $m = 0$ 递归方程则和边界条件是什么?

问题 13.7　对于 $m = 0$ 的情况, 推广引理 13.1 和定理 13.2.

问题 13.8　对于 $m = 2$ 的情况, 推广引理 13.1 和定理 13.2.

问题 13.9　设 $\boldsymbol{A} = A_1 A_2 \cdots A_n$ 是具有字符集 $\mathcal{A} = \{A, U, G, C\}$ 的独立同分布随机变量, 并且 $p = \boldsymbol{P}(\rho(A_i, A_j) = 1, i \neq j)$. 设 $R(n)$ 是当我们不再计算所有可能的结构数 ($\rho \equiv 1$), 如果它们在结构中配对, 要求 $\rho(A_i, A_j) = 1$ 的二级结构数. 证明

$$\boldsymbol{E}(R(n)) \sim \beta n^{-3/2} \alpha^n,$$

此处

$$\alpha = \frac{(1 + \sqrt{1 + 4\sqrt{p}})^2}{4}, \quad \beta = \frac{\alpha(1 + 4\sqrt{p})^{1/4}}{2\sqrt{\pi p^{3/4}}}.$$

问题 13.10　证明定理 13.4.

问题 13.11　对于 $\boldsymbol{a} = a_1 a_2 \cdots a_n$, 定义矢量 $\boldsymbol{v}^{\mathrm{T}} = (v_1, v_2, \cdots, v_n)$,

$$v_i = \begin{cases} +1, & a_i = A, \\ -1, & a_i = T, \\ +i, & a_i = G, \\ -i, & a_i = C. \end{cases}$$

如果 $i \neq j$ 且 a_i, a_j 配对 $m_{i,j} = -1 = m_{j,i}$, 否则 $m_{i,j} = 0$, 定义 $n \times n$ 配对矩阵 $\boldsymbol{M}$. 证明 $\boldsymbol{M} \boldsymbol{v} = \boldsymbol{v}$ 当且仅当 M 对应 $\boldsymbol{a}$ 的一个二级结构.

第14章 树 和 序 列

全书非正式地描述了进化过程. 在分子水平上, 进化可通过插入、删除、替换、例位和转座进行. 在这一章, 我们研究在一组现代生物体中通过检验它们的 DNA 或蛋白序列推断进化关系的问题. 过去, 用来自形态学 (如例前臂长、翅的存在等) 或生物化学 (氨基酸合成途径) 的特征来推断祖先的关系. 今天, 使用分子序列数据比较来解决这些问题越来越普遍, 部分原因是容易得到这些数据.

使用树表现进化的思想始于达尔文. 如果有一个祖先序列, 在图 14.1 用根标记, 那么这个树的每一个分支表示一个分叉的时间, 集合 $\{1, 2, \cdots, 8\}$ 表示随意的现代序列的标号. 在这个无根表示中, 可以包含根 (标号 9) 或干脆把它省掉. 下面我们多数研究无根树.

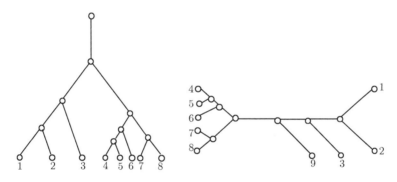

图 14.1　进化关系作为一个有根树或无根树 (标号 "9")

有根或无根树由两个不同的特点. 第一是树的分支结构或拓扑. 第二是树的分支的长度, 它经常表明顶点之间的时间距离或进化事件的距离. 14.1 节我们研究树的拓扑, 然后研究解决进化树的三种方法：距离法、简约法和极大似然法.

14.1　树

树是一个无圈连通图. 二元树的所有顶点的度为 1(端点或标号点) 或为 3. 我们将假定所有顶点的度为 1 或 $d \geqslant 3$, 如果树的端点被标号称为标号树. 关于这些树的一些容易的组合结果在下一个命题中.

命题 14.1　设 T 是具有 $n \geqslant 3$ 个端点的标号二元树, 则 T 由 $n-2$ 个中间点

和 $n-3$ 条中间的边, 有 $\displaystyle\prod_{j=3}^{n}(2j-5) = 1 \cdot 3 \cdot 5. \cdots .(2n-5)$ 个不同的树.

证明　对 $n=3$ 有唯一的树拓扑, 有 $n-2 = 3-2 = 1$, 中间点和 $n-3 = 3-3 = 0$ 个中间边.

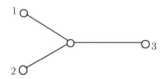

按归纳法进行, 增加一个新的端点就加一个新的中间点和一个新的中间边, 这就证明了有 $n \geqslant 3$ 个端点的树 T 有 $n-2$ 个中间点和 $n-3$ 个中间边. 不同树的个数用同样方法得到. 设 $g(n)$ 是 n 个端点的不同树的个数. 现在, $g(3) = 1$, $g(4) = g(3) \cdot 3 = 1 \cdot 3$, 因为, 对于 $n=3$ 个端点, 有 3 个边, 并且我们可以把下一个端点加到这 3 个边的任意一边上. 一般的具有 $n-1$ 个端点的树总共有 $(n-1) + (n-1) - 3 = 2n-5$ 个边, 所以 $g(n) = g(n-1)(2n-5)$.

注意树是具有特殊顶点标号的图. 在 $\{1, 2, \cdots, n\}$ 上两个树 $T(V, E)$ 和 $T'(V', E')$ 等价, 如果这两个树之间有一个标号一致的图同构 $\psi: V \to V'$, 即如果 φ 是 T 的标号且 φ' 是 T' 的标号, 则 $\psi(\varphi(i)) = \varphi'(i), 1 \leqslant i \leqslant n$.

14.1.1　分裂

对具有标号集 $\mathcal{L}$ 的标号树 T, 定义分裂集合 $\mathcal{S}$ 如下: 对 T 的每一边 e, 设移去 e 导致定义在 L 和 L^c 上的两个树结构 T_1 和 T_2, $L \cup L^c = \mathcal{L}$ 且 L 和 L^c 都非空. 注意, 如果 T 是二元树, T_1(和 T_2) 不是二元树. 这是由于顶点 $v \in e$: 如果在 T 中 $\deg(v) = d$, 则在 T_1 中, $\deg(v) = d-1$. 对 (L, L^c) 是 (T, φ) 的分裂. 每个树都定义了它自己的分裂集, 直观看出分裂集足以覆盖 T. 下面定理刻画了分裂系. 注意, 对每个 $i \in \mathcal{L}$, 我们把分裂 $\{\{i\}, \{i\}^c\}$ 包含在集合 $\mathcal{S}$ 中.

定理 14.1　$\mathcal{S}$ 是具有标号集 $\mathcal{L}$ 的树 T 的分裂集当且仅当对 $\mathcal{S}$ 的任何两个成员 (L_1, L_1^c) 和 (L_2, L_2^c) 恰好下列 4 个集合之一是空集:

$$L_1 \bigcap L_2, \quad L_1 \bigcap L_2^c, \quad L_1^c \bigcap L_2, \quad L_1^c \bigcap L_2^c.$$

证明　如果 $\mathcal{S}$ 是由具有任意边 e_1 和 $e_2(e_1 \neq e_2)$ 的树 T 构造的, 则 (L_i, L_i^c) 是移掉边 $e_i, i \neq 1, 2$ 得到的. 边 e_1 将树 T 划分为子树 T_1 和 T_2. 不失一般性, 设 $e_2 \in T_2$. 设标号集 L_i 是 T_i 的标号的子集, $i = 1, 2$, 则 $L_1 \cap L_2 = \varnothing$, 从而 $L_2 \subset L_1^c$ 且容易得到 $L_1 \cap L_2^c = L_1 \neq \varnothing$ 和 $L_1^c \cap L_2 = L_2 \neq \varnothing$. 此外 $L_1^c \cap L_2^c \neq \varnothing$. 为了弄清楚这一点, 设 $v \in e_1$ 在 T_2 中. 回忆在 T_2 中 v 有度 $d(v) - 1 \geqslant 2$. 边 e_2 是这些边的

一个子孙. 设 M 是其他边子孙非空的标号集, 根据构造 $M \subset L_2^c$ 和 $M \subset L_1^c$, 所以 $L_1^c \cap L_2^c \neq \varnothing$.

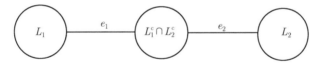

现在假设 $\mathcal{L}$ 的分裂集 $\mathcal{S}$ 满足定理的条件. 我们将归纳地用分裂 $\mathcal{S}$ 推出树 T. 归纳假设是 k 个分裂集的集合 $\mathcal{S}_k$ 可由 $k+1$ 个顶点和 k 条边的树的结构表示 (每个顶点可用一个集合标号, 集的并是集合 $\mathcal{L}$), 这里树的每个边将标号集分成 $\mathcal{S}_k$ 中的一个分裂. 由所有标号 $\mathcal{L}$ 组成的单个顶点开始,

然后, 第一个分裂 (L_1, L_1^c) 将 $\mathcal{L}$ 分成两个顶点,

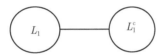

现在, 假定 k 个分裂 $\mathcal{S}_k$ 用于生成树结构 T_k, 此处每条边对应于一个分裂. 注意对于 $k \geqslant 1$, T_k 必须至少有两个端点对应分裂 (L, L^c) 和 (M, M^c),

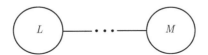

分裂 (L_{k+1}, L_{k+1}^c) 不能将 L 和 M 两者划分, 即假设 $L_{k+1} \cap L \neq \varnothing$ 和 $L_{k+1}^c \cap L \neq \varnothing$, 以及 $L_{k+1} \cap M \neq \varnothing$ 和 $L_{k+1}^c \cap M \neq \varnothing$. 由于 $M \subset L^c$. 则有 $L_{k+1} \cap L^c \neq \varnothing$ 和 $L_{k+1}^c \cap L^c \neq \varnothing$, 产生一个矛盾. 所以, 我们能将归纳假设用于子树 T_k' 和有 (比如说) L 被移掉的分裂 (L_{k+1}, L_{k+1}^c).

现在说明定理 14.1 所蕴含的算法. 包含分裂 $(\{i\}, \{i\}^c)$ 不是必须的, 并且这个忽略可省掉几个平凡步骤. 记 $\mathcal{S}^* = \mathcal{S} \sim \cup_i((\{i\}), \{i\}^c)$, 设 $\mathcal{L} = \{1, 2, \cdots, 9\}$ 且

$$\mathcal{S}^* = \{(\{1,2\}, \{1,2\}^c), (\{1,2,3\}, \{1,2,3\}^c), (\{1,2,3,9\}, \{1,2,3,9\}^c),$$
$$(\{4,5\}, \{4,5\}^c), (\{4,5,6\}, \{4,5,6\}^c), (\{7,8\}, \{7,8\}^c)\}.$$

在 $\mathcal{S}^*$ 给定的序中使用分裂, 这个算法进行如下:

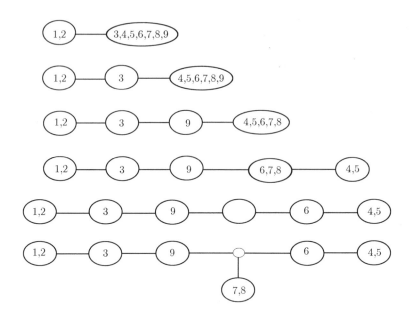

现在, 最后一步将单个顶点和两个顶点分离 (对 $i = 1, 2, \cdots, 9$, 利用 $(\{i\}, \{i\}^c)$),

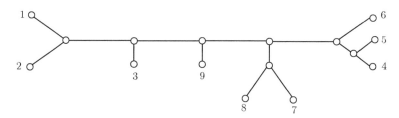

得到图 14.1 中的无根树.

　　上面的算法涉及到察看对应 (L_1, L_1^c) 的每条边. 然后, 对新的分裂 (L_2, L_2^c) 必须检验定理 14.1 的条件. 如果有 n 个标号, 可用 $O(n)$ 时间完成. 所以, 从 m 个分裂构造一个树用的时间正比于

$$\sum_{k=1}^{m} kn = O(m^2 n).$$

下面改进这个算法, 使之用 $O(mn)$ 时间.

　　首先, 讨论由二元特征确定的分裂. 我们的标号集合经常对应物种集合. 假设对每个物种赋以 k 个二元特征, 即物种 α 有特征 $j(c_{\alpha j} = 1)$ 或没有这个特征 $j(c_{\alpha j} = 0)$. 通过 $L_j = \{\alpha \in \mathcal{L} : c_{\alpha j} = 1\}$ 和 $L_j^c = \{\alpha \in \mathcal{L} : c_{\alpha j} = 0\}$ 定义由特征 j 诱导的标号分裂. 我们的定理 14.1 说 $L_i \cap L_j$, $L_i \cap L_j^c$, $L_i^c \cap L_j$ 和 $L_i^c \cap L_j^c$ 至少一个必为空集. 换种方式说, $\cup_{\alpha \in \mathcal{L}} \{c_{\alpha i} c_{\alpha j}\}$ 必须是 $\{00, 01, 10, 11\}$ 的真子集. 例如, 如

果 $c_{\alpha i}c_{\alpha j} = 00$, $c_{\beta i}c_{\beta j} = 01$, $c_{\gamma i}c_{\gamma j} = 10$, $c_{\delta i}c_{\delta j} = 11$, 则 $L_i \supset \{\gamma, \delta\}$, $L_i^c \supset \{\alpha, \beta\}$, $L_j \supset \{\beta, \delta\}$ 和 $L_j^c \supset \{\alpha, \gamma\}$, 所以所有 4 个交非空.

这种指标, 特征和分裂之间的对应导致由分裂构造树的改进算法. 一个分裂可看成将一个二元 $\{0,1\}$ 特征指定给 $\mathcal{L}$ 的每个成员. 显然, (L, L^c) 中的 L 等同于 0 或 1. 我们把 $(0, 0, \cdots, 0)$ 看成定义根的 $\mathcal{L}$ 的新成员. 然后, 对每个 (L, L^c), 把 1 指定小的集合, $\min\{|L|, |L^c|\}$. 上面 $\mathcal{S}^*$ 中的每一个分裂对应一个边 e, 在下表中我们将它加起来:

标号	边					
	e_1	e_2	e_3	e_4	e_5	e_6
1	1	1	1	0	0	0
2	1	1	1	0	0	0
3	0	1	1	0	0	0
4	0	0	0	1	1	0
5	0	0	0	1	1	0
6	0	0	0	0	1	0
7	0	0	0	0	0	1
8	0	0	0	0	0	1
9	0	0	1	0	0	0
和	2	3	4	2	3	2

然后按 1 的和的次序将这些边分类,

标号	边					
	e_3	e_2	e_5	e_1	e_4	e_6
1	1	1	0	1	0	0
2	1	1	0	1	0	0
3	1	1	0	0	0	0
4	0	0	1	0	1	0
5	0	0	1	0	1	0
6	0	0	1	0	0	0
7	0	0	0	0	0	1
8	0	0	0	0	0	1
9	1	0	0	1	0	0
和	2	3	3	2	2	2

这个次序不是唯一的. 例如, 列 e_2 和列 e_5 可以交换, 因为它们的和相同. 这种重新排列背后的逻辑是 (如) 标号 1 在边 e_3, e_2 和 e_1 之后出现, 因为 e_3 有最大的和, 它必须最先出现, e_2 其次, e_1 最后. 下面给出根在 0 处的树:

由于标号 2 和标号 1 有相同的行. 在这树上 2 和 1 合在一起,

现在, 标号 3 应出现在 e_2 的端点,

其次, 标号 4 在边 e_4 和 e_5 之后, 通过这些标号, 我们得到有根树

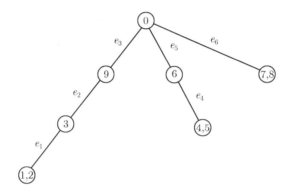

　　使用 9 个边 $(\{i\}, \{i\}^c)$, $i = 1, \cdots, 9$, 并且通过去掉 0 去掉树的根给出原来图 14.1 中的无根树. 这个算法的运行时间是 $O(mn)$.

14.1.2　树的度量

　　在 $\mathcal{L} = \{1, 2, \cdots, n\}$ 上的标号树集合 $\mathcal{T}_n$ 是一个自然的研究对象. 下面, 我们提出在 $\mathcal{T}_n$ 上某个实值函数的最优化问题, 它通常是 NP 困难问题. 于是, $\mathcal{T}_n$ 上有个度量是有用的, 以便能够定义邻域, 在这个邻域上建立启发性的方法, 如梯度法.

　　分裂度量

　　我们的第一个度量是容易受到启发的. 运算 α 删除树中的一个分裂, 而它的逆 α^{-1} 在树中插入一个分裂. 我们考虑有可标号内点的树. 下面, 边 e 对应 $S = (\{1, 2, 3\}, \{4, 5\})$ 被 (α) 删掉和插入 (α^{-1}).

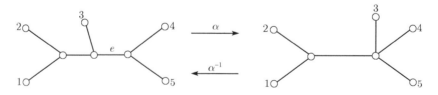

容易定义度量 $\rho(T_1, T_2)$,

$$\rho(T_1, T_2) = \min\{k : 存在\alpha_1, \cdots, \alpha_k, 使\alpha_k \circ \alpha_{k-1} \circ \cdots \circ \alpha_1(T_1) = T_2\}.$$

在这个等式中, α_i 可以是插入或删除, 容易证明 ρ 是 $\mathcal{T}$ 上的度量. 令人吃惊的事, 也许不用找到 $\alpha_1, \cdots, \alpha_k$ 就能计算 ρ.

定理 14.2 如 $\mathcal{S}_1$ 和 $\mathcal{S}_2$ 分别是树 T_1 和 T_2 的分裂集合, 此处 $T_1, T_2 \in \mathcal{T}$, 则

$$\rho(T_1, T_2) = |\mathcal{S}_1 \sim (\mathcal{S}_1 \cap \mathcal{S}_2)| + |\mathcal{S}_2 \sim (\mathcal{S}_1 \cap \mathcal{S}_2)|$$

$$= |\mathcal{S}_1| + |\mathcal{S}_2| + 2|\mathcal{S}_1 \cap \mathcal{S}_2|.$$

证明 如果 $T_1 = T_2$, 则 $\mathcal{S}_1 = \mathcal{S}_2$ 且 $\rho(T_1, T_2) = 0$; 如果 $T_1 \neq T_2$, 则用 $|\mathcal{S}_1 \sim (\mathcal{S}_1 \cap \mathcal{S}_2)|\alpha$ 变换再由 $|\mathcal{S}_2 \sim (\mathcal{S}_1 \cap \mathcal{S}_2)|\alpha^{-1}$ 变换, T_1 变换到 T_2, 所以

$$\rho(T_1, T_2) \leqslant |\mathcal{S}_1 \sim (\mathcal{S}_1 \cap \mathcal{S}_2)| + |\mathcal{S}_2 \sim (\mathcal{S}_1 \cap \mathcal{S}_2)|.$$

可是, 由于没有 α 和 α^{-1} 变换, 不能删除或插入分裂, 故这是一个等式. ■

可以证明当 $n \geqslant 3$, $\mathcal{T}_n$ 的度量直径是 $2n - 6$(见问题 14.4). 虽然这种度量非常容易计算, 许多对树都相距同样的距离, 故对指导搜索最优树还没有证明太有用.

最近邻域交换度量

下一个度量由分裂 $(A_1 \cup A_2, B_1 \cup B_2)$ 定义, 此处 $A_1 \cap A_2 = B_1 \cap B_2 = \varnothing$, 并且 (A_i, A_i^c) 和 (B_i, B_i^c) 都是分裂. 最近邻域交换 (nni) 度量由变换 β 定义, 此处具有分裂 $(A_1 \cup A_2, B_1 \cup B_2)$ 的树 T 由 $(A_1 \cup B_1, A_2 \cup B_2)$ 和 $(A_1 \cup B_2, A_2 \cup B_1)$ 之一代替. 下面的三个树都有一个 nni 的距离:

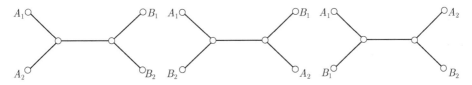

画出 nni 变换 β 的一种方法是移去与 A_2(比如说) 对应的分支并把它移到 B_1 对应的分支上, 从而交换树上的 A_2 和 B_2. nni 度量定义为将一个树变成另一树的最小变换数,

$$\rho(T_1, T_2) = \min\{k : 存在\beta_1, \cdots, \beta_k, 使\beta_k \circ \beta_{k-1} \circ \cdots \circ \beta_1(T_1) = T_2\}.$$

也能证明 ρ 是 $\mathcal{T}$ 上的度量. 注意, 可以通过删除然后插入一个边完成 nni. 所以, 两个树间的 nni 距离由 2 倍的分裂距离界定.

$\mathcal{T}$ 中的一个有 $n - 3$ 个内边的标号二元树, 从而 $\mathcal{T}$ 中有总数为 $2n - 3$ 个树与它距离为 1nni. 这可形成一个方便的搜索策略. 这种度量的一个缺点是难于计算 $\rho(T_1, T_2)$. 到现在还没有有效算法. 然而, 直径是知道的.

例如, 没有什么限制我们选择附加到 A_1 上的相邻分支, 并且搜索策略使用于这些更大邻域.

14.2   距   离

集合中的对象之间有距离是自然的. 例如, 我们有序列集合, 然后计算它们的所有对之间的距离. 使用第 9 章动态规划化算法能够找到这些距离. 现在我们使用这种距离, 所有对象 $i, j \in \mathcal{L}$ 有距离矩阵 $\boldsymbol{D} = (d(i, j))$, 此处

$$d(i, j) = d(j, i) \geqslant 0 \qquad 对所有 i, j,$$
$$d(i, j) \leqslant d(i, k) + d(k, j) \quad 对所有 i, j, k.$$

为方便起见, 我们认为 $d(i, j) = 0$ 当且仅当 $i = j$. 虽然这个结果无需这些假设也可以导出. $\boldsymbol{D}$ 定义 $\mathcal{L} = \{1, 2, \cdots, n\}$ 上一个度量.

14.2.1   可加树

为了引入树和距离, 我们将刻画这些 $\boldsymbol{D}$, 它的距离非常好地适合某个树. 取由分裂 $\mathcal{S} = \{S\}$ 定义的树 T. 然后, 对每个分裂 S 定义

$$\delta_S(i, j) = \begin{cases} 1, & S 分离 i 和 j, \\ 0, & 否则. \end{cases}$$

对于权重 $\alpha_S > 0$ 集合, 由下式定义可加树度量 Δ, $\Delta(i, j) = \displaystyle\sum_{S \in T} \alpha_S \delta_S$. 这就意味着通过在它们之间通路上的边加权就能找到 i 和 j 间的距离. 下面我们将刻画用这种方法表示的 d.

关键的步骤是怎样选取 d, 并在每个分裂 $S = (L, L^c)$ 上构造权重. 定义

$$\mu_S = \frac{1}{2} \min\{d(i, k) + d(j, l) - d(i, j) - d(k, l) : i, j \in L, k, l \in L^c\}.$$

第一个引理证明只要 $\mu_{S_1} > 0$ 和 $\mu_{S_2} > 0$, S_1 和 S_2 满足定理 14.1 的条件.

引理 14.1   如果 $S_1 = (L_1, L_1^c)$ 和 $S_2 = (L_2, L_2^c)$ 是分裂的且 $\mu_{S_1} > 0$ 和 $\mu_{S_2} > 0$, 则下列 4 个集合至少有一个是空集:

$$L_1 \cap L_2, \quad L_1^c \cap L_2, \quad L_2^c \cap L_1, \quad L_1^c \cap L_2^c.$$

证明   如果所有这 4 个集合非空, 那么存在 i, j, k, l, 使 $i, j \in L_1$; $k, l \in L_1^c$; $i, k \in L_2$; $j, l \in L_2^c$. 由 $\mu s_1 > 0$,

$$d(i, k) + d(j, l) - d(i, j) - d(k, l) > 0.$$

但是, 由 $\mu_{S_2} > 0$, 它必定也是负的.   ∎

给定 d, 我们能定义 $T_d = \{S : \mu_S > 0\}$, 并且由引理 14.1 分裂集合是树. 定义可加树度量

$$\Delta_d(i,j) = \sum_{S \in T_d} \mu_S \delta_S = \sum_S \mu_S \delta_S.$$

命题 14.2　$\Delta_d \leqslant d$.

证明　对每对 $i, j \in \mathcal{L}$, i 和 j 之间有一条路, 如由分裂 $S_1 S_2 \cdots S_p$, $i \in L_k$, $j \in L_k^c$, $1 \leqslant k \leqslant p$ 组成. 这些是分离 i 和 j 的分裂. 在分裂 S_{k-1} 和 S_k 之间的每个顶点, 我们选择一个 l_k, 使得 $l_k \in L_k$ 和 $l_k \notin L_{k-1}$, 即

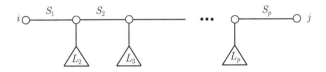

由 μ_S 的构造,

$$\mu_{S_1} \leqslant \frac{1}{2}\{d(i,j) + d(i,l_2) - d(i,i) - d(j,l_2)\},$$

$$\mu_{S_2} \leqslant \frac{1}{2}\{d(i,l_3) + d(j,l_2) - d(i,l_2) - d(j,l_3)\},$$

$$\mu_{S_3} \leqslant \frac{1}{2}\{d(i,l_4) + d(j,l_3) - d(i,l_3) - d(j,l_4)\},$$

$$\vdots$$

$$\mu_{S_k} \leqslant \frac{1}{2}\{d(i,j) + d(j,l_p) - d(i,l_p) - d(j,j)\},$$

求和得到 $\sum_{k=1}^p \mu_{S_k} \leqslant d(i,j)$. 由于我们取从 i 到 j 的路, 则

$$\Delta_d(i,j) = \sum_S \mu_S \delta_S = \sum_{k=1}^p \mu_{S_k}. \qquad \blacksquare$$

后面我们证明可加树度量确定唯一的树.

定理 14.3　假设对树 T_1 和 T_2,

$$\sum_{S \in T_1} \alpha_S \delta_S = \sum_{S \in T_2} \beta_S \delta_S, \quad \alpha_S > 0, \beta_S > 0,$$

则 $T_1 = T_2$ 且对所有 $S \in T_1 = T_2$, $\alpha_S = \beta_S$.

证明　由 $d = \sum_{S \in T_1} \alpha_S \delta_S$ 定义度量 d, 那么, 如果 T_1 中某个分裂 S 将 i, j 和 k, l 分离,

$$\frac{1}{2}\{d(i,k) + d(j,L) - d(i,j) - d(k,L)\}$$

等于所有 α_{S^*} 的和, 此处 $S^* \in T_1$ 将 i,j 和 k,l 分离, 由于 S 将 i,j 和 k,l 分离, 这个量大于或等于 α_S, 所以 $\mu_S \geqslant \alpha_S$. 可是 $\Delta_d > d$ 是矛盾的. 所以必然得到等式. ■

现在给出刻画可加树的条件. 如果对所有 $i,j,k,l \in \mathcal{L}$, 3 个和

$$d(i,j) + d(k,l), \quad d(i,k) + d(j,l), \quad d(i,l) + d(j,k)$$

中的 2 个和相等且不小于第 3 个和, 则我们说 d 满足四点条件. 例如, 这可导致

$$d(i,j) + d(k,l) \leqslant d(i,k) + d(j,l) = d(i,l) + d(j,k).$$

定理 14.4　$\Delta_d = d$ 当且仅当四点条件成立.

证明　假设 $\Delta_d = d$, 则如果对某个 $S = (L, L^c)$, $i,j \in L$ 和 $k,l \in L^c$, 我们有下面的树, 其中, 权重 λ 是连接适当顶点的边权重之和.

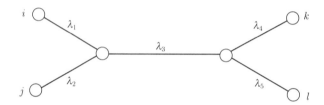

显然 $d(i,j) + d(k,l) = (\lambda_1 + \lambda_2) + (\lambda_4 + \lambda_5)$, 并且

$$d(i,k) + d(j,l) = (\lambda_1 + \lambda_3 + \lambda_4) + (\lambda_2 + \lambda_3 + \lambda_5)$$
$$= (\lambda_1 + \lambda_3 + \lambda_5) + (\lambda_2 + \lambda_3 + \lambda_4) = d(i,l) + d(j,k).$$

现在, 我们假定四点条件成立. 对一对 $i,j \in \mathcal{L}$, 定义 $f(x) = d(i,k) - d(j,x)$. 由于 $d(i,x) + d(i,j) \geqslant d(j,x), f(x) \geqslant -d(i,j)$, 并且因为 $-d(i,j) - d(j,x) \leqslant -d(i,x)$, $f(x) \leqslant d(i,j)$. 注意 $f(i) = -d(i,j)$ 和 $f(j) = d(i,j)$, 所以 $f(x)$ 的范围是 $[-d(i,j), d(i,j)]$. 设 $\alpha < \alpha'$ 是这个闭区间的实数, 使得没有 $f(x) \in (\alpha, \alpha')$, 那么非空集 $\{x, f(x) \leqslant \alpha\}$ 和 $\{x, \alpha' \leqslant f(x)\}$ 决定了分裂 S. 对于这个分裂, 下面我们将证明 $\mu_S \geqslant 1/2(\alpha' - \alpha)$.

由 μ_S 的定义, 我们有 $u, v, w, z \in \mathcal{L}$, 使得

$$\mu_S = \frac{1}{2}\{d(u,w) + d(v,z) - d(u,v) - d(w,z)\},$$

此处 u,v 和 w,z 被 S 分离. 设 $f(u) \leqslant f(v) \leqslant \alpha < \alpha' \leqslant f(w) \leqslant f(z)$. 应用四点条件, $f(u) < f(w)$ 的意思是 $d(i,u) - d(j,u) < d(j,w) - d(j,w)$, 并且

$$d(i,u) + d(j,w) < d(i,w) + d(j,u) = d(i,j) + d(u,w),$$

这意味着

$$d(u,w) = d(i,w) + d(j,u) - d(i,j).$$

类似地, $f(v) < f(z)$ 推出 $d(v,z) = d(i,z) + d(j,v) - d(i,j)$. 利用 $f(u) \leqslant f(v)$ 和 $f(w) \leqslant f(x)$, 我们得到

$$d(u,v) \leqslant d(u,j) + d(v,i) - d(i,j)$$

和

$$d(w,z) \leqslant d(w,j) + d(z,i) - d(i,j).$$

回忆
$$\begin{aligned}
\mu_s &= \frac{1}{2}\{d(v,w) + d(v,z) - d(u,v) - d(w,z)\} \\
&\geqslant \frac{1}{2}\{d(i,w) + d(j,v) - d(i,v) - d(j,w)\} \\
&= (f(w) - f(v)) \geqslant \frac{1}{2}(\alpha - \alpha').
\end{aligned}$$

为完成这个证明, 将 $f(x)$ 值的次序排成 $\alpha_1 \leqslant \alpha_2 \leqslant \cdots \leqslant \alpha_p$ 次序. 上面我们已证明 $f(x) \in [-d(i,j), d(i,j)]$, 所以 $\alpha_1 = -d(i,j)$ 和 $\alpha_p = d(i,j)$. 对每一对 α_k, α_{k+1}, 得到一个分裂 S_k 和 $\mu_{S_k} \geqslant 1/2(\alpha_{k+1} - \alpha_k)$, 那么

$$\Delta_d(i,j) \geqslant \sum_{k=1}^{p} \mu_{S_k} \geqslant \frac{1}{2}\sum_{k=1}^{p}(\alpha_{k+1} - \alpha_k). \qquad \blacksquare$$

现在我们指明如果可加树存在, 怎样用 $O(|\mathcal{L}|^2)$ 时间构造唯一的可加树. 首先, 由 3 个点 i, j, k 开始, 则

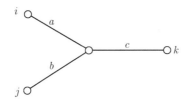

形成具有由下式确定边长的唯一的树:

$$d(i,j) = a + b, \quad d(i,k) = a + c, \quad d(i,k) = b + c,$$

所以

$$\begin{aligned}
a &= \frac{d(i,j) + d(i,k) - d(j,k)}{2}, \\
b &= \frac{d(i,j) + d(j,k) - d(i,k)}{2}, \\
c &= \frac{d(i,k) + d(j,k) - d(i,j)}{2}.
\end{aligned} \qquad (14.1)$$

现在, 假定这个树由 $\mathcal{L}$ 的成员, 子集 $C_k, k \geqslant 2$ 唯一地确定. 取 $l \in C_k^c$ 和 $i, j \in C_k$, 并对 i, j, l 求唯一的树. 如果新的顶点与已在 i 和 j 之间路上的顶点不重合加 l. 如果这个顶点与已经在 i 和 j 之间的路上顶点重合, 如用附在那个顶点的 C_k 的成员代替 j. 这个算法最坏的运行时间是 $O\left(\sum_{k=1}^{n}(k) = O(n^2)\right)$. 如果有一个可加树, 这个算法将产生它, 如果没有可加树, 这可用 D 检验这树的距离确定. 所以, 我们能用 D 检验可加性, 如果它存在用 $O(n^2)$ 时间产生唯一的可加树.

14.2.2　超度量树

关于 $D = (d(i,j))$ 有比四点条件更严格的限制称为超条件. 这个条件说, 对所有 $i, j, k \in \mathcal{L}$, 下面 3 个距离 $d(i,j), d(i,k), d(j,k)$ 中两个相等且不小于第三个. 例如, 这个条件可由 $d(i,j) \leqslant d(i,k) = d(j,k)$ 得到. 首先我们将这个度量与可加树联系, 超度量条件看起来有点像四点条件. 证明留作练习.

命题 14.3　如果 $D = (d(i,j))$ 是超度量, 它满足四点条件.

这是非常特殊的加法树. 如果 $d(i,k) \leqslant d(j,i) = d(j,k)$, 则根据方程 (14.1) 构造这个树. 它有边长 a 和 b, 此处

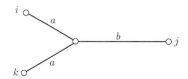

而且因为 $2a \leqslant a + b, a \leqslant b$. 这个简单的观察确定这个树的本质性质. 设 $d(i,j) = \max\{d(k,l) : k, l \in \mathcal{L}\}$. 则所有 k 将以距 i 或 j 的小于或等于 $d(i,j)/2$ 的距离连接 i 和 j 之间的路. 我们用 $C_j = \{k : d(i,k) < d(i,j)\}$ 和 $C_j = \{k : d(i,k) = d(i,j)\}$ 将 $\mathcal{L}$ 划分,

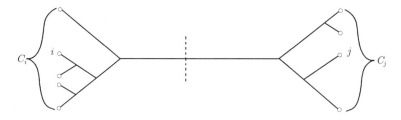

这意味着, 本质上我们有以均匀进化速度的有根树,
由标号出发的所有路到位于距离 $d(i,j)/2$ 的 "根" (i 到 j 的中点) 都是等距离的. 这是由生物学启发的进化树中最理想的: 进化在这个树的所有分支都以常数率进行. 如果在随机时间产生分支, 比方说根据独立的指数分布, 则通过应用连续时间

分支过程, 称之为纯出生过程, 有一个可供使用的分布理论.

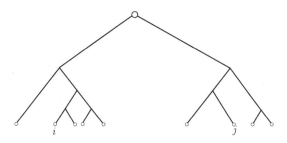

在这个模型中, 设 $X(t) \geqslant 0$ 表示在 $[0,t]$ 这段时间发生的分支数. 对于每一个 k, 这个过程满足 $(h \to 0_+)$

(1) $\boldsymbol{P}(X(t+h) - X(t) = 1 | X(t) = k) = \beta_k h + o(h)$;

(2) $\boldsymbol{P}(X(t+h) - X(t) = 0 | X(t) = k) = 1 - \beta_k h + o(h)$;

(3) $X(0) = 0$.

然后, 由对于 $P_n(t) = P(X(t) = n | X(n) = 0)$,

$$P_0'(t) = \beta_0 P_0(t), \quad P_n'(t) = -\beta_n P_n(t) + \beta_{n-1} P_{n-1}(t), \quad n \geqslant 1,$$

以及 $P_0(0) = 1$ 和 $P_n(0) = n, n > 0$. 在第 k 个和第 $k+1$ 个分支之间的时间 T_k 有平均值为 $1/\beta_k$ 的指数分布. $\left(\text{要求一个额外假定} \displaystyle\sum_{k=1}^{\infty}(1/\beta_k) = \infty, \text{使得对所有}\right.$

$t \geqslant 0$ 这个过程有定义.$\Big)$

Yule 过程是有 $\beta_k = (1/\lambda)k, \lambda > 0$ 的纯出生过程. 这里, 分支数正比于 "人口大小", 并且第 k 个和第 $k+1$ 个分支之间的等待时间有平均值 λ/k. 这使得随着时间增加, 分支非常繁茂. 当 $\beta_k = 1/\lambda$ 和第 $k, k+1$ 个分支之间的平均时间为 λ 时, 树更好看.

14.2.3　非可加距离

群分析技术很早就用于距离数据, 第一类算法的思想是重复地合并或使标号对聚类. 这个算法称为对群方法 (PGM).

算法 14.1(PGM)

input $\boldsymbol{D} = (d(i,j)$ for $\mathcal{L} = \{1, 2, \cdots, n\}$

1. find closest i, j

$$d(i,j) = \min\{d(k,l) : k, l \in \mathcal{L}\}$$

2. cluster $\{i, j\} = c$

$$\mathcal{L} \longleftarrow \mathcal{L} - \{i, j\}$$

$$\mathcal{L} \longleftarrow \mathcal{L} \cup \{c\}$$
if $|\mathcal{L}| = 2$, stop

3. calculate $d(c, k), k \in \mathcal{L}$

4. go to 1

PGM 的输出是确定树拓扑的分裂集. 关键的细节仍然要在第 3 步中规定. 计算 $d(c, k)$, 此处 $c = \{i, j\}$. 一个显然的方法是 $d(c, k) = [d(i, k) + d(j, k)]/2$, 并且这决定了算法 UPGMA(使用算术平均值的无权重对群方法). 当 i, j, k 全部使本身聚类, 加权的 PGMA(WPGMA) 使用

$$d(c, k) = \frac{\|i\| d(i, k) + \|j\| d(j, k)}{\|i\| + \|j\|},$$

此处 $\|i\|$ 和 $\|j\|$ 表示相关类的大小. 类 k 的大小与这个计算无关.

对这个算法增加一个步 3* 可计算分支长度. 当 i 和 j 被聚类, 表示这个类的点可以放在它们的中间位置. 另一种方法只是确定这个树的拓扑, 其后用最小二乘或其他某些方法估计符合这些数据的最好分支长度.

称为邻域联合 (NJ) 的另一种变形通过修改步 3 和步 3* 可以导出. 1 和 2 之间的点可以放在距 1 为 d_1 处, 此处

$$d_1 = \left(d(1, 2) + \frac{1}{n-2} \sum_{k=3}^{n} d(1, k) - \frac{1}{n-2} \sum_{k=3}^{n} d(2, k) \right) \Big/ 2$$

和 d_2 从 2 开始,

$$d_2 = \left(d(1, 2) + \frac{1}{n-2} \sum_{k=3}^{n} d(2, k) - \frac{1}{n-2} \sum_{k=3}^{n} d(1, k) \right) \Big/ 2.$$

这与可加树思想一致, 并且事实上, 如果 $\boldsymbol{D} = (d(i, j))$ 确定一个树, 这可以产生一个可加树.

另外一些方法涉及到在 $\mathcal{L} = \{1, 2, \cdots, n\}$ 上的所有标号树集合 $\mathcal{T}$ 上搜索. 搜索必定是启发性的. 对一个树 $T \in \mathcal{T}$ 和边长 $\boldsymbol{\lambda} = (\lambda_1, \lambda_2, \cdots, \lambda_{2n-3})$ 到 T 上的一个指派. 有一个我们想使其最小化的函数 $f(T, \lambda; D)$,

$$\min\{f(T, \boldsymbol{\lambda}; \boldsymbol{D}) : T \in \mathcal{T}, \ \boldsymbol{\lambda} \geqslant 0\}. \tag{14.2}$$

注意, 我们增加要求, 对所有 $i, \lambda_i \geqslant 0$. 这里有三种边权重函数, 我们取 $\boldsymbol{D} = (d(i, j))$ 是固定的. 记号 $i \in (k - l)$ 意味着边 i 在 k 和 l 之间的路上.

$$f_1(T, \boldsymbol{\lambda}) = \sum_{i=1}^{2n-3} \lambda_i,$$

$$f_2(T, \boldsymbol{\lambda}) = \sum_{k,l} \left(\sum_{i \in (k-l)} \lambda_i - d(k,l) \right) \Big/ d^\alpha(k,l), \quad \alpha \geqslant 0$$

和

$$f_2(T, \boldsymbol{\lambda}) = \sum_{k,l} \left(\sum_{i \in (k-l)} \lambda_i - d(k,l) \right)^2 \Big/ d^2(k,l),$$

对三个目标函数中的每一个, 我们加上线性限制

$$\lambda_i \geqslant 0, \quad i = 1, 2, \cdots, 2n - 3, \tag{14.3}$$

$$\sum_{i \in (k-l)} \lambda_i \geqslant d(k,l). \tag{14.4}$$

最后一个限制 (14.4) 要求树中进化距离至少与现代种属间距离一样. 根据命题 14.2, 这将在 d 不是可加的情况下排除 Δ_d.

当然, f_1 和 f_2 的所有实例都可用线性规划解决, 而有限制 (14.3) 的 f_3 可用局限的最小二乘法解决. 对所有 $T \in \mathcal{T}$ 求解这些全局最优化问题的技术是由树 T_0 开始并计算目标函数的最小值. 然后, 利用 T_0 的邻域的成员, 使用梯度法搜索能找到局部最优. 每次考虑一个新树, 最优树 $f_i(T)$ 必能找到. 存在这些思想的许多变形, 包括使用模拟退火法以综合 Monte Carlo 法和梯度搜索法的效力.

14.3 简约算法

到目前为止, 关于树的讨论还没有直接涉及序列. 距离可能由序列比较得出, 仅仅用距离去推断树. 在这一节, 假定给出一个比对序列的集合, 每一个标号一个序列. 如果在这个比对序列的每一个位置上, 变化的模式与树一致, 树是这些数据的最好解释. 例如, 有 $n = 4$ 个序列的例子.

	位置		位置	
	$\underline{i}$		$\underline{j}$	
1 − − −	T − − −		A − − −	
2 − − −	T − − −		T − − −	
3 − − −	T − − −		T − − −	
4 − − −	A − − −		A − − −	

我们在树的端点的每一个位置放一个字母. 例如, 对有根树 T, 我们考虑 i,

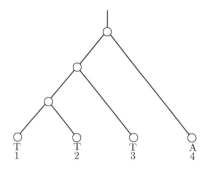

$\{u, v\} \in E$, 顶点 u 在顶点 v 之下, u 称为 v 的孩子, v 称为 u 的父亲. 上面的树看起来与位置 i 一致, 除根之外, 用一种方式容易将这些字母指派给其他顶点, 这种方式要求无进化变化. 根

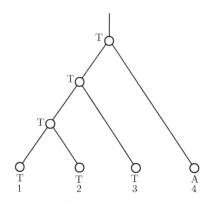

可以指派给 A 和 T, 反映根的儿子的这种指派. 上面的指派有一个边 $\{u, v\}$, 那里在顶点 u 和 v 处的字母不同. 简约算法是找到在树的顶点上的一种字母的指派使变化数最小.

首先我们给出这个问题的更形式的表达. 对这个问题有根树 T 是固定的. 设

$$\delta(v) = \{w \in V : w \text{是} v \text{的孩子}\},$$

并且 $T(v) = $ 根在 v 点的有根子树.

f 对 T 的符合是字母 $f(v) \in \mathcal{A}$ 到顶点 $v \in V$ 的一种指派. 符合 f 的成本, $\|f\| = \|f(T)\|$ 是这个树中变化的数目,

$$\|f(T)\| = \sum_{v \in T} \sum_{w \in \delta(v)} \boldsymbol{I}\{f(v) \neq f(w)\}.$$

又设 $L(T) = \min\{\|f(T)\| : f \text{ 是 } T \text{ 的一个符合}\}$, 满足 $L(T) = \|f\|$ 的 f 是最小突变符号.

首先, 我们给出求 $L(T)$ 的一个算法. 算法从树梢上这些字母开始, 对每个顶点 v 递归地指派字母集合和 $L(T(v))$ 的值.

算法 14.2(简约打分)

向前递归

Given $F(v) \subset \mathcal{A}$ and $L(v) = 0$ at $v =$terminal vertices

For each v until root

$$n_v(a) = |\{w : w \in \delta(v) \text{ and } a \in F(v)\}|$$

$$m = \max\{n_v(a) : a \in \mathcal{A}\}$$

$$F(v) = \{a : n_v(a) = m\}$$

$$L(T(v)) = \left\{ \sum_{w \in \delta(v)} (L(T(w)) + 1) \right\} - m$$

这个算法容易用于上面的例子, 在根处给出 $\{A, T\}$ 和 $L = 1$. 对于更多启示的情况, 考虑位置 j,

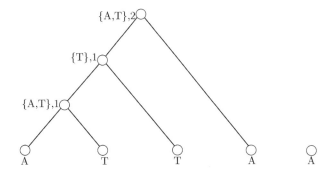

经简单的回溯, 派生出两个树

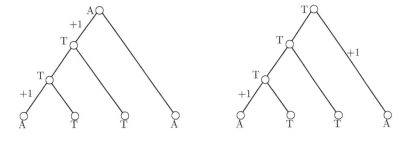

然而, 有一个未想到的具有成本 2 的第 3 个符合

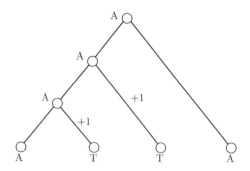

显然, 利用集合 F 不能容易地找到所有解, 至少用不能用明显的方法找到. 这将要求在每一个顶点定义另一种集合 $S(v)$. 我们称 $F(v)$ 为第一集合, $S(v)$ 为第二集合, $f(v)$ 的值, 最优指派的一部分也将被定义为

$$O(v) = \{a : T\text{存在最小突变以及}f(v) = a\},$$
$$F(v) = \{a : \text{成本为}L(T(v))\text{的}f(v) = a\text{符合}\},$$
$$S(v) = \{a : \text{成本为} + 1\text{的}f(v) = a\text{符合}\}.$$

现在, 我们能够叙述全部算法, 其证明在下面的定理中.

算法 14.3(简约算法)

向前递归

Given $F(v) \subset \mathcal{A}$ and $L(v) = 0$ at $v = $terminal vertices

For each v until root

$$n_v(a) = |\{w : w \in \delta(v) \text{ and } a \in F(v)\}|$$
$$m_v = \max\{n_v(a) : a \in \mathcal{A}\}$$
$$F(v) = \{a : n_v(a) = m_v\}$$
$$S(v) = \{a : n_v(a) = m_v - 1\}$$
$$L(T(v)) = \left\{ \sum_{w \in \delta(v)} (L(T(w)) + 1) \right\} - m_v$$

向后递归

for $w \in \delta(v)$ and $f(v) = a$

if $a \in F(w)$,   then $f(w) = a$

$a \in S(w)$, $f(w) = \{a\} \cup F(w)$

$a \notin F(w) \cup S(w)$, $f(w) = F(w)$

定理 14.5　对所有 $v \in V(T), O(v) \subset F(v) \cup S(v)$.

证明　如果 $v = $ 根, 则 $T(v) = T$, 从而 $O(v) = F(v)$. 如果 $v \neq$ 根, 设 u 是 v

的父亲, 则符合 f 的成本分解成三个部分:

$$\|f\| = \|f(T(v))\| + \boldsymbol{I}\{f(v) \neq f(u)\} + \sum_{\substack{x,y \notin V(T(v)) \\ x \in \delta(y)}} \boldsymbol{I}\{f(x) \neq f(y)\}.$$

所以, 如果 $f(v) \neq f(u)$, 仅当 $\|f(T(v))\|$ 是最优的时 $\|f(T)\|$ 才是最优的. 否则, 不影响其他和, $\|f(T(v))\|$ 将会减少, 我们有 $f(v) \in F(v)$. 另一种情况是 $f(v) = f(u)$. 现在, 被限在 $T(v)$ 的符合 f 的界是 $L(T(v)) + 1$, 它可将最优符合指派给 $T(v)$ 而达到. 所以 $v \in F(v) \cup S(v)$.

注意在这个算法中在它们的指派中 $F(v), S(v), L(T(v))$ 的定义有变化. 下面的定理证明两种形式是等价的.

定理 14.6 对所有 $v \in V(T)$, 如上定义 $n_v(a)$ 和 m_v, 则

(1) $F(v) = \{a : n_v(a) = m_v\}$;

(2) $S(v) = \{a : n_v(a) = m_v - 1\}$;

(3) $L(T(v)) = \left\{ \sum_{w \in \delta(v)} (L(T(w)) + 1) \right\} - m_v$.

证明 首先, 注意到

$$\|f(T(v))\| = \sum_{w \in \delta(v)} (\|f(T(w))\| + \boldsymbol{I}\{f(v) \neq f(w)\}).$$

考虑 $T(v)$ 的最优符合, 假定 $f(v) = a$. 如果 $a \in F(w)$, 可得 $f(w) = a$, 并且 $\|f(T(w))\| + \boldsymbol{I}\{f(v) \neq f(w)\} = L(T(w))$; 如果 $a \notin F(w)$, 则成本不能小于 $L(T(w)) + 1$, 当 $a \in S(w)$, $f(w) = a$, 能达到这个成本, 或对任意 $b \in F(w)$, 由 $f(w) = b$ 达到. 一般地, 如果 $f(v) = a$, 对所有 $w \in \delta(v)$ 求和,

$$\|f(T(v))\| = \sum_{w \in \delta(v)} (\|f(T(w))\| + 1) - n_v(a).$$

如果 $\|f(T(v))\| = L(T(v))$, 则可得 (1), (2) 及 $n_a(a) = m_v$. ■

现在证明反向递归是正确的.

定理 14.7 对所有 $v \in V(T), f(v) = a \in O(v)$ 和 $w \in \delta(v)$, 定义

$$f_a(w) = \{b : b \in O(w), a \in O(v)\},$$

则

$$如果 \ a \in F(w), \quad 则 \ f(w) = a.$$

$$a \in S(w), \quad f(w) = \{a\} \cup F(w),$$

$$a \notin F(w) \cup S(w), \quad f(w) = F(w).$$

证明　定理 14.5 告诉我们 v 和 $\delta(v)$ 组成的子树有 T 最优成本 $L(T(w))$ 或 $L(T(w)) + 1$.

在 $a \in F(w)$ 情况下, $f(w) = a$ 有子树成本 $L(T(w)) + \boldsymbol{I}(f(w) \neq f(v)) = L(T(w))$, 在 w 处任何其他指派都增加这个成本.

在 $a \in S(w)$ 情况下, 不能达到成本 $L(T(w))$. 对于 $f(w) = a$ 或 $f(w) \in F(w)$ 能得到成本 $L(T(w)) + 1$. 在 w 处任何其他指派都增加这个成本.

最后, 假设 $a \notin F(w) \cup S(w)$. 则 $f(w) \in S(w) \cup (S(w) \cup F(w))^c$ 蕴含成本至少是 $L(T(w)) + 2$. 当 $f(w) \in S(w), f(v) \neq f(u)$, 成本的界是 $1 + L(T(w)) + 1$. 当 $f(w) \in (S(w) \cup F(w))^c$, 由定义成本至少是 $L(T(w)) + 2$. 然而, $f(w) \in F(w)$ 有成本 $L(T(w)) + \boldsymbol{I}(f(w) \neq a) = L(T(w)) + 1$, 这必定是最优的. ■

考虑加权简约算法是自然的, 在 T 的每一个边用 $\lambda(a, b)$ 代替 $\boldsymbol{I}(a \neq b)$. 定义 $\|f_v(a)\|$ 是所有 $T(v)$ 符合的最小成本, 此处 $f(v) = a$. 当然, 新的成本是

$$\|f(T)\| = \sum_{v \in T} \sum_{w \in \delta(v)} \lambda(f(v), f(w)).$$

为开始递归, 在端点 v, 如果 a 指派给 v, $\|f_v(a)\| = 0$, 否则 $\|f_v(a)\| = \infty$. 然后, 对所有 $a \in \mathcal{A}$ 和 $v \in V$, 递归地计算

$$\|f_v(a)\| = \sum_{w \in \delta(v)} \min\{f_w(b) + \lambda(a, b) : b \in \mathcal{A}\}$$

和

$$M_w(a) = \{b : f_w(b) + \lambda(a, b) \text{是最小的}\}.$$

符合 T 的最优成本是

$$\|f(T)\| = \min\{\|f_{\text{root}}(a)\| : a \in \mathcal{A}\},$$

并且使用 $M_w(a)$ 回溯能得到这个指派.

当然, 简约打分的统计性质是有意义的, Azuma-Hoeffing 引理 11.1 给出关于符合单个位置打分大偏差界. 证明类似于对全局指派结果大偏差的证明.

命题 14.4　设 $A_1, A_2, \cdots$ 是指派到树 T 端点独立同分布字母. 那么, 如果定义 $S_n = \|f(T)\|$,

$$\boldsymbol{P}(S_n - \boldsymbol{E}(S_n) \geqslant \gamma n) \leqslant e^{-\gamma^2 n}.$$

当然简约打分由符合一些位置数和累加成本导出. 如果位置是独立同分布, 中心极限定理适用.

命题 14.5 假设 N 个独立同分布位置符合树 T. 如果每个位置 (i) 的符合有均值 μ 和标准方差 σ, 则

$$S_N = \sum_{i=1}^{N} \|f_i(T)\| \overset{\mathrm{d}}{\Rightarrow} \mathcal{N}(N_\mu, N\sigma^2).$$

14.4　极大似然树

在这一节, 我们将序列进化看成随机过程. 当我们讨论距离和简约算法时, 关于进化过程的假设没有明显地说过. 与前面不同, 我们要求直观. 树的分支间的距离至少应该和现代种属间距离一样大. 在树的每个位置上仅有不多变化时简约算法应该很有效. 虽然要求进化过程的直观意义, 可是这些说法难于把握. 在这一节, 我们给出一组特定的随机模型, 然后研究在任意两个种属间所期望的变化数. 最大似然法用于选择树.

14.4.1　连续时间 Markov 链

Markov 链的状态空间是 $\mathcal{A}$, 为了确定, 我们使用 $\mathcal{A} = \{\mathrm{A, G, C, T}\}$. 感兴趣的随机变量是 $X(t) \in \mathcal{A}$, 对 $t \geqslant 0$ 有意义. 这个随机变量将描述序列位置的代替过程. 在我们的模型中不允许插入删除. Markov 假定肯定

$$P_{ij}(t) = \boldsymbol{P}(X(t+s) = j | X(s) = i) \tag{14.5}$$

对 $t > 0$ 是与 $s \geqslant 0$ 无关. 由这个性质有下列结果:

(i) $P_{ij}(t) \geqslant 0, i, j \in \mathcal{A}$;

(ii) $\sum_{j \in \mathcal{A}} P_{ij}(t) = 1, i \in \mathcal{A}$;

(iii) $P_{ik}(t+s) = \sum_{j \in \mathcal{A}} P_{ij}(t) P_{jk}(S), t, S \geqslant 0 \ i, k \in \mathcal{A}$,

加上下面的假设

(iv) $\lim_{t \to 0^+} P_{ij}(t) = \boldsymbol{I}(i = j)$.

最后一个假设引导我们定义 $P_{ii}(0) = 1$ 和 $i \neq j$ 时, $P_{ij}(0) = 0$. 这个过程最容易用矩阵表示 $\boldsymbol{P}(t) = (P_{ij}(t))$. Chapman-Kolmogorov 方程 (iii) 全部可写成 $\boldsymbol{P}(t+s) = \boldsymbol{P}(t)\boldsymbol{P}(s)$, 并设 $\boldsymbol{P}(0) = \boldsymbol{I}$ 为单位矩阵, (iv) 说 $\boldsymbol{P}(t)$ 在 0 处是右连续的, 也可证明在 0 处导数存在, 并且定义 q_i 和 q_{ij} 如下:

$$\lim_{h \to 0^+} \frac{1 - P_{ii}(h)}{h} = q_i, \quad \lim_{h \to 0^+} \frac{P_{ij}(h)}{h} = q_{ij}, \quad i \neq j.$$

容易得到 $q_i = \sum_{j \neq i} q_{ij}$. 用矩阵形式容易表示这些导数.

$\boldsymbol{Q} = (q_{ij})$ 定义为

$$\boldsymbol{Q} = \begin{pmatrix} -q_1 & q_{12} & q_{13} & q_{14} \\ q_{21} & -q_2 & q_{23} & q_{24} \\ g_{31} & g_{32} & -q_3 & q_{34} \\ g_{41} & g_{42} & g_{43} & -q_4 \end{pmatrix},$$

$\sum\limits_j q_{ij} = 0$, 并且有

$$\lim_{h \to 0^+} \frac{\boldsymbol{P}(h) - \boldsymbol{I}}{h} = \boldsymbol{Q}. \tag{14.6}$$

从方程 (14.6) 和 $\boldsymbol{P}(t+s) = \boldsymbol{P}(t)\boldsymbol{P}(s)$ 得到

$$\boldsymbol{P}'(t) = \boldsymbol{P}(t)\boldsymbol{Q} = \boldsymbol{Q}\boldsymbol{P}(t), \tag{14.7}$$

此处 $\boldsymbol{P}'(t) = (P'_{ij}(t))$. 可以解方程 (14.7) 得到

$$\boldsymbol{P}(t) = \mathrm{e}^{\boldsymbol{Q}t} = \boldsymbol{I} + \sum_{n=1}^{\infty} \frac{\boldsymbol{Q}^n t^n}{n!}. \tag{14.8}$$

对于给定的 $\boldsymbol{Q}$, 我们要计算 $\boldsymbol{P}(t) = \mathrm{e}^{\boldsymbol{Q}t}$. 虽然方程 (14.8) 对实数容易计算, 由于 $\boldsymbol{Q}$ 有正负元素, 一般来说, 无法方便地进行数值计算. 设 $\lambda = \max q_i$, 用

$$\boldsymbol{Q} = \lambda \begin{pmatrix} -q_1/\lambda & q_{12}/\lambda & q_{13}/\lambda & q_{14}/\lambda \\ q_{21}/\lambda & -q_2/\lambda & q_{23}/\lambda & q_{24}/\lambda \\ q_{31}/\lambda & q_{32}/\lambda & -q_3/\lambda & q_{34}/\lambda \\ q_{41}/\lambda & q_{42}/\lambda & q_{43}/\lambda & -q_4/\lambda \end{pmatrix} = \lambda(\boldsymbol{Q}^* - \boldsymbol{I})$$

定义 $\boldsymbol{Q}^*$, 并且由于 $q_i = \sum\limits_{j \neq i} q_{ij}$, $\boldsymbol{Q}^*$ 是行和为 1 的随机矩阵. 所以

$$\begin{aligned} \mathrm{e}^{\boldsymbol{Q}} &= \mathrm{e}^{\lambda(\boldsymbol{Q}^* - \boldsymbol{I})} = \mathrm{e}^{\lambda\boldsymbol{Q}^*}\mathrm{e}^{-\lambda\boldsymbol{I}} \\ &= \mathrm{e}^{\lambda\boldsymbol{Q}^*}\mathrm{e}^{-\lambda}\boldsymbol{I} = \mathrm{e}^{-\lambda}\sum_{n \geqslant 0} \frac{\lambda^n}{n!}(\boldsymbol{Q}^*)^n. \end{aligned}$$

因为对所有 n, $(\boldsymbol{Q}^*)^n$ 是随机的, 这个和有很好的收敛性质. 稳定分布 $\boldsymbol{\pi} = (\pi_1 \cdots \pi_4)$ 通常指 $\boldsymbol{\pi}\boldsymbol{P}(t) = \boldsymbol{\pi}$ 对所有 t 成立. 对所有 $\boldsymbol{\pi}$ 注意 $\boldsymbol{\pi}\boldsymbol{I} = \boldsymbol{\pi}$, 并且由方程 (14.6) 可导出

$$\boldsymbol{\pi}\boldsymbol{Q} = \boldsymbol{0}. \tag{14.9}$$

如果方程 (14.9) 成立, 并且 $\boldsymbol{\pi}\boldsymbol{P}(0) = \boldsymbol{\pi}$, 则说连续时间 Markov 链是稳定的. 当然, 对所有 t, 方程 (14.9) 推出 $\boldsymbol{\pi}\boldsymbol{P}(t) = \boldsymbol{\pi}$.

14.4.2 估计变化率

希望估计比率矩阵 $\boldsymbol{Q}$ 相关的量是自然的. 注意, 因为假定 $\boldsymbol{P}(t) = \mathrm{e}^{\boldsymbol{Q}t}$, t 和 $\boldsymbol{Q}$ 令人困惑, $\boldsymbol{Q}t = (\alpha\boldsymbol{Q})(t/\alpha), \alpha \neq 0$. 这非常敏锐, 由于在一半时间内使速率加倍有同样的结果.

在时间 $t = 0$, 两个种属分离, 并且依据具有稳定分布 $\boldsymbol{\pi}$ 的连续 Markov 链 $\boldsymbol{P}(t)$ 独立的进化. 在时间 t, 字母是 $X(t)$ 和 $Y(t) \in \mathcal{A}$,

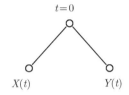

当在 $t = 0$ 时初始分布是 $\boldsymbol{\pi}$, 那么变化率 R 容易计算

$$
\begin{aligned}
R &= \lim_{h \to 0^+} \frac{\boldsymbol{P}(X(t+h) \neq X(t))}{h} \\
&= \lim_{h \to 0^+} \frac{\boldsymbol{P}(X(t+h) \neq i | X(t) \neq j)}{h} \boldsymbol{P}(x(t) = i) \\
&= \sum_i -q_{ii}\pi_i
\end{aligned}
\tag{14.10}
$$

为提供 R 的一个估计, 我们需要一个显式模型, 最一般的模型之一有

$$
\boldsymbol{Q} = \begin{pmatrix}
-(\gamma - \gamma_1) & \gamma_2 & \gamma_3 & \gamma_4 \\
\gamma_1 & -(\gamma - \gamma_2) & \gamma_3 & \gamma_4 \\
\gamma_1 & \gamma_2 & -(\gamma - \gamma_3) & \gamma_4 \\
\gamma_1 & \gamma_2 & \gamma_3 & -(\gamma - \gamma_4)
\end{pmatrix},
\tag{14.11}
$$

此处 $\gamma = \gamma_1 + \gamma_2 + \gamma_3 + \gamma_4$.

命题 14.6 假定 Markov 链有方程 (14.11) 的比率 $\boldsymbol{Q}$,

(i) $\boldsymbol{\pi}\boldsymbol{Q} = 0$ 推出 $\boldsymbol{\pi} = (\gamma_1/\gamma, \gamma_2/\gamma, \gamma_3/\gamma, \gamma_4/\gamma)$;

(ii) $R = \gamma \left(1 - \sum_i \pi_i^2\right)$.

证明 (i) 解 $\boldsymbol{\pi}\boldsymbol{Q} = 0$.

(ii)
$$
\begin{aligned}
-\sum_i \pi_i q_{ii} &= \sum_i \frac{(\gamma - \gamma_i)\gamma_i}{\gamma} \\
&= \gamma \sum_i (1 - \pi_i)\pi_i = \gamma \left(1 - \sum \pi_i^2\right).
\end{aligned}
$$
∎

我们知道 $F = \sum_i \pi_i^2$. 上面告诉我们由于是分离 $X(t)$ 和 $Y(t)$ 的时间是 $2t$, $X(t)$ 和 $Y(t)$ 之间分布期望数是 $d = 2t\gamma(1-F)$. 我们证明可由序列数据来估计量 $t\gamma$. 如果用时间 t 从 i 到 j 的概率和用时间 t 从 j 到 i 的概率一样, Markov 链是可逆的. 由方程

$$\pi_i P_{ij}(t) = \pi_j P_{ji}(t) \text{ 对所有} i,j,t,$$

对所有 i,j 得到 $\pi_i q_{ij} = \pi_j q_{ji}$.

引理 14.2 假设方程 (14.11) 的比率 $\boldsymbol{Q}$ 是可逆的, 则

$$\boldsymbol{P}(X(t) = a, Y(t) = b) = \pi_a P_{ab}(2t)$$

$$= \begin{cases} \pi_a(1 - \mathrm{e}^{-2\gamma t})\pi_b, & a \neq b, \\ \pi_a(\mathrm{e}^{-2\gamma t} + (1 - \mathrm{e}^{-2\gamma t})\pi_a), & a = b. \end{cases}$$

证明

$$\boldsymbol{P}(X(t) = a, Y(t) = b) = \sum_c \pi_c P_{ca}(t) P_{cb}(t) = \sum_c \pi_a P_{ac}(t) P_{cb}(t)$$

$$= \pi_a \sum_c P_{ac}(t) P_{cb}(t) = \pi P_{ab}(2t).$$

为计算这个概率, 使用 $\boldsymbol{P}(t) = \mathrm{e}^{\boldsymbol{Q}t}$. 首先, 注意 $\boldsymbol{Q} = -r(\boldsymbol{I} - \boldsymbol{P})$, 此处

$$\boldsymbol{P} = \begin{pmatrix} \pi_1 & \pi_2 & \pi_3 & \pi_4 \\ \pi_1 & \pi_2 & \pi_3 & \pi_4 \\ \pi_1 & \pi_2 & \pi_3 & \pi_4 \\ \pi_1 & \pi_2 & \pi_3 & \pi_4 \end{pmatrix},$$

则

$$\mathrm{e}^{\boldsymbol{Q}t} = \mathrm{e}^{-\gamma t(\boldsymbol{I}-\boldsymbol{P})} = \mathrm{e}^{-\gamma t}\mathrm{e}^{\gamma t\boldsymbol{P}}$$

$$= \mathrm{e}^{-\gamma t} \sum_{m=0}^{\infty} \frac{(\gamma t)^m}{m!} \boldsymbol{P}^m$$

$$= \mathrm{e}^{-\gamma t}\boldsymbol{I} + (1 - \mathrm{e}^{-\gamma t})\boldsymbol{P}.$$

因为对 $m \geqslant 1$, $\boldsymbol{P}^m = \boldsymbol{P}$, 由矩阵方程得到这个公式. ∎

这个引理表明在这些假设之下, 根的位置不改变 $\boldsymbol{P}(X(t) = a, Y(t) = b)$, 如

$$\boldsymbol{P}(X(t/2) = a, Y(3t/2) = b) = \pi_a P_{ab}(2t).$$

现在计算 $X(t) \neq Y(t)$ 的概率.

$$\boldsymbol{P}(X(t) \neq Y(t)) = \sum_{a \neq b} \pi_a P_{ab}(2t) = \sum_{a \neq b} \pi_a \pi_b(1 - \mathrm{e}^{-2\gamma t})$$

$$= (1 - F)(1 - e^{-2\gamma t}) = B\left(1 - e^{-d/B}\right),$$

此处 $B = 1 - F$. 一个著名的估计如下: 如果 D 是 $X(t) \neq Y(t)$ 的位置的随机分数, 还可以用它的最大似然估计 D,

$$D = B(1 - e^{-d/B}) \text{或} d = -B\log(1 - D/B)$$

代替 $P(X(t) \neq Y(t))$. 注意: 当 D 较小时, $d \approx -B(-D/B) = D$, 凭直觉可以看出: 当变化数较小时, d 的最大似然估计就是 D.

14.4.3 似然性与树

在 14.4.2 小节, 我们指出当这两个独立同分布, 连续可逆的 Markov 链在均衡处 $P(X(t) = a, Y(t) = b) = \pi_a P_{ab}(2t)$ 对每个进行时间 t 时, 怎样计算 $X(t) = a, Y(t) = b$ 的概率. 事实上, 如果 X 进行了时间 t_1, Y 进行了时间 t_2, 则 $P(X(t_1) = a, Y(t_2) = b) = \pi_a P_{ab}(t_1 + t_2)$, 所以, 这共同祖先可放在 X 和 Y 之间的路上任何点, 不改变这个概率.

我们需要推广这个概念计算具有给定拓扑 (根 $= r$), 分支长度时间和 Q 的树的似然性. 正像引理 14.2 的证明那样, 我们在所有字母到根点的指派上求和, 对 $v \in V(T)$, $f(v) \in \mathcal{A}$, 我们必须对所有的对 T 的符合 f 求和. 在树梢的符合由数据 $\boldsymbol{a} = (a_1 \cdots a_m)$ 确定, 这里在一个位置有 m 个比对序列. 然后在每条边 (v, w), $w \in \delta(v)$ 有一项 $P_{f(v), f(w)}(t(v, w))$, 此处 $t(v, w)$ 是边 (v, w) 的长度. 所以, $\boldsymbol{a}$ 在 T 的树梢的概率是

$$P(a) = \sum_f \pi_{f(r)} \prod_{v \in V} \prod_{w \in \delta(v)} P_{f(v), f(w)}(t(v, w)). \tag{14.12}$$

在这个根有两个后代, 字母 a 和 b 和每个分支长为 t 时, 方程 (14.12) 恰好变为

$$P(a) = \sum_{c \in \mathcal{A}} \pi_c P_{ca}(t) P_{cb}(t).$$

回忆, 在这种情况 $L = \pi_a P_{ab}(2t) = \pi_b P_{ba}(2t)$. 图 14.2 中树的符合将字母指派到 r, v_1 和 v_2. 方程 (14.12) 变为

$$P(\boldsymbol{a}) = \sum_{(c,d,e) \in \mathcal{A}^3} \pi_c \{P_{c,d}(t_1)(P_{d,a_1}(t_2)P_{d,a_2}(t_2))\} \times \{P_{c,e}(t_3)(P_{e,a_3}(t_4)P_{e,a_4}(t_4))\},$$

此处 $t_1 + t_2 = t_3 + t_4 = t$, $f(r) = c$, $f(v_1) = d$ 和 $f(v_2) = e$. 因为方程 (14.12) 中的和大致有 $|\mathcal{A}|^{|V|}$ 个项, 通常在实际计算中不用这种形式, 而是有一种大大化简计算方法.

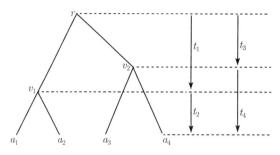

图 14.2 $\boldsymbol{a} = (a_1, a_2, a_3, a_4)$ 的树

下面算法有时称为削皮算法. 在本文中, $T(v)$ 是根在 v 点具有给定字母在树梢的一个事件. 那么, $A(a, v) = \boldsymbol{P}(T(v)|f(v) = a)$ 是将 a 指派给 v 的概率, 我们知道给定的字母在树 $T(v)$ 的树梢. 这个逻辑类似于已经用过的.

$$\boldsymbol{A}(a, v) = \prod_{w \in \delta(v)} \sum_{b \in \mathcal{A}} P_{ab}(t(v, w)) \boldsymbol{A}(b, w) = \prod_{w \in \delta(v)} (\boldsymbol{P}(t(v, w)) \boldsymbol{A}(w))_a,$$

此处, $\boldsymbol{A}(w)$ 是 $|\mathcal{A}| \times 1$ 列矢量. Schur 乘积 $(x_1, x_2, \cdots) \otimes (y_1, y_2, \cdots) = (x_1 y_1, x_2 y_2, \cdots)$, 允许我们把这些方程写成紧凑的形式:

$$\boldsymbol{A}(v) = \prod_{w \in \delta(v)} \otimes \boldsymbol{P}(t(v, w)) \boldsymbol{A}(w).$$

现在给出这个算法.

算法 14.4(削皮算法)

> until $v = \text{root}$,
> $$\boldsymbol{A}(v) \leftarrow \prod_{w \in \delta(v)} \otimes \boldsymbol{P}(t(v, w)) A(w)$$
> $$\boldsymbol{L} = \pi \otimes \boldsymbol{A}^t(\text{root})$$

一些统计事件

到目前为止, 我们讨论了模型和它们的性质. 当给定模型 $\boldsymbol{M}$ 建立统计检验时, 困难就出现了. 形式上, 用 $\theta \in \Theta$ 将模型 $\boldsymbol{M}$ 参数化. 首先, 形式地提供零假设. 数据是 m 个序列集合,

H_0 :(1) m 个序列由一个未知的树 $T \in \mathcal{T}_m$ 使其关联;

(2) 位点根据模型 $\boldsymbol{M}$ 已经独立地进化了.

如果在 H_0 中的树已知, "未知" 这个词可从 (1) 中删除. $\mathcal{T}_m$ 表示标号树的集合. 当然, 这树一般是未知的. 现在, 在 H_0 的所有成员上求最大似然性,

$$\hat{\boldsymbol{L}}_0 = \max_{H_0} \boldsymbol{L}_0 = \max\{\boldsymbol{L}_0 : \theta \in \Theta, T \in \mathcal{T}_m\}.$$

为估计似然性 $\hat{\boldsymbol{L}}_0$, 我们需要另一个假设 H_1, 我们使另一个最一般的假设成为可能. 序列在给定的位点有 4^m 可能模式中的一个, 将把它记为 $\gamma \in \Gamma$. H_1 的最一般的模型是在每个位点, 模式 γ 以概率 $p_\gamma \geqslant 0$ 发生, $\sum\limits_{\gamma \in \Gamma} p_\gamma = 1$. 所以, 这个似然性由多项式分布给出

$$\boldsymbol{L}_1 = \prod_{i=1}^{N} p_{\gamma i} = \prod_{\gamma \in \Gamma} (p_\gamma)^{n(\gamma)},$$

此处 $n(\gamma)$ 是具有模式 γ 的位点数, 并且总共有 N 个位点. 最大似然解有 $\hat{p}_\gamma = n(\gamma)/N$ 及

$$\hat{\boldsymbol{L}}_1 = \prod_{\gamma \in \Gamma} (n(\gamma)/N)^{n(\gamma)}.$$

H_1 的一个优点是它是最一般的独立位点模型, 从而提供了假设 H_0 的最好检验. 显然 $H_0 \subset H_1$, 假设 H_0 包含在 H_1 中. 所以, 对数似然率

$$D = \log \left(\frac{\hat{\boldsymbol{L}}_1}{\hat{\boldsymbol{L}}_0} \right) = \log \hat{\boldsymbol{L}}_1 - \log \hat{\boldsymbol{L}}_0$$

总是非负的. 当这个差小时, H_0 对相对于 H_1 的数据提供了好的符合. 当差 D 大时, H_0 应被拒绝.

在 $H_0 \subset H_1$ 的一些情况下, 有关于 D 的近似分布的一般结果. 统计量 $2D = 2\log(\hat{\boldsymbol{L}}_1/\hat{\boldsymbol{L}}_0)$ 有 χ^2 渐近分布, 其自由度等于关于 H_1 中参数的限制数, 要求 H_1 包含 H_0. 不幸的是, 这个结果不适用于建立在树的模型上的情况. 最明显的原因是样本的大小. 有 4^m 个不同的 γ, 并且几乎没有对每个 γ 至少有 5 个观察的数据集合, 这是 χ^2 渐近所要求的. 例如, $m = 10$ 个序列, 这意味着至少有 $5 \cdot 4^{10} = 5 \times 10^6$ 个位点. 典型的基因序列位点数比它小得多. 第二, 自由度远不明显, 因为这个未知的树它变得非常复杂. 像这种情况, 关于参数化树几乎什么也不知道. 必须采用另一种方法.

设 $\hat{\boldsymbol{L}}_0 = \boldsymbol{L}_0(\hat{\theta}, \hat{T})$ 在 $\theta = \hat{\theta}$ 和 $T = \hat{T}$ 处最大化. 那么, 我们使用值 $(\hat{\theta}, \hat{T})$ 使模型特殊化并生成 m 个指定长度的序列.

算法 14.5(模型检验)

input: m sequences $\boldsymbol{a}_1 \cdots \boldsymbol{a}_m$; N

output: p-value

1. estimate H_0 parameters $\hat{\theta}, \hat{T}$
$$\hat{\boldsymbol{L}}_0 = \boldsymbol{L}_0(\hat{\theta}, \hat{T}) = \max\{\boldsymbol{L}(\theta, T); \theta \in \Theta, T \in \mathcal{T}_m\}$$
$$D = \log \hat{\boldsymbol{L}}_1 - \log \hat{\boldsymbol{L}}_0$$

2. for M repetitions$(i = 1$ to $M)$

generate m sequences of length N from $\hat{\theta}, \hat{T}$

compute $D = \log \hat{\boldsymbol{L}}_1 - \log \hat{\boldsymbol{L}}_0$

3. use the histogram of D_i, i=1 to M, to estimate the p-value of D

我们强调在步 2 中由 $\hat{\theta}, \hat{T}$ 生成 m 个序列. 然后, 在 Θ 和 $\mathcal{T}_m$ 上取最大值计算 $\hat{\boldsymbol{L}}_1$.

这似是而非的步骤不是最终语言, 真实 DNA 序列没有独立的位点, 在所有位点进化率也不相等. 这是当前活跃的研究领域.

<h2 style="text-align:center">问　　题</h2>

问题 14.1　对所有分离 i 和 j 的分裂 $S = (L_S, L_S^c)$ 证明如果取 $i \in L_S, L_S$ 可用归纳法排序.

问题 14.2　证明分裂距离定义了 T 上的有限度量.

问题 14.3　求 $\{1,2,3\}$ 上的所有 8 个树, 其内点和端点可用 $\{1,2,3\}$ 的子集标号. 证明 $\max\{\rho(T_1, T_2) : T_1 和 T_2 是\{1,2,3\}上的树\}$, 此处 ρ 是分裂度量.

问题 14.4　求两个树 $T, S \in J_n$ 使得分裂度量是 $\rho(T, S) = 2n - 6$.

问题 14.5　证明 nni 距离是 T 上的有限度量.

问题 14.6　求两树间的分裂距离和 nni 距离.

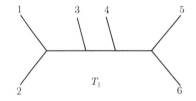 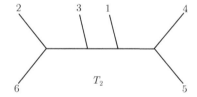

问题 14.7　证明命题 14.3.

问题 14.8　假设 $w \in \pi(v)$. 证明

(1) 如果 $F(w) \supset O(v)$, 则 $O(w) = O(v)$;

(2) 否则, $O(w) = F(w) \cup (O(v) \cap S(w))$.

问题 14.9　刻画 $(F(v), S(v)) : v \in V(T)$, 此处有唯一的指派.

问题 14.10　对于一般的简约算法已经定义了量 $\|f_v(a)\|$ 和 $M_v(a)$, 在 $\lambda(a, b) = \boldsymbol{I}(a \neq b)$ 的情况下, 建立这些量与 $L(v), F(v)$ 和 $S(v)$ 之间的关系.

问题 14.11　证明命题 14.4.

问题 14.12　设 T_n 是有 2^n 个端点 (树梢) 在每个树梢和根之间有 n 个边的对称二元树. 根据 $\boldsymbol{P}(\{a\}) = \alpha = 1 - \boldsymbol{P}(\{b\})$ 将独立同分布随机字母放到树梢上. 在高 h 的每个顶点 v 的第一个集合是 $F_h(v)$(此处根有高度 n). 定义 $p_s(h) = \boldsymbol{P}(F_h(v) = S)$ 和 $D(h) = p_{\{a\}}(h) - p_{\{b\}}(h)$. 证明

(1) $D(h) = D(h - 1)\{1 + p_{\{a,b\}}(h - 1)\}$;

(2) 对于 $S = \{a\}, \{b\}, \{a, b\}$, 如果 $p_S(h) \to p_S$, 证明

$$\alpha = \frac{1}{2}, \quad p_{\{a\}} = p_{\{b\}} = p_{\{a,b\}} = \frac{1}{3};$$

$$\alpha > \frac{1}{2}, \quad p_{\{a\}} = 1, \quad p_{\{b\}} = p_{\{a,b\}} = 0.$$

第15章 来源与展望

在这一章给出某些背景文献和关键材料的摘引, 特别是在课文中省略了证明的场合, 也将讨论当前在这个领域中某些有趣的工作, 希望用这种方式使感兴趣的读者去追踪这些思想的背景和找到当今哪些地方活跃. 完全综述这些文献, 将使本书厚度加倍.

15.1 分子生物学

历史上的两篇文章非常值得阅读, Pauling 等人 (1951) 描述蛋白的螺旋结构与 Watson 和 Crick(1953) 描述 DNA 标准双螺旋结构. Watson 等人以及 Lewin 的教材必须经常修订, 而且它们在不断的修改. 如果阅读这些书的最新一版, 你将获得分子生物学的一般知识. 这个领域, 像我们强调的那样, 在快速地变化. 为了跟上这些发展, 推荐阅读科学杂志和自然杂志. 它们经常有科学新闻, 同时也对非专业人员讨论和评述当前的进展. 许多其他杂志专载分子生物学, 非生物学家难于全部理解它们. 处理图谱制作和排序的许多有趣的文章出现在基因组杂志里.

15.2 物理图谱和克隆文库

Nathans 和 Smith(1975) 讨论了限制图谱, Benzer(1959) 建立了 DNA 组成的细菌基因是线性的. 他的基因片段的重叠数据和分析促进了区间图的发展. 第 2 章中限制图谱和区间图之间关系是回到 Benzer 的思想. 第 2 章的材料取自 Waterman 和 Griggs(1986) 的文章.

在建立解 DDP 算法时, Goldstein 和 Waterman(1987) 发现了多重解现象 (第 3 章), 他们证明了定理 3.2 和定理 3.3. Schmitt 和 Waterman(1991) 试图寻找多重解的基本组合性质并介绍了盒等价类概念, 后来 Pevzner(1994) 刻画了这个概念. Pevzner 的令人吃惊的解在本书作为定理 3.9 给出. 次可加性方法关于盒等价类的期望数没有给出什么信息. Daniela Martin 最近使这个问题得到进展.

DDP 是 NP 完全的证明出现在 Coldstain 和 Waterman(1987) 的文章中. 关于 NP 完全问题的标准文献是 Garey 和 Johnson(1979) 的文章. 模拟退火算法对于表现 Markov 链给出很好的启发. 定理 4.4 的启发性比我在别处看到的要清晰得多,

Larry Goldstein 对我指出这一点. 可是已经提出的一些 DDP 的算法, 就我所知当用于实际数据时没有一个是完全满意的.

DDP 远远不只是已经研究过的限制图谱问题. 例如, 这些数据可由部分消化得到, 它给出所有限制位点对象的长度. 已经得到非常有意义的结果, 一些是基于 Rosenblatt 和 Seymour(1982) 的文章, 这篇文章用代数方法解决了有关的组合问题, 参见文献 (Skiena et al, 1990; Skiena et al, 1994).

用长度数据制作限制图谱已经二十来年. 最近 Schwartz 等人 (1993) 已经能够观察到用单个 DNA 限制酶形成的切点, 并估计片段的长度. 这样把问题划归成一个观察问题而不是推断问题. 虽然不清楚这些技术怎样发展, 但是我们对它的成功表示乐观. 当然, 新技术产业伴随着新的计算问题.

克隆文库中基因组 DNA 的表现由 Brian Seed 在 1982 年的两篇文章提出, 又可参见文献 (Clarke et al, 1976). 第 5 章介绍了我们试图对他的文章理解. 定理 5.2 来源于 Port 和本人的工作, 并受到 Tang 和 Waterman(1990) 的启示.

基因组物理图谱制作由 Coulson 等 (1986) 和 Olson 等 (1986) 的文章开始, Kohara 等人 (1987) 随后的文章在第 6 章被引用. Ken Rudd 提供了大肠杆菌基因组的图 6.6(见 (Rudd, 1993)). Eric Lander 和我在我们 1988 年的文章中开始对这些实验作数学分析. 我们的分析基于离散的、基到基的模型. 当 Arratia 等人 (1991) 给出 STS 锚 Poisson 过程模型时, 知道了他们的方法是解决这类问题的一个 "正确" 方法. 6.2 节和 6.3 节来源于这些文章. 现在, 这些是同时作图和排序两种意义下的实验. 克隆的端点被排序并且由重叠这些排序的端点产生克隆图谱, 参见文献 (Edwards Caskey, 1991). 所以, 有两种类型的岛: 用未排序区间的重叠克隆和重叠序列岛. 这个问题在 Port 等 (1995) 的文章中研究过. Hall 的书 (1988) 给出覆盖过程的一般处理.

6.3 节中归于 Clen Evans 集合克隆的聪明想法是逃避海洋和岛的组合困难的一种方法. 综述参见文献 (Evand, 1991). 6.4 节的材料取自 Alizadeh 等 (1992) 的文章.

15.3 序 列 装 配

DNA 排序技术的发展是非常有意义的课题. Howe 和 Ward(1989) 对 DNA 排序提供了用户手册. Hunkapiller 等 (1991) 讨论了基因组排序某些当前的问题.

Gallant 等 (1980) 证明了给定长度的超串的存在性的检验是 NP 完全问题. 引入真实误差和片段的倒向对 SRP 的聪明推广在 Kececioglu(1991) 的论文中.

第一个 SSP 近似算法由 Blum 等 (1991) 给出, 它有 3 倍最优的界. 7.1.2 小节给出的证明是由 Gary Benson 给我指出的. 对简约算法还不知道有界小于 2 的例子. Kosaraju 等 (1994) 给出 2.793 的界, Stein 和 Armen(1994) 得到 2.75 的界.

7.1.3 小节描述的算法第一次出现在 Staden(1979) 的文章中. 已经作了许多修正, 加速了算法的各个步骤. 特别是参见文献 (Kececioglu, 1991; Huang, 1992).

7.1.4 小节关于排序精度是来源于 Churchill 和 Waterman(1992) 的文章.

SBH 由几个人分别独立提出, Drmanac 等人 (1989) 的文章是一个很好的参考文献. 基本的计算机科学的问题由 Pevzner(1989) 给出, Pevzner 和 Lipshutz(1994) 提出广义排序芯片, Dyer 等人 (1994) 研究了 SBH 的唯一解问题.

在准备这一章时, 7.3 节中的杂交算法的思想出现了. 关于这个算法在实践中的性能的更多细节和分析由 Idury 和 Waterman 给出 (1995).

15.4　序列比较

虽然第 8~10 章的材料重叠, 按章组织这些材料是最容易的事.

15.4.1　数据库和快速序列分析

现在有特定分子 (如血红蛋白, tRNA, 16SRNA 等) 的生物体数据库, 服务于一些项目 (如特殊染色体的物理或遗传的图谱制作), 当然也服务于核酸和蛋白序列. 为进入生物学数据库, 在 gopher.gdb.org 可看基因组数据库 (GDB). Fasman 的文章 (1994) 讨论了这种数据库的某些链接.

Martinez(1983) 第一次使用后缀树分析了 DNA 和蛋白序列. 这个简单算法 8.4(重复) 所期望的运行时间是 $O(n\log n)$, 此处 $n =$ 序列的长度. 他探索用数据结构推断多重序列比对. 一些更成熟的算法运行时间 $O(n)$(见 (Aho et al, 1983)). 当前, 有一些人为努力推广后缀树的应用去寻找近拟匹配.

Dumas 和 Ninio(1982) 描述了细切概念 (8.4 节), 并用于 DNA 序列, 这是一篇重要文章. 这个基本想法像 8.5 节那样用细切进行序列比较 (见 (Wilbur et al, 1983)). 当前它的一些实现是应用局部动态规划算法 (9.6 节), 限制在 k 元组分析中打分高的一些区域中 (见 (Pearson et al, 1988)).

8.6 节中的思想, 用 k 元组过滤追溯到 Karp 和 Rabin(1987) 用于准确匹配. 这一节取自 Pevzner 和 Waterman(1993) 的文章. 又见 Baeza-Yates 和 Perleberg(1992) 和 Wu 和 Manber(1992) 的文章.

BLAST 快速搜索数据最常用的技术在课文中没有讨论 (见 (Altschul et al, 1990)). 这个方法按主题正常应属于第 8 章, 可是使用了后来的方法. 特别地, 一个序列被预处理去寻找所有邻近的词 (10.6.1 小节), 这些词与询问序列区间 (定理 11.17) 对照具有统计上有意义的打分. 后来, 一个与后缀有关的计算机科学技术用来同时搜索数据库, 寻找有意义的预选词的一些实例 (见 (Aho et al, 1975)).

最近, 得到一些深入的结果, 允许用数据库大小的线性时间或次线性时间搜索数据库. Ukkonen 以增加存储为代价给出这种类型的第一结果 (见 (Ukkonen, 1985)). Myers(1990) 提出一个方法, 要求在搜索之前建立一个预制的反向的指标. 他求出长的匹配有小于分数 ε 的误差. Chang 和 Lawler(1990) 基于他们对预期的搜索时间的分析介绍了一个算法, 这个算法对随机文件非常快. 这个算法是在线的, 即不要求预处理.

15.4.2 对两个序列的动态规划方法

定理 9.1 中递归计算比对数的解是在 Laquer(1981) 的文章中给出. 这个问题第一次由我提出, 由 Paul Stein 写信告诉 Laquer. 定理 9.3 和系 9.1 来自 Griggs 等的文章 (1986).

第一动态规划序列比对算法是 Needleman 和 Wunsch(1970) 提出. 这是全局相似算法, 有间隔惩罚 $g(k) = \alpha$ 不允许插入和删除相邻. Sankoff(1972) 的文章是有意义的贡献. 而后, Sellers(1974) 介绍了具有单个字母插入删除权重的全局距离算法. 在字符集上的距离函数 $d(a, b)$ 是一般的. 同时, Wagner 和 Fischer(1974) 给出解决计算机科学中的串匹配问题的同样算法. 距离和相似性的关系问题在某个圈子里变得热起来. 数学家感觉距离是更严格的, 从而是正确方法. 在 Smith 等人 (1981) 的文章里建立了定理 9.11 中给出的等价性. 为了完成这一点, 我重新定义了 Needleman-Wunsch 算法, 使之同具有一般间隔的并且去掉限制的距离算法可比较. 改造过的算法当今大多数人叫做 "Needleman-Wunsch 算法".

定理 9.5 中具有一般间隔的比对算法出现在 Waterman 等 (1976) 的文章中. 在 70 年代后期, 我第一个从 Wisconsin 大学的 Paul Haberli 的手稿中了解间隔函数 $g(k) = \alpha + \beta(k - 1)$ 形式的定理 9.6, 那篇手稿传播得很广. 同样的算法独立的出现在 Gotoh(1982) 的文章中. 凹间隔问题在 Waterman 的文章 (1984) 中提出, 但是没有满意的解决. 定理 9.7 提到的 $O(n^2 \log n)$ 算法参见文献 (Myers et al, 1984; 和 Galil et al, 1989). 依位置加权有时被认为是困难的, 可是在 9.3.2 小节中给出 $O(n^2)$ 算法. 例如, 见 Gribskov 等的文章 (1987).

关于符合算法 9.5 节的距离版本归于 Sellers(1980). 局部比对算法又称为 Smith-Waterman 算法 (1981). Waterman 和 Eggert(1987) 建立了去丛. 9.6.2 小节的街接重复算法由 Myers 和 Miller(1988) 和 Landau 和 Schmidt(1993) 引入. Hirschberg(1975) 给出 9.7 节中的优美的线性空间方法. 在 Huang 和 Miller 的非凡文章中推广这个思想以包括局部算法. Waterman(1983) 提出近似最优对比. Naor 和 Brutlag(1993) 更深入地考察了组合结构. 近似最优比对的第二个方法首先由 Vingron 和 Argos(1990) 提出.

关于倒向的 9.9 节来自 Schöniger 和 Waterman(1992) 的文章. 在比序列稍差的尺度下, 用基因次序比较染色体是非常有意义的新进展. 假设在两个染色体中已知基因的次序, 求将一个基因次序变为另一个的次序的最小倒向数. 第一篇数学文章是 Watterson 等 (1982), 然后 Sankoff 把这个问题突出起来, 见 Sankoff 和 Goldstein(1988) 以及 Kececioglu 和 Sankoff(1994). 在 Bafna 和 Pevzner(1993) 的文章中, 建立了在最大距离下两个置换, 并且在 Bafna 和 Pevzner(1994) 文章中他们回到变换距离.

Waterman 等 (1984) 首先给出图谱比对算法, 这种 $O(n^4)$(当 $m = n$ 时) 算法由 Myers 和 Huang(1992) 简化到 $O(n^2 \log n)$. 由实验数据启发并且包含诸如多重匹配情况, 见 Huang 和 Waterman(1992).

Fitch 和 Smith(1981) 发表了参数比对. Gusfield 等人 (1992) 及 Waterman 等人 (1992) 独立的建立了一般算法. Vingron 和 Waterman(1994) 研究了对生物学问题的含义. 定理 9.15 出现在 Xu 的论文 (1990) 及 Gusfield 等 (1992) 的文章中. 此外还可找到命题 9.3 和命题 9.4.

问题 9.18 取自关于密码的文章 (von Haeseler 等 (1992)), 关于 DNA 和蛋白比对的问题 9.19 被重新发现多次.

15.4.3   多重序列比对

CF 基因的讨论应该出现在第 8 章, 可是要求局部比对的工具在那里还没有建立. 我们用 CF 的故事去启发比对而代之. 原来的分析出现 Riordan 等 (1989) 的文章中.

而 10.2 节中的朴素的 r 序列比对首先在 Waterman 等人 (1976) 的文章中. 对这个问题的更深入的考察已经由 Sankoff(1975) 给出, 他考虑给定了进化树的 r 个序列比对的相关问题.

容量减小思想出现在 Carillo 和 Lipman(1988) 的文章中. 对于分支界定法, 又见 Kececioglu(1993). 这个算法在 r 序列动态规划问题中达到容量减小.

加权平均序列在多重比对中给出放置几种思想的很好联系, 特别是涉及到迭代方法 (Waterman 和 Perlwitz(1984)). Gribskov 等 (1987) 的轮廓方法是加权平均序列的一个例子. 轮廓打分 $T(p, b)$ 的统计意义容易启发, 可是要求比 10.4.1 小节的猜测更多分析. 见 Goldstein 和 Waterman(1994) 的文章.

隐 Markov 模型可看成迭代加权平均比对. Markov 模型给出很好的随机框架去启发权重和相关的事件, 见 Krogh 等 (1994) 的文章.

一致词分析允许我们寻找不用比对未知模式的渐近匹配. 在 Galas 等 (1985) 的文章中用这个方法分析了大肠杆菌序列集合.

15.5   概率和统计

第 11 章和第 12 章有很不相同的特点. 在大量比对上优化序列比对打分包含

了大偏差. 序列中公共模式的计数可以完全不包含大偏差.

15.5.1 序列比对

关于最长公共子序列长度的第一个概率结果是 Chvàtal 和 Sankoff(1975) 的文章. 关于这个困难而又有趣的课题的更近的工作, 见 Alexander(1994), Dančik 和 Paterson(1994). Arratia 和 Waterman(1994) 的文章中建立了全局比对的 Azuma-Hoeffding 应用. 基本的概率内容, 像中心极限定理、Borel-Cantelli 引理 (定理 11.9) 和 Kingman 定理 11.2, 可在 Durrett(1991) 的书中找到. 定理 11.5 是 Steele(1986) 的应用.

二项式分布的大偏差处理取自 Arratia 和 Gordon(1989) 的辅导材料, 其中, 仔细地证明了定理 11.8.

关于局部准确匹配的 $\log(n)$ 律由 Karlin 和合作者 (Karlin 等 (1983)), Arratia 和我在 USC(Arratia 和 Waterman(1985)) 独立发现. Karlin 首先处理给出了均值与方差, 而 Arratia 和我首先研究了强律. 定理 11.10 来自 Erdös 和 Rényi(1970) 的基本文章, 他启发了定理 11.11, 定理 11.12 和定理 11.14. 见 Arratia 和 Waterman(1985,1989).

具有打分的匹配是重要课题. Arratia 等人 (1988) 开辟了具有允许限制打分的这个领域. 他们用这种方法证明了定理 11.17. 在最优局部比对中关于字母的特殊分布的第一个非平凡结果是 Arratia 和 Waterman(1985) 的文章. Karlin 和 Altschul(1990) 给出一般叙述下的这个定理. 我从 Richard Arratia 了解到这个启发性证明.

这个启发性证明启发了 11.3 节中的极值结果, 它是归功于 Louis Gordon. 定理 1.19 取自 Gordon 等人 (1986) 文章, 而定理 11.20 取自 Arratia 等人 (1986) 的文章.

按照 Persi Diaconis 的建议, Arratia 等人 (1989) 写出一篇漂亮的文章, 使得 Chen(1975) 的工作对一般听众可行. 这里给出不大普遍但是有用的定理 11.22. 这使方程 (11.13) 中的界 $O((\log n)/n)$ 更容易得到. 11.5.2 小节中关于序列间准确匹配的材料是 Erdös-Rényi 分布律的更直接的版本 (Arratia 等 (1990)).

关于近似匹配的 11.5.3 小节取自 Goldstein 和 Waterman(1992) 的文章.

11.6 节中相转移结果来自 Arratia 和 Waterman(1994) 的文章. 对于定理 11.30 实际应用的动机来源于 Karlin 和 Altschul(1990). 11.6.2 小节的余下部分取自 Waterman 和 Vingron(1994a,b). 关于 Poisson 丛启发的动机包含在对 David Aldous (1989) 《概率近似与 Poisson 丛启发》(*Probakility Approximation via the Poisson Clumping Heuristic*) 一书的许多见解之中.

15.5.2　序列模式

关于序列中的模式有大量文献. 例如, 定理 12.1 仍然是重新发现. 12.1 节和问题 12.3 取自 Ron Lundstrum(1990) 的博士论文, 不幸的是它仍然没有发表. 像 Pevzner 等人 (1989) 的文章那样使用发生函数对重叠词的处理, 可以应用一般 Markov 方法和 Markov 链的中心极限定理. 定理 12.3 在 Ibragimov(1975) 中, 定理 12.4 在 Billingsley(1961) 中. 对一些相关的工作见 Kleffe 和 Borodovsky(1992) 的文章中.

为了计数有另一种方法利用中心极限定理, 可追踪到 Whittle(1955) 的文章. 这个思想是以在 $A_1, A_2, \cdots, A_n$ 中观察到的统计量为条件, 如字母数和/或每种类型的字母对数. 然后可能证明条件中心极限定理. 这出现在 Prum 等 (1995) 的文章中.

关于 DNA 序列中词分布的某些有趣的工作, 见 Burge 等 (1992) 和 Kozhukhin 和 Pevzner(1991) 的文章. Markov 模型的符合也在 Pevzner(1992) 的文章讨论过.

利用更新理论能够导出非重叠计数的分布. Feller 于 1948 年研究出一个模式的情况, 他的经典著作 (Feller, 1971) 的第 8 章被高度地推荐. 又见 Guibas 和 Odlyzko(1981) 的文章, 他们被串搜索算法启发. 将该工作推广到在独立同分布情况下多重模式在 Breen 等人 (1985) 的文章找到. 见问题 12.8~ 问题 12.10. 对 Markov 情况, 正确的概率方法是 Markov 更新过程. 完全的处理见 Biggins 和 Cannings(1987) 的文章.

Li 方法 (12.2.2 小节) 的更深入的分析依赖于边缘的停止时间 (Li, 1980). Markov 和多重模式的讨论来源于 Biggins 和 Cannings(1986) 文章的直接评述.

利用 Chen-Stein Paission 近似地计算模式个数是自然的. 12.3 节是 Goldstein 和 Waterman(1992) 工作的改编.

关于位点分布的 12.4 节来自 Churchill 等 (1990) 的工作, 文章给出了 Kohara 等 (1987) 给出的大肠杆菌的 8 个酶图谱的分析. 后来, Karlin 和 Macken(1991) 推广了这些概念, 并用于同样数据集合.

肯定在序列中有其他有趣的模式. 例如, Trifonov 和 Sussman(1980) 利用自相关函数.

15.6　RNA 二级结构

RNA 二级结构的计算途径由 Tinoco 和同事们 (1971, 1973) 的工作开始, 他们引入 0-1 基对矩阵以及后来的潜在基对间的自由能矩阵. RNA 结构的动态规划方法以 Nussinov 等 (1978) 和 Waterman(1978) 的工作开始. Nussinov 方法本质上是定理 13.6, 并且使基对数最大. Waterman 提出一个多重通道方法处理完全一般的能量函数. 对这些文献的杰出的评论是 Zuker 和 Sankoff(1984) 的文章. 13.2.1~13.2.3 小节来自 Waterman 和 Smith(1986) 的文章.

由于算法的递归也可用于组合学, 研究结构数量是自然的. 定理 13.1 来自 Waterman(1978), 定理 13.2 来自 Stein 和 Waterman(1978) 的文章. 用于证明定理 13.2 的定理来自 Bender(1974) 的文章. 定理 13.4 出现在 Howell 等 (1980) 的工作中. 13.1.1 小节来自 Schmitt 和 Waterman(1994) 的文章. 此思想的推广是应用 Techmüller 理论的技术和 Penner 和 Waterman(1993) 文章中火车轨道理完成的. 给出 $Mv = v$ 的二级结构刻画的最后一个问题是来自 Magarshak 和 Benham(1992), 他们提出给定 v 寻找所有 M 解 $(M - I)v = 0$ 的问题, 一个逆特征问题.

纽结结构也有意义. 在二级结构中没有配对的基能够形成对, 可能具有不同的能量函数. 用这方式环中的基能够互相作用. 看待这个问题的一种方式是具有自由能的 X 和 Y 的两个不相连的二级结构. 数学问题是使 $X + Y$ 最小. 这个阐述归于 Michael Zuker.

显然, 寻找 RNA 二级结构与序列比对密切相关, 而在比对中的平行问题是求两个序列间的不相交公共子序列使得长度之和最大. Pavel Pevzner 已经指出这个问题用 Young 表解决了. 对 RNA 中结构元素的讨论见 Chastain 和 Tinoco(1991).

15.7 树 和 序 列

关于分裂的材料 (14.1.1 小节) 是 Bandelt 和 Dress(1986) 的有趣文章的一部分. 由分裂得到树的算法首先出现在 Meacham(1981) 的文章中. $O(nm)$ 算法归功于 Gusfield(1991).

Robinson 和 Foulds(1981) 建立了分裂度量, 最近邻域交换度量来自 Waterman 和 Smith(1978) 的文章.

关于可加树的漂亮的结果是在 Buneman(1971) 的文章中, 该文包含在关于考古学的一卷书中. 构造可加树的算法在 Waterman 等人 (1977) 的文章中. 关于非可加树有大量的文献. Fitch 和 Margoliash(1967), Cavalli-Sforza 和 Edwads(1967) 文章是早期的和非常有影响的文章. 某些最近的工作, 见 Rzhetsky 和 Nei(1992a, b) 文章.

序列的基本的简约算法归功于 Fitch(1971). Hartigan(1973) 的证明出现得晚一些, 而后 Sankoff 和 Rousseau(1975) 引入加权简约算法.

树的极大似然法由 Felsenstein(1981) 开始, 14.4 节的材料多数取自 Tavaré(1986) 的文章, 这些方法的统计检验在 Goldman(1993) 的文章中讨论过, 在进化树中对进化置信应用自举技术很流行. Hillis 和 Bull(1993) 介绍了一个批判的经验研究.

参 考 文 献

Aho A V and Corasick M. 1975. Efficient string matching: An aid to bibliographic search. *Comm. ACM*, **18**: 333−340.

Aho A V, J E Hopcroft and Ullman J D. 1983. *Data Structures and Algorithms*, Addison-Wesley, Reading, MA.

Aldous D. 1989 *Probability Approximations via the Poisson Clumping Heuristic.* Springer-Verlag, New York.

Alexander K. 1994. The rate of convergence of the mean length of the longest common subsequence. *Ann. Probab.*, **4**: 1074−1082.

Alizadeh F, Karp R M, Newberg L A and Weisser D K. 1992. Physical mapping of chromosomes: A combinatorial problem in moleculer biology. *Symposium on Discrete Algorithms.*

Altschul S F, Gish W, Miller W. Myers E W and Lipman D. 1990. Basic local alignment search tool. *J. Mol. Biol.*, **215**: 403−410.

Armen C and Stein C. 1994. A $2\frac{3}{4}$-Approximation alorithm for the shortest superstring problem. Dartmouth Technical Report PCS-TR94−214.

Arratia R, Goldstein L and Gordon L. 1989. Two moments suffice for Poisson approximation: The Chen-Stein method. *nn, Probab.* **17**: 9−25.

Arratia R and Gordon L. 1989. Tutorial on large deviations for the binomial distribution. *Bull. Math. Biol.*, **51**: 125−131.

Arratia R, Gordon L and Waterman. 1986. An extreme value theory for sequence matching. *Ann. Statist.*, 14: 971−993.

Arratia R, Gordon L and Waterman M S. 1990. The Erdös-Rényi law in distribution, for coin tossing and sequence mathcing. *Ann Stat.*, **18**: 539−570.

Arratia R, Lander E S, Tavaré, S and Waterman M S. 1991. Genomic mapping by anchoring random clones: A mathematical analysis. *Genomics*, **11**: 806−827.

Arratia R, Morris P and Waterman M S. 1998. Stochastic scrabble: Large deviations for sequences with scores. *J. Appl. Prob.*, **25**: 106−119.

Arratia R and Waterman M S. 1985. Critical phenomena in sequence matching. *Ann. Probab.*, **13**: 1236−1249.

Arratia R and Waterman M S. 1989. The Erdös-Rényi strong law for pattern matching with a given proportion of mismatches. *Ann. Probab.*, **17**: 1152−1169.

Arratia R and Waterman M S. 1994. A phase transition for the score in matching random sequences allowing deltions. *Ann. Appl, Probab.*, **4**: 200−225.

Baeza-Yates R A and Perleberg C H. 1992. Fast and practical approximate string matching, *Lecture Notes in Computer Science, Combinatorial Pattern Matching*, **644**: 185−192.

Bafna V and Pevzner P A. 1993. Genome rearrangements and sorting by reversals. *In Proceedings of the 34 th Annual IEEE Symposium on Foundations of Computer Science,* November. 1993, 148−157.

Bafna V and Pevzner P A. 1995. Sorting by transpositions. *Proc. 6th ACM-SIAM Symp. on Discrete Algorithms,* 614−623.

Bandelt H -J and Dress A. 1986. Reconstructing the shape of a tree from observed dissimilarity data. *Adv. Appl. Math.,* **7**: 309−343.

Bender E A. 1974. Asympotitc methods in enumeration. *SIAM Rev.,* **16**(4): 485−515.

Benzer. 1959. On the topology of genetic fine structure. *Proc. Natl. Acad. Sci. USA,* **45**: 1607−1620.

Biggins J D and Cannings C. 1986. Formulae for mean restriction fragment lengths and related quantities. Research Report No. 274/86, Department of Probability and Statistics, University of Sheffield.

Biggins J D and Cannings C. 1987. Markov renewal processes, counters and repeated sequences in Markov chains. *Adv. Appl. Math.* **19**: 521−545.

Billingsley P. 1961. *Statistical Inferences for Markov Processes.* The University of Chicago Press, Chicago.

Blum A, Jiang T, Li M, Tromp J and Yannakakis M. 1991. Linear approximation of shortest superstrings. *Proceedings of the 23rd ACM Symp. on Theory of Computing,* New Orleans, USA, May 6-8, 1991, ACM Press, New York, 328−336.

Breen S, Waterman M S and Zhang N. 1985. Renewal theory for several patterns. *J. Appl. Probab.* **22**: 228−234.

Buneman P. 1971. The recovery of trees from measures of dissimilarity. In F. R. Hudson, D. G. Kendall and P. Tautu, eds. *Mathematics in the Archaeological and Historical Sciences.* Edinburgh Univ. Press, Edinburgh, 387−395.

Burge C, Campbell A M and Karlin S. 1992. Over- and under-representation of short oligonucleotides in DNA sequences. *Proc. Natl. Acad. Sci. USA,* **89**: 1358−1362.

Carillo H and Lipman D. 1988. The multiple sequence alignment problem in biology. *SIAM J. Appl. Math.,* **48**: 1073−1082.

Cavalli-Sforza L L and Edwards A W F. 1967. Phylogenetic analysis: Models and estimation procedures. *Am. J. Hum. Genet.,* **19**: 233−257.

Chang W I and Lawler E L. 1990. Approximate string maching in sublinear expected time. *Proc. 31st Annual IEEE Symposium on Foundations of Computer Science,* St. Louis, MO, October 1990, 116−124.

Chastain M and Tinoco I J. 1991. Structural elements in RNA. *Progress in Nucleic Acid Res. Mol. Biol.,* **41**: 131−177.

Chen L H Y. 1975. Poisson approximation for dependent trials. *Ann, Probab.,* **3**: 534−545.

Churchill G A, Daniels D L and Waterman M S. 1990. The distribution of restriction enzyme sites in *Ercherichia coli*. *Nucleic Acids Res.*, **18**: 589−597.

Churchill G A and Waterman M S. 1992. The accuracy of DNA sequences: Estimating sequence quality. *Genomics*, **89**: 89−98.

Chvátal V and Sankoff D. 1975. Longest common subsequences of two random sequences. *J. Appl. Probab.*, **12**: 306−315.

Clarke L and Carbon J. 1976. A colony bank containing synthetic Co1E1 hybrid plasmids representative of the entire *E. coli gene*. *Cell*, **9**: 91−101.

Coulson A, Sulston J, Brenner S and Karn J. 1986. Toward a physical map of the genome of the nematode, *Caenorhabditis elegans*. *Proc. Natl. Acad. Sci. USA*, **83**: 7821−7825.

Dančik V and Paterson M. 1994. Upper bounds for the expected length of a longest common subsequence of two binary sequences. *Proc. STACS 94*, Springer-Verlag, Heidelberg, 669−678.

Dembo A, Karlin S and Zeitouni O. 1995. Multi-sequence scoring. *Ann. Probab*. In press.

Drmanac R, Labat I, Brukner I and Crkvenjakov R 1989 Sequencing of megabase plus DNA by hybridization: Theory of the method. *Genomics*, **4**: 114−128.

Dumas J P and Ninio J. 1982. Efficient algorithms for folding and comparing nucleic acid sequences. *Nucleic Acids Res.*, **80**: 197−206.

Durrett R *probability: Theory and Examples*, Wadsworth, Inc., Belmont, CA, 1991.

Dyer M, Frieze A and Suen S. 1994. The probability of unique solutions of sequencing by hybridization *J. Comput. Biol.*, **1**: 105−110.

Edwards A and Caskey C T. 1991. Closure strategies for random DNA sequencing. METH-ODS: *A Companion to Methods In Enzymology*, **3**: 41−47.

Erdös P and Rényi A. 1970. On a new law of large numbers. *J Anal. Math*, **22**: 103−111.

Evans G A. 1991. Combinatoric strategies for genome mapping. *BioEssays*, **13**: 39−44.

Fasman K H. 1994. Restructuring the genome data base: A model for a federation of biological data bases. *J. Comput. Biol.*, **1**: 165−171.

Feller W. 1971. *An introduction to Probability Theory and its Applications*. Volume I, 3rd ed. John Wiley and Sons, Inc., Canada.

Felsenstein J. 1981. Evolutionary trees from DNA sequences: A maximum likelihood approach. *J. Mol. Evol.*, **17**: 368−376.

Fitch W M. 1971. Toward defining the course of evolution: Minimum change for a specific tree topology *Syst. Zool.*, **20**: 406−416.

Fitch W M and Margoliash E. 1967. Construction of phylogenetic trees. *Science*, **155**: 279−284.

Fitch W M and Smith T F. 1981. Optimal sequence alignments. *Proc. Natl. Acad. Sci. USA*, **80**: 1382−1386.

Galas D J, Eggert M and Waterman M S. 1985. Rigorous pattern recognition methods for DNA sequences: analysis of promoter sequences from *E. coli*. *J. Mol. Biol.*, **186**: 117−128.

Galil Z and Giancarlo R. 1989. Speeding up dynamic programming with applications to molecular biology. *Theor. Comput. Sci.*, **64**: 107−118.

Gallant J, Maier D and Storer J. 1980. On finding minimal length superstrings. *J. Comp. Systems Sci.*, **20**: 50−58.

Garey M R and Johnson D S. 1979. Computers and intractability: *A guide to the theory of NP-completeness*. Freeman, San Francisco.

Geman S and Geman D. 1984. Stochastic relaxation, Gibbs distribution, and the Bayesian restoration of images. *IEEE Trans. Pattern Anal. Mach. Intell.*, **6**: 721−741.

Goldman N. 1993. Statistical tests of models of DNA substitution. *J. Mol. Evol.*, **36**: 182−198.

Goldstein L and Waterman M S. 1987. Mapping DNA by stochastic relaxation. *Adv. Appl. Math.*, **8**: 194−207.

Goldstein L and Waterman M S. 1992. Poisson, compound Poisson and process approximations for testing statistical significance in sequence comparisons. *Bull. Math. Biol.*, **54**(5): 785−812.

Goldstein L and Waterman M S. 1994. Approximations to profile score distributions. *J. Comput. Biol.*, **1**: 93−104.

Golumbic M C. 1980. *Algorithmic Graph Theory and Perfect Graphs*, Academic Press, New York.

Gordon L, Schilling M and Waterman M S. 1986. An extreme value theory for long head runs. *Probab. Theory Rel. Fields*, **72**: 279−287.

Gotoh O. 1982. An improved algorithm for matching biological sequences. *J. Mol. Biol.*, **162**: 705−708.

Gribskov M, McLachlan A D and Eisenberg D. 1987. Profile analysis: Detection of distantly related proteins. *Proc. Natl. Acad. Sci. USA*, **84**: 4355−4358.

Griggs J R, Hanlon P J and Waterman M S. 1986. Sequence alignments with matched sections. *SIAM J. Alg. Disc. Meth.*, **7**: 604−608.

Guibas L J and Odlyzko A M. 1981. String overlaps, pattern matching, and nontransitive games. *J. Comb. Theory, Series A*, **30**: 183−208.

Gusfield D. 1991. Efficient algorithms for inferring evolutionary trees. *Networks*, **21**: 19−28.

Gusfield D, Balasubramanian K and Naor D. 1992. Parametric optimization of sequence alignment. *Proc.of the Third Annual ACM-SIAM Symposium on Discrete Algorithms*, 432−439.

Hall P. 1988. *Introduction to the Theory of Coverage Processes*, John Wiley and Sons, New York.

Hartigan J A. 1973. Minimum mutation fits to a given tree. *Biometrics*, **29**: 53−65.

Hills D M and Bull J J. 1993. An empirical test of boostrapping as a method for assessing confidence in phylogenetic analysis. *Syst. Biol.*, **42**: 182−192.

Hirschberg D S. 1975. A Linear space algorithm for computing maximal common subsequences. *Commun. ACM*, **18**: 341−343.

Howe C M and Ward E S. 1989. *Nucleic Acids Sequencing: A Practical Approach*. IRL Press, Oxford.

Howell J A, Smith T F and Waterman M S. 1980. Computation of generating functions for biological molecules. *SIAM J. Appl. Math.*, **39**: 119−133.

Huang X. 1992. A contig assembly program based on sensitive detection of fragment overlaps. *Genomics*, **14**: 18−25.

Huang X and Miller W. 1991. A time-efficient, linear-space local similarity algorthm. *Adv, Appl. Math.*, **12**: 337−357.

Huang X and Waterman M S. 1992. Dynamic programming algorithms for restriction map comparison. *Comp. Appl. Biol. Sci.*, **8**: 511−520.

Hunkapiller T, Kaiser R J, Koop B F and Hood L. 1991. Large-scale and automated DNA sequence determination. *Science*, **254**: 59−67.

Ibragamov I. 1975. A note on the central limit theorem for dependent random variables. *Theory Probab. Appl.*, **20**: 135−141.

Idury R and Waterman M S. 1995. A new algorithm for shotgun sequencing. *J. Comp. Biol.* In press.

Karlin S and Altschul S F. 1990. Methods for assessing the statistical signficance of molecular sequence features by using general scoring schemes. *Proc. Natl. Acad. Sci. USA*, **87**: 2264−2268.

Karlin S, Ghandour G, Ost F, Tavaré S and Korn L J. 1983. New approaches for computer analysis of nucleic acid sequences. *Proc. Natl. Acad. Sci. USA*, **80**: 5660−5664.

Karlin S and Macken C. 1991. Assessment of inhomogeneities in an *E. coli* physical map. *Nucleic Acids Res.*, **19**: 4241−4246.

Karp R M and Rabin M O. 1987. Efficient randomized pattern-matching algorithms. *IBM J. Res Develop.*, **31**: 249−260.

Kececioglu J. 1991. Exact and approximate algorithms for sequence recognition problems in molecular biology. Ph. D. Thesis, Department of Computer Science, University of Arizona.

Kececioglu J. 1993. The maximun weight trace problem in multiple sequence alignment. *Lecture Notes in Computer Science, Combinatorial Pattern Matching*, **684**: 106−119.

Kececioglu J and Sankoff D. 1995. Exact and approximation algorithms for sorting by reversals, with application to genome rearrangement, *Algorithmica*, **13**: 180−210.

Kleffe J and Borodovsky M. 1992. First and second moment of counts of words in random texts generated by Markov chains. *CABIOS*, **8**: 433−441.

Knuth D E. 1969. *The Art of Computer Programming*, Vol. I-III Addison-Wesley; Reading, London.

Kohara Y, Akiyama A and Isono K. 1987. The physical map of the *E.coli* chromosome: Application of a new strategy for rapid analysis and sorting of a large genomic library. *Cell*, **50**: 495−508.

Kosaraju S R, Park J K and Stein C. 1994. Long tours and short superstrings. Unpublished.

Kotig A 1968 Moves without forbidden transitions in a graph. *Mat. casopis*, **18**: 76−80.

Kozhukhin C G and Pevzner P A. 1991. Genome inhomgeneity is determined mainly by WW and SS dinucleotides, *CABIOS*, **7**: 39−49.

Krogh A, Brown M, Mian I S, Sjölander K and Haussler D. 1994. Hidden Markov models in computational biology: Applications to protein modeling. *J. Mol. Biol.*, **235**: 1501−1531.

Landau G M and Schmidt J P. 1993. An algorithm for approximate tandem repeats. *Lecture Notes in Computer Science, Combinatorial Pattern Matching*, **684**: 120−133.

Lander E S and Waterman M S. 1988. Genomic mapping by fingerprinting random clones: A mathematical analysis. *Genomics*, **2**: 231−239.

Laquer H T. 1981. Asymptotic limits for a two-dimensional recursion. *Stud. Appl. Math.*, **64**: 271−277.

Lewin B *Genes IV*, Oxford University Press, Oxford, 1990.

Li S -Y. 1980. A martingale approach to the study of occurrence of sequence patterns in repeated experiments. *Ann. Probab.*, **8**: 1171−1176.

Lundstrum R. 1990. Stochastic model and statistical methods for DNA sequence data. Ph.D. Thesis, Department of Mathematics, University of Utah.

Magarshak Y and Benham C J. 1992. An algebraic representarion of RNA secondary structures. *J. Biomol. Str. Dyn.*, **10**: 465−488.

Martinez H M. 1983. An efficient method for finding repeats in molecular sequences. *Nucleic Acids Res.*, **11**: 4629−4634.

Meacham C A. 1981. A probability measure for charater compatibility. *Math. Biosci.*, **57**: 1−18.

Myers E W. 1994. A sublinear algorithm for approximate keyword searching. *Algorithmica*, **12**: 345−74.

Myers E W and Huang X. 1992. An $O(N^2 \log N)$ restriction map comparison and search algorithm. *Bull. Math. Biol.*, **54**: 599−618.

Myers E and Miller W. 1988. Sequence comparison with concave weighting functions. *Bull. Math. Biol.*, **50**: 97−120.

Myers E and Miller W. 1989. Approximate matching of regular expression. *Bull. Math. Biol.*, **51**: 5−37.

Naor D and Brutlag D. 1993. On suboptimal alignments of biological sequences. *Lecture Notes in Computer Science, Combinatorial Pattern Matching*, **684**: 179−196.

Nathans D and Smith H O. 1975. Restriction endonucleases in the analysis and restructuring of DNA molecules. *Ann. Rev. Biochem.*, **44**: 273−293.

Needleman S B and Wunsch C D. 1970. A general method applicable to the search for similarities in the amino acid sequences of two proteins. *J. Mol. Biol.*, **48**: 443−453.

Nussinov R, Pieczenik G, Griggs J R and Kleitman D J. 1978. Algorithms for loop matchings. *SIAM J. Appl. Math.*, **35**: 68−82.

Olson M V, Dutchik J E, Graham M Y, Brodeur G M, Helms C, Frank M, MacCollin M, Scheinman R and Frand T. 1986. Random-clone strategy for genomic restriction mapping in yeast. *Proc. Natl. Acad. Sci. USA*, **83**: 7826−7830.

Pauling L, Corey R B and Branson H R. 1951. The structure of Proteins: Two hydrogen-bonded helical configurations of the polypeptide chain. *Proc. Natl. Acad. Aci. USA*, **37**: 205−211.

Pearson W R and Lipman D J. 1988. Improved tools for biological sequence comparison. *Proc, Natl. Acad. Sci. USA*, **85**: 2444−2448.

Penner R C and Waterman M S. 1993. Spaces of RNA secondary structue. *Adv. Math.*, **101**: 31−49.

Pevzner P A. 1989. *l*-tuple DNA sequencing: Computer analysis. *J. Biomol. Struct. Dynam.*, **7**: 63.

Pevzner P A. 1992. Nucleotide sequences versus Markov models. *Computers Chem.*, **16**: 103−106.

Pevzner P A. 1995. Physical mapping and alternating Eulerian cycles in colored graphs. *Algorithmica*, **13**: 77−105.

Pevzner P A, Borodovsky M Y and Mironov A A. 1989. Linguistics of nucleotide sequences I: The significance of deviations from mean statistical characteristics and prediction of the frequencies of occurrence of words. *J. Biomol. Struct. Dynam.*, **6**: 1013−1026.

Pevzner P A and Lipshutz R J. 1994. Towards DNA sequencing by hybridization. *19 th Symposium on Mathematical Foundation in Computer Science*, **841**: 143−158.

Pevzner P A and Waterman M S. 1993. A fast filtration for the substring matching problem. *Lecture Notes in Computer Science, Combinatorial Pattern Matching*, **684**: 197−214.

Port E, Sun F, Martin D and Waterman M S. 1995. Genomic mapping by end characterized random clones: A mathematical analysis. *Genomics*, **26**: 84−100.

Prum B, Rodolphe F and Turckheim E. 1995. Finding words with unexpected frequencies in DNA sequences. *Journal Royal Statist. Soc. Ser. B*, **55**.

Riordan J R, Rommens J M, Kerem B, Alon N, Rozmahel R, Grzelczak Z, Zielenski J, Lok S, Plavsic N, Chou J -L, Drumm M L, Iannuzzi M C, Collins F S and Tsui L -C. 1989. Identification of the Cystic Fibrosis gene: Cloning and characterization of complementary DNA. *Science*, **245**: 1066−1073.

Robinson D F and Foulds L R. 1981. Comparison of phylogenetic trees. *Math. Biosci.*, **53**: 131−147.

Rosenblatt J and Seymour P D. 1982. The structure of homometric sets. *SIAM J. Alg. Disc. Math.*, **3**: 343−350.

Rudd K E. 1993. Maps, genes, sequences, and computers: An *Escherichia coli* case study. *ASM News*, **59**: 335−341.

Rzhetsky A and Nei M. 1992a. A simple method for estimating and testing minimum-evolution trees. *Mol. Biol. Evol.*, **9**(5): 945−967.

Rzhetsky A and Nei M, 1992b. Statistical properties of the ordinary least-squares, generalized least-squares, and minimum-evolution methods of phylogenetic inference. *J. Mol. Evol.*, **35**: 367−375.

Sankoff D. 1972. Matching sequences under deletion-insertion constraints. *Proc. Natl. Acad. Sci. USA*, **68**: 4−6.

Sankoff D. 1975. Minimal mutation trees of sequtences. *SIAM J. Appl. Math.*, **78**: 35−42.

Sankoff D and Goldstein M. 1988. Probabilistic models of genome shuffling. *Bull. Math. Biol.*, **51** 117−124.

Sankoff D and Rousseau P. 1975. Locating the vertices of a Steiner tree in an arbitrary metric space. *Math. Program.*, **9**: 240−246.

Schmitt W and Waterman M S. 1991. Multiple solutions of DNA restriction mapping problems. *Adv. Appl. Math.*, **12**: 412−427.

Schmitt W and Waterman M S. 1994. Linear trees and RNA secondary structure. *Disc. Appl. Math.*, **51**: 317−323.

Schöniger M and Waterman M S. 1992. A local algorithm for DNA sequence alignment with inversions. *Bull Math. Biol.*, **54**: 521−536.

Schwartz D C, Li X, Hernandez L I, Ramnarain S P, Huff E J and Wang Y -K. 1993. Ordered restriction maps of saccharomyces cerevisiae chromosomes constructed by optical mapping. *Science*, **262**: 110−114.

Seed B, Parker R C and Davidson N. 1982a. Representation of DNA sequences in recombinant DNA libraries prepared by restriction enzyme partial digestion. *Gene*, **19**: 201−209.

Seed B. 1982b. Theoretical study of the fraction of a long-chain DNA that can be incorporated in a recombinant DNA partial digest library. *Biopolymers*, **21**: 1793−1810.

Sellers P. 1974. On the theory and computation of evolutionary distances. *SIAM J. Appl. Math.*, **26**: 787−793.

Sellers P. 1980. The theory and computation of evolutionary distances: Pattern recognition. *J. Algorithms*, **1**: 359−373.

Skiena S S, Smith W D and Lemke P. 1990. Reconstructing sets from interpoint distances. *Proc. of the Sixth ACM Symp. Computational Geometry*, 332−339.

Skiena S S and Sundaram G. 1994. A Partial digest approach to restriction mapping. *Bull. Math. Biol.*, **56**: 275−294.

Smith T F and Waterman M S. 1981. The identification of common molecular subsequences. *J. Mol. Biol.*, **147**: 195−197.

Smith T F, Waterman M S and Fitch W M. 1981. Comparative Biosequence Metrics. *J, Mol. Evol.*, **18**: 38−46.

Staden R. 1979. A strategy of DNA sequencing employing computer programs. *Nucleic Acids Res.*, **6**: 2601−2610.

Steele J M. 1986. An Efron-Stein inequality for nonsymmetric statistics. *Ann. Statist.*, **14**: 753−758.

Stein P R and Waterman M S. 1978. On some new sequences generalizing the Catalan and Motzkin numbers. *Disc. Math.*, **26**: 261−272.

Tang B and Waterman M S. 1990. The expected fraction of clonable genomic DNA. *Bull. Math. Biol.*, **52**: 455−475.

Tavaré S. 1986. Some probabilities and statistical problems in the analysis of DNA sequences. *Lectures on Mathematics in the Life Sciences*, **17**: 57−86.

Tinoco I, Jr, Uhlenbeck O C, and Levine M D 1971 Estimation of secondary structure in ribonucleic acids. *Nature, Lond.*, **230**: 362−367.

Tinoco I, Jr, Borer P N, Dengler B, Levine M D, Uhlenbeck O C, Crothers D M and Gralla J. 1973. Improved estimation of secondary structure in ribonucleic acids. *Nature New Biol.*, **246**: 40−41.

Trifonov E N and Sussman J L. 1980. The pitch of chromatin DNA is reflected in its nucleotide sequence. *Proc. Natl. Acad. Sci. USA*, **77**: 3816−3820.

Ukkonen U. 1985. Finding approximate patterns in strings. *J. Alg.*, **6**: 132−137.

Vingron M and Argos P. 1990. Determination of reliable regions in protein sequence alignments. *Protein Engineering*, **3**: 565−569.

Vingron M and Waterman M S. 1994. Sequence alignment and penalty choice: Review of concepts, case studies and implications. *J. Mol. Biol.*, **235**: 1−12.

von Haeseler, A, Blum B, Simpson L, Strum N and Waterman M S. 1992. Computer methods for locating kinetoplastid cryptogenes. *Nucleic Acids Res.*, **20**: 2717−2724.

Wagner R A and Fischer M J. 1974. The string-to-string correction problem. *J. Assoc. Comput. Math.*, **21**: 168−173.

Waterman M S. 1983. Sequence alignment in the neighborhood of the optimum with general applications to dynamic programming. *Proc. Natl. Acad. Sci. USA*, **80**: 3123−3124.

Waterman M S. 1984. Efficient seqence alignment algorithms. *J. Theor. Biol.*, **108**: 333−337.

Waterman M S. 1978. Secondary structure of single-stranded nucleic acids. *Studies in Foundations & Combinatorics, Advances in Mathematics Supplementary Studies*, **1**: 167−212.

Waterman M S, Smith T F and Beyer W A. 1976. Some biological sequence metrics. *Adv. in Math.*, **20**: 367−387.

Waterman M S, Smith T F and Katcher H. 1984. Algorithms for restriction map comparisons. *Nuleic Acids Res.*, **12**: 237−242.

Waterman M S and Griggs J R. 1986. Interval graphs and maps of DNA. *Bull. Math. Biol.*, **48**: 189−195.

Waterman M and Perlwitz M. 1984. Line geometries for sequence comparisons. *Bull. Math. Biol.*, **46**: 567−577.

Waterman M and Eggert M. 1987. A new algorithm for best subsequence alignments with application to tRNA-rRNA comparisons. *J. Mol Biol.*, **197**: 723−725.

Waterman M S and Smith T F. 1978. On the similarity of dendograms. *J. Theor. Biol.*, **73**: 789−800.

Waterman M S and Smith T F. 1986. Repid dynamic programming algorithms for RNA secondary structure. *Adv. Appl. Math.*, **7**: 455−464.

Waterman M S, Smith T F, Singh M and Beyer W A. 1977. Additive evolutionary trees. *J. Theor. Biol.*, **64**: 199−213.

Waterman M S, Eggert M and Lander E S. 1992. Parametric sequence comparisons. *Proc. Natl. Acad. Sci. USA.* **89**: 6090−6093.

Waterman M S and Vingron M. 1994a. Repid and accurate estimates of statistical significance for sequence databade searches. *Proc. Natl. Acad. Sci. USA*, **91**: 4625−4628.

Waterman M S and Vingron M. 1994b. Sequence comparison significance and Poisson approximation. *Statist. Sci.*, **2**: 367−81.

Watson J D and Crick F H C. 1953. Generical implications of the structure of deoxyribonucleic acid. *Nature*, **171**: 964−967.

Watson J D, Hopkins N, Roberts J, Stietz J A and Weiner A. *Molecular Biology of the Gene*, 4th ed. Benjamin-Cummings, Menlo Park, CA, 1987.

Watterson G A, Ewens W J, Hall T E and Morgan A. 1982. The chromosome inversion problem. *J. Theor. Biol.*, **99**: 1−7.

Whittle P. 1955. Some distribution and moment formulae for the Markov chain. *J. Roy. Statist. Soc. B*, **17**: 235−242.

Wilbur W J and Lipman D J. 1983. Rapid similarity searches of nucleic acid and protein data banks. *Proc. Natl. Acad. Sci USA*, **80**: 726−730.

Wu S and Manber U. 1992. Fast text searching allowing errors. *Commun. ACM*, **35**: 83−90.

Xu S. 1990. Dynamic programming algorithms for alignment hyperplanes. Master's thesis, Department of Mathematics, University of Southern California.

Zuker M and Sankoff D. 1984. RNA secondary structures and their prediction. *Bull. Math. Biol.*, **46**: 591−621.

附录 问题解答和提示

第 1 章

1.2 利用 AAAA···, 得出 g(AAA)=Lys.

利用 CCCC···, 得出 g(CCC)=Pro.

由 ACACAC···, 得出 (1) g{ACA,CAC}={Thr,His}.

由 AACAAC···, 得出 (2) g{AAC,ACA,CAA}={Asn,Thr,Gln}.

由 CCACCA···, 得出 (3) g{CCA,CAC,ACC}={Pro,His,Thr}.

(1) 和 (2) 的插入推出 g(ACA)=Thr 和 g(CAC)=His, 从而 g{AAC,CAA}={Asn,Gln}和 g{CCA,ACC}={Pro,Thr}.

1.3 如果 n 是奇数, 则有 $S_n = 20^{\frac{n+1}{2}}$ 个对称的蛋白序列. 如果 n 是偶数, 则有 $S_n = 20^{\frac{n}{2}}$ 个对称的蛋白序列. 除对称序列外, 这个计数除因子 2, 答案是 $(20^n - S_n)/2 + S_n$.

1.4 开始密码子以概率 $p_A p_U p_G$ 出现, 当 $1 - p = p_U p_A p_A + p_U p_A p_G + p_U p_G p_A$ 时, $\boldsymbol{P}(X = k+1) = p^k(1-p)$.

1.5 (i) 问题是求多少个词可以用 $E_1 E_2 \cdots E_k$ 写成, 至少利用一个字母 (或外显子), 于是, 答案是 $2^k - 1$.

(ii) 由此问题看词 $\wedge E_1 \wedge E_2 \cdots \wedge E_k \wedge$ 中的 $k+1$ 个 "$\wedge$". 序列可用 $\binom{k+1}{2}^{-1}$ 种方法选择两个符号作成.

第 2 章

2.1
$$
\begin{array}{c}
 \\
3 \\
1 \\
5 \\
4 \\
2
\end{array}
\begin{array}{cccc}
1 & 4 & 3 & 2 \\
\left(\begin{array}{cccc}
1 & 1 & 0 & 0 \\
0 & 1 & 0 & 0 \\
0 & 1 & 1 & 0 \\
0 & 0 & 1 & 0 \\
0 & 0 & 1 & 1
\end{array}\right)
\end{array}
$$

2.2 解有 3 个分量:

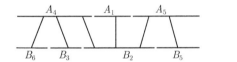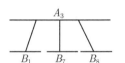

2.3 提示: 由 $\alpha_{ijk} = \sum_l X_{il} Y_{jl} Z_{kl}$ 定义 $X * Y * Z = (\alpha_{ijk})$.

第 3 章

3.1 (ii) $|A| + |B| - |A \wedge B| = |A \vee B|$.

3.2 (i) 如果我们定义重合切割位点是 A, B, C 都切割的位点, 这个叙述是等价的.

(ii) $k = \dfrac{-\log(8)}{p_A p_B p_C}$.

3.4 利用图 3.1 直到 DNA 的重合右手端为止, 没有 C 的切割点, 可以产生一个例子.

3.6 图 3.3 : $2^{3-1} 3!(2!)$.

图 3.4 : $2^1 1!(2!)(3!)$.

3.8 例如, $(|A|, |B|, |A \wedge B|)$ 包含 $(7, 8, 4)$, 它不在 $(|A'|, |B'|, |A' \wedge B'|)$ 中.

3.10 $\binom{l+1}{2}$.

第 4 章

4.1 $c = (1,1,1,2,2,2)$, $a = (1,1,3,4)$, $b = (2,1,4,2)$, $E = \begin{pmatrix} 1 & 0 & 0 & 0 \\ 0 & 1 & 0 & 0 \\ 0 & 0 & 1 & 0 \\ 0 & 0 & 1 & 0 \\ 0 & 0 & 0 & 1 \\ 0 & 0 & 0 & 1 \end{pmatrix}$,

$F = \begin{pmatrix} 1 & 0 & 0 & 0 \\ 1 & 0 & 0 & 0 \\ 0 & 1 & 0 & 0 \\ 0 & 0 & 1 & 0 \\ 0 & 0 & 1 & 0 \\ 0 & 0 & 0 & 1 \end{pmatrix}$.

所以, $cE = a$ 和 $cF = b$.

4.2 $R_1 = \{1\}$, $R_2 = \{1\}$, $R_3 = \{1, 2\}$ 和 $R_4 = \{2, 2\}$. $S_1 = \{1, 1\}$, $S_2 = \{1\}$, $S_3 = \{2, 2\}$ 和 $S_4 = \{2\}$.

4.3 (i) $P = (p_{ij}) = \begin{array}{c} \\ 1 \\ 2 \\ 3 \end{array} \begin{pmatrix} \overset{1}{} & \overset{2}{} & \overset{3}{} \\ \frac{1}{2} & \frac{1}{2} & 0 \\ \frac{1}{2} & 0 & \frac{1}{2} \\ \frac{1}{2} & \frac{1}{2} & 0 \end{pmatrix}$. (ii) $P^3 = \begin{pmatrix} \frac{1}{2} & \frac{1}{4} & \frac{1}{4} \\ \frac{1}{2} & \frac{1}{4} & \frac{1}{4} \\ \frac{1}{2} & \frac{3}{8} & \frac{1}{8} \end{pmatrix}$.

(iii) 解 $\pi P = \pi$ 产生 $\pi = (1/2, 1/3, 1/6)$.

4.4　设 $\oplus$ 和 $\ominus$ 模 n 加法和减法. (1) $N_{i,j} = \{(i\ominus 1, j), (i\oplus 1, j), (i, j), (i, j\ominus 1), (i, j\oplus 1)\}$. 两点 (i, j) 和 (k, l)(假设 $i < k$), 通过 $(i, j) \rightarrow (i+1, j) \cdots \rightarrow (k, j)$ 能够互相到达, 第二个坐标类似. (2) 对于 $n = 3$ 的邻域结构见下图解.

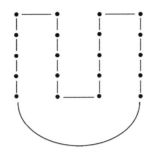

　　　在你的解中肯定能处理 n 是偶数和 n 是奇数.

4.5　设 $\oplus$ 是模 2 加法. 对于 $\boldsymbol{c} = (c_1, c_2, \cdots, c_n) \in C$, 对每个 i 改变到第 i 个坐标产生这个邻域:

$$N_{\boldsymbol{c}} = \{\boldsymbol{c}\} \bigcup_{j=1}^{n} \{\boldsymbol{c} + (0, \cdots, 0, 1, \cdots, 0)\}.$$

显然, 对所有 $\boldsymbol{u}, \boldsymbol{w} \in C$, $|N_{\boldsymbol{u}}| = |N_{\boldsymbol{w}}|$, 并且能用 $\sum_{i=1}^{n} |u_i - w_i|$ 步从 $\boldsymbol{u}$ 移动到 $\boldsymbol{w}$.

4.6　(i) 设 E 和 F 分别表示具有倒向 E^r 和 F^r 的图谱的区间.

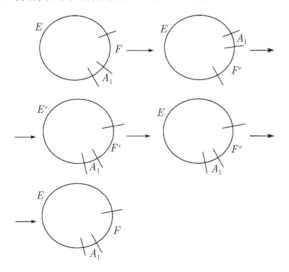

　　　(ii) 重复 (i) 得到通过距离 $k_1 a_1(|A_1| = a_1)$ 的旋转. 于是, 对任意整数 k_i 大小为 $\sum k_i a_i$ 的旋转是可能的, 从而通过任意 $g_A = \gcd\{a_1, a_2, \cdots, a_n\}$ 倍数的旋转是

可能的. 显然, 通过 $g_B = \gcd\{b_1, b_c, \cdots, b_m\}$ 倍数的旋转也是可能的. 对任意整数 k 和 l 相互有关的两个圆的排列可以旋转 $kg_A + lg_B$, 从而旋转 $g = \gcd\{g_A, g_B\}$ 的倍数.

4.7　(i)

> input: $x_1 x_2 \cdots x_n$
>
> output: $x_{i_1} \leqslant x_{i_2} \leqslant \cdots \leqslant x_{i_n}$
>
> upper $\leftarrow n$
>
> test $\leftarrow 0$
>
> for $i = 1$ to upper -1
>
> > if $x_{i+1} < x_i$
> >
> > > exchange x_i and x_{i+1}
> > >
> > > test $\leftarrow 1$
> >
> > end
>
> if test=0, stop
>
> if test$\neq 0$, upper $\leftarrow l$, return to for
>
> end

(ii) 经过第一次迭代, $\max\{x_1 x_2 \cdots x_n\}$ 将在顶端位置, 经过第二次迭代, 第二个最大的在顶端下一个位置等. 对于最坏的情况 $(x_1 > x_2 > \cdots > x_n)$, 运行时间是 $n \times n = O(n^2)$.

第 5 章

5.1　因为和是一个可微分的几何级数,

$$\sum_{l=0}^{\infty} lp^2 e^{-p(l-1)} = p^2 \sum_{l=0}^{\infty} l(e^{-p})^{l-1} = \frac{p^2}{(1 - e^{-p})^2}.$$

从定理 5.1($L = 0, U = \infty$) 证明的最后一行, 又有 $p^2 \int_0^{\infty} x e^{-p(x-1)} \mathrm{d}x = e^p$. 微分是 $e^p - p^2(1 - e^{-p})^{-2}$.

5.2　为了克隆基因, 长 l, $L \leqslant l \leqslant U$ 的克隆必须覆盖所有 g pb. 像在定理 7.1 中,

$$\boldsymbol{P}(\text{基因} \in \text{长 } l \text{ 的片段}) = (l - g + 1)p^2(1 - p)^{l-1},$$

$$f(p) = p^2 \sum_{l=L}^{U} (l - g + 1)e^{-p(l-1)}$$

$$\approx e^p\{(p(L+1) - (g-1)p)e^{-pL} - (pU + 1 - (g-1)p)e^{-pU}\}.$$

5.3
$$P(\text{被克隆的基因}) = 1 - P(\text{没有克隆的基因})$$
$$= 1 - \prod_{i=1}^{K} P(\text{消化 } i \text{ 中没有克隆的基因})$$
$$= 1 - \prod_{i=1}^{K} P(1 - f(p_i)).$$

5.4 $P(F = k) = p(1-p)^{k-1}, \quad k \geqslant 1,$

$$\frac{1}{n} \sum_{i=1}^{n} F_i \to E(F) = p^{-1} \times \frac{1}{n} \sum_{i=1}^{n} F_i I\{L \leqslant F_i \leqslant U\} \to E(FI\{L \leqslant F \leqslant U\})$$
$$= \sum_{i=1}^{U} kp(1-p)^{k-1},$$

所以, 比的极限是 $f = \sum_{k=L}^{U} kp^2(1-p)^{k-1}.$

5.7 (i) $P(b \in \text{长 } l \text{ 的片段}) = l(p_1 + p_2 - p_1 p_2)^2((1-p_1)(1-p_2))^{l-1} = lq^2(1-q)^{l-1},$
$$q = p_1 + p_2 - p_1 p_2, \quad f_3 = \sum_{k=L}^{U} kq^2(1-q)^{l-1}.$$

(ii) $(1 - f_1)f_2.$

(iii) $1 - f_1 f_2.$

第 6 章

6.1 $c = (1-\theta)^{-1}$ 有 $(1-\theta)^{-1}L^{-1}e^{-1}G$ 个岛.

6.2 以 $\theta = 0$ 有 Ne^{-c} 个平均长度为 $L(e^{-c} - 1)/c$ 的岛. 所以, 覆盖比例是 Ne^{-c} $L(e^{-c} - 1)c^{-1}/G = 1 - e^{-c}.$

6.3 排序的 DNA$= NL$, 已作图谱的 DNA$= G(1 - e^{-c})$, 所以比是 $c/(1 - e^{-c}).$

6.5 设 $\sigma = 1 - \theta,$

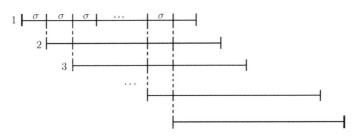

6.7　片段 i 来自克隆 1, 片段 j 来自克隆 2. 设 W_k 是对于片段 i 等待类型 k 位点, $k = 1, 2$ 的时间.

$$\boldsymbol{P}(\text{片段 } i \text{ 至少有一个过程 } \# 2\text{位点}) = \boldsymbol{P}(W_2 < W_1)$$

$$= \int_0^\infty \lambda_2 e^{-\lambda_2 y} \int_y^\infty \lambda_1 e^{-\lambda_1 x} \mathrm{d}x \mathrm{d}y$$

$$= \frac{\lambda_2}{\lambda_1 + \lambda_2} = \xi.$$

类似地, $\boldsymbol{P}(\text{片段 } i \text{ 有 } k \text{ 个 } \#2 \text{ 位点}) = \xi^k (1 - \xi)$,

$\boldsymbol{P}(i \text{ 和 } j \text{ 是匹配标记})$

$$= \sum_{k=1}^\infty \boldsymbol{P}(i\text{和}j \text{ 匹配}|\text{在 } i \text{ 和 } j \text{ 中有}k\text{个}\#2\text{位点}) \times \boldsymbol{P}(\text{在 } i \text{ 和}j\text{中}k\text{个}\#2\text{位点})$$

$$= 2 \sum_{k=1}^\infty \left(\frac{\beta}{2} \right)^{k+1} (\xi^k (1 - \xi))^2 = \frac{(\beta \xi)^2 (1 - \xi)^2}{2 - \xi^2}.$$

为完成这个练习, 注意每克隆具有 #1 端点的期望的 $\lambda_1 L$ 个片段. 那么答案是 $(\lambda_1 L)^2 = (\beta \xi)^2 (1 - \xi)^2 / (2 - \xi^2)$.

6.12

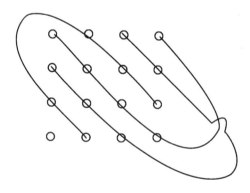

6.13　第一个空格在 $k' + 1$ 行.

6.14

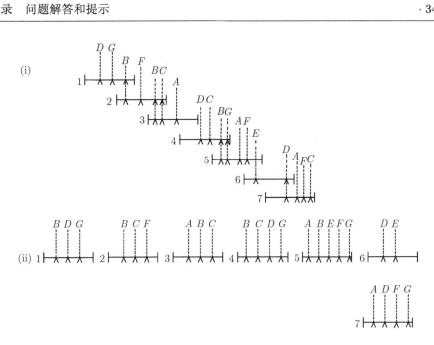

6.15　定理 6.5*. 利用定理 6.5 的记号, 我们有下列结果:

(i) 克隆不包含锚的概率 q_1 是

$$q_1 = \int_0^\infty e^{-bl} f(l) \mathrm{d}l,$$

无锚克隆的期望数是 Nq_1.

(ii) 克隆是有锚岛最右边克隆的概率 p_1 是

$$p_1 = \int_0^\infty b e^{-bu} J(u) \mathcal{F}(u) \mathrm{d}u,$$

那么有锚岛的期望数是 Np_1.

(iii) 在一个有锚岛中的克隆期望数是 $(1-q_1)/p_1$.

(iv) 克隆是单个有锚岛的概率 p_2 是

$$\begin{aligned}
p_2 = &\int_0^\infty \int_0^1 \int_0^{l-v} b^2 e^{-b(u+v)} \frac{J(u)J(v)}{J(l)} f(l) \mathrm{d}u\mathrm{d}v\mathrm{d}l \\
&+ \int_0^\infty \int_0^l b e^{-bl} \frac{J(u)J(v)}{J(l)} f(l) \mathrm{d}u\mathrm{d}l,
\end{aligned}$$

单子有锚岛的期望数是 Np_2.

(v) 有锚岛的期望长度是 $\lambda \boldsymbol{E}L$, 此处

$$\lambda = \left\{ 1 + \int_0^\infty (b^2 u - 2b) e^{-bu} J(u) \mathrm{d}u \right\} \Big/ ap_1.$$

(vi) 基因组没有被有锚岛覆盖的期望比例 r_0 是

$$r_0 = \int_0^\infty \int_0^\infty b^2 \mathrm{e}^{-b(u+v)} \frac{J(u)J(v)}{J(u+v)} \mathrm{d}u \mathrm{d}v.$$

(vii) 有锚岛被长度至少是 $x(\boldsymbol{E}L)$ 的海洋跟随的概率是 $\mathrm{e}^{-a(x+1)}(1-q_1)/p_1$. 特别地, 取 $x = 0$, 这个公式给出有锚岛由实际海洋, 而不是未检测到的重叠跟随概率.

第 7 章

7.1
$$f_1 = \text{GCTCG}, \quad f_2 = \text{CTCG}, \quad f_3 = \text{CTC},$$
$$f_4 = \text{TC}, \quad f_5 = \text{T}.$$

对于第二个例子, 取 2^k 个例子 A{C, G}^{k}T.

7.2 对于 $k \geqslant 2$, 避免的方向是所有的 $+$ 或所有的 $-$. 对每一个 k, 概率是 $\mathrm{e}^{-c}c^k/k!(1-1/2^{k-1})$. 对 $k \geqslant 2$ 求和得到 $1 + \mathrm{e}^{-c} - 2\mathrm{e}^{-c/2}$.

7.3 (i)

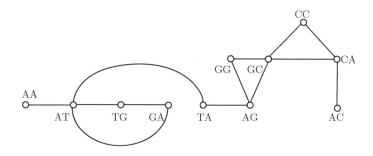

(ii) $(3-1) \times (3-1) \times (3-1) \times (3-1) \times (3-1) = 32$.

7.7 (i) $S(\boldsymbol{a}) = \{b_1b_2 \cdots b_k : b_1b_2 \cdots b_k = x_{0 \oplus i}x_{1 \oplus i} \cdots x_{k \oplus i}$, 此处 $\oplus$ 是一个模 r 加法, 并且 $i = 0, 1, \cdots, r-1\}$.

(ii) $\boldsymbol{b} = b_1b_2 \cdots b_n$ 有谱 $S(\boldsymbol{a})$, 如果 $\boldsymbol{b}$ 是 $x_0x_1 \cdots x_{r-1}$ 在 r 个位置中任何一点开始的重复. 所以, 有 r 个这样的序列 $\boldsymbol{b}$.

第 9 章

9.1 $\binom{m}{n}$.

9.2 $\binom{n}{2}\binom{m}{n-2}$.

9.3 看 m 个白球和 n 个黑球, 从 $n+m$ 个球中选取 n 个球, 我们有 $n-k$ 个白球 $(0 \leqslant k \leqslant n)$ 和 k 个黑球, 所以

$$\sum_{k=0}^n \binom{n}{n-k}\binom{m}{k} = \sum_{k=0}^n \binom{n}{k}\binom{m}{k} = \binom{n+m}{n}.$$

9.4

	−	A	A	G	T	T	A	G	C	A	G
−	0	−1	−2	−3	−4	−5	−6	−7	−8	−9	−10
C	−1	−1	−2	−3	−4	−5	−6	−7	−6	−7	−8
A	−2	0	0	−1	−2	−3	−4	−5	−6	−5	−6
G	−3	−1	−1	1	0	−1	−2	−3	−4	−5	−4
T	−4	−2	−2	0	2	1	0	−1	−2	−3	−4
A	−5	−3	−1	−1	1	1	2	1	0	−1	−2
T	−6	−4	−2	−2	0	2	1	1	0	−1	−2
C	−7	−5	−3	−3	−1	1	1	0	2	1	0
G	−8	−6	−4	−2	−2	0	0	2	1	1	2
C	−9	−7	−5	−3	−3	−1	−1	1	3	2	1
A	−10	−8	−6	−4	−4	−2	0	0	2	4	3

$$\text{CAGTATCGCA}-$$
$$\text{AAGT}-\text{TAGCAG}$$

9.5 除关于当 $i \cdot j = 0$, $S_{i,j}$ 的边界条件外, 当 $i \cdot j = 0$ 时设 $R_{i,j} = 0$, 则

$$S_{i,j} = \max\{S_{i-1,j-1} + s(a_i, -), S_{i,j-1} + s(-, b_j),$$
$$S_{i-1,j-1} + s(a,b) + (\eta + \xi)(1 - R_{i-1,j-1}) + \xi R_{i-1,j-1}.\}$$

如果 $S_{i,j} = S_{i-1,j-1} + s(a,b) + h(R_{i-1,j-1} + 1) - h(R_{i-1,j-1})$, 则 $R_{i,j} \leftarrow R_{i-1,j-1} + 1$.
否则 $R_{i,j} \leftarrow 0$.

9.6 两个最优的比对为

$$-\text{CAGTATCGCA}-$$
$$\text{A}-\text{AGT}-\text{TAGCAG},$$

$$\text{C}-\text{AGTATCGCA}-$$
$$-\text{AAGT}-\text{TAGCAG},$$

$$\text{CA}-\text{GTATCGCA}-$$
$$-\text{AAGT}-\text{TAGCAG},$$

$$\text{CAG}-\text{TATCGCA}-$$
$$\text{AAGTTA}--\text{GCAG},$$

$$\text{CAGT}-\text{ATCGCA}-$$
$$\text{AAGTTA}--\text{GCAG},$$

$$\text{CAGTAT}-\text{CGCA}-$$
$$\text{AAGT}-\text{TA}-\text{GCAG},$$

$$\text{CAG–TATCGCA–}$$
$$\text{AAGTTA––GCAG,}$$

$$\text{CAGT–ATCGCA–}$$
$$\text{AAGTTA––GCAG,}$$

$$\text{CAGTATC–GCA–}$$
$$\text{AAGT–T–AGCAG.}$$

9.8　$S_{0,j} = -\delta j$ 和 $S_{i,0} = -i\delta$, $0 \leqslant i \leqslant n, 0 \leqslant j \leqslant m$. 定义 $P_{i,j} =$ 在 (i,j) 结束的比对数, 所以 $P_{0,j} = P_{i,0} \equiv 1$, 则

$$S_{i,j} = S_{i-1,j-1} + s(a_i, b_j)P_{i-1,j-1} + S_{i-1,j} - \delta P_{i-1,j} + S_{i,j-1} - \delta P_{i,j-1},$$

$$P_{i,j} = P_{i-1,j-1} + P_{i-1,j} + P_{i,j-1}.$$

9.7　画从 (i,j) 到 $\mathcal{D}$ 的垂线得到距离 $d = \boldsymbol{D}((i,j), \mathcal{D})$, Wlog, $i \geqslant j$.

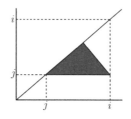

指出三角形的边, 边长是 $1, 1, \sqrt{2}$ 的 d 倍. 所以, $d = |i - j|/\sqrt{2}$. 那么, 所要求的距离是 $\sqrt{2}d_A = \max\{|i_k - j_k| : 1 \leqslant k \leqslant K\}$.

9.9　见命题 9.1.

9.10　$f_k(l) + f_k(m) \geqslant f_k(l + m)$ 等价于 $f(l + k) - f(k) \geqslant f(l + k + m) - f(k + m)$.

9.12

	−	A	T	T	G	A	C
−	0	−1	−2	−3	−4	−5	−6
C	0	−1	−2	−3	−4	−5	−4
A	0	1	0	−1	−2	−3	−4
G	0	0	0	−1	0	−1	−2
T	0	−1	1	1	0	−1	−2
A	0	1	0	0	0	1	0
T	0	0	2	1	0	0	0
C	0	−1	1	1	0	−1	1
G	0	−1	0	0	2	1	0
C	0	−1	−1	−1	1	1	2
A	0	1	0	−1	0	2	1

比对是

ATCGCA
ATTB−A.

9.14 (1)

	−	A	A	G	T	T	A	G	C	A	G
−	0	0	0	0	0	0	0	0	0	0	0
C	0	0	0	0	0	0	0	0	1	0	0
A	0	1	1	0	0	0	1	0	0	2	1
G	0	0	0	2	1	0	0	2	1	1	3
T	0	0	0	1	3	2	1	1	1	0	2
A	0	1	1	0	2	2	3	2	1	2	1
T	0	0	0	0	1	3	2	2	1	1	1
C	0	0	0	0	0	2	2	1	3	2	1
G	0	0	0	1	0	1	1	3	2	2	3
C	0	0	0	0	0	0	0	2	4	3	2
A	0	1	1	0	0	0	1	1	3	5	4

比对是

AGTATCGCA
AGT−TAGCA.

去丛

	−	A	A	G	T	T	A	G	C	A	G
−	0	0	0	0	0	0	0	0	0	0	0
C	0	0	0	0	0	0	0	0	1	0	0
A	0	1	0	0	0	0	1	0	0	2	1
G	0	0	0	0	0	0	0	2	1	1	3
T	0	0	0	0	0	0	0	1	1	0	2
A	0	1	1	0	0	0	2	1	0	2	1
T	0	0	0	0	1	0	1	1	0	1	1
C	0	0	0	0	0	0	0	0	2	1	0
G	0	0	0	1	0	0	0	0	1	1	2
C	0	0	0	0	0	0	0	0	0	0	1
A	0	1	1	0	0	0	1	0	0	0	0

比对是

CAG
CAG.

9.16 假设重复是 S, 所以 $S_1 S_2 \cdots S_k$ 是 S 的 k 个近似的拷贝串联重复. 第一个比

对是

$$S_2 \cdots S_k$$
$$S_1 \cdots S_{k-1}.$$

通过分裂这个比对的初始匹配字母能找到 S_1, 然后, 通过与 S_1 比对, S_3 与 S_2 比对, 确定 S_2 的位置等. 所以, 所有重复单位之间的匹配能够有匹配的字母 (从 S_1 到 S_2 到 $S_3 \cdots$) 来估计. 然后, 这些匹配用来给矩阵去丛.

9.21

$$H_{i,j} = \max\{0, H_{i,j-1} - \delta_P, H_{i-1,j} - \delta_D, H_{i-3,j} + s(g(a_{i-2}a_{i-1}a_i), b_j),$$
$$H_{i-4,j} + \max\{s(g(a_{i-3}a_{i-1}a_i), b_j), s(ga_{i-3}a_{i-2}a_{i-1}), b_j)\}\} - \delta_D\}.$$

第 10 章

10.1   每一列恰好有一个字母, 所以, 总共有 $\sum\limits_{i=1}^{r} n_i$ 个列可用 $\left(\sum\limits_{i=1}^{r} n_i\right)$! 种方法排序.

10.2 $\sum\limits_{i=0}^{d} \binom{k}{i} 3^i.$

10.3   时间: $O\left(2^r \prod\limits_{i=1}^{r} n_i\right)$, 空间: $O\left(\prod\limits_{i=1}^{r} n_i\right).$

10.4   考虑 $\dfrac{\text{ATGTA}}{\text{CTC–A}}$ 和 $\dfrac{\text{ATGTA}}{\text{CT–CA}}$.

10.5   由定理, $D(\boldsymbol{c}(\lambda_1), \boldsymbol{b}) = D(\boldsymbol{c}(\lambda_1), \boldsymbol{d}(\lambda)) + D(\boldsymbol{d}(\lambda), \boldsymbol{b})$, 从而

$$\lambda_1 D(\boldsymbol{a}, \boldsymbol{b}) = D(\boldsymbol{c}(\lambda_1), \boldsymbol{d}(\lambda) + \lambda D(\boldsymbol{c}(\lambda), \boldsymbol{b}) = D(\boldsymbol{c}(\lambda_1), \boldsymbol{d}(\lambda)) + \lambda \lambda_1 D(\boldsymbol{a}, \boldsymbol{b}).$$

于是, 设 $\lambda = \lambda_2/\lambda_1$, 得到结果.

10.6   第 i 个删除字母或者开始新的删除, 或者扩展较早的删除,

$$g_{\mathrm{pro}}(i) = \max\{g_{\mathrm{pro}}(i-1) - \gamma_i, g_{\mathrm{pro}}(i-1) - \delta_i\}.$$

10.7   设 $\boldsymbol{B} = \{b_1, b_2, \cdots, b_r\}$, M_j 是 $SM_1(a_1 \cdots a_j, \boldsymbol{B})$ 的最好的值, 则

$$M_j = \max\left\{M_{j-1}, \max_{\substack{1 \leqslant i \leqslant j, \\ 1 \leqslant k \leqslant r}} M_{i-1} + S(a_i \cdots a_j, \boldsymbol{b}_k)\right\},$$

算法运行时间是 $O(rn^3)$.

10.8   定义 $\boldsymbol{S}^1 = S_1^1 S_2^1 \cdots S_n^1$, 此处

$$S_i^1 = \max\{S(a_1 \cdots a_i, \boldsymbol{b}_{j1}) : j = 1, 2, \cdots, r\}.$$

由 $\boldsymbol{S}^{k-1}$ 通过 $S_i^k = \max\{S_{l-1}^k + S(a_l \cdots a_i, \boldsymbol{b}_{jk}) : 1 \leqslant l \leqslant i, j = 1, 2, \cdots, r\}$,

$$SM_2 = \max\{S_l^m : 1 \leqslant l \leqslant r\}$$

定义 $\boldsymbol{S}^k$.

第 11 章

11.1　如果 $Y_n' = C_1 + \cdots + C_{i-1} + C_i' + C_{i+1} + \cdots C_n$, 则 $|Y_n - Y_n'| \leqslant 1$, 因此

$$\boldsymbol{P}(Y_n \geqslant \alpha n) = \boldsymbol{P}(Y_n - np \geqslant (\alpha - p)n) \leqslant \mathrm{e}^{-n(\alpha-p)^2}/2.$$

11.4　设 $X = (S_n - \boldsymbol{E}(S_n))^2$, 则 $\boldsymbol{P}(X > x) \leqslant 2\mathrm{e}^{-x/2c^2n}$. 回想, $\boldsymbol{E}(X) = \displaystyle\int_0^\infty \boldsymbol{P}(X > x)\mathrm{d}x$, 所以

$$\boldsymbol{E}(X) \leqslant 2 \int_0^\infty \mathrm{e}^{-x/2c^2n}\mathrm{d}x = 4c^2n.$$

11.8　(i) 设 $p = 1 - p_A^2 p_U - 2p_A p_G p_U$, 则我们有一个通常最长的连续正面的投币问题, 它有解

$$\boldsymbol{P}(L_1 \geqslant t) \approx 1 - \mathrm{e}^{-\lambda_1}$$

及

$$\lambda_1 = (1 - p)np^t.$$

(ii) 设 $A_i = \{L_i \geqslant t\}$, 则

$$\boldsymbol{P}(UA_i) \leqslant \sum_i \boldsymbol{P}(A_i) = \sum_i (1 - \mathrm{e}^{-\lambda_i}).$$

(iii) 这里去丛事件比较复杂, 长至少为 t 的开阅读框有概率 $(p_A p_G p_U)p^{t-1}$. 为了去丛, 考虑每个密码子, 直到第一个停止密码子, 必定不是 AUG, 所以, 有确定去丛事件的几何随机变量. 设 $p_* = p - p_A p_G p_U$, 则

$$\lambda = p_*/(1 - p_*)np^t.$$

11.9　(a) $\mu_{a,a} = \dfrac{\xi_a^2}{\displaystyle\sum_{b \in \mathcal{A}} \xi_a^2}$.

(b) $s(a,a) = \dfrac{\log(\xi_a/|\mathcal{A}|)}{\displaystyle\sum_{b \in \mathcal{A}} \log(\xi_b/|\mathcal{A}|)}$.

11.11　注意 $\log_{a^k}(x) = y$ 推出 $y = (\log_a(x))/k$, 则有

$$t = \log_{a^{N-1}}(n^N) = N\log_{a^{N-1}}(n) = \frac{N}{N-1}\log_a(n).$$

对于大的 $N, t(n, N) \approx \log_a(n)$.

第 12 章

12.1 除非 $i = 3$, $\beta_{HHH,HT}(i) = 0$. 对于 $i = 1, 2, 3$, $\beta_{HHH,HT}(i) = 1$.

12.2 利用方程 (11.2) 和 (11.3),

$$
\begin{aligned}
&\mathrm{cov}(\boldsymbol{I_u}(i), \boldsymbol{I_v}(j)) = \boldsymbol{E}(\boldsymbol{I_u}(i))\boldsymbol{I_v}(j) - \boldsymbol{E}(\boldsymbol{I_u}(i))\boldsymbol{E}(\boldsymbol{I_v}(j)) \\
&= \begin{cases}
\boldsymbol{E}(\boldsymbol{I_u}(i))\{\beta_{\mathbf{u},\mathbf{v}}(j-i)P_{\boldsymbol{v}}(j-i+l-k) - \boldsymbol{E}(\boldsymbol{I_v}(j))\}, & 0 \leqslant j - i < k, \\
\boldsymbol{E}(\boldsymbol{I_u}(i))\{p_{u_k,v_1}^{(j-i+k-1)}P_{\boldsymbol{v}}(l-1) - \boldsymbol{E}(\boldsymbol{I_v}(j))\}, & k \leqslant j - i, \\
\boldsymbol{E}(\boldsymbol{I_v}(j))\{\beta_{\mathbf{v},\mathbf{u}}(i-j)P_{\boldsymbol{u}}(i-j+k-l) - \boldsymbol{E}(\boldsymbol{I_u}(i))\}, & 0 \leqslant i - j < l, \\
\boldsymbol{E}(\boldsymbol{I_v}(j))\{p_{v_l,u_1}^{(i-j+l-1)}P_{\boldsymbol{u}}(k-1) - \boldsymbol{E}(\boldsymbol{I_u}(i))\}, & i - j \leqslant l.
\end{cases}
\end{aligned}
$$

这样

$$
\mathrm{cov}(\boldsymbol{N_u}, \boldsymbol{N_v}) = \sum_{i=1}^{n-k+1} \sum_{j=1}^{n-l+1} \mathrm{cov}(\boldsymbol{I_u}(i), \boldsymbol{I_v}(j)),
$$

并且 $k \leqslant l$. 我们重新安排这些项,

$$
\sum_{j=0}^{n-l} \sum_{i=1}^{n-l-j+1} \mathrm{cov}(\boldsymbol{I_u}(i), \boldsymbol{I_v}(i+j)) + \sum_{j=0}^{n-l} \sum_{i=1}^{n-l-j+1} \mathrm{cov}(\boldsymbol{I_u}(i+j), \boldsymbol{I_v}(i))
$$

$$
- \sum_{i=1}^{n-l+1} \mathrm{cov}(\boldsymbol{I_u}(i), \boldsymbol{I_v}(i)) + \sum_{i=n-l+2}^{n-k+1} \sum_{j=1}^{n-l+1} \mathrm{cov}(\boldsymbol{I_u}(i), \boldsymbol{I_v}(j)).
$$

代入这个公式给出命题 12.1.

12.3

$$
\vdots
$$

$$
+\pi_{\boldsymbol{u}}P_{\boldsymbol{v}}(l-v) \sum_{j=0}^{\infty} (p_{u_{k-v+1}\cdots u_k, v_1\cdots v_k}^{(j+v)} - \pi_{v_1\cdots v_k})
$$

$$
\vdots
$$

$$
+\pi_{\boldsymbol{v}}P_{\boldsymbol{u}}(k-v) \sum_{j=0}^{\infty} (p_{v_{l-v+1}\cdots v_l, u_1\cdots u_k}^{(j+v)} - \pi_{u_1\cdots u_k})
$$

$$
\vdots
$$

12.4 $F(1) = \sum_{i=1}^{\infty} \leqslant 1$, 如果 $F(1) < 1$, 则 $\boldsymbol{P}(\boldsymbol{w}$ 不在 $\boldsymbol{A} = A_1 A_2 \cdots$ 中出现 $) > 0$. 事实上, 根据 Borel-Cantelli 引理, $\boldsymbol{w}$ 以概率 1 无穷频繁地出现.

12.9 设 $M_{\boldsymbol{w}}(n) = \sum_{i=1}^{n} Y_i$, 此处如果一个更新在 i 出现, $Y_i = 1$; 否则 Y_i 为 0. Y_i 是非独立的随机变量,

$$\boldsymbol{E}(M_{\boldsymbol{w}}(n)) = \sum_{i=1}^{n} u_i,$$

根据更新定理, $u_i \to 1/\mu$.

12.10

$$\boldsymbol{P}(\boldsymbol{w}_1) = \sum_{j} u_{i-j}(\boldsymbol{w}_1)\beta_{\boldsymbol{w}_1,\boldsymbol{w}_1}(j)\boldsymbol{P}_{\boldsymbol{w}_1}(j) + \cdots + \sum_{j} u_{i-j}(\boldsymbol{w}_m)\beta_{\boldsymbol{w}_m,\boldsymbol{w}_1}\boldsymbol{P}_{\boldsymbol{w}_1}(j),$$

两边乘以 $s^i, i \geqslant |\boldsymbol{w}_1|$, 并且求和有

$$\frac{s^{|\boldsymbol{w}_1|}\boldsymbol{P}(\boldsymbol{w}_1)}{1-s} = (U_1(s)-1)G_{1,1}(s) + \cdots + (U_m(s)-1)G_{m,1}(s).$$

12.11 应用更新定理到上面解的第一个方程.

12.12 一种方法用 $U(s) = \sum_{i=1}^{m}(U_i(s)-1) + 1$. 另一种是注意到

$$M(n) = M_1(n) + \cdots + M_m(n) \text{ 和 } \frac{M(n)}{n} \to \mu, \frac{M_i(n)}{n} \to \mu.$$

12.14 在 H 上打 \$1 的赌, 如果 T 出现就输. 回到 H 使游戏公平, $x\boldsymbol{P}(H)+0\boldsymbol{P}(T) = 1$ 或 $x = 1/p$, 则 $-\boldsymbol{E}(X) + 1/p = 0$.

第 13 章

13.1

n	1	2	3	4	5	6	7	8
$S(n)$	1	1	2	4	8	17	37	82

13.3

$$\sum_{k \geqslant 0} \binom{a-2}{1}\binom{b-2}{1} = \binom{a+b-4}{a-1}.$$

13.4 $L(n)$ 是具有连接 $[1, i]$ 和 $[j, n]$ 的茎的发卡数的和, $i \cdot j$ 基对和 $j-i-1 \geqslant m$(满足环限制), 使用问题 13.3,

$$L(n) = \sum_{i=1}^{n-m-1} \sum_{j=i+m+1}^{n} \binom{n-j+i-1}{n-j} = \sum_{i=1}^{n-m-1} \sum_{l=0}^{n-i-m-1} \binom{l+i-1}{i-1}$$

$$= \sum_{i=1}^{n-m-1} \binom{n-m-1}{i} = 2^{n-m-1} - 1.$$

13.5 $S_{m+j} = S_{m+j-1} + S_{m+j-2} + \cdots + S_{j-1} + \sum_{i=0}^{m+j-2} S_j S_{m+j-2-i}$, 此处 $j \geqslant 1$,
$S_0 = S_1 = \cdots = S_{m-1} = 0, S_m = 1$.

13.6 $S_n = S_{n-1} + \sum_{j=0}^{n-2} S_j S_{n-2-j}$, 此处 $S_0 = 1$.

13.7 引理: 利用 $y = \varphi(x)$, 方程为 $F(x,y) = x^2 y^2 - y(1-x) + 1 = 0$,
      定理: $S(n) \sim \sqrt{3/(4\pi)} n^{-3/2} 3^n$.

13.8 引理: $F(x,y) = x^2 y^2 - y(1 - x - x^2 - x^3) + x^3 = 0$,
      定理: $S(n) \sim \sqrt{(1+\sqrt{2})/\pi} n^{-3/2} (1+\sqrt{2})^n$.

13.9 $R(n+1) = R(n) + \sum_{k=0}^{n-2} R(k)R(n-k-1)\rho(A_{k+1}, A_{n+1})$. 取期望并按定理 13.2
的证明去做.

13.10 如果 $n+1$ 不在基对中, 则有 $S(n, k+1)$ 个具有 $k+1$ 个基对的结构. 否则,
$n+1$ 和 j 成对, 并且 k 个基对必在 $[1, j-1]$ 和长为 $n - j[j+1, n]$ 之中分裂.

第 14 章

14.1 如果两个 L_k 不能用归纳法排序, 证明结果矛盾.

14.3

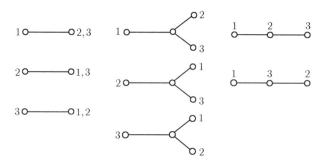

14.4

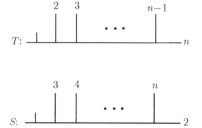

有不相连的分裂集合.

14.6　分裂距离=6 和 nni 距离=4.

14.7　对 $\{i, j, k, l\}$ 有 $\binom{4}{2} = 6$ 个成对的距离. 设 $d(i, j)$ 是最小的, 应用超度量不等式

$$d(i, j) \leqslant d(i, k) = d(j, k) \text{ 和 } d(i, j) \leqslant d(i, l) = d(j, l).$$

所以 $d(i, k) + d(j, l) = d(i, l) + d(j, k)$. $d(i, k), d(i, l), d(j, k), d(j, l)$ 和 $d(k, l)$ 这 5 个距离之中, 假设 $d(k, l) \leqslant d(j, k)$(例如), 则 $d(i, j) + d(k, l) \leqslant d(i, l) + d(j, k)$, 从而四点条件成立. 如果不这样, $d(k, l)$ 严格大于其他的距离之一, 如 $d(i, l)$. 由超度量不等式得到 $d(i, k) = d(k, l)$, 得到矛盾: $d(k, l) > d(i, l)$ 推出 $d(k, l) = d(i, k)$. 可是

$$d(i, k) = d(j, k), \quad d(k, l) = d(j, k) \geqslant d(j, l) \text{ 和 } d(j, l) = d(i, l).$$

14.9　在每一个父亲, 儿子对 (v, W), 根据问题 14.8, $O(v) \bigcap S(w) = \varnothing$ 必定成立.

14.10　当 $a \in F(v), \|f_v(a)\| = L(v)$ 和 $M_v(a) = \{a\}$. 当 $a \in S(v)$, 则 $\|f_v(a)\| = L(v) + 1$ 和 $M_v(a) = F(v) \bigcup \{a\}$. 对于 $a \notin F(v) \bigcup S(v)$, 知道 $\|f(v)(a)\|$ 或 $M_v(a)$ 是不必要的.

14.11　证明按定理 11.4 的方法去做. 设 $S_n = \|f(t)\| = S(A_1 \cdots A_n)$. 定义 $Y = S_n - \boldsymbol{E}(S_n), \mathcal{F}_i = \sigma(A_1 \cdots A_i)$ 和 $X_i = \boldsymbol{E}(Y | \mathcal{F}_i)$, 这样

$$\boldsymbol{E}(S | \mathcal{F}_i) = \sum_{a_{i+1} \cdots a_n} S(A_1 \cdots A_i a_{i+1} \cdots a_n) \boldsymbol{P}(A_{i+1} = a_{i+1} \cdots A_n = a_n) \text{和}$$

$$|X_i - X_{i-1}| \leqslant \sum_{a_i' a_{i+1} \cdots a_n} |S(A_1 \cdots A_i a_{i+1} \cdots a_n) - S(A_1 \cdots A_{i-1} a_i' a_{i+1} \cdots a_n)|$$

$$\cdot \boldsymbol{P}(A_i = a_i', A_{i+1} = a_{i+1}, \cdots, A_n = a_n)$$

$$\leqslant \max |S - S'| \leqslant 1.$$

最后一个不等式成立是因为改变一个字母对全部的符合至多改变一个. Azuma-Hoeffding 定理推出

$$\boldsymbol{P}(S_n - \boldsymbol{E}(S_n) \geqslant \gamma n) \leqslant \mathrm{e}^{-(\gamma^2 n^2)/2n} = \mathrm{e}^{-\gamma^2 n}.$$

14.12

$$p_{\{a\}}(h) = p_{\{a\}}^2(h - 1) + 2p_{\{a\}}(h - 1)p_{\{a,b\}}(h - 1),$$

$$p_{\{b\}}(h) = p_{\{b\}}^2(h - 1) + 2p_{\{b\}}(h - 1)p_{\{a,b\}}(h - 1),$$

$$p_{\{a,b\}}(h) = p_{\{a,b\}}^2(h - 1) + 2p_{\{a\}}(h - 1)p_{\{a\}}(h - 1)p_{\{b\}}(h - 1).$$

索　引